（升级版）

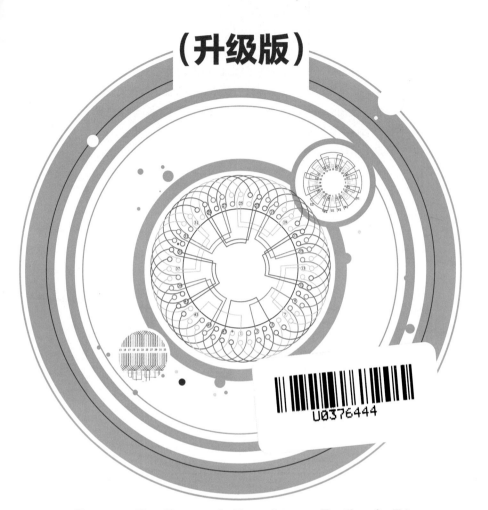

电动机绕组接线
彩色图集

乔长君　等编

化学工业出版社
·北京·

本书主要内容包括三相电动机单层绕组、三相电动机双层绕组、变速电动机绕组、单相电动机绕组、附录五个部分。前四部分收集了具有代表性国产电动机绕组接线圆图、布线图、展开图、嵌线顺序表和应用实例，附录收集了大量新型国产电动机绕组技术数据。本书在内容上突出实用性、先进性。

本书既是电机检修的指导用书，也是初学电机修理人员的良师益友。

图书在版编目（CIP）数据

电动机绕组接线彩色图集：升级版/乔长君等编.
—北京：化学工业出版社，2019.8（2025.1重印）
ISBN 978-7-122-34402-1

Ⅰ.①电… Ⅱ.①乔… Ⅲ.①电动机−绕组−接线图−图集 Ⅳ.①TM320.31-64

中国版本图书馆CIP数据核字（2019）第081205号

责任编辑：高墨荣   装帧设计：张 辉
责任校对：刘 颖

出版发行：化学工业出版社（北京市东城区青年湖南街13号
　　　　　邮政编码100011）
印　　装：涿州市殷润文化传播有限公司
880mm×1230mm　1/32　印张18¹/₂　　字数551千字
2025年1月北京第1版第5次印刷

购书咨询：010-64518888　　　售后服务：010-64518899
网　　址：http://www.cip.com.cn
凡购买本书，如有缺损质量问题，本社销售中心负责调换。

定　　价：88.00元

前 言

　　绕组修理的主要工作就是嵌线、布线和接线，而布线、接线又是绕组修理的重要环节。接线正确与否将直接关系到修理工作的成败。

　　表达绕组接线的方法有展开图、端部布线接线图、圆形简化接线图、圆形接线草图、平展式简化接线图等。本书挑选了具有代表性的电动机绕组图例，将接线圆图、布线图、展开图组合，以最大限度满足读者修理需要，同时每个图例中都有绕组嵌线顺序和端子接线方法。

　　本书具有以下特点。

　　1. 采用端部布线图，使绕组嵌线更加直观，其次使用展开图使接线更加清晰，再次利用接线圆图可以方便查找和纠正接线错误。

　　2. 将绕组嵌线顺序表和应用实例单独列于书中，使得组图应用有的放矢。

　　3. 将常用电动机绕组的主要技术数据收集于附录中，这样读者可以根据电动机的铭牌型号，查到该绕组的技术数据，并可根据绕组数据直接查到该绕组的接线图，使用起来更加方便快捷。

　　4. 随书赠送电动机修理资料，读者可用手机扫描书中二维码阅读学习。

　　参加本书编写的有乔长君、郭健、孙泽健、乔正阳、罗利伟、罗晶、王岩柏、韩冰、乔丽、王海龙、乔晶、李鹏、杨小红、李桂芹。

　　本书只作为参考书，实际工作中以记录为准。由于水平有限，不足之处在所难免，敬请读者批评指正。

编　者

目 录

第3章 变速电动机绕组 ································· 287

第 1 章

三相电动机单层绕组

● 1.1　单层链式绕组

1.1.1　2极12槽单层链式绕组

（1）绕组数据

定子槽数　Z_1=12

每组圈数　S=1

并联路数　a=1

电机极数　$2p$=2

极相槽数　q=2

线圈节距　Y=1—6

总线圈数　Q=6

绕组极距　τ=6

线圈组数　u=6

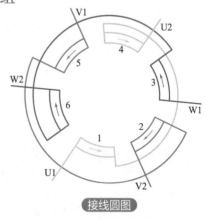

接线圆图

（2）嵌线顺序

采用交叠法嵌线时顺序表

嵌线顺序	1	2	3	4	5	6	7	8	9	10	11	12
槽　　号	1●	11	9	2	7	12	5	10	3	8	6	4

采用整嵌法嵌线时顺序表

嵌线顺序	1	2	3	4	5	6	7	8	9	10	11	12
槽　　号	1	6	7	12	9	2	3	8	5	10	11	4

（3）特点与应用

绕组采用显极接线，每组只有一把线圈，每相由两把线圈反向串接而成，用于小功率三相异步电动机，常用实例有 AO2-4512、AO2-5012 等。

---

❶　数字下侧没有"＿"为浮边或上层边，有"＿"为沉边或下层边，后同。

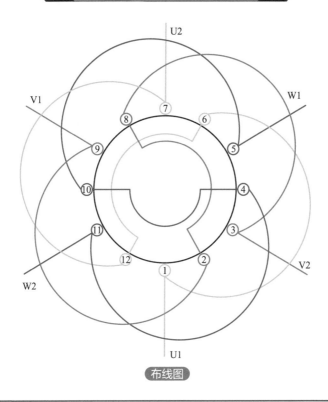

布线图

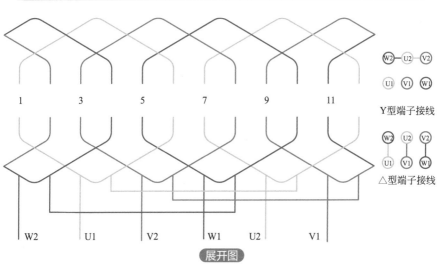

W2 U1 V2 W1 U2 V1

Y型端子接线

△型端子接线

展开图

3

1.1.2 4极24槽单层链式绕组

（1）绕组数据

定子槽数 $Z_1=24$

每组圈数 $S=1$

并联路数 $a=1$

电机极数 $2p=4$

极相槽数 $q=2$

线圈节距 $Y=1\text{—}6$

总线圈数 $Q=12$

绕组极距 $\tau=6$

线圈组数 $u=12$

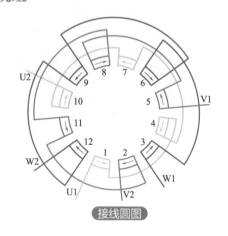

接线圆图

（2）嵌线顺序

采用交叠法嵌线时顺序表

嵌线顺序	1	2	3	4	5	6	7	8	9	10	11	12
槽 号	<u>1</u>	<u>23</u>	<u>21</u>	2	<u>19</u>	24	<u>17</u>	22	<u>15</u>	20	<u>13</u>	18
嵌线顺序	13	14	15	16	17	18	19	20	21	22	23	24
槽 号	<u>11</u>	16	<u>9</u>	14	<u>7</u>	12	<u>5</u>	10	<u>3</u>	8	6	4

采用整嵌法嵌线时顺序表

嵌线顺序	1	2	3	4	5	6	7	8	9	10	11	12
槽 号	1	6	7	12	13	18	19	24	3	8	9	14
嵌线顺序	13	14	15	16	17	18	19	20	21	22	23	24
槽 号	15	20	21	2	5	10	11	16	17	22	23	4

（3）特点与应用

绕组采用显极接线，每组只有一把线圈，每相由四把线圈反向串接而成，用于小功率三相异步电动机，常用实例有Y801-4、Y802-4、Y90S-4、Y2-631-4、Y2-632-4、Y2-711-4、Y2-801-4、Y2-802-4、Y2-90S-4、Y2-801-4E等。

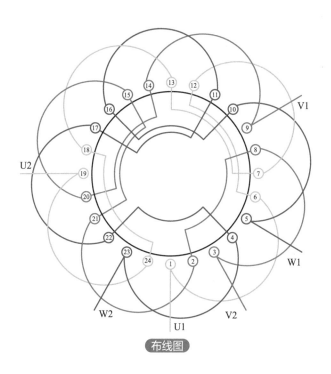

布线图

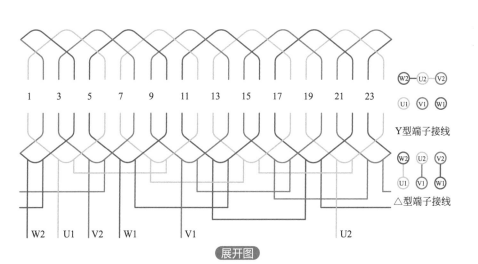

Y型端子接线

△型端子接线

展开图

5

1.1.3 6极36槽单层链式绕组（a1）

（1）绕组数据

定子槽数　$Z_1=36$

每组圈数　$S=1$

并联路数　$a=1$

电机极数　$2p=6$

极相槽数　$q=2$

线圈节距　$Y=1—6$

总线圈数　$Q=18$

绕组极距　$\tau=6$

线圈组数　$u=18$

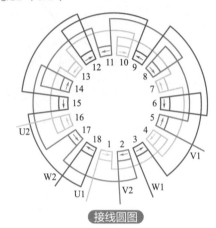

接线圆图

（2）嵌线顺序

采用交叠法嵌线时顺序表

嵌线顺序	1	2	3	4	5	6	7	8	9	10	11	12
槽　号	1	35	33	2	31	36	29	34	27	32	25	30
嵌线顺序	13	14	15	16	17	18	19	20	21	22	23	24
槽　号	23	28	21	26	19	24	17	22	15	20	13	18
嵌线顺序	25	26	27	28	29	30	31	32	33	34	35	36
槽　号	11	16	9	14	7	12	5	10	3	8	6	4

采用整嵌法嵌线时顺序表

嵌线顺序	1	2	3	4	5	6	7	8	9	10	11	12
槽　号	1	6	7	12	13	18	19	24	3	8	9	14
嵌线顺序	13	14	15	16	17	18	19	20	21	22	23	24
槽　号	15	20	21	2	5	10	11	16	17	22	23	4

（3）特点与应用

绕组采用显极接线，每组只有一把线圈，每相由六把线圈反向串接而成，用于小功率三相异步电动机，常用实例有 JG2-41-6、YLJ112M10-6、YX100L-6、Y90S-6、Y100L-6、Y112M-6、Y132S-6、Y160M-6、Y2-132S-6、Y2-160M1-6、Y2-90S-6E、Y2-100L-6E、Y2-132S-6E、Y2-160M1-6E 等。

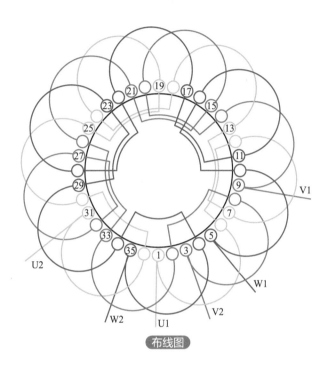

布线图

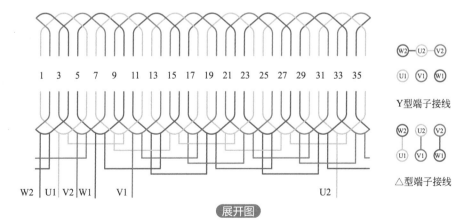

1 3 5 7 9 11 13 15 17 19 21 23 25 27 29 31 33 35

W2 U1 V2 W1 V1 U2

展开图

W2 — U2 — V2

U1 V1 W1

Y型端子接线

W2 U2 V2

U1 V1 W1

△型端子接线

1.1.4 6极36槽单层链式绕组（a2）

（1）绕组数据

定子槽数　$Z_1=36$

每组圈数　$S=1$

并联路数　$a=2$

电机极数　$2p=6$

极相槽数　$q=2$

线圈节距　$Y=1—6$

总线圈数　$Q=18$

绕组极距　$\tau=6$

线圈组数　$u=18$

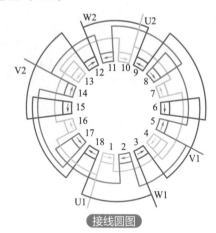

接线圆图

（2）嵌线顺序

采用交叠法嵌线时顺序表

嵌线顺序	1	2	3	4	5	6	7	8	9	10	11	12
槽　号	1	35	33	2	31	36	29	34	27	32	25	30
嵌线顺序	13	14	15	16	17	18	19	20	21	22	23	24
槽　号	23	28	21	26	19	24	17	22	15	20	13	18
嵌线顺序	25	26	27	28	29	30	31	32	33	34	35	36
槽　号	11	16	9	14	7	12	5	10	3	8	6	4

采用整嵌法嵌线时顺序表

嵌线顺序	1	2	3	4	5	6	7	8	9	10	11	12
槽　号	1	6	7	12	13	18	19	24	3	8	9	14
嵌线顺序	13	14	15	16	17	18	19	20	21	22	23	24
槽　号	15	20	21	2	5	10	11	16	17	22	23	4

（3）特点与应用

绕组采用显极接线，每组只有一把线圈，每相先三组线圈反向串联，然后并接成两路，用于小功率三相异步电动机，常用实例有Y801-4、Y802-4、Y90S-4、YB90S-6、Y2-631-4、Y2-632-4、Y2-711-4、Y2-801-4、Y2-802-4、Y2-90S-4、Y2-100L1-8、Y2-801-4E、Y2-90L-2E、Y2-112M-6E等。

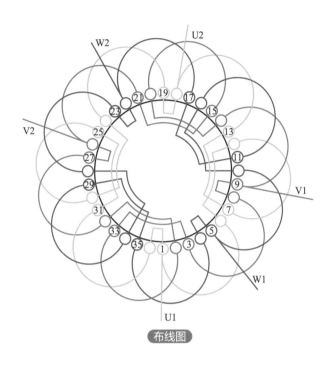

布线图

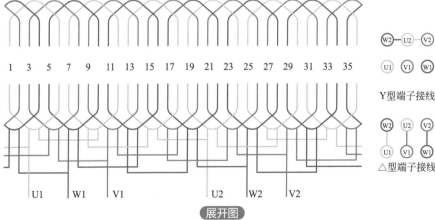

Y型端子接线

△型端子接线

展开图

1.1.5　6极36槽单层链式绕组（a3）

（1）绕组数据

转子槽数　$Z_2=36$

每组圈数　$S=1$

并联路数　$a=3$

电机极数　$2p=6$

极相槽数　$q=2$

线圈节距　$Y=1—6$

总线圈数　$Q=18$

绕组极距　$\tau=6$

线圈组数　$u=18$

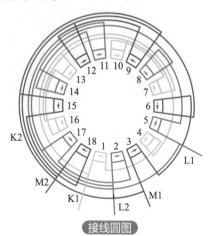

接线圆图

（2）嵌线顺序

采用交叠法嵌线时顺序表

嵌线顺序	1	2	3	4	5	6	7	8	9	10	11	12
槽　号	1	35	33	2	31	36	29	34	27	32	25	30
嵌线顺序	13	14	15	16	17	18	19	20	21	22	23	24
槽　号	23	28	21	26	19	24	17	22	15	20	13	18
嵌线顺序	25	26	27	28	29	30	31	32	33	34	35	36
槽　号	11	16	9	14	7	12	5	10	3	8	6	4

采用整嵌法嵌线时顺序表

嵌线顺序	1	2	3	4	5	6	7	8	9	10	11	12
槽　号	1	6	7	12	13	18	19	24	3	8	9	14
嵌线顺序	13	14	15	16	17	18	19	20	21	22	23	24
槽　号	15	20	21	26	11	16	17	22	23	4		

（3）特点与应用

绕组采用显极接线，每组只有一把线圈，每相先两组线圈反向串接，然后并接成三路，用于小功率三相绕线型异步电动机，常用实例有YZR225M-6等。

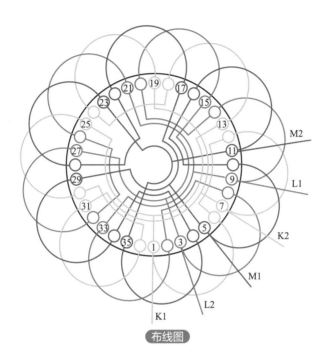

布线图

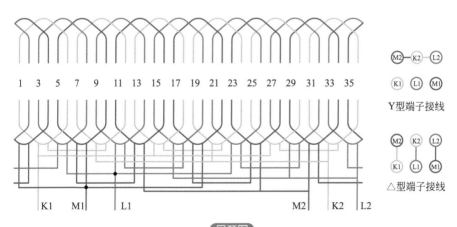

Y型端子接线

△型端子接线

展开图

11

1.1.6 8极48槽单层链式绕组（a1）

（1）绕组数据

定子槽数　$Z_1=48$

每组圈数　$S=1$

并联路数　$a=1$

电机极数　$2p=8$

极相槽数　$q=2$

线圈节距　$Y=1$—6

总线圈数　$Q=24$

绕组极距　$\tau=6$

线圈组数　$u=24$

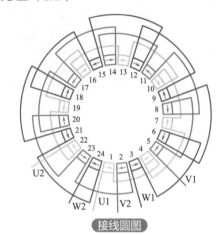

接线圆图

（2）嵌线顺序

采用交叠法嵌线时顺序表

嵌线顺序	1	2	3	4	5	6	7	8	9	10	11	12
槽　号	1	47	45	2	43	48	41	46	39	44	37	42
嵌线顺序	13	14	15	16	17	18	19	20	21	22	23	24
槽　号	35	40	33	38	31	36	29	34	27	32	25	30
嵌线顺序	25	26	27	28	29	30	31	32	33	34	35	36
槽　号	23	28	21	26	19	24	17	22	15	20	13	18
嵌线顺序	37	38	39	40	41	42	43	44	45	46	47	48
槽　号	11	16	9	14	7	12	5	10	3	8	6	4

（3）特点与应用

绕组采用显极接线，每组只有一把线圈，每相由八把线圈反向串接而成，用于小功率三相异步电动机，常用实例有 JB3-112S-8、JB3-125S-8、Y160M2-8、Y2-160M2-8、YB132S-8、YB2-112M-8、YZR180L-8、YZR200L-8、YZR225M-8、YZR250M1-8 等。

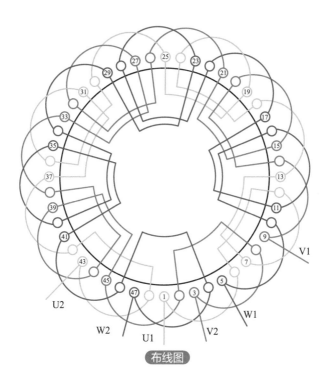

布线图

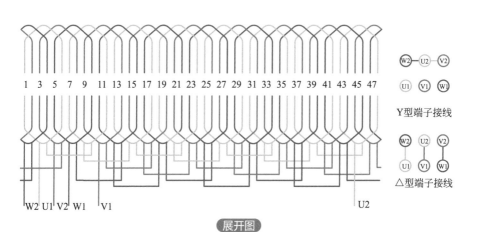

Y型端子接线

△型端子接线

展开图

1.1.7　8 极 48 槽单层链式绕组（a2）

（1）绕组数据

转子槽数　$Z_2=48$

每组圈数　$S=1$

并联路数　$a=2$

电机极数　$2p=8$

极相槽数　$q=2$

线圈节距　$Y=1—6$

总线圈数　$Q=24$

绕组极距　$\tau=6$

线圈组数　$u=24$

（2）嵌线顺序

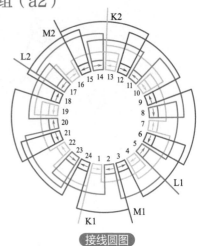

接线圆图

采用交叠法嵌线时顺序表

嵌线顺序	1	2	3	4	5	6	7	8	9	10	11	12
槽　　号	1	47	45	2	43	48	41	46	39	44	37	42
嵌线顺序	13	14	15	16	17	18	19	20	21	22	23	24
槽　　号	35	40	33	38	31	36	29	34	27	32	25	30
嵌线顺序	25	26	27	28	29	30	31	32	33	34	35	36
槽　　号	23	28	21	26	19	24	17	22	15	20	13	18
嵌线顺序	37	38	39	40	41	42	43	44	45	46	47	48
槽　　号	11	16	9	14	7	12	5	10	3	8	6	4

（3）特点与应用

　　绕组采用显极接线，每组只有一把线圈，每相先四组线圈反向串接，然后并接成两路，用于小功率三相异步电动机，常用实例有 JBRO250-S22-8、JBRO250-M30-8 等。

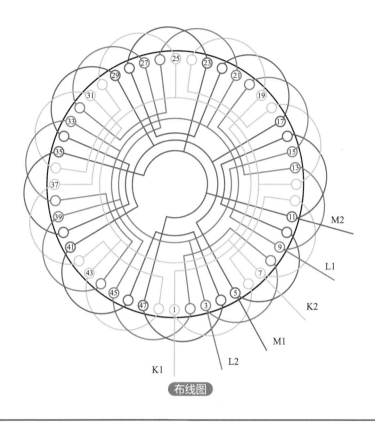

M2
L1
K2
M1
L2
K1

布线图

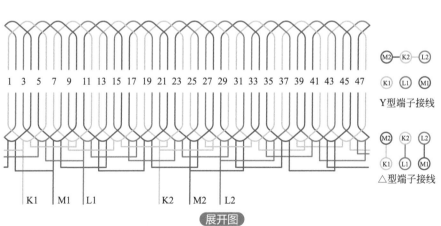

1 3 5 7 9 11 13 15 17 19 21 23 25 27 29 31 33 35 37 39 41 43 45 47

K1 M1 L1 K2 M2 L2

M2—K2—L2
K1—L1—M1
Y型端子接线

M2 K2 L2
K1 L1 M1
△型端子接线

展开图

15

1.1.8 8 极 48 槽单层链式绕组（a4）

（1）绕组数据

转子槽数　$Z_2=48$

每组圈数　$S=1$

并联路数　$a=4$

电机极数　$2p=8$

极相槽数　$q=2$

线圈节距　$Y=1—6$

总线圈数　$Q=24$

绕组极距　$\tau=6$

线圈组数　$u=24$

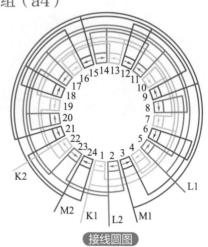

接线圆图

（2）嵌线顺序

采用交叠法嵌线时顺序表

嵌线顺序	1	2	3	4	5	6	7	8	9	10	11	12
槽　号	1	47	45	2	43	48	41	46	39	44	37	42
嵌线顺序	13	14	15	16	17	18	19	20	21	22	23	24
槽　号	35	40	33	38	31	36	29	34	27	32	25	30
嵌线顺序	25	26	27	28	29	30	31	32	33	34	35	36
槽　号	23	28	21	26	19	24	17	22	15	20	13	18
嵌线顺序	37	38	39	40	41	42	43	44	45	46	47	48
槽　号	11	16	9	14	7	12	5	10	3	8	6	4

（3）特点与应用

绕组采用显极接线，每组只有一把线圈，每相先两组线圈反向串接，然后并接成四路，用于小功率三相异步电动机，常用实例有 YZR250M1-8 等。

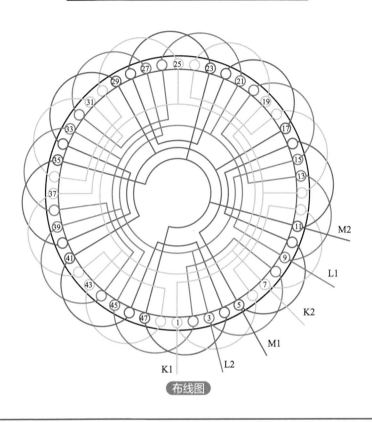

布线图

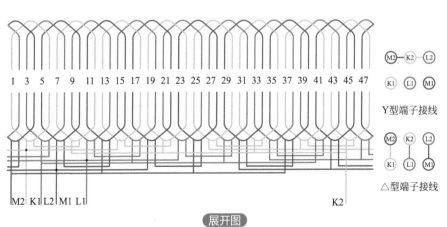

1 3 5 7 9 11 13 15 17 19 21 23 25 27 29 31 33 35 37 39 41 43 45 47

M2 K1 L2 M1 L1　　　　　　　　　　　　　　　　　　　　　K2

展开图

M2 — K2 — L2

K1　L1　M1

Y型端子接线

M2　K2　L2

K1　L1　M1

△型端子接线

● 1.2　单层同心式绕组

1.2.1　2极24槽单层同心式绕组（a1）

（1）绕组数据

定子槽数　$Z_1=24$

每组圈数　$S=2$

并联路数　$a=1$

电机极数　$2p=2$

极相槽数　$q=4$

线圈节距　$Y=1—12，2—11$

总线圈数　$Q=12$

绕组极距　$\tau=12$

线圈组数　$u=6$

（2）嵌线顺序

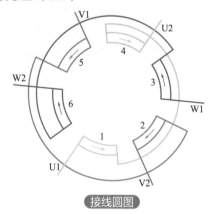

接线圆图

采用交叠法嵌线时顺序表

嵌线顺序	1	2	3	4	5	6	7	8	9	10	11	12
槽　号	2	1	22	21	18	3	17	4	14	23	13	24
嵌线顺序	13	14	15	16	17	18	19	20	21	22	23	24
槽　号	10	19	9	20	6	15	5	16	10	11	7	8

采用整嵌法嵌线时顺序表

嵌线顺序	1	2	3	4	5	6	7	8	9	10	11	12
槽　　号	2	11	1	12	13	14	23	13	24	6	15	5
嵌线顺序	13	14	15	16	17	18	19	20	21	22	23	24
槽　　号	16	3	17	4	20	7	21	8	10	19	9	20

（3）特点与应用

绕组采用显极接线，每组有两把线圈，每相由两组线圈反向串接而成，用于小功率三相异步电动机，常用实例有 AO2-6312、Y100L-2、Y2-100L-2、Y2-100L-2E、YB100L-2 等。

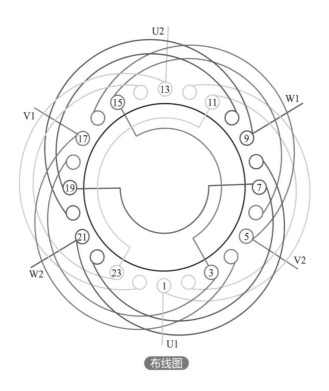

布线图

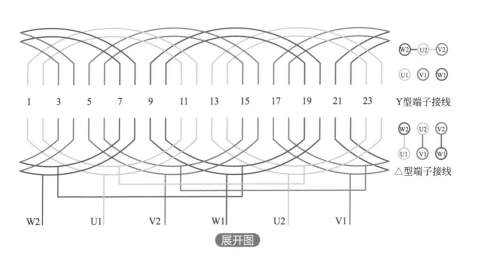

Y型端子接线

△型端子接线

展开图

19

1.2.2　2极24槽单层同心式绕组（a2）

（1）绕组数据

定子槽数　Z_1=24

每组圈数　S=2

并联路数　a=2

电机极数　$2p$=2

极相槽数　q=4

线圈节距　Y=1—12，2—11

总线圈数　Q=12

绕组极距　τ=12

线圈组数　u=6

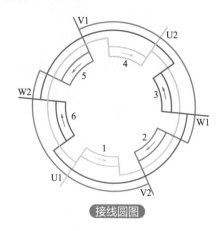

接线圆图

（2）嵌线顺序

采用交叠法嵌线时顺序表

嵌线顺序	1	2	3	4	5	6	7	8	9	10	11	12
槽　号	2	1	22	21	18	3	17	4	14	23	13	24
嵌线顺序	13	14	15	16	17	18	19	20	21	22	23	24
槽　号	10	19	9	20	6	15	5	16	10	11	7	8

采用整嵌法嵌线时顺序表

嵌线顺序	1	2	3	4	5	6	7	8	9	10	11	12
槽　号	2	11	1	12	14	23	13	24	6	15	5	16
嵌线顺序	13	14	15	16	17	18	19	20	21	22	23	24
槽　号	18	3	17	4	20	7	21	8	10	19	9	20

（3）特点与应用

绕组采用显极接线，每组有两把线圈，每相由两组线圈反向并接而成，用于井用潜水电动机，常用实例有YQS-250-15、YQS-250-18.5、YQS-250-22、YQS-250-25、YQS-250-30、YQS-250-37、YQS300-110、YQS2-250-75、YQS2-300-125等。

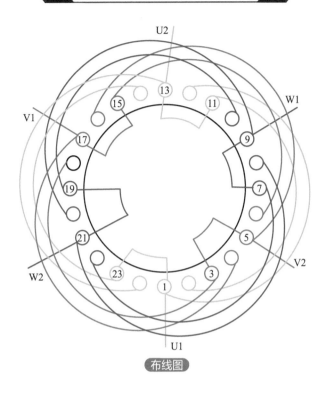

布线图

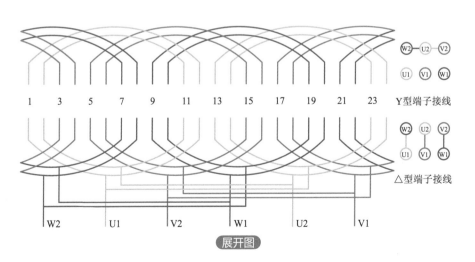

Y型端子接线

△型端子接线

展开图

21

1.2.3 2极36槽单层同心式绕组（a1）

（1）绕组数据

定子槽数 Z_1=36

每组圈数 S=3

并联路数 a=1

电机极数 $2p$=2

极相槽数 q=6

线圈节距 Y=1—18，2—17，3—16

总线圈数 Q=18

绕组极距 τ=18

线圈组数 u=6

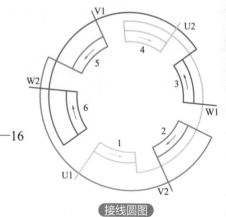

接线圆图

（2）嵌线顺序

采用交叠法嵌线时顺序表

嵌线顺序	1	2	3	4	5	6	7	8	9	10	11	12
槽 号	3	2	1	33	32	31	27	4	26	5	25	6
嵌线顺序	13	14	15	16	17	18	19	20	21	22	23	24
槽 号	21	34	20	35	19	36	15	28	14	29	13	30
嵌线顺序	25	26	27	28	29	30	31	32	33	34	35	36
槽 号	9	22	8	23	7	24	18	17	16	12	11	10

采用整嵌法嵌线时顺序表

嵌线顺序	1	2	3	4	5	6	7	8	9	10	11	12
槽 号	3	16	2	17	1	18	21	34	20	35	19	36
嵌线顺序	13	14	15	16	17	18	19	20	21	22	23	24
槽 号	9	22	8	23	7	24	27	4	26	5	25	6
嵌线顺序	25	26	27	28	29	30	31	32	33	34	35	36
槽 号	15	28	14	29	13	30	33	10	32	11	31	12

（3）特点与应用

绕组采用显极接线，每组有三把线圈，每相由两组线圈反向串接而成，用于小功率三相异步电动机，常用实例有YX112M-2、YX132S1-2、YX132S2-2、YX160M1-12、YX160M2-2、YX160L-2等。

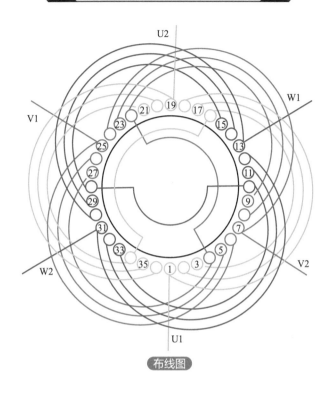

布线图

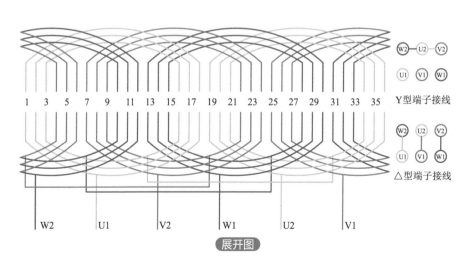

Y型端子接线

△型端子接线

展开图

1.2.4 6极36槽单层同心式绕组（a1）

（1）绕组数据

定子槽数　$Z_1=36$

每组圈数　$S=1$

并联路数　$a=1$

电机极数　$2p=6$

极相槽数　$q=2$

线圈节距　$Y=1$—6

总线圈数　$Q=18$

绕组极距　$\tau=6$

线圈组数　$u=9$

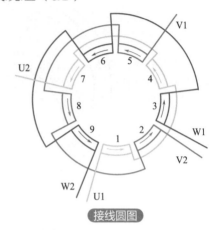

接线圆图

（2）嵌线顺序

采用交叠法嵌线时顺序表

嵌线顺序	1	2	3	4	5	6	7	8	9	10	11	12
槽　号	2	1	34	3	33	4	28	35	27	36	26	31
嵌线顺序	13	14	15	16	17	18	19	20	21	22	23	24
槽　号	25	32	22	27	21	28	18	23	17	24	14	19
嵌线顺序	25	26	27	28	29	30	31	32	33	34	35	36
槽　号	13	20	10	15	9	16	6	11	5	12	8	7

采用整嵌法嵌线时顺序表

嵌线顺序	1	2	3	4	5	6	7	8	9	10	11	12
槽　号	2	7	1	8	14	19	13	20	26	31	25	32
嵌线顺序	13	14	15	16	17	18	19	20	21	22	23	24
槽　号	6	11	5	12	18	23	17	24	30	35	29	36
嵌线顺序	25	26	27	28	29	30	31	32	33	34	35	36
槽　号	10	15	9	16	22	27	21	28	34	3	33	4

（3）特点与应用

绕组采用显极接线，每组有两把线圈，每相先两组线圈反向串接，然后并接成三路，用于小功率三相绕线型异步电动机，常用实例有YZR225M。

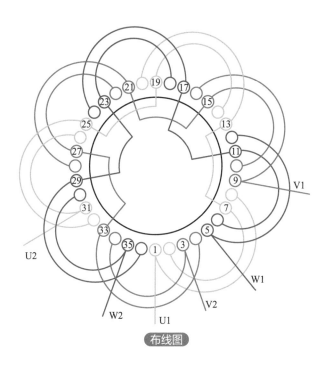

布线图

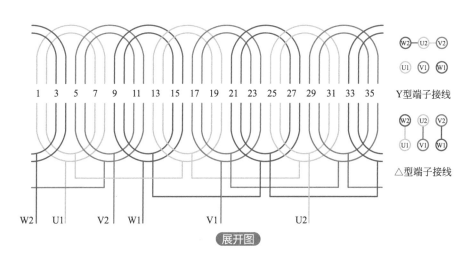

Y型端子接线

△型端子接线

展开图

1.2.5 8极48槽单层同心式绕组（a1）

（1）绕组数据

定子槽数　$Z_1=48$

每组圈数　$S=2$

并联路数　$a=1$

电机极数　$2p=8$

极相槽数　$q=4$

线圈节距　$Y=1—12，2—11$

总线圈数　$Q=24$

绕组极距　$\tau=12$

线圈组数　$u=12$

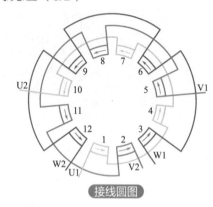

接线圆图

（2）嵌线顺序

采用交叠法嵌线时顺序表

嵌线顺序	1	2	3	4	5	6	7	8	9	10	11	12
槽　号	2	1	44	45	42	3	41	4	38	47	37	48
嵌线顺序	13	14	15	16	17	18	19	20	21	22	23	24
槽　号	34	43	33	44	30	39	29	40	26	35	25	36
嵌线顺序	25	26	27	28	29	30	31	32	33	34	35	36
槽　号	22	31	21	32	18	27	17	28	14	23	13	24
嵌线顺序	37	38	39	40	41	42	43	44	45	46	47	48
槽　号	10	19	9	20	6	15	5	16	11	12	7	8

（3）特点与应用

绕组采用庶极接线，每组有两把线圈，每相线圈正向首尾顺次串接而成，用于小功率三相异步电动机，常用实例有JO2L-71-4等。

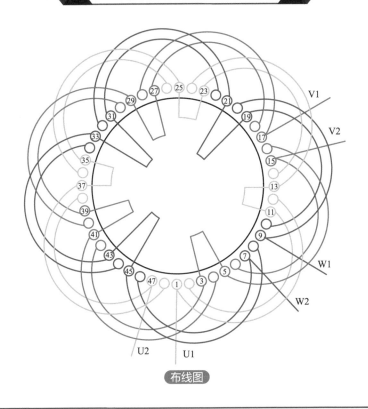

布线图

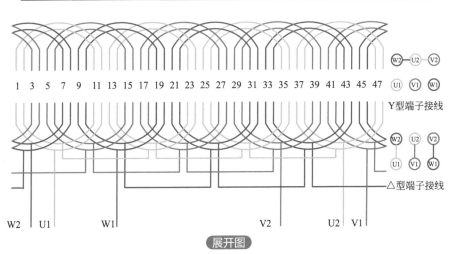

展开图

27

● 1.3 单层交叉式绕组

1.3.1 2极18槽单层交叉式绕组（Y7）

（1）绕组数据

定子槽数　$Z_1=18$

每组圈数　$S=1\dfrac{1}{2}$

并联路数　$a=1$

电机极数　$2p=2$

极相槽数　$q=3$

线圈节距　$Y=1—8$

总线圈数　$Q=9$

绕组极距　$\tau=9$

线圈组数　$u=6$

（2）嵌线顺序

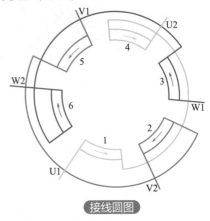

接线圆图

采用交叠法嵌线时顺序表

嵌线顺序	1	2	3	4	5	6	7	8	9	10	11	12
槽　号	3	1	17	15	13	2	11	18	9	16	7	14
嵌线顺序	13	14	15	16	17	18						
槽　号	5	12	10	8	6	4						

采用整嵌法嵌线时顺序表

嵌线顺序	1	2	3	4	5	6	7	8	9	10	11	12
槽　号	3	10	1	8	11	18	15	4	13	2	5	12
嵌线顺序	13	14	15	16	17	18						
槽　号	9	16	7	14	6	17						

（3）特点与应用

绕组采用显极接线，两组线圈等节距，每相由两组线圈反向串接而成，用于小功率三相异步电动机，常用实例有 DB-25 型电泵电动机等。

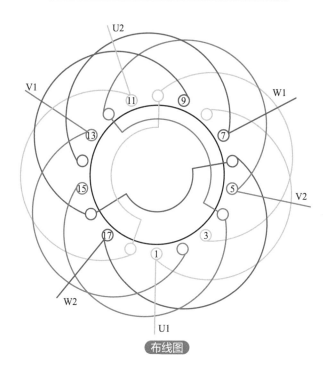

布线图

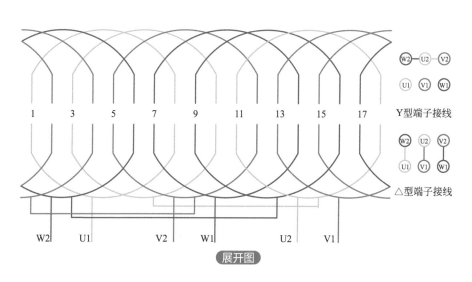

展开图

29

1.3.2　2极18槽单层交叉式绕组（Y7.5）

（1）绕组数据

定子槽数　$Z_1=18$

每组圈数　$S=1\dfrac{1}{2}$

并联路数　$a=1$

电机极数　$2p=2$

极相槽数　$q=3$

线圈节距　$Y=2$（1—9），1—8

总线圈数　$Q=9$

绕组极距　$\tau=9$

线圈组数　$u=6$

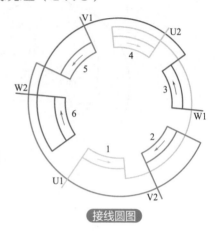

接线圆图

（2）嵌线顺序

采用交叠法嵌线时顺序表

嵌线顺序	1	2	3	4	5	6	7	8	9	10	11	12
槽　号	<u>2</u>	<u>1</u>	<u>17</u>	<u>14</u>	<u>13</u>	3	<u>11</u>	18	<u>8</u>	16	<u>7</u>	15
嵌线顺序	13	14	15	16	17	18						
槽　号	<u>5</u>	12	10	9	6	4						

采用整嵌法嵌线时顺序表

嵌线顺序	1	2	3	4	5	6	7	8	9	10	11	12
槽　号	3	10	1	9	11	18	8	16	7	15	6	17
嵌线顺序	13	14	15	16	17	18						
槽　号	14	4	13	3	5	12						

（3）特点与应用

绕组采用显极接线，两组线圈不等节距线圈，每相由两组线圈反向串接而成，用于小功率三相异步电动机，常用实例有 JO2-21-2、JO2L11-2、JO2L21-2、JO3-801-2、JO4-21-2 等。

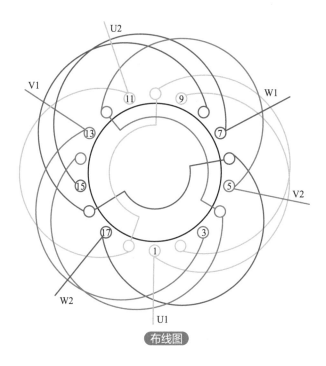

布线图

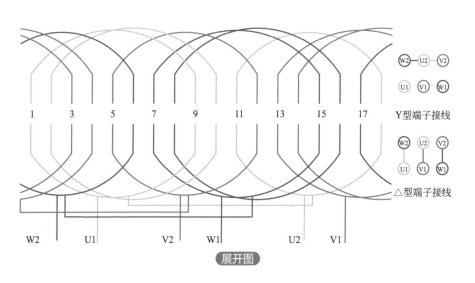

Y型端子接线

△型端子接线

展开图

1.3.3　2极18槽单层交叉式绕组（Y9）

（1）绕组数据

定子槽数　$Z_1=18$

每组圈数　$S=1\frac{1}{2}$

并联路数　$a=1$

电机极数　$2p=2$

极相槽数　$q=3$

线圈节距　$Y=1{-}10$

总线圈数　$Q=9$

绕组极距　$\tau=9$

线圈组数　$u=6$

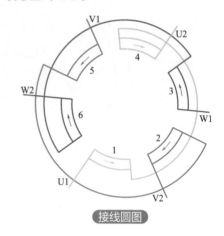

接线圆图

（2）嵌线顺序

采用交叠法嵌线时顺序表

嵌线顺序	1	2	3	4	5	6	7	8	9	10	11	12
槽　号	3	1	17	15	13	4	11	2	9	18	7	16
嵌线顺序	13	14	15	16	17	18						
槽　号	5	14	12	10	8	6						

采用整嵌法嵌线时顺序表

嵌线顺序	1	2	3	4	5	6	7	8	9	10	11	12
槽　号	3	12	1	10	11	2	9	18	7	16	17	8
嵌线顺序	13	14	15	16	17	18						
槽　号	15	6	13	3	14	5						

（3）特点与应用

绕组采用显极接线，两组线圈等节距线圈，每相由两组线圈反向串接而成，用于小功率三相异步电动机，常用实例有 JCB-22、Z2D-80、Z2D-100 等。

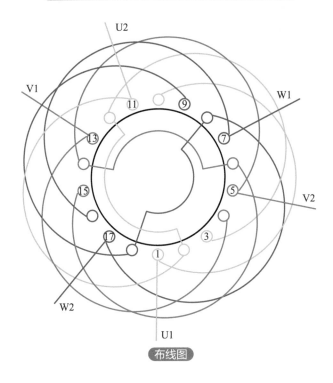

布线图

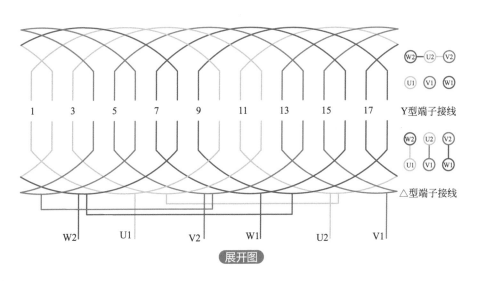

展开图

33

1.3.4 4极36槽单层交叉式绕组（Y7）

（1）绕组数据

定子槽数　$Z_1=36$

每组圈数　$S=1\dfrac{1}{2}$

并联路数　$a=1$

电机极数　$2p=4$

极相槽数　$q=3$

线圈节距　$Y=1—8$

总线圈数　$Q=18$

绕组极距　$\tau=9$

线圈组数　$u=12$

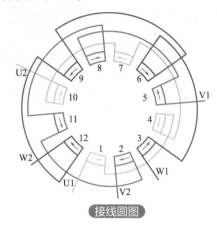

接线圆图

（2）嵌线顺序

采用交叠法嵌线时顺序表

嵌线顺序	1	2	3	4	5	6	7	8	9	10	11	12
槽　　号	3	1	35	33	4	31	2	29	36	27	34	25
嵌线顺序	13	14	15	16	17	18	19	20	21	22	23	24
槽　　号	32	23	30	21	28	19	26	17	24	15	22	13
嵌线顺序	25	26	27	28	29	30	31	32	33	34	35	36
槽　　号	20	11	18	9	16	7	14	5	12	10	8	6

采用整嵌法嵌线时顺序表

嵌线顺序	1	2	3	4	5	6	7	8	9	10	11	12
槽　　号	3	10	5	8	29	36	21	28	19	26	11	18
嵌线顺序	13	14	15	16	17	18	19	20	21	22	23	24
槽　　号	33	4	31	2	23	30	15	22	13	20	5	12
嵌线顺序	25	26	27	28	29	30	31	32	33	34	35	36
槽　　号	9	14	7	12	35	6	27	34	25	32	17	24

（3）特点与应用

绕组采用显极接线，采用等节距线圈，每相由四组线圈反向串接而成，用于小功率三相异步电动机，常用实例有 J-52-4、JO2L-41-4、JO2L-42-4 等。

34

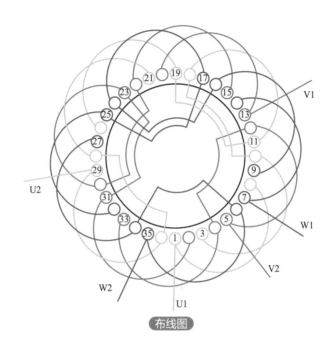

布线图

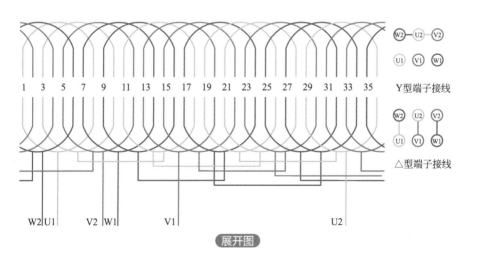

Y型端子接线

△型端子接线

展开图

1.3.5　4极36槽单层交叉式绕组（Y7.5a1）

（1）绕组数据

定子槽数　$Z_1=36$

每组圈数　$S=1\dfrac{1}{2}$

并联路数　$a=1$

电机极数　$2p=4$

极相槽数　$q=3$

线圈节距　$Y=2$（1—9），1—8

总线圈数　$Q=18$

绕组极距　$\tau=9$

线圈组数　$u=12$

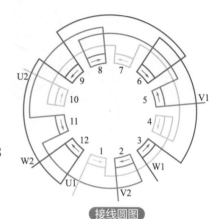

接线圆图

（2）嵌线顺序

采用交叠法嵌线时顺序表

嵌线顺序	1	2	3	4	5	6	7	8	9	10	11	12
槽　　号	2	1	35	32	31	3	29	36	26	34	25	33
嵌线顺序	13	14	15	16	17	18	19	20	21	22	23	24
槽　　号	23	30	20	28	19	27	17	24	14	22	13	21
嵌线顺序	25	26	27	28	29	30	31	32	33	34	35	36
槽　　号	11	18	8	16	7	15	5	12	10	9	6	4

采用整嵌法嵌线时顺序表

嵌线顺序	1	2	3	4	5	6	7	8	9	10	11	12
槽　　号	2	10	1	9	29	36	20	28	19	27	11	18
嵌线顺序	13	14	15	16	17	18	19	20	21	22	23	24
槽　　号	30	4	31	3	23	30	14	22	13	21	5	12
嵌线顺序	25	26	27	28	29	30	31	32	33	34	35	36
槽　　号	8	16	7	15	35	6	26	34	25	33	17	24

（3）特点与应用

　　绕组采用显极接线，采用不等节距线圈，每相由四组线圈反向串接而成，用于小功率三相异步电动机，常用实例有JO2-51-4、JO3T-100L-4、JO3L-140S-4、YX100L2-4等。

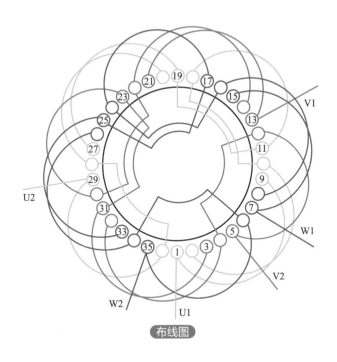

布线图

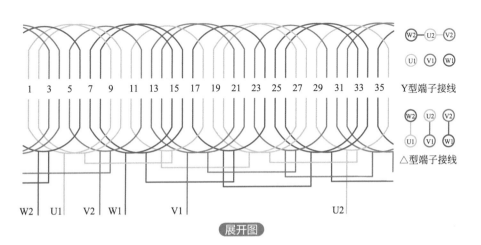

W2型端子接线

△型端子接线

展开图

1.3.6 4极36槽单层交叉式绕组（Y7.5a2）

（1）绕组数据

定子槽数　$Z_1=36$

每组圈数　$S=1\dfrac{1}{2}$

并联路数　$a=2$

电机极数　$2p=4$

极相槽数　$q=3$

线圈节距　$Y=2$（1—9），1—8

总线圈数　$Q=18$

绕组极距　$\tau=9$

线圈组数　$u=12$

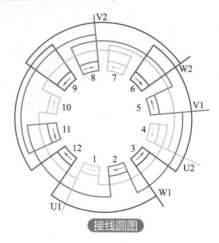

接线圆图

（2）嵌线顺序

采用交叠法嵌线时顺序表

嵌线顺序	1	2	3	4	5	6	7	8	9	10	11	12
槽　号	2	1	35	32	31	3	29	36	26	34	25	33
嵌线顺序	13	14	15	16	17	18	19	20	21	22	23	24
槽　号	23	30	20	28	19	27	17	24	14	22	13	21
嵌线顺序	25	26	27	28	29	30	31	32	33	34	35	36
槽　号	11	18	8	16	7	15	5	12	10	9	6	4

采用整嵌法嵌线时顺序表

嵌线顺序	1	2	3	4	5	6	7	8	9	10	11	12
槽　号	2	10	1	9	29	36	20	28	19	27	11	18
嵌线顺序	13	14	15	16	17	18	19	20	21	22	23	24
槽　号	30	4	31	3	23	30	14	22	13	21	5	12
嵌线顺序	25	26	27	28	29	30	31	32	33	34	35	36
槽　号	8	16	7	15	35	6	26	34	25	33	17	24

（3）特点与应用

绕组采用显极接线，采用不等节距线圈，每相先两组线圈反向串接，然后并接成两路，用于小功率三相异步电动机，常用实例有 Y160M-4、BJO2-32-4 等。

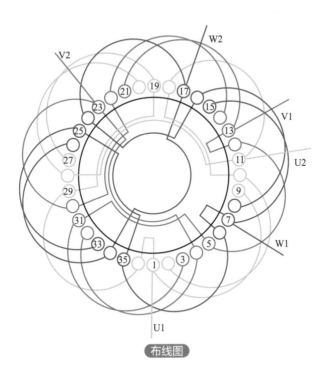

布线图

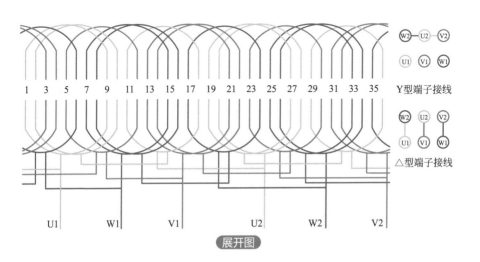

展开图

1.3.7 4极36槽单层交叉式绕组（Y9）

（1）绕组数据

定子槽数 $Z_1=36$

每组圈数 $S=1\frac{1}{2}$

并联路数 $a=2$

电机极数 $2p=4$

极相槽数 $q=3$

线圈节距 $Y=1—10$

总线圈数 $Q=18$

绕组极距 $\tau=9$

线圈组数 $u=12$

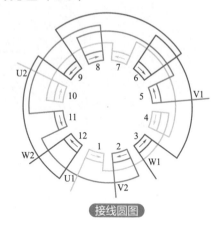

接线圆图

（2）嵌线顺序

采用交叠法嵌线时顺序表

嵌线顺序	1	2	3	4	5	6	7	8	9	10	11	12
槽 号	3	1	35	32	31	4	29	2	27	36	25	34
嵌线顺序	13	14	15	16	17	18	19	20	21	22	23	24
槽 号	23	32	21	30	19	28	17	26	15	24	13	22
嵌线顺序	25	26	27	28	29	30	31	32	33	34	35	36
槽 号	11	20	9	18	7	16	5	14	12	10	8	6

采用整嵌法嵌线时顺序表

嵌线顺序	1	2	3	4	5	6	7	8	9	10	11	12
槽 号	3	12	1	10	29	2	21	30	19	28	11	20
嵌线顺序	13	14	15	16	17	18	19	20	21	22	23	24
槽 号	33	6	31	4	23	30	19	24	13	22	5	14
嵌线顺序	25	26	27	28	29	30	31	32	33	34	35	36
槽 号	9	18	7	16	35	10	27	36	25	34	17	26

（3）特点与应用

绕组采用显极接线，采用等节距线圈，每相先两组线圈反向串接，然后并接成两路，用于小功率三相异步电动机，常用实例有 JO-42-4 等。

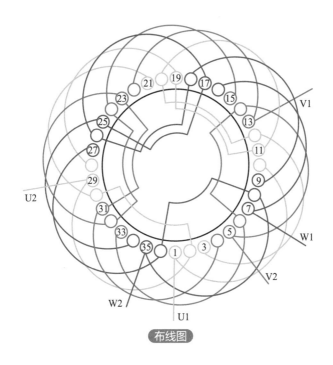

布线图

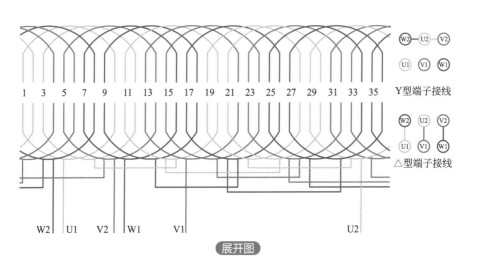

Y型端子接线

△型端子接线

展开图

41

1.3.8 6极54槽单层同心式绕组（a1）

（1）绕组数据

定子槽数　$Z_1=54$

每组圈数　$S=1\dfrac{1}{2}$

并联路数　$a=1$

电机极数　$2p=6$

极相槽数　$q=3$

线圈节距　$Y=2$（1—9），1—8

总线圈数　$Q=27$

绕组极距　$\tau=9$

线圈组数　$u=18$

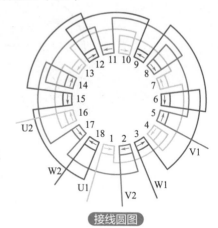

接线圆图

（2）嵌线顺序

采用交叠法嵌线时顺序表

嵌线顺序	1	2	3	4	5	6	7	8	9	10	11	12	13	14	15	16	17	18
槽　号	2	1	53	50	4	49	3	47	54	44	52	43	51	41	48	38	46	37
嵌线顺序	19	20	21	22	23	24	25	26	27	28	29	30	31	32	33	34	35	36
槽　号	45	35	42	32	40	31	39	29	36	26	34	25	33	23	30	20	28	19
嵌线顺序	37	38	39	40	41	42	43	44	45	46	47	48	49	50	51	52	53	54
槽　号	27	17	24	14	22	13	21	11	18	8	16	7	15	5	12	10	9	6

（3）特点与应用

绕组采用显极接线，采用不等节距线圈，每相由六组线圈反向串接而成，用于小功率三相异步电动机，常用实例有 YX160M-6、JZR2-22-6 等。

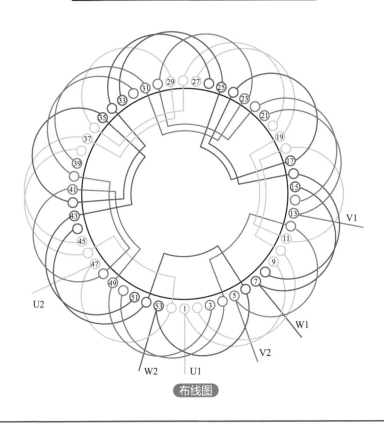

布线图

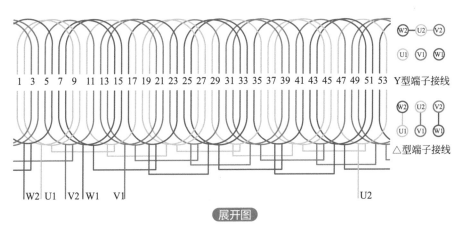

Y型端子接线

△型端子接线

展开图

43

1.3.9 6极54槽单层同心式绕组（a3）

（1）绕组数据

转子槽数　$Z_2=54$

每组圈数　$S=1\dfrac{1}{2}$

并联路数　$a=3$

电机极数　$2p=6$

极相槽数　$q=3$

线圈节距　$Y=2$（1—9），1—8

总线圈数　$Q=27$

绕组极距　$\tau=9$

线圈组数　$u=18$

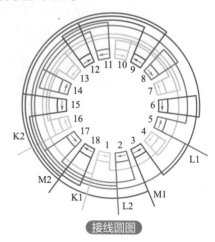

接线圆图

（2）嵌线顺序

采用交叠法嵌线时顺序表

嵌线顺序	1	2	3	4	5	6	7	8	9	10	11	12	13	14	15	16	17	18
槽　号	2	1	53	50	4	49	3	47	54	44	52	43	51	41	48	38	46	37
嵌线顺序	19	20	21	22	23	24	25	26	27	28	29	30	31	32	33	34	35	36
槽　号	45	35	42	32	40	31	39	29	36	26	34	25	33	23	30	20	28	19
嵌线顺序	37	38	39	40	41	42	43	44	45	46	47	48	49	50	51	52	53	54
槽　号	27	17	24	14	22	13	21	11	18	8	16	7	15	5	12	10	9	6

（3）特点与应用

绕组采用显极接线，每组只有一把线圈，每相先三组线圈反向串接，然后并接成两路，用于小功率三相异步电动机，常用实例有YZR250M1-6、YZR250M2-6等。

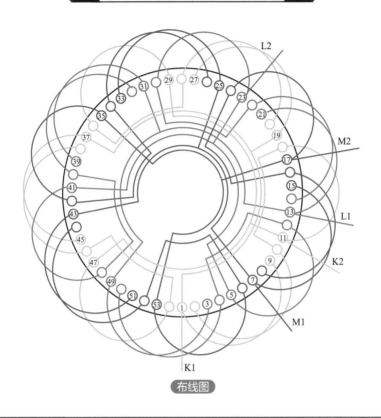

L2
M2
L1
K2
M1
K1

布线图

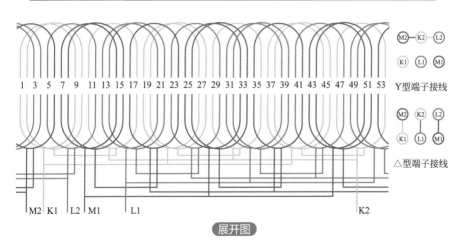

1 3 5 7 9 11 13 15 17 19 21 23 25 27 29 31 33 35 37 39 41 43 45 47 49 51 53

M2⃝—K2⃝—L2⃝

K1⃝—L1⃝—M1⃝

Y型端子接线

M2⃝　K2⃝　L2⃝

K1⃝　L1⃝　M1⃝

△型端子接线

M2 K1 L2 M1 L1 K2

展开图

45

◆ 1.4 单层同心交叉式绕组

1.4.1 2极18槽单层交叉式绕组

（1）绕组数据

定子槽数　　$Z_1 = 18$

每组圈数　　$S = 1\frac{1}{2}$

并联路数　　$a = 1$

电机极数　　$2p = 2$

极相槽数　　$q = 3$

线圈节距　　$Y = 1{-}10，2{-}9，1{-}8$

总线圈数　　$Q = 9$

绕组极距　　$\tau = 9$

线圈组数　　$u = 6$

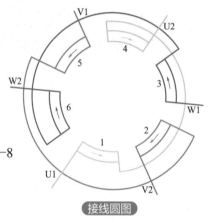

接线圆图

（2）嵌线顺序

采用交叠法嵌线时顺序表

嵌线顺序	1	2	3	4	5	6	7	8	9	10	11	12
槽　　号	<u>2</u>	<u>1</u>	<u>17</u>	<u>14</u>	3	<u>13</u>	4	<u>11</u>	18	<u>8</u>	15	<u>7</u>
嵌线顺序	13	14	15	16	17	18						
槽　　号	16	<u>5</u>	12	9	10	4						

采用整嵌法嵌线时顺序表

嵌线顺序	1	2	3	4	5	6	7	8	9	10	11	12
槽　　号	2	9	1	10	11	18	14	3	13	4	5	12
嵌线顺序	13	14	15	16	17	18						
槽　　号	8	15	7	16	17	6						

（3）特点与应用

绕组采用显极接线，两组线圈不等节距，每相由两组线圈反向串接而成，用于小功率三相异步电动机，常用实例有 JW-07A-2、JW-07B-2、J3Z-13、J3Z-19、J3Z-132 型电动机等。

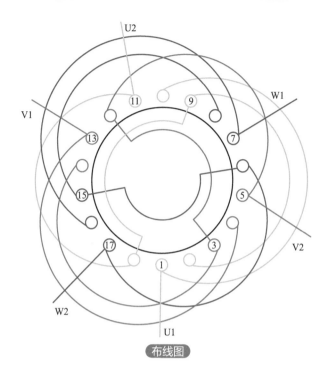

布线图

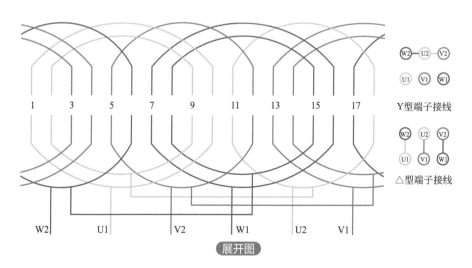

Y型端子接线

△型端子接线

展开图

47

1.4.2 2极30槽单层同心交叉式绕组

（1）绕组数据

定子槽数　$Z_1=18$

每组圈数　$S=2\dfrac{1}{2}$

并联路数　$a=1$

电机极数　$2p=2$

极相槽数　$q=5$

线圈节距　$Y=1—16，2—15，$
　　　　　$3—14，17—30，18—29$

总线圈数　$Q=9$

绕组极距　$\tau=9$

线圈组数　$u=6$

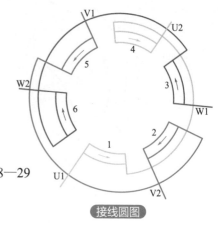

接线圆图

（2）嵌线顺序

采用交叠法嵌线时顺序表

嵌线顺序	1	2	3	4	5	6	7	8	9	10	11	12	13	14	15
槽　号	3	2	1	28	27	23	4	22	5	21	6	18	29	17	30
嵌线顺序	16	17	18	19	20	21	22	23	24	25	26	27	28	29	30
槽　号	13	24	12	25	11	26	8	19	7	20	14	15	16	9	10

采用整嵌法嵌线时顺序表

嵌线顺序	1	2	3	4	5	6	7	8	9	10	11	12	13	14	15
槽　号	3	14	2	15	1	16	18	29	17	30	23	4	22	5	21
嵌线顺序	16	17	18	19	20	21	22	23	24	25	26	27	28	29	30
槽　号	6	8	19	7	20	13	24	12	25	11	26	28	9	27	10

（3）特点与应用

绕组采用显极接线，两组线圈不等节距，每相由两组线圈反向串接而成，用于小功率三相异步电动机，常用实例有 JO3T-112S-2、Y112M-2、Y132S2-2、JO3-801-2、YLB-132-2 等。

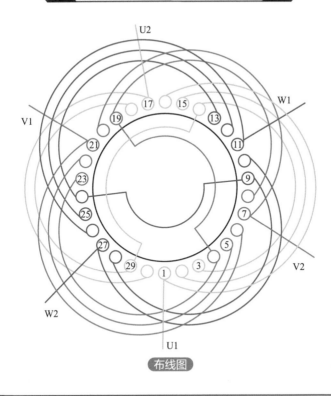

布线图

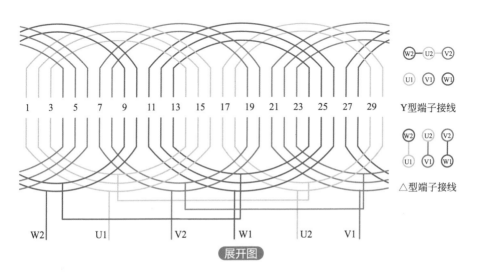

展开图

49

1.4.3 4极36槽单层同心交叉式绕组

（1）绕组数据

定子槽数 $Z_1=36$

每组圈数 $S=1\dfrac{1}{2}$

并联路数 $a=1$

电机极数 $2p=4$

极相槽数 $q=3$

线圈节距 $Y=1—10，2—9，1—8$

总线圈数 $Q=18$

绕组极距 $\tau=9$

线圈组数 $u=12$

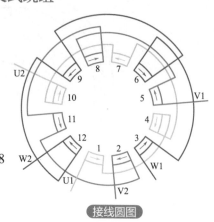

接线圆图

（2）嵌线顺序

采用交叠法嵌线时顺序表

嵌线顺序	1	2	3	4	5	6	7	8	9	10	11	12
槽 号	2	1	35	32	3	31	4	29	36	26	33	25
嵌线顺序	13	14	15	16	17	18	19	20	21	22	23	24
槽 号	34	23	30	20	27	19	28	17	24	14	21	13
嵌线顺序	25	26	27	28	29	30	31	32	33	34	35	36
槽 号	22	11	18	8	15	7	16	5	12	9	10	6

采用整嵌法嵌线时顺序表

嵌线顺序	1	2	3	4	5	6	7	8	9	10	11	12
槽 号	2	9	1	10	29	36	20	27	19	28	11	18
嵌线顺序	13	14	15	16	17	18	19	20	21	22	23	24
槽 号	8	15	7	16	35	6	26	33	25	34	17	24
嵌线顺序	25	26	27	28	29	30	31	32	33	34	35	36
槽 号	14	21	13	22	5	12	32	3	31	4	23	30

（3）特点与应用

绕组采用显极接线，两组线圈不等节距，每相由两组线圈反向串接而成，用于小功率三相异步电动机，常用实例有 JO2L-32-4、Z2D-80、Z2D-100 等。

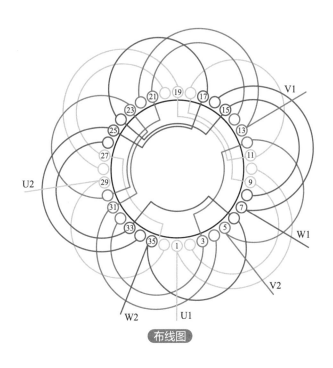

布线图

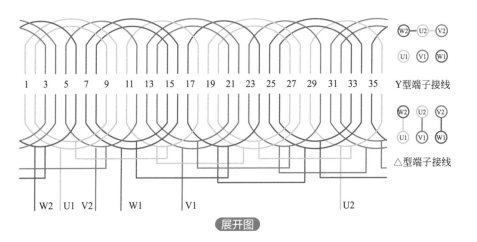

Y型端子接线

△型端子接线

展开图

1.4.4 6极54槽单层同心交叉式绕组

（1）绕组数据

转子槽数　Z_2=54

每组圈数　$S=1\dfrac{1}{2}$

并联路数　a=1

电机极数　$2p$=6

极相槽数　q=3

线圈节距　Y=1—10，2—9，1—8

总线圈数　Q=27

绕组极距　τ=9

线圈组数　u=18

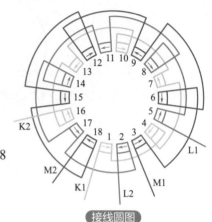

接线圆图

（2）嵌线顺序

采用整嵌法嵌线时顺序表

嵌线顺序	1	2	3	4	5	6	7	8	9	10	11	12	13	14	15	16	17	18
槽　　号	2	1	53	50	3	49	4	47	54	44	51	43	52	41	48	38	45	37
嵌线顺序	19	20	21	22	23	24	25	26	27	28	29	30	31	32	33	34	35	36
槽　　号	46	35	42	32	39	31	40	29	36	26	33	25	34	23	30	20	27	19
嵌线顺序	37	38	39	40	41	42	43	44	45	46	47	48	49	50	51	52	53	54
槽　　号	28	17	24	14	21	13	22	11	18	8	15	7	16	5	12	9	10	6

（3）特点与应用

绕组采用显极接线，采用不等节距线圈，每相由六组线圈反向串接而成，用于小功率三相异步电动机，常用实例有JR-115-6、JZR2-22-6等。

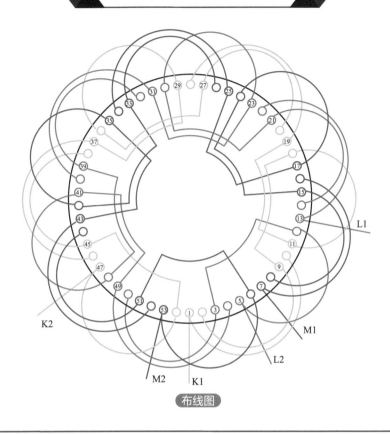

布线图

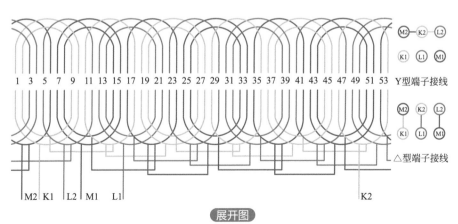

展开图

53

1.4.5　2极30槽交叉同心式延边三角形绕组

（1）绕组数据

定子槽数　Z_1=30

每组圈数　$S=2\dfrac{1}{2}$

并联路数　a=1

电机极数　$2p$=2

极相槽数　q=5

线圈节距　Y=1—16，2—15，

3—14，17—30，18—29

总线圈数　Q=12

绕组极距　τ=15

线圈组数　u=12

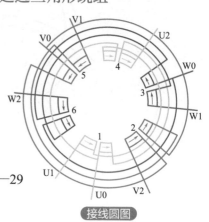

接线圆图

（2）嵌线顺序

采用交叠法嵌线时顺序表

嵌线顺序	1	2	3	4	5	6	7	8	9	10	11	12	13	14	15
槽　　号	3	2	1	28	27	23	4	22	5	21	6	18	29	17	30
嵌线顺序	16	17	18	19	20	21	22	23	24	25	26	27	28	29	30
槽　　号	13	24	12	25	11	26	8	19	7	20	14	15	16	9	10

采用整嵌法嵌线时顺序表

嵌线顺序	1	2	3	4	5	6	7	8	9	10	11	12	13	14	15
槽　　号	3	14	2	15	1	16	18	29	17	30	23	4	22	5	21
嵌线顺序	16	17	18	19	20	21	22	23	24	25	26	27	28	29	30
槽　　号	6	8	19	7	20	13	24	12	25	11	26	9	27	10	

（3）特点与应用

绕组采用显极接线，两组线圈不等节距，将每相分成两组，采用2∶3抽头，一组安排在延边段，另一组安排在△形段，用于小型电动机改绕。

54

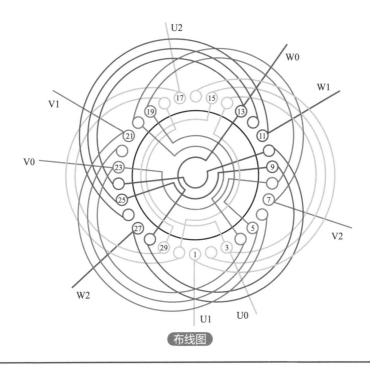

布线图

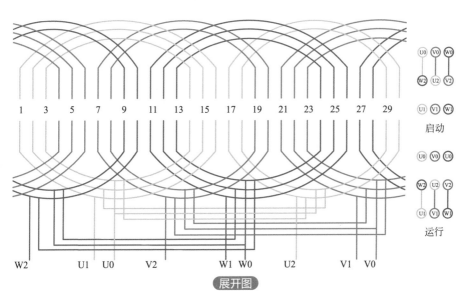

展开图

接线图的画法

三相单层交叉式
绕组嵌线

2极30槽单层同心
交叉式绕组重绕

三相单层同心式
绕组嵌线

三相电动机的
机械检修

三相单层链式
绕组嵌线

第2章

三相电动机双层绕组

⬡ 2.1 双层叠式绕组

2.1.1 2极12槽双层叠式绕组

（1）绕组数据

定子槽数 $Z_1=12$

每组圈数 $S=2$

并联路数 $a=1$

电机极数 $2p=2$

极相槽数 $q=2$

线圈节距 $Y=5$

总线圈数 $Q=12$

绕组极距 $\tau=6$

线圈组数 $u=6$

（2）嵌线顺序

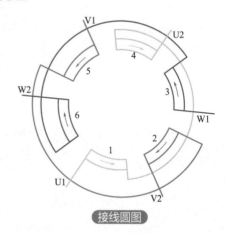

接线圆图

采用交叠法嵌线时顺序表

嵌线顺序	1	2	3	4	5	6	7	8	9	10	11	12
槽　号	2	1	12	11	10	9	2	8	1	7	12	6
嵌线顺序	13	14	15	16	17	18	19	20	21	22	23	24
槽　号	11	5	10	4	9	3	8	7	6	5	4	3

（3）特点与应用

绕组采用显极接线，整数槽短节距线圈，每相由两组线圈反向串接而成，用于小功率三相异步电动机，常用实例有 AO2-4512、DBC-25、M212-950 等。

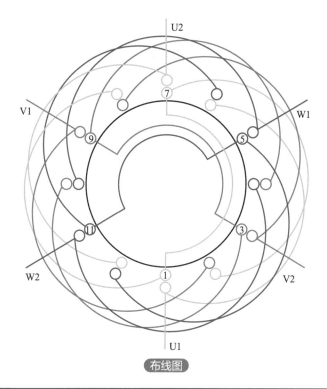

布线图

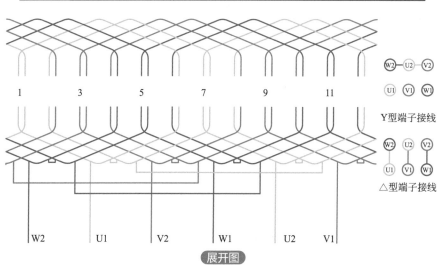

Y型端子接线

△型端子接线

展开图

59

2.1.2 2极18槽双层叠式绕组（Y7a1）

（1）绕组数据

定子槽数 Z_1=18

每组圈数 S=3

并联路数 a=1

电机极数 $2p$=2

极相槽数 q=3

线圈节距 Y=7

总线圈数 Q=18

绕组极距 τ=9

线圈组数 u=6

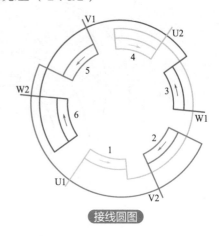

接线圆图

（2）嵌线顺序

采用交叠法嵌线时顺序表

嵌线顺序	1	2	3	4	5	6	7	8	9	10	11	12	13	14	15	16	17	18
槽　　号	3	2	1	18	17	16	15	14	3	13	2	12	1	11	18	10	17	9
嵌线顺序	19	20	21	22	23	24	25	26	27	28	29	30	31	32	33	34	35	36
槽　　号	16	8	15	7	14	6	13	5	12	4	11	10	9	8	7	6	5	4

（3）特点与应用

绕组采用显极接线，整数槽短节距线圈，每相由两组线圈反向串接而成，用于小功率三相异步电动机，常用实例有 J3Z-49、JCL012-2、JW06A-2、JW06B-2 等。

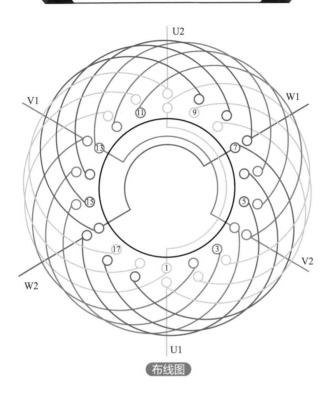

布线图

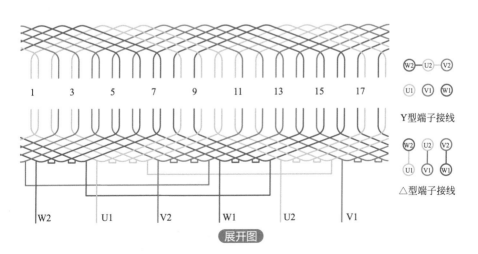

W2 ─ U2 ─ V2

U1 V1 W1

Y型端子接线

W2 U2 V2

U1 V1 W1

△型端子接线

展开图

2.1.3　2极18槽双层叠式绕组（Y8a1）

（1）绕组数据

定子槽数　$Z_1=18$

每组圈数　$S=3$

并联路数　$a=1$

电机极数　$2p=2$

极相槽数　$q=3$

线圈节距　$Y=8$

总线圈数　$Q=18$

绕组极距　$\tau=9$

线圈组数　$u=6$

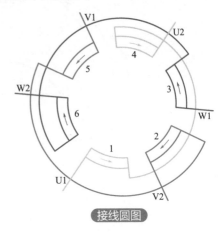

接线圆图

（2）嵌线顺序

采用交叠法嵌线时顺序表

嵌线顺序	1	2	3	4	5	6	7	8	9	10	11	12	13	14	15	16	17	18
槽　号	3	2	1	18	17	16	15	14	13	3	12	2	11	1	10	18	9	17
嵌线顺序	19	20	21	22	23	24	25	26	27	28	29	30	31	32	33	34	35	36
槽　号	8	16	7	15	6	14	5	13	4	12	11	10	9	8	7	6	5	4

（3）特点与应用

绕组采用显极接线，整数槽短节距线圈，每相由两组线圈反向串接而成，用于小功率三相异步电动机，常用实例有 M3L2-950 等。

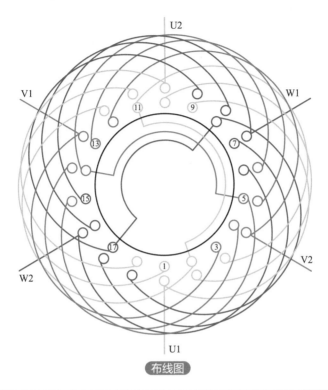

布线图

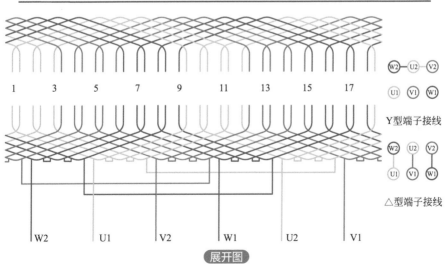

1	3	5	7	9	11	13	15	17

W2 — U2 — V2

U1 V1 W1

Y型端子接线

W2 U2 V2

U1 V1 W1

△型端子接线

W2   U1   V2   W1   U2   V1

展开图

2.1.4 2极24槽双层叠式绕组（Y8a1）

（1）绕组数据

定子槽数　$Z_1=24$

每组圈数　$S=4$

并联路数　$a=1$

电机极数　$2p=2$

极相槽数　$q=4$

线圈节距　$Y=8$

总线圈数　$Q=24$

绕组极距　$\tau=12$

线圈组数　$u=6$

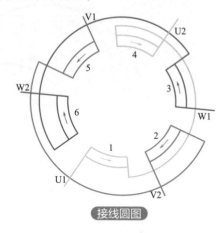

接线圆图

（2）嵌线顺序

采用交叠法嵌线时顺序表

嵌线顺序	1	2	3	4	5	6	7	8	9	10	11	12	13	14	15	16
槽　号	4	3	2	1	24	23	22	21	20	4	19	3	18	2	17	1
嵌线顺序	17	18	19	20	21	22	23	24	25	26	27	28	29	30	31	32
槽　号	16	24	15	23	14	22	13	21	12	20	11	19	10	18	9	17
嵌线顺序	33	34	35	36	37	38	39	40	41	42	43	44	45	46	47	48
槽　号	8	16	7	15	6	14	5	13	12	11	10	9	8	7	6	5

（3）特点与应用

绕组采用显极接线，整数槽短节距线圈，每相由两组线圈反向串接而成，用于小功率三相异步电动机，常用实例有 AO2-32-2、AO2C-32-2 等。

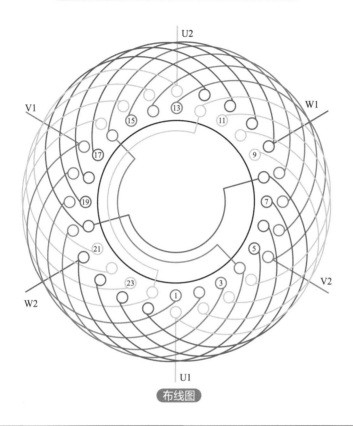

布线图

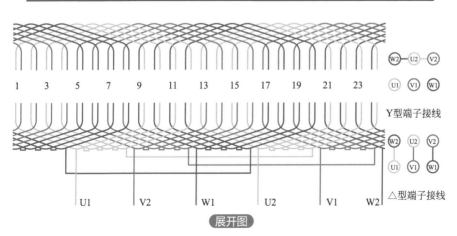

W2 — U2 — V2

U1　V1　W1

Y型端子接线

W2　U2　V2

U1　V1　W1

△型端子接线

U1　　V2　　W1　　U2　　V1　　W2

展开图

2.1.5 2极24槽双层叠式绕组（Y9a1）

（1）绕组数据

定子槽数 $Z_1=24$

每组圈数 $S=4$

并联路数 $a=1$

电机极数 $2p=2$

极相槽数 $q=4$

线圈节距 $Y=9$

总线圈数 $Q=24$

绕组极距 $\tau=12$

线圈组数 $u=6$

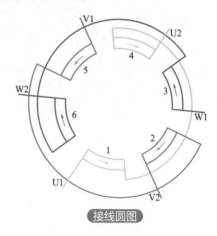

接线圆图

（2）嵌线顺序

采用交叠法嵌线时顺序表

嵌线顺序	1	2	3	4	5	6	7	8	9	10	11	12	13	14	15	16
槽　号	4	3	2	1	24	23	22	21	20	19	4	18	3	17	2	16
嵌线顺序	17	18	19	20	21	22	23	24	25	26	27	28	29	30	31	32
槽　号	1	15	24	14	23	13	22	12	21	11	20	10	19	9	18	8
嵌线顺序	33	34	35	36	37	38	39	40	41	42	43	44	45	46	47	48
槽　号	17	7	16	6	15	5	14	13	12	11	10	9	8	7	6	5

（3）特点与应用

绕组采用显极接线，整数槽短节距线圈，每相由两组线圈反向串接而成，用于小功率三相异步电动机，常用实例有 JO4-61-2、JO4-62-2、JO4-71-2、AO2-41-2 等。

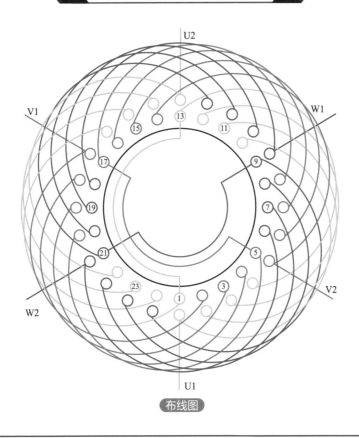

布线图

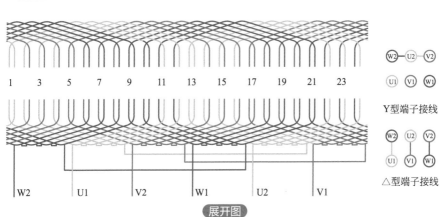

1 3 5 7 9 11 13 15 17 19 21 23

W2   U1   V2   W1   U2   V1

展开图

Y型端子接线

△型端子接线

2.1.6　2极24槽双层叠式绕组（Y9a2）

（1）绕组数据

定子槽数　$Z_1=24$

每组圈数　$S=4$

并联路数　$a=2$

电机极数　$2p=2$

极相槽数　$q=4$

线圈节距　$Y=9$

总线圈数　$Q=24$

绕组极距　$\tau=12$

线圈组数　$u=6$

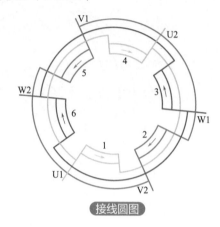

接线圆图

（2）嵌线顺序

采用交叠法嵌线时顺序表

嵌线顺序	1	2	3	4	5	6	7	8	9	10	11	12	13	14	15	16
槽　　号	4	3	2	1	24	23	22	21	20	19	4	18	3	17	2	16
嵌线顺序	17	18	19	20	21	22	23	24	25	26	27	28	29	30	31	32
槽　　号	1	15	24	14	23	13	22	12	21	11	20	10	19	9	18	8
嵌线顺序	33	34	35	36	37	38	39	40	41	42	43	44	45	46	47	48
槽　　号	17	7	16	6	15	5	14	13	12	11	10	9	8	7	6	5

（3）特点与应用

绕组采用显极接线，整数槽短节距线圈，每相由两组线圈反向并接而成，用于小功率三相异步电动机，常用实例有 JO-63-2、AOC2-51-2 等。

68

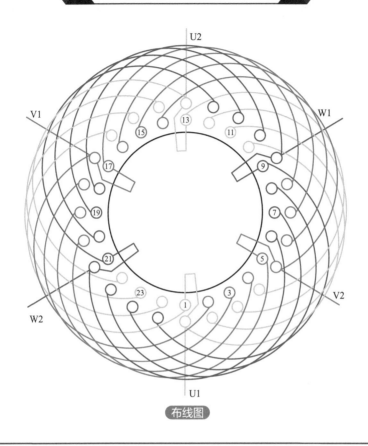

布线图

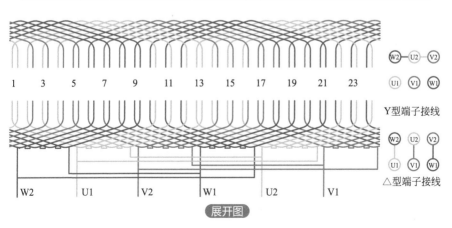

展开图

2.1.7　2极24槽双层叠式绕组（Y10a1）

（1）绕组数据

定子槽数　$Z_1=24$

每组圈数　$S=4$

并联路数　$a=1$

电机极数　$2p=2$

极相槽数　$q=4$

线圈节距　$Y=10$

总线圈数　$Q=24$

绕组极距　$\tau=12$

线圈组数　$u=6$

（2）嵌线顺序

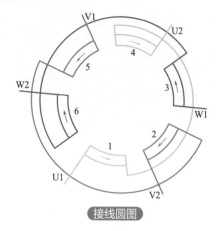

接线圆图

采用交叠法嵌线时顺序表

嵌线顺序	1	2	3	4	5	6	7	8	9	10	11	12	13	14	15	16
槽　　号	<u>4</u>	<u>3</u>	<u>2</u>	<u>1</u>	<u>24</u>	<u>23</u>	<u>22</u>	<u>21</u>	<u>20</u>	<u>19</u>	<u>18</u>	4	<u>17</u>	3	<u>16</u>	2
嵌线顺序	17	18	19	20	21	22	23	24	25	26	27	28	29	30	31	32
槽　　号	<u>15</u>	1	<u>14</u>	24	<u>13</u>	23	<u>12</u>	22	<u>11</u>	21	<u>10</u>	20	<u>9</u>	19	<u>8</u>	18
嵌线顺序	33	34	35	36	37	38	39	40	41	42	43	44	45	46	47	48
槽　　号	<u>7</u>	17	<u>6</u>	16	<u>5</u>	15	14	13	12	11	10	9	8	7	6	5

（3）特点与应用

绕组采用显极接线，整数槽短节距线圈，每相由两组线圈反向串接而成，用于小功率三相异步电动机，常用实例有 J52-2、CJB-45-2 等。

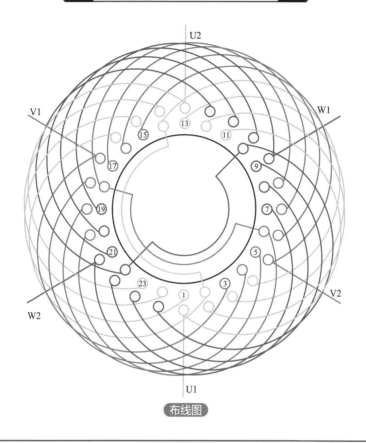

布线图

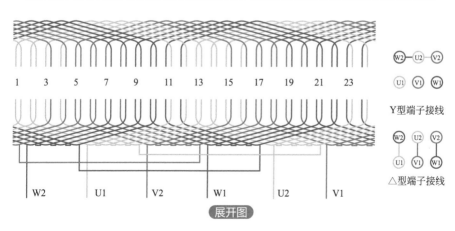

Y型端子接线

△型端子接线

展开图

71

2.1.8　2极24槽双层叠式绕组（Y10a2）

（1）绕组数据

定子槽数　Z_1=24

每组圈数　S=4

并联路数　a=2

电机极数　$2p$=2

极相槽数　q=4

线圈节距　Y=10

总线圈数　Q=24

绕组极距　τ=12

线圈组数　u=6

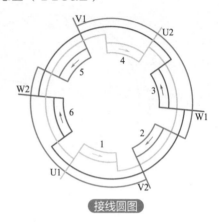

接线圆图

（2）嵌线顺序

采用交叠法嵌线时顺序表

嵌线顺序	1	2	3	4	5	6	7	8	9	10	11	12	13	14	15	16
槽　　号	<u>4</u>	<u>3</u>	<u>2</u>	<u>1</u>	<u>24</u>	<u>23</u>	<u>22</u>	<u>21</u>	<u>20</u>	<u>19</u>	<u>18</u>	4	<u>17</u>	3	<u>16</u>	2
嵌线顺序	17	18	19	20	21	22	23	24	25	26	27	28	29	30	31	32
槽　　号	<u>15</u>	1	<u>14</u>	24	<u>13</u>	23	<u>12</u>	22	<u>11</u>	21	<u>10</u>	20	<u>9</u>	19	<u>8</u>	18
嵌线顺序	33	34	35	36	37	38	39	40	41	42	43	44	45	46	47	48
槽　　号	<u>7</u>	17	<u>6</u>	16	<u>5</u>	15	14	13	12	11	10	9	8	7	6	5

（3）特点与应用

绕组采用显极接线，整数槽短节距线圈，每相由两组线圈反向并接而成，用于小功率三相异步电动机，常用实例有 JO3-160S-2TH 等。

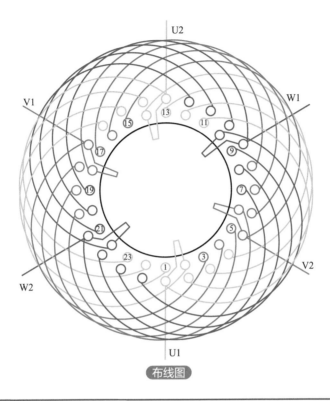

布线图

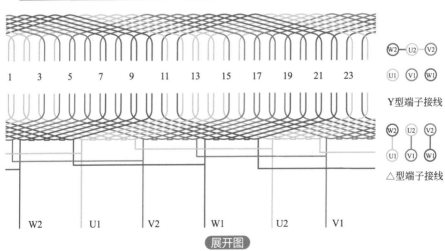

Y型端子接线

△型端子接线

展开图

73

2.1.9 2极30槽双层叠式绕组（Y10a1）

（1）绕组数据

定子槽数　$Z_1=30$

每组圈数　$S=5$

并联路数　$a=1$

电机极数　$2p=2$

极相槽数　$q=5$

线圈节距　$Y=10$

总线圈数　$Q=30$

绕组极距　$\tau=15$

线圈组数　$u=6$

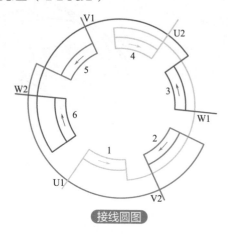

接线圆图

（2）嵌线顺序

采用交叠法嵌线时顺序表

嵌线顺序	1	2	3	4	5	6	7	8	9	10	11	12	13	14	15
槽　号	5	4	3	2	1	30	29	28	27	26	25	5	24	4	23
嵌线顺序	16	17	18	19	20	21	22	23	24	25	26	27	28	29	30
槽　号	3	22	2	21	1	20	30	19	29	18	28	17	27	16	26
嵌线顺序	31	32	33	34	35	36	37	38	39	40	41	42	43	44	45
槽　号	15	25	14	24	13	23	12	22	11	21	10	20	9	19	8
嵌线顺序	46	47	48	49	50	51	52	53	54	55	56	57	58	59	60
槽　号	18	7	17	6	16	15	14	13	12	11	10	9	8	7	6

（3）特点与应用

绕组采用显极接线，整数槽短节距线圈，每相由两组线圈反向串接而成，用于小功率三相异步电动机，常用实例有JO2-62-2等。

74

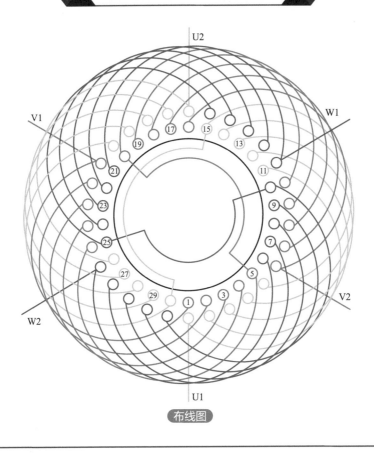

布线图

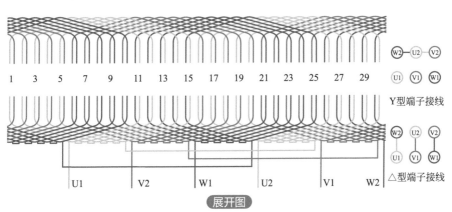

1 3 5 7 9 11 13 15 17 19 21 23 25 27 29

W2 — U2 — V2

U1 V1 W1

Y型端子接线

W2 U2 V2

U1 V1 W1

△型端子接线

U1   V2   W1   U2   V1   W2

展开图

2.1.10 2极30槽双层叠式绕组（Y10a2）

（1）绕组数据

定子槽数　Z_1=30

每组圈数　S=5

并联路数　a=2

电机极数　$2p$=2

极相槽数　q=5

线圈节距　Y=10

总线圈数　Q=30

绕组极距　τ=15

线圈组数　u=6

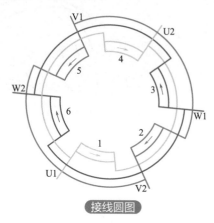

接线圆图

（2）嵌线顺序

采用交叠法嵌线时顺序表

嵌线顺序	1	2	3	4	5	6	7	8	9	10	11	12	13	14	15
槽　号	<u>5</u>	<u>4</u>	<u>3</u>	<u>2</u>	<u>1</u>	<u>30</u>	<u>29</u>	<u>28</u>	<u>27</u>	<u>26</u>	<u>25</u>	5	<u>24</u>	4	<u>23</u>
嵌线顺序	16	17	18	19	20	21	22	23	24	25	26	27	28	29	30
槽　号	3	<u>22</u>	2	<u>21</u>	1	<u>20</u>	30	<u>19</u>	29	<u>18</u>	28	<u>17</u>	27	<u>16</u>	26
嵌线顺序	31	32	33	34	35	36	37	38	39	40	41	42	43	44	45
槽　号	<u>15</u>	25	<u>14</u>	24	<u>13</u>	23	<u>12</u>	22	<u>11</u>	21	<u>10</u>	20	<u>9</u>	19	<u>8</u>
嵌线顺序	46	47	48	49	50	51	52	53	54	55	56	57	58	59	60
槽　号	18	<u>7</u>	17	<u>6</u>	16	15	14	13	12	11	10	9	8	7	6

（3）特点与应用

绕组采用显极接线，整数槽短节距线圈，每相由两组线圈反向并接而成，用于小功率三相异步电动机，常用实例有 JO2L-61-2 等。

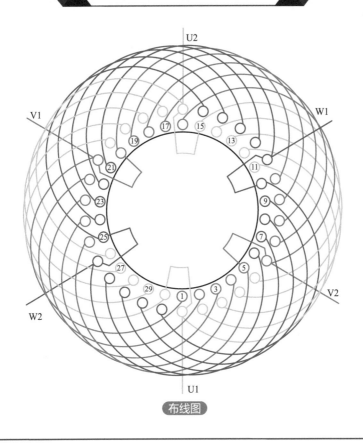

布线图

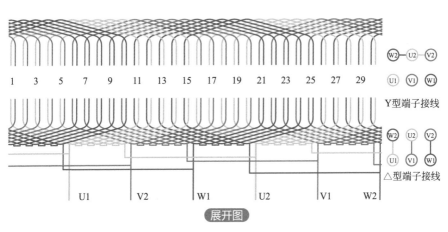

展开图

2.1.11　2极30槽双层叠式绕组（Y11a1）

（1）绕组数据

定子槽数　Z_1=30

每组圈数　S=5

并联路数　a=1

电机极数　$2p$=2

极相槽数　q=5

线圈节距　Y=11

总线圈数　Q=30

绕组极距　τ=15

线圈组数　u=6

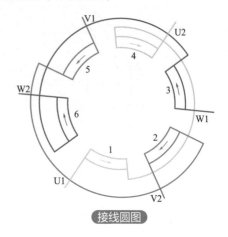

接线圆图

（2）嵌线顺序

采用交叠法嵌线时顺序表

嵌线顺序	1	2	3	4	5	6	7	8	9	10	11	12	13	14	15
槽　　号	5	4	3	2	1	30	29	28	27	26	25	24	5	23	4
嵌线顺序	16	17	18	19	20	21	22	23	24	25	26	27	28	29	30
槽　　号	22	3	21	2	20	1	19	30	18	29	17	28	16	27	15
嵌线顺序	31	32	33	34	35	36	37	38	39	40	41	42	43	44	45
槽　　号	26	14	25	13	24	12	23	11	22	10	21	9	20	8	19
嵌线顺序	46	47	48	49	50	51	52	53	54	55	56	57	58	59	60
槽　　号	7	18	6	17	16	15	14	13	12	11	10	9	8	7	6

（3）特点与应用

绕组采用显极接线，整数槽短节距线圈，每相由两组线圈反向串接而成，用于小功率三相异步电动机，常用实例有JO4-72-2等。

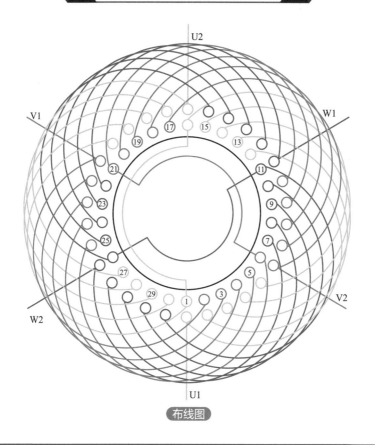

布线图

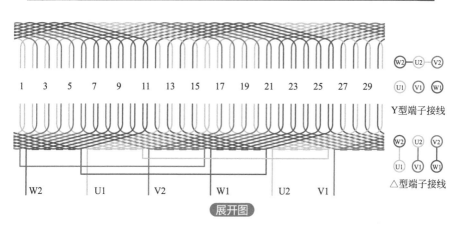

Y型端子接线

△型端子接线

展开图

79

2.1.12 2极30槽双层叠式绕组（Y11a2）

（1）绕组数据

定子槽数　$Z_1=30$

每组圈数　$S=5$

并联路数　$a=2$

电机极数　$2p=2$

极相槽数　$q=5$

线圈节距　$Y=11$

总线圈数　$Q=30$

绕组极距　$\tau=15$

线圈组数　$u=6$

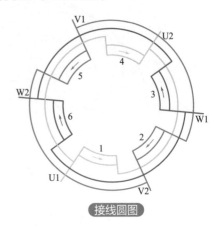

接线圆图

（2）嵌线顺序

采用交叠法嵌线时顺序表

嵌线顺序	1	2	3	4	5	6	7	8	9	10	11	12	13	14	15
槽　　号	5	4	3	2	1	30	29	28	27	26	25	24	5	23	4
嵌线顺序	16	17	18	19	20	21	22	23	24	25	26	27	28	29	30
槽　　号	22	3	21	2	1	19	30	18	29	17	28	16	27	15
嵌线顺序	31	32	33	34	35	36	37	38	39	40	41	42	43	44	45
槽　　号	26	14	25	13	24	12	23	11	22	10	21	9	20	8	19
嵌线顺序	46	47	48	49	50	51	52	53	54	55	56	57	58	59	60
槽　　号	7	18	6	17	16	15	14	13	12	11	10	9	8	7	6

（3）特点与应用

绕组采用显极接线，整数槽短节距线圈，每相由两组线圈反向并接而成，用于小功率三相异步电动机，常用实例有JO4-73-2、BJO2-61-2等。

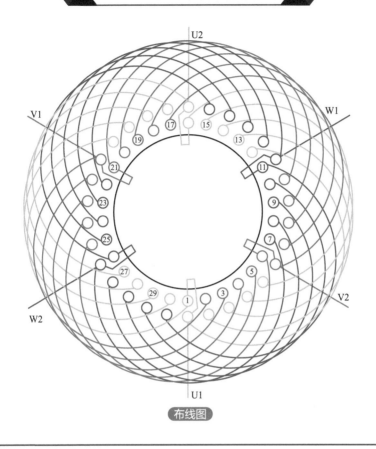

U2

V1

W1

⑰ ⑮

⑲ ⑬

㉑ ⑪

㉓ ⑨

㉕ ⑦

㉗ ⑤

W2 ㉙ ① ③ V2

U1

布线图

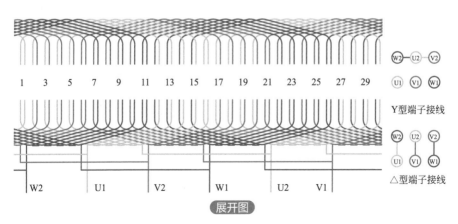

1 3 5 7 9 11 13 15 17 19 21 23 25 27 29

W2 U1 V2 W1 U2 V1

| W2 | U2 | V2 |
| U1 | V1 | W1 |

Y型端子接线

| W2 | U2 | V2 |
| U1 | V1 | W1 |

△型端子接线

展开图

2.1.13 2极36槽双层叠式绕组（Y10a1）

（1）绕组数据

定子槽数 Z_1=36

每组圈数 S=6

并联路数 a=1

电机极数 $2p$=2

极相槽数 q=6

线圈节距 Y=10

总线圈数 Q=36

绕组极距 τ=18

线圈组数 u=6

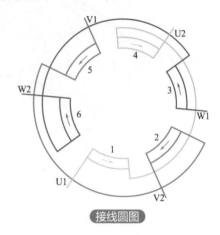

接线圆图

（2）嵌线顺序

采用交叠法嵌线时顺序表

嵌线顺序	1	2	3	4	5	6	7	8	9	10	11	12	13	14	15	16	17	18
槽 号	6	5	4	3	2	1	36	35	34	33	32	6	31	5	30	4	29	3
嵌线顺序	19	20	21	22	23	24	25	26	27	28	29	30	31	32	33	34	35	36
槽 号	28	2	27	1	26	36	25	35	24	34	23	33	22	32	21	31	20	30
嵌线顺序	37	38	39	40	41	42	43	44	45	46	47	48	49	50	51	52	53	54
槽 号	19	29	18	28	17	27	16	26	15	25	14	24	13	23	12	22	11	21
嵌线顺序	55	56	57	58	59	60	61	62	63	64	65	66	67	68	69	70	71	72
槽 号	10	20	9	19	8	18	7	17	16	15	14	13	12	11	10	9	8	7

（3）特点与应用

绕组采用显极接线，整数槽短节距线圈，每相由两组线圈反向串接而成，用于小功率三相异步电动机，常用实例有 JK-113-2、JK-122-2、JK1-113-2 等。

82

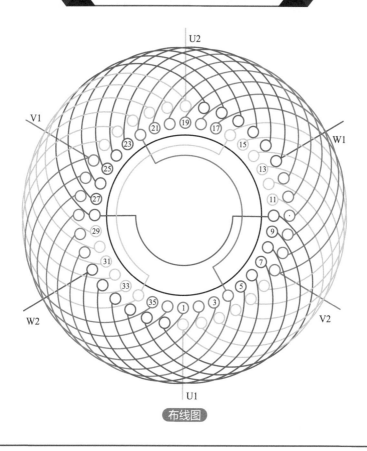

布线图

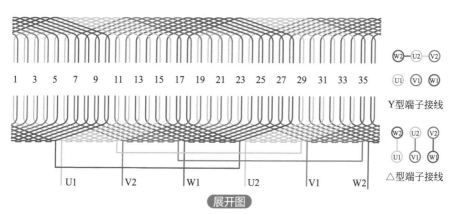

W2—U2—V2

U1 V1 W1

Y型端子接线

W2 U2 V2

U1 V1 W1

△型端子接线

展开图

83

2.1.14　2极36槽双层叠式绕组（Y10a2）

（1）绕组数据

定子槽数　Z_1=36

每组圈数　S=6

并联路数　a=2

电机极数　$2p$=2

极相槽数　q=6

线圈节距　Y=10

总线圈数　Q=36

绕组极距　τ=18

线圈组数　u=6

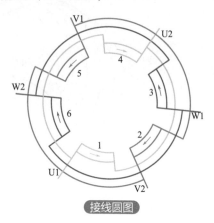

接线圆图

（2）嵌线顺序

采用交叠法嵌线时顺序表

嵌线顺序	1	2	3	4	5	6	7	8	9	10	11	12	13	14	15	16	17	18
槽　　号	6	5	4	3	2	1	36	35	34	33	32	6	31	5	30	4	29	3
嵌线顺序	19	20	21	22	23	24	25	26	27	28	29	30	31	32	33	34	35	36
槽　　号	28	2	27	1	26	36	25	35	24	34	23	33	22	32	21	31	20	30
嵌线顺序	37	38	39	40	41	42	43	44	45	46	47	48	49	50	51	52	53	54
槽　　号	19	29	18	28	17	27	16	26	15	25	14	24	13	23	12	22	11	21
嵌线顺序	55	56	57	58	59	60	61	62	63	64	65	66	67	68	69	70	71	72
槽　　号	10	20	9	19	8	18	7	17	16	15	14	13	12	11	10	9	8	7

（3）特点与应用

绕组采用显极接线，整数槽短节距线圈，每相由两组线圈反向并接而成，用于小功率三相异步电动机，常用实例有 JK-112-2、JK1-111-2、JK123-2、Y200L-2 等。

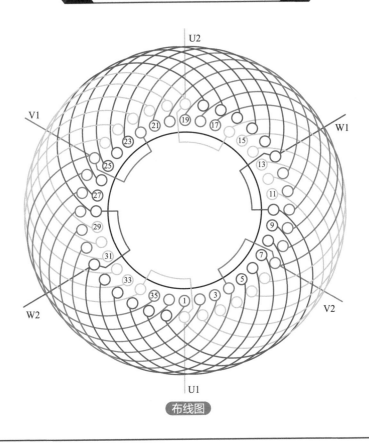

布线图

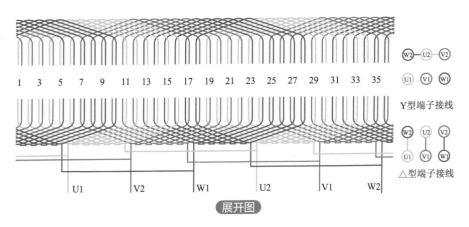

Y型端子接线

△型端子接线

展开图

85

2.1.15　2极36槽双层叠式绕组（Y11a1）

（1）绕组数据

定子槽数　Z_1=36

每组圈数　S=6

并联路数　a=1

电机极数　$2p$=2

极相槽数　q=6

线圈节距　Y=11

总线圈数　Q=36

绕组极距　τ=18

线圈组数　u=6

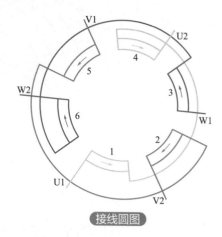

接线圆图

（2）嵌线顺序

采用交叠法嵌线时顺序表

嵌线顺序	1	2	3	4	5	6	7	8	9	10	11	12	13	14	15	16	17	18
槽　号	6	5	4	3	2	1	36	35	34	33	32	31	6	30	5	29	4	28
嵌线顺序	19	20	21	22	23	24	25	26	27	28	29	30	31	32	33	34	35	36
槽　号	3	27	2	26	1	25	36	24	35	23	34	22	33	21	32	20	31	19
嵌线顺序	37	38	39	40	41	42	43	44	45	46	47	48	49	50	51	52	53	54
槽　号	30	18	29	17	28	16	27	15	26	14	25	13	24	12	23	11	22	10
嵌线顺序	55	56	57	58	59	60	61	62	63	64	65	66	67	68	69	70	71	72
槽　号	21	9	20	8	19	7	18	17	16	15	14	13	12	11	10	9	8	7

（3）特点与应用

绕组采用显极接线，整数槽短节距线圈，每相由两组线圈反向串接而成，用于小功率三相异步电动机，常用实例有 JS2-355S1-2 等。

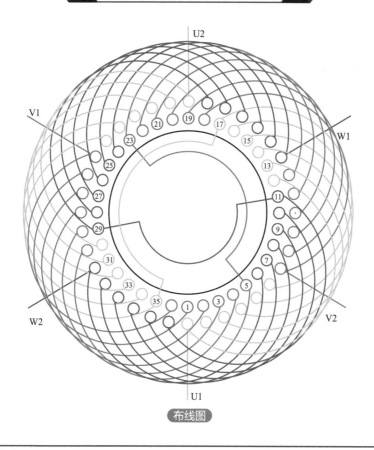

布线图

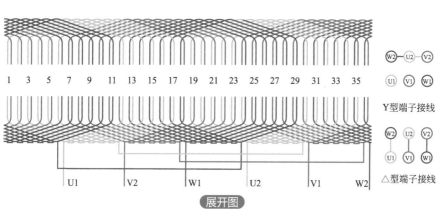

1 3 5 7 9 11 13 15 17 19 21 23 25 27 29 31 33 35

Y型端子接线

△型端子接线

U1   V2   W1   U2   V1   W2

展开图

2.1.16 2极36槽双层叠式绕组（Y12a1）

（1）绕组数据

定子槽数　$Z_1=36$

每组圈数　$S=6$

并联路数　$a=1$

电机极数　$2p=2$

极相槽数　$q=6$

线圈节距　$Y=12$

总线圈数　$Q=36$

绕组极距　$\tau=18$

线圈组数　$u=6$

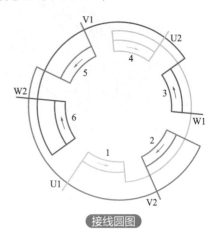

接线圆图

（2）嵌线顺序

采用交叠法嵌线时顺序表

嵌线顺序	1	2	3	4	5	6	7	8	9	10	11	12	13	14	15	16	17	18
槽　号	6	5	4	3	2	1	36	35	34	33	32	31	30	6	29	5	28	4
嵌线顺序	19	20	21	22	23	24	25	26	27	28	29	30	31	32	33	34	35	36
槽　号	27	3	26	2	25	1	24	35	23	22	34	21	33	20	32	19	31
嵌线顺序	37	38	39	40	41	42	43	44	45	46	47	48	49	50	51	52	53	54
槽　号	18	30	17	29	16	28	15	27	14	26	13	25	12	24	11	23	10	22
嵌线顺序	55	56	57	58	59	60	61	62	63	64	65	66	67	68	69	70	71	72
槽　号	9	21	8	20	7	19	18	17	16	15	14	13	12	11	10	9	8	7

（3）特点与应用

绕组采用显极接线，整数槽短节距线圈，每相由两组线圈反向串接而成，用于小功率三相异步电动机，常用实例有J2-71-2、J2-82-2、JO2L-82-2 等。

88

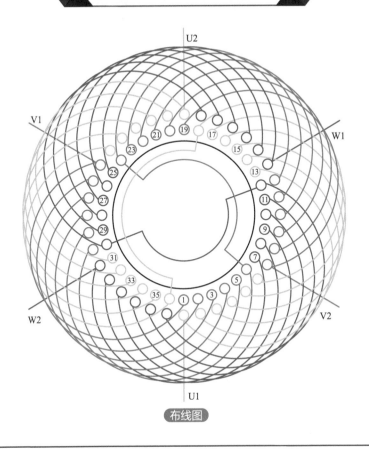

布线图

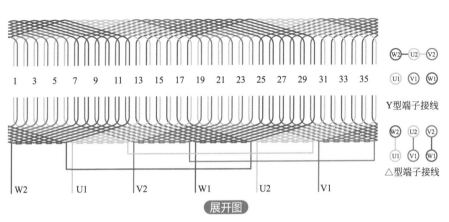

Y型端子接线

△型端子接线

展开图

2.1.17　2极36槽双层叠式绕组（Y13a1）

（1）绕组数据

定子槽数　$Z_1=36$

每组圈数　$S=6$

并联路数　$a=1$

电机极数　$2p=2$

极相槽数　$q=6$

线圈节距　$Y=13$

总线圈数　$Q=36$

绕组极距　$\tau=18$

线圈组数　$u=6$

（2）嵌线顺序

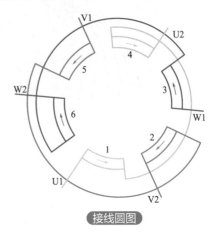

接线圆图

采用交叠法嵌线时顺序表

嵌线顺序	1	2	3	4	5	6	7	8	9	10	11	12	13	14	15	16	17	18
槽　号	6	5	4	3	2	1	36	35	34	33	32	31	30	29	6	28	5	27
嵌线顺序	19	20	21	22	23	24	25	26	27	28	29	30	31	32	33	34	35	36
槽　号	4	26	3	25	2	24	1	23	36	22	35	21	34	20	33	19	32	18
嵌线顺序	37	38	39	40	41	42	43	44	45	46	47	48	49	50	51	52	53	54
槽　号	31	17	30	16	29	15	28	14	27	13	26	12	25	11	24	10	23	9
嵌线顺序	55	56	57	58	59	60	61	62	63	64	65	66	67	68	69	70	71	72
槽　号	22	8	21	7	20	19	18	17	16	15	14	13	12	11	10	9	8	7

（3）特点与应用

绕组采用显极接线，整数槽短节距线圈，每相由两组线圈反向串接而成，用于小功率三相异步电动机，常用实例有J2-71-2、J2-82-2、JO2L-82-2等。

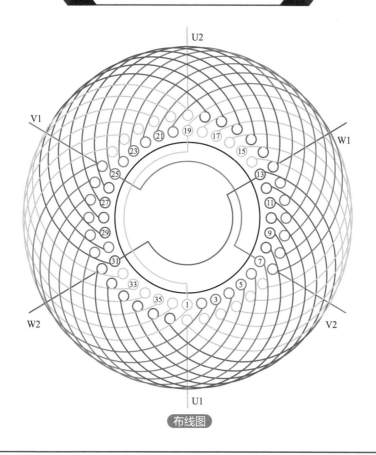

布线图

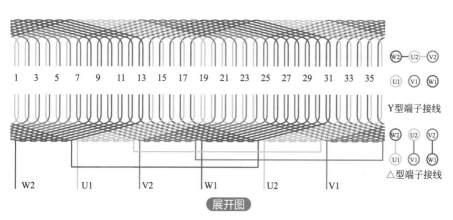

Y型端子接线

△型端子接线

展开图

2.1.18 2极36槽双层叠式绕组（Y13a2）

（1）绕组数据

定子槽数　$Z_1=36$

每组圈数　$S=6$

并联路数　$a=2$

电机极数　$2p=2$

极相槽数　$q=6$

线圈节距　$Y=13$

总线圈数　$Q=36$

绕组极距　$\tau=18$

线圈组数　$u=6$

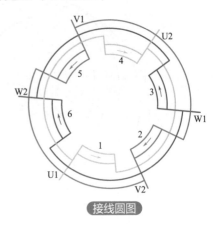

接线圆图

（2）嵌线顺序

采用交叠法嵌线时顺序表

嵌线顺序	1	2	3	4	5	6	7	8	9	10	11	12	13	14	15	16	17	18
槽　　号	6	5	4	3	2	1	36	35	34	33	32	31	30	29	6	28	5	27
嵌线顺序	19	20	21	22	23	24	25	26	27	28	29	30	31	32	33	34	35	36
槽　　号	4	26	3	25	2	24	1	23	36	22	35	21	34	20	33	19	32	18
嵌线顺序	37	38	39	40	41	42	43	44	45	46	47	48	49	50	51	52	53	54
槽　　号	31	17	30	16	29	15	28	14	27	13	26	12	25	11	24	10	23	9
嵌线顺序	55	56	57	58	59	60	61	62	63	64	65	66	67	68	69	70	71	72
槽　　号	22	8	21	7	20	19	18	17	16	15	14	13	12	11	10	9	8	7

（3）特点与应用

绕组采用显极接线，整数槽短节距线圈，每相由两组线圈反向并接而成，用于小功率三相异步电动机，常用实例有Y250M-2、JO2L-61-2、YX200L1-2等。

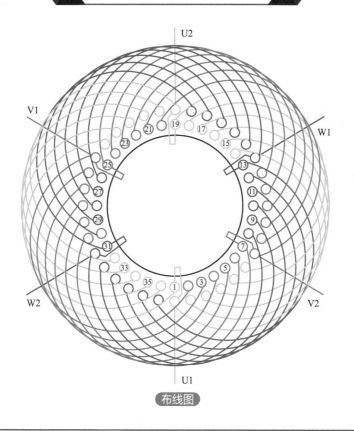

布线图

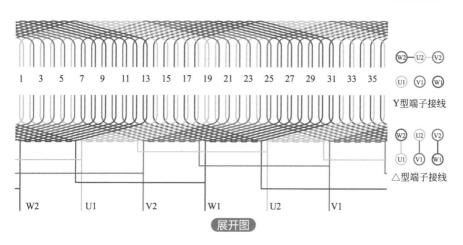

W2　U2　V2

U1　V1　W1

Y型端子接线

W2　U2　V2

U1　V1　W1

△型端子接线

展开图

2.1.19　2极42槽双层叠式绕组（Y14a2）

（1）绕组数据

定子槽数　$Z_1=42$

每组圈数　$S=7$

并联路数　$a=2$

电机极数　$2p=2$

极相槽数　$q=7$

线圈节距　$Y=14$

总线圈数　$Q=42$

绕组极距　$\tau=21$

线圈组数　$u=6$

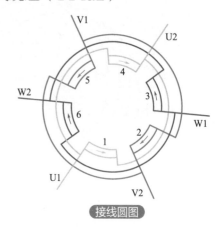

接线圆图

（2）嵌线顺序

采用交叠法嵌线时顺序表

嵌线顺序	1	2	3	4	5	6	7	8	9	10	11	12	13	14	15	16	17	18	19	20	21
槽　　号	7	6	5	4	3	2	1	42	41	40	39	38	37	36	35	7	34	6	33	5	32
嵌线顺序	22	23	24	25	26	27	28	29	30	31	32	33	34	35	36	37	38	39	40	41	42
槽　　号	4	31	3	30	2	29	1	28	42	27	41	26	40	25	39	24	38	23	37	22	36
嵌线顺序	43	44	45	46	47	48	49	50	51	52	53	54	55	56	57	58	59	60	61	62	63
槽　　号	21	35	20	34	19	33	18	32	17	31	16	30	15	29	14	28	13	27	12	26	11
嵌线顺序	64	65	66	67	68	69	70	71	72	73	74	75	76	77	78	79	80	81	82	83	84
槽　　号	25	10	24	9	23	8	22	21	20	19	18	17	16	15	14	13	12	11	10	9	8

（3）特点与应用

绕组采用显极接线，整数槽短节距线圈，每相由两组线圈反向并接而成，用于大功率三相异步电动机，常用实例有J2-91-2、JO2-92-2、JO2L81-2等。

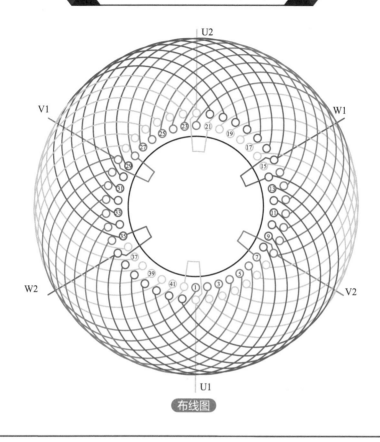

布线图

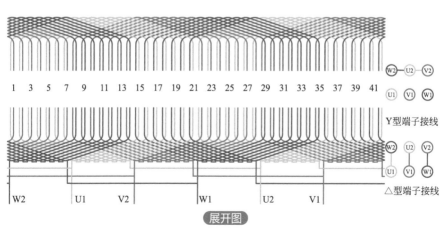

展开图

2.1.20 2极42槽双层叠式绕组（Y15a2）

（1）绕组数据

定子槽数　$Z_1=42$

每组圈数　$S=7$

并联路数　$a=2$

电机极数　$2p=2$

极相槽数　$q=7$

线圈节距　$Y=15$

总线圈数　$Q=42$

绕组极距　$\tau=21$

线圈组数　$u=6$

（2）嵌线顺序

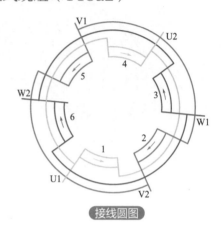

接线圆图

采用交叠法嵌线时顺序表

嵌线顺序	1	2	3	4	5	6	7	8	9	10	11	12	13	14	15	16	17	18	19	20	21
槽　　号	7	6	5	4	3	2	1	42	41	40	39	38	37	36	35	34	7	33	6	32	5
嵌线顺序	22	23	24	25	26	27	28	29	30	31	32	33	34	35	36	37	38	39	40	41	42
槽　　号	31	4	30	3	29	2	28	1	27	42	26	41	25	40	24	39	23	38	22	37	21
嵌线顺序	43	44	45	46	47	48	49	50	51	52	53	54	55	56	57	58	59	60	61	62	63
槽　　号	36	20	35	19	34	18	33	17	32	16	31	15	30	14	29	13	28	12	27	11	26
嵌线顺序	64	65	66	67	68	69	70	71	72	73	74	75	76	77	78	79	80	81	82	83	84
槽　　号	10	25	9	24	8	23	22	21	20	19	18	17	16	15	14	13	12	11	10	9	8

（3）特点与应用

绕组采用显极接线，整数槽短节距线圈，每相由两组线圈反向并接而成，用于大功率三相异步电动机，常用实例有 Y280S-2 等。

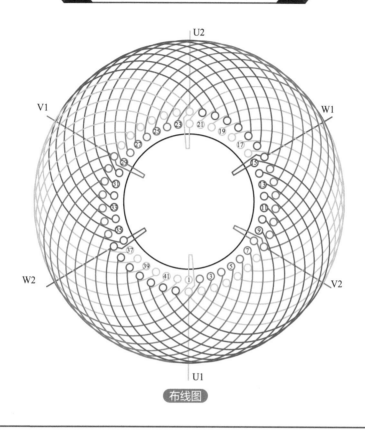

布线图

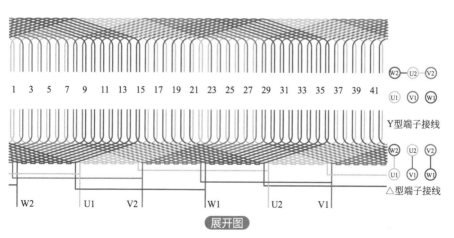

展开图

2.1.21 2极42槽双层叠式绕组（Y16a2）

（1）绕组数据

定子槽数 Z_1=42

每组圈数 S=7

并联路数 a=2

电机极数 $2p$=2

极相槽数 q=7

线圈节距 Y=16

总线圈数 Q=42

绕组极距 τ=21

线圈组数 u=6

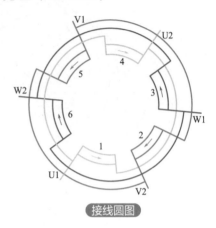

接线圆图

（2）嵌线顺序

采用交叠法嵌线时顺序表

嵌线顺序	1	2	3	4	5	6	7	8	9	10	11	12	13	14	15	16	17	18	19	20	21
槽 号	7	6	5	4	3	2	1	42	41	40	39	38	37	36	35	34	33	7	32	6	31
嵌线顺序	22	23	24	25	26	27	28	29	30	31	32	33	34	35	36	37	38	39	40	41	42
槽 号	5	30	4	29	3	28	2	27	1	26	42	25	41	24	40	23	39	22	38	21	37
嵌线顺序	43	44	45	46	47	48	49	50	51	52	53	54	55	56	57	58	59	60	61	62	63
槽 号	20	36	19	35	18	34	17	33	16	32	15	31	14	30	13	29	12	28	11	27	10
嵌线顺序	64	65	66	67	68	69	70	71	72	73	74	75	76	77	78	79	80	81	82	83	84
槽 号	26	9	25	8	24	23	22	21	20	19	18	17	16	15	14	13	12	11	10	9	8

（3）特点与应用

绕组采用显极接线，整数槽短节距线圈，每相由两组线圈反向并接而成，用于大功率三相异步电动机，常用实例有 YX280S-2 等。

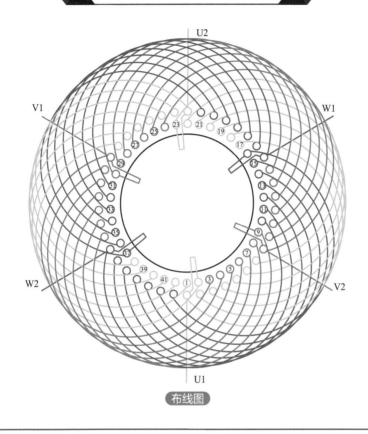

U2

V1

W1

23 21 19

25

27 17

29 15

31 13

33 11

35 9

37 7

W2 39 5 V2

41 1 3

U1

布线图

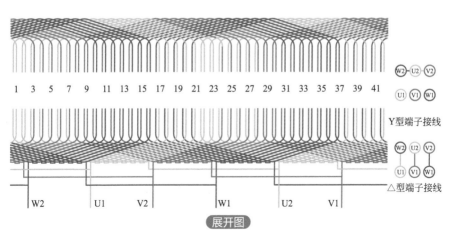

1　3　5　7　9　11　13　15　17　19　21　23　25　27　29　31　33　35　37　39　41

W2　　　U1　　V2　　　　W1　　　U2　　V1

W2—U2—V2

U1　V1　W1

Y型端子接线

W2　U2　V2

U1　V1　W1

△型端子接线

展开图

99

2.1.22　2极48槽双层叠式绕组（Y13a1）

（1）绕组数据

定子槽数　$Z_1=48$

每组圈数　$S=8$

并联路数　$a=1$

电机极数　$2p=2$

极相槽数　$q=8$

线圈节距　$Y=13$

总线圈数　$Q=48$

绕组极距　$\tau=24$

线圈组数　$u=6$

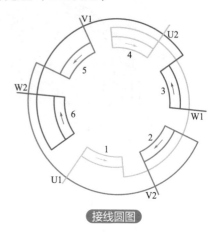

接线圆图

（2）嵌线顺序

采用交叠法嵌线时顺序表

嵌线顺序	1	2	3	4	5	6	7	8	9	10	11	12	13	14	15	16
槽　　号	8	7	6	5	4	3	2	1	48	47	46	45	44	43	8	42
嵌线顺序	17	18	19	20	21	22	23	24	25	26	27	28	29	30	31	32
槽　　号	7	41	6	40	5	39	4	38	3	37	2	36	1	35	48	34
嵌线顺序	33	34	35	36	37	38	39	40	41	42	43	44	45	46	47	48
槽　　号	47	33	46	32	45	31	44	30	43	29	42	28	41	27	40	26
嵌线顺序	49	50	51	52	53	54	55	56	57	58	59	60	61	62	63	64
槽　　号	39	25	38	24	37	23	36	22	35	21	34	20	33	19	32	18
嵌线顺序	65	66	67	68	69	70	71	72	73	74	75	76	77	78	79	80
槽　　号	31	17	30	16	29	15	28	14	27	13	26	12	25	11	24	10
嵌线顺序	81	82	83	84	85	86	87	88	89	90	91	92	93	94	95	96
槽　　号	23	9	22	21	20	19	18	17	16	15	14	13	12	11	10	9

（3）特点与应用

绕组采用显极接线，每组只有一把线圈，每相由八把线圈反向串接而成，用于小功率三相异步电动机，常用实例有 JK123-2、JK132-2、JK134-2 等。

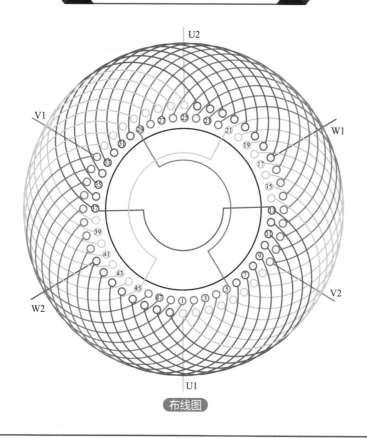

布线图

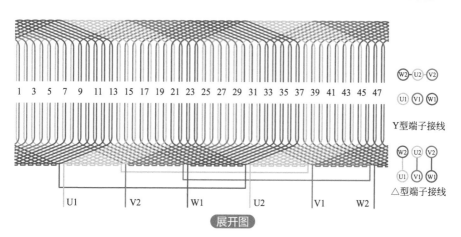

1 3 5 7 9 11 13 15 17 19 21 23 25 27 29 31 33 35 37 39 41 43 45 47

U1　　V2　　W1　　U2　　V1　　W2

W2 — U2 — V2

U1　V1　W1

Y型端子接线

W2　U2　V2

U1　V1　W1

△型端子接线

展开图

2.1.23 2极48槽双层叠式绕组（Y13a2）

（1）绕组数据

定子槽数　Z_1=48

每组圈数　S=8

并联路数　a=2

电机极数　$2p$=2

极相槽数　q=8

线圈节距　Y=13

总线圈数　Q=48

绕组极距　τ=24

线圈组数　u=6

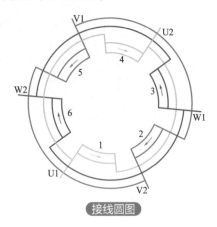

接线圆图

（2）嵌线顺序

采用交叠法嵌线时顺序表

嵌线顺序	1	2	3	4	5	6	7	8	9	10	11	12	13	14	15	16
槽　号	8	7	6	5	4	3	2	1	48	47	46	45	44	43	8	42
嵌线顺序	17	18	19	20	21	22	23	24	25	26	27	28	29	30	31	32
槽　号	7	41	6	40	5	39	4	38	3	37	2	36	1	35	8	34
嵌线顺序	33	34	35	36	37	38	39	40	41	42	43	44	45	46	47	48
槽　号	47	33	46	32	45	31	44	30	43	29	42	28	41	27	40	26
嵌线顺序	49	50	51	52	53	54	55	56	57	58	59	60	61	62	63	64
槽　号	39	25	38	24	37	23	36	22	35	21	34	20	33	19	32	18
嵌线顺序	65	66	67	68	69	70	71	72	73	74	75	76	77	78	79	80
槽　号	31	17	30	16	29	15	28	14	27	13	26	12	25	11	24	10
嵌线顺序	81	82	83	84	85	86	87	88	89	90	91	92	93	94	95	96
槽　号	23	9	22	21	20	19	18	17	16	15	14	13	12	11	10	9

（3）特点与应用

绕组采用显极接线，每组只有一把线圈，每相由八把线圈反向并接而成，用于小功率三相异步电动机，常用实例有 JK122-2、JK1-134-2 等。

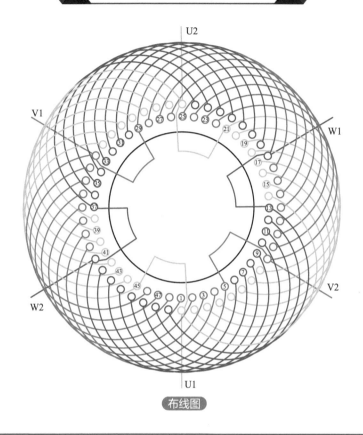

布线图

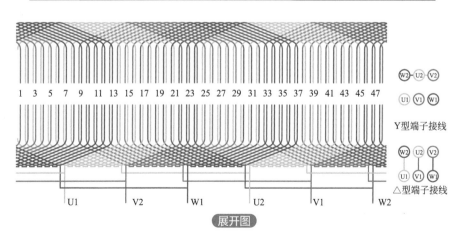

W2 — U2 — V2

U1 — V1 — W1

Y型端子接线

W2 — U2 — V2

U1 — V1 — W1

△型端子接线

展开图

2.1.24 2极48槽双层叠式绕组（Y17a2）

（1）绕组数据

定子槽数　$Z_1=48$

每组圈数　$S=8$

并联路数　$a=2$

电机极数　$2p=2$

极相槽数　$q=8$

线圈节距　$Y=17$

总线圈数　$Q=48$

绕组极距　$\tau=24$

线圈组数　$u=6$

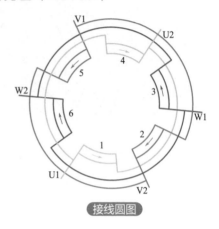

接线圆图

（2）嵌线顺序

采用交叠法嵌线时顺序表

嵌线顺序	1	2	3	4	5	6	7	8	9	10	11	12	13	14	15	16
槽　号	8	7	6	5	4	3	2	1	48	47	46	45	44	43	42	41
嵌线顺序	17	18	19	20	21	22	23	24	25	26	27	28	29	30	31	32
槽　号	40	39	8	38	7	37	6	36	5	35	4	34	3	33	2	32
嵌线顺序	33	34	35	36	37	38	39	40	41	42	43	44	45	46	47	48
槽　号	1	31	48	30	47	29	46	28	45	27	44	26	43	25	42	24
嵌线顺序	49	50	51	52	53	54	55	56	57	58	59	60	61	62	63	64
槽　号	41	23	40	22	39	21	38	20	37	19	36	18	35	17	34	16
嵌线顺序	65	66	67	68	69	70	71	72	73	74	75	76	77	78	79	80
槽　号	33	15	32	14	31	13	30	12	29	11	28	10	27	9	26	25
嵌线顺序	81	82	83	84	85	86	87	88	89	90	91	92	93	94	95	96
槽　号	24	23	22	21	20	19	18	17	16	15	14	13	12	11	10	9

（3）特点与应用

绕组采用显极接线，每组只有一把线圈，每相由八把线圈反向并接而成，用于小功率三相异步电动机，常用实例有Y315S-2、JY315M1-2等。

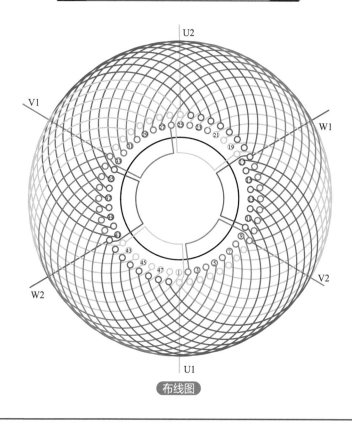

U2

V1

W1

W2

V2

U1

布线图

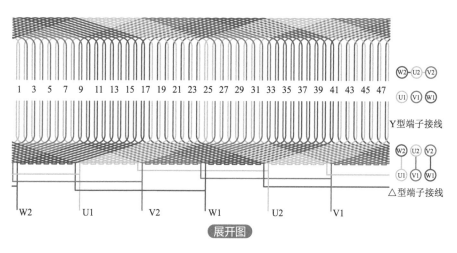

1　3　5　7　9　11　13　15　17　19　21　23　25　27　29　31　33　35　37　39　41　43　45　47

W2 — U2 — V2

U1　V1　W1

Y型端子接线

W2　U2　V2

U1　V1　W1

△型端子接线

W2　　　U1　　　V2　　　W1　　　U2　　　V1

展开图

105

2.1.25 4极24槽双层叠式绕组（Y5a1）

（1）绕组数据

转子槽数　Z_2=24

每组圈数　S=2

并联路数　a=1

电机极数　$2p$=4

极相槽数　q=2

线圈节距　Y=5

总线圈数　Q=24

绕组极距　τ=6

线圈组数　u=12

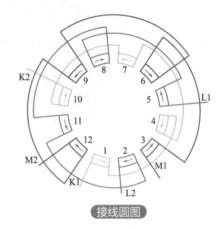

接线圆图

（2）嵌线顺序

采用交叠法嵌线时顺序表

嵌线顺序	1	2	3	4	5	6	7	8	9	10	11	12	13	14	15	16
槽　号	2	1	24	23	22	21	2	20	1	19	24	18	23	17	22	16
嵌线顺序	17	18	19	20	21	22	23	24	25	26	27	28	29	30	31	32
槽　号	21	15	20	14	19	13	18	12	17	11	16	10	15	9	14	8
嵌线顺序	33	34	35	36	37	38	39	40	41	42	43	44	45	46	47	48
槽　号	13	7	12	6	11	5	10	4	9	3	8	7	6	5	4	3

（3）特点与应用

绕组采用显极接线，整数槽短节距线圈，每相由四组线圈反向串接而成，用于小功率三相异步电动机转子，常用实例有 YR132M1-4、YZR2-100L-4 等

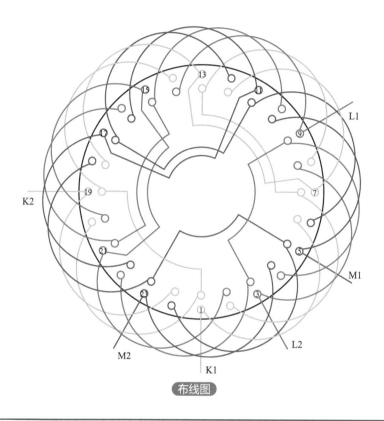

布线图

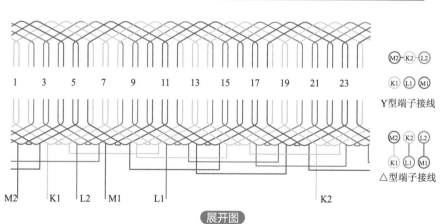

1　3　5　7　9　11　13　15　17　19　21　23

M2　K1　L2　M1　L1　K2

Y型端子接线

△型端子接线

展开图

2.1.26　4极24槽双层叠式绕组（Y5a2）

（1）绕组数据

转子槽数　Z_2=24

每组圈数　S=2

并联路数　a=2

电机极数　$2p$=4

极相槽数　q=2

线圈节距　Y=5

总线圈数　Q=24

绕组极距　τ=6

线圈组数　u=12

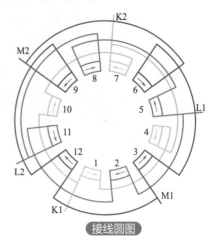

接线圆图

（2）嵌线顺序

采用交叠法嵌线时顺序表

嵌线顺序	1	2	3	4	5	6	7	8	9	10	11	12	13	14	15	16
槽　号	2	1	24	23	22	21	2	20	1	19	24	18	23	17	22	16
嵌线顺序	17	18	19	20	21	22	23	24	25	26	27	28	29	30	31	32
槽　号	21	15	20	14	19	13	18	12	17	11	16	10	15	9	14	8
嵌线顺序	33	34	35	36	37	38	39	40	41	42	43	44	45	46	47	48
槽　号	13	7	12	6	11	5	10	4	9	3	8	7	6	5	4	3

（3）特点与应用

绕组采用显极接线，整数槽短节距线圈，每相先两组线圈反向串接，然后并接成两路，用于小功率三相异步电动机转子，常用实例有YR132M2-4、YR160M-4 等。

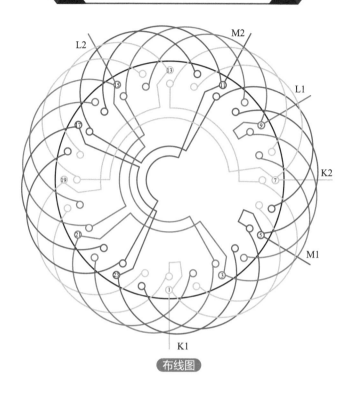

布线图

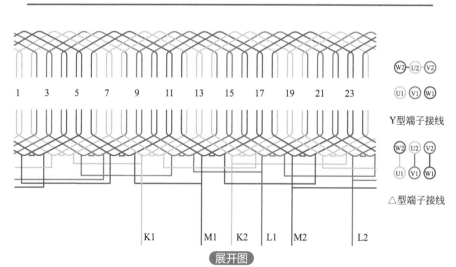

Y型端子接线

△型端子接线

展开图

109

2.1.27　4极36槽双层叠式绕组（Y7a1）

（1）绕组数据

定子槽数　Z_1=36

每组圈数　S=3

并联路数　a=1

电机极数　$2p$=4

极相槽数　q=3

线圈节距　Y=7

总线圈数　Q=36

绕组极距　τ=9

线圈组数　u=12

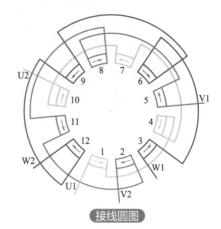

接线圆图

（2）嵌线顺序

采用交叠法嵌线时顺序表

嵌线顺序	1	2	3	4	5	6	7	8	9	10	11	12	13	14	15	16	17	18
槽　号	3	2	1	36	35	34	33	32	3	31	2	30	1	29	36	28	35	27
嵌线顺序	19	20	21	22	23	24	25	26	27	28	29	30	31	32	33	34	35	36
槽　号	34	26	33	25	32	24	31	23	30	22	29	21	28	20	27	19	26	18
嵌线顺序	37	38	39	40	41	42	43	44	45	46	47	48	49	50	51	52	53	54
槽　号	25	17	24	16	23	15	22	14	21	13	20	12	19	11	18	10	17	9
嵌线顺序	55	56	57	58	59	60	61	62	63	64	65	66	67	68	69	70	71	72
槽　号	16	8	15	7	14	6	13	5	12	11	10	9	8	7	6	5	4	3

（3）特点与应用

　　绕组采用显极接线，整数槽短节距线圈，每相由四组线圈反向串接而成，用于小功率三相异步电动机，常用实例有JO2-62-4、J-61-4、T2-160-S1-4 等

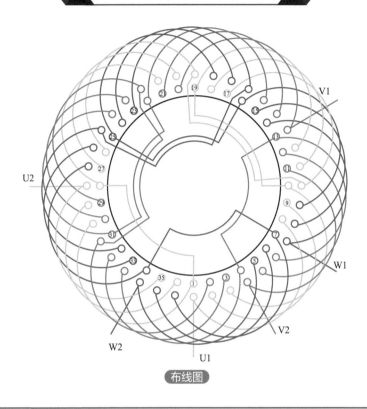

布线图

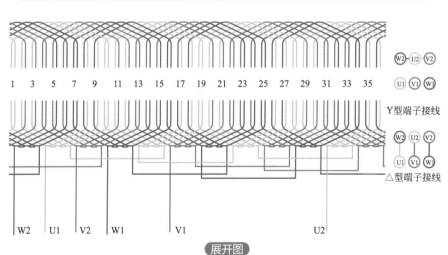

展开图

111

2.1.28 4极36槽双层叠式绕组（Y7a2）

（1）绕组数据

定子槽数 Z_1=36

每组圈数 S=3

并联路数 a=2

电机极数 $2p$=4

极相槽数 q=3

线圈节距 Y=7

总线圈数 Q=36

绕组极距 τ=9

线圈组数 u=12

（2）嵌线顺序

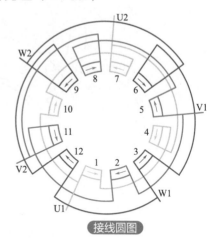

接线圆图

采用交叠法嵌线时顺序表

嵌线顺序	1	2	3	4	5	6	7	8	9	10	11	12	13	14	15	16	17	18
槽 号	<u>3</u>	<u>2</u>	<u>1</u>	<u>36</u>	<u>35</u>	<u>34</u>	<u>33</u>	<u>32</u>	3	<u>31</u>	2	<u>30</u>	1	<u>29</u>	36	<u>28</u>	35	<u>27</u>
嵌线顺序	19	20	21	22	23	24	25	26	27	28	29	30	31	32	33	34	35	36
槽 号	34	<u>26</u>	33	<u>25</u>	32	<u>24</u>	31	<u>23</u>	30	<u>22</u>	29	<u>21</u>	28	<u>20</u>	27	<u>19</u>	26	<u>18</u>
嵌线顺序	37	38	39	40	41	42	43	44	45	46	47	48	49	50	51	52	53	54
槽 号	25	<u>17</u>	24	<u>16</u>	23	<u>15</u>	22	<u>14</u>	21	<u>13</u>	20	<u>12</u>	19	<u>11</u>	18	<u>10</u>	17	<u>9</u>
嵌线顺序	55	56	57	58	59	60	61	62	63	64	65	66	67	68	69	70	71	72
槽 号	16	<u>8</u>	15	<u>7</u>	14	<u>6</u>	13	<u>5</u>	12	11	10	9	<u>8</u>	7	6	5	4	3

（3）特点与应用

绕组采用显极接线，整数槽短节距线圈，每相先两组线圈反向串接，然后并接成两路，用于小功率三相异步电动机，常用实例有J2-62-4、JO2-61-4、T2-200-S-4 等。

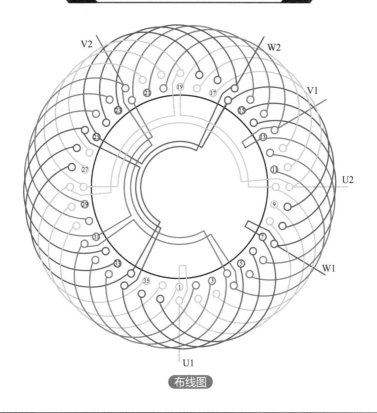

布线图

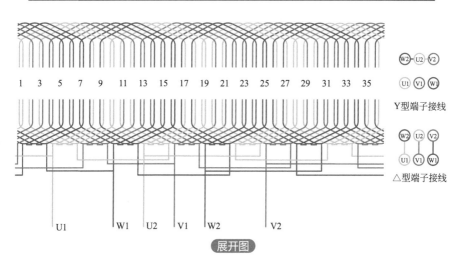

1 3 5 7 9 11 13 15 17 19 21 23 25 27 29 31 33 35

W2 — U2 — V2

U1 V1 W1

Y型端子接线

W2 U2 V2

U1 V1 W1

△型端子接线

U1 W1 U2 V1 W2 V2

展开图

2.1.29 4极36槽双层叠式绕组（Y7a4）

（1）绕组数据

定子槽数　Z_1=36

每组圈数　S=3

并联路数　a=2

电机极数　$2p$=4

极相槽数　q=3

线圈节距　Y=7

总线圈数　Q=36

绕组极距　τ=9

线圈组数　u=12

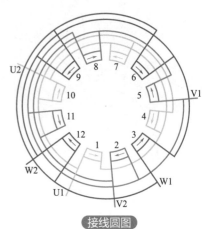

接线圆图

（2）嵌线顺序

采用交叠法嵌线时顺序表

嵌线顺序	1	2	3	4	5	6	7	8	9	10	11	12	13	14	15	16	17	18
槽　号	3	2	1	36	35	34	33	32	3	31	2	30	1	29	36	28	35	27
嵌线顺序	19	20	21	22	23	24	25	26	27	28	29	30	31	32	33	34	35	36
槽　号	34	26	33	25	32	24	31	23	30	22	29	21	28	20	27	19	26	18
嵌线顺序	37	38	39	40	41	42	43	44	45	46	47	48	49	50	51	52	53	54
槽　号	25	17	24	16	23	15	22	14	21	13	20	12	19	11	18	10	17	9
嵌线顺序	55	56	57	58	59	60	61	62	63	64	65	66	67	68	69	70	71	72
槽　号	16	8	15	7	14	6	13	5	12	11	10	9	8	7	6	5	4	3

（3）特点与应用

　　绕组采用显极接线，整数槽短节距线圈，每相由四组线圈反向并接而成，用于小功率三相异步电动机，常用实例有 J2-71-4、JO2-71-4、T2-200-L-4 等。

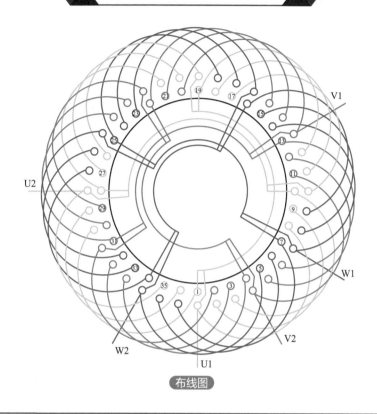

布线图

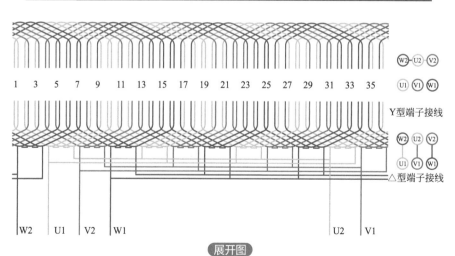

1　3　5　7　9　11　13　15　17　19　21　23　25　27　29　31　33　35

W2　U1　V2　W1　　　　　　　　　　　　　　　　　U2　V1

展开图

115

2.1.30　4极36槽双层叠式绕组（Y8a1）

（1）绕组数据

定子槽数　Z_1=36

每组圈数　S=3

并联路数　a=1

电机极数　$2p$=4

极相槽数　q=3

线圈节距　Y=8

总线圈数　Q=36

绕组极距　τ=9

线圈组数　u=12

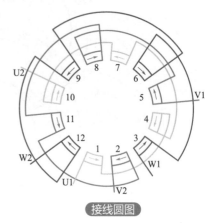

接线圆图

（2）嵌线顺序

采用交叠法嵌线时顺序表

嵌线顺序	1	2	3	4	5	6	7	8	9	10	11	12	13	14	15	16	17	18
槽　号	3	2	1	36	35	34	33	32	31	3	30	2	29	1	28	36	27	35
嵌线顺序	19	20	21	22	23	24	25	26	27	28	29	30	31	32	33	34	35	36
槽　号	26	34	25	33	24	32	23	31	22	30	21	29	20	28	19	27	18	26
嵌线顺序	37	38	39	40	41	42	43	44	45	46	47	48	49	50	51	52	53	54
槽　号	17	25	16	24	15	23	14	22	13	21	12	20	11	19	10	18	9	17
嵌线顺序	55	56	57	58	59	60	61	62	63	64	65	66	67	68	69	70	71	72
槽　号	8	16	7	15	6	14	5	13	12	11	10	9	8	7	6	5	4	3

（3）特点与应用

　　绕组采用显极接线，整数槽短节距线圈，每相由四组线圈反向串接而成，用于小功率三相异步电动机，常用实例有 J2-71-4、JO4-71-4、STC-200 等。

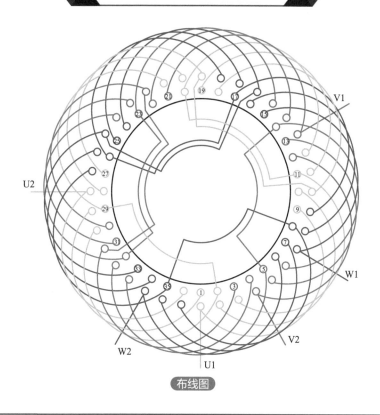

布线图

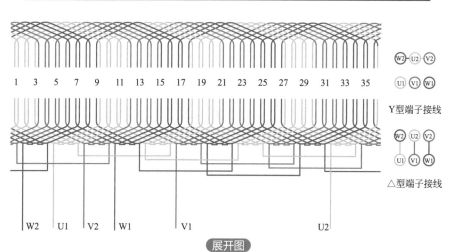

W2 U2 V2

U1 V1 W1

Y型端子接线

W2 U2 V2

U1 V1 W1

△型端子接线

W2 U1 V2 W1 V1 U2

展开图

2.1.31 4极36槽双层叠式绕组（Y8a2）

（1）绕组数据

定子槽数 Z_1=36

每组圈数 S=3

并联路数 a=2

电机极数 $2p$=4

极相槽数 q=3

线圈节距 Y=8

总线圈数 Q=36

绕组极距 τ=9

线圈组数 u=12

（2）嵌线顺序

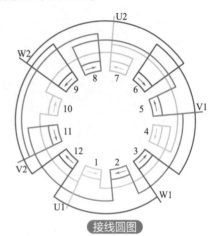

接线圆图

采用交叠法嵌线时顺序表

嵌线顺序	1	2	3	4	5	6	7	8	9	10	11	12	13	14	15	16	17	18
槽　　号	3	2	1	36	35	34	33	32	31	3	30	2	29	1	28	36	27	35
嵌线顺序	19	20	21	22	23	24	25	26	27	28	29	30	31	32	33	34	35	36
槽　　号	26	34	25	33	24	32	23	31	22	30	21	29	20	28	19	27	18	26
嵌线顺序	37	38	39	40	41	42	43	44	45	46	47	48	49	50	51	52	53	54
槽　　号	17	25	16	24	15	23	14	22	13	21	12	20	11	19	10	18	9	17
嵌线顺序	55	56	57	58	59	60	61	62	63	64	65	66	67	68	69	70	71	72
槽　　号	8	16	7	15	6	14	5	13	12	11	10	9	8	7	6	5	4	3

（3）特点与应用

绕组采用显极接线，整数槽短节距线圈，每相先两组线圈反向串接，然后并接成两路，用于小功率三相异步电动机，常用实例有J2-62-4、JO2-71-4、YR200L1-4等。

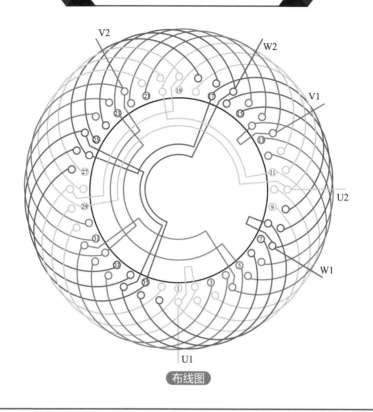

布线图

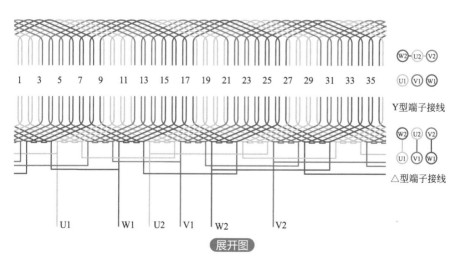

Y型端子接线

△型端子接线

展开图

119

2.1.32 4极36槽双层叠式绕组（Y8a4）

（1）绕组数据

定子槽数　$Z_1=36$

每组圈数　$S=3$

并联路数　$a=4$

电机极数　$2p=4$

极相槽数　$q=3$

线圈节距　$Y=8$

总线圈数　$Q=36$

绕组极距　$\tau=9$

线圈组数　$u=12$

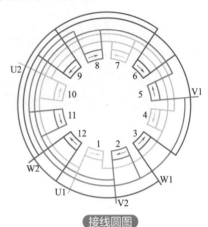

接线圆图

（2）嵌线顺序

采用交叠法嵌线时顺序表

嵌线顺序	1	2	3	4	5	6	7	8	9	10	11	12	13	14	15	16	17	18
槽　号	3	2	1	36	35	34	33	32	31	3	30	2	29	1	28	36	27	35
嵌线顺序	19	20	21	22	23	24	25	26	27	28	29	30	31	32	33	34	35	36
槽　号	26	34	25	33	24	32	23	31	22	30	21	29	20	28	19	27	18	26
嵌线顺序	37	38	39	40	41	42	43	44	45	46	47	48	49	50	51	52	53	54
槽　号	17	25	16	24	15	23	14	22	13	21	12	20	11	19	10	18	9	17
嵌线顺序	55	56	57	58	59	60	61	62	63	64	65	66	67	68	69	70	71	72
槽　号	8	16	7	15	6	14	5	13	12	11	10	9	8	7	6	5	4	3

（3）特点与应用

绕组采用显极接线，整数槽短节距线圈，每相由四组线圈反向并接而成，用于小功率三相异步电动机，常用实例有JO2L-71-4、J2-72-4等。

120

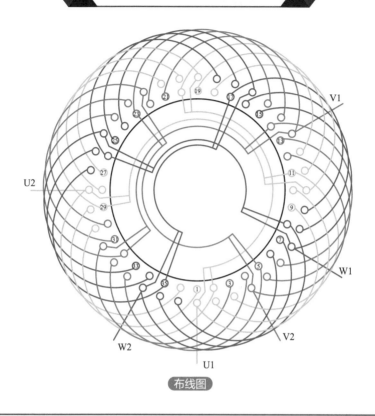

布线图

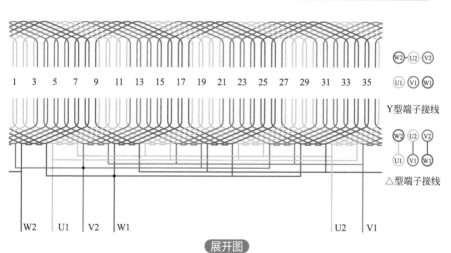

展开图

121

2.1.33　4极42槽双层叠式绕组（Y8a1）

（1）绕组数据

定子槽数　$Z_1=42$

每组圈数　$S=3\dfrac{1}{2}$

并联路数　$a=1$

电机极数　$2p=4$

极相槽数　$q=3\dfrac{1}{2}$

线圈节距　$Y=8$

总线圈数　$Q=42$

绕组极距　$\tau=10\dfrac{1}{2}$

线圈组数　$u=12$

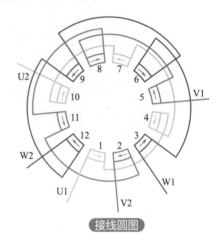

接线圆图

（2）嵌线顺序

采用交叠法嵌线时顺序表

嵌线顺序	1	2	3	4	5	6	7	8	9	10	11	12	13	14	15	16	17	18	19	20	21
槽　　号	4	3	2	1	42	41	40	39	38	4	37	3	36	2	35	1	34	42	33	41	32
嵌线顺序	22	23	24	25	26	27	28	29	30	31	32	33	34	35	36	37	38	39	40	41	42
槽　　号	40	31	39	30	38	29	37	28	36	27	35	26	34	25	33	24	32	23	31	22	30
嵌线顺序	43	44	45	46	47	48	49	50	51	52	53	54	55	56	57	58	59	60	61	62	63
槽　　号	21	29	20	28	19	27	18	26	17	16	24	15	23	14	22	13	21	12	20	11	11
嵌线顺序	64	65	66	67	68	69	70	71	72	73	74	75	76	77	78	79	80	81	82	83	84
槽　　号	19	10	18	9	17	8	16	7	15	6	14	5	13	12	11	10	9	8	7	6	5

（3）特点与应用

绕组采用显极接线，分数槽短节距线圈，每相由四组线圈反向串接而成，用于小功率三相同步发电机的改绕。

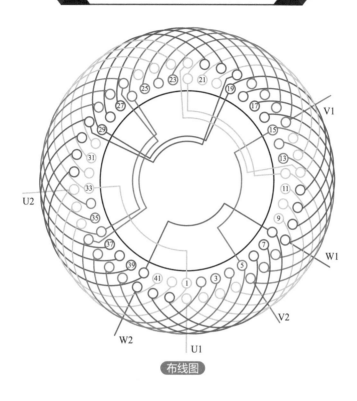

布线图

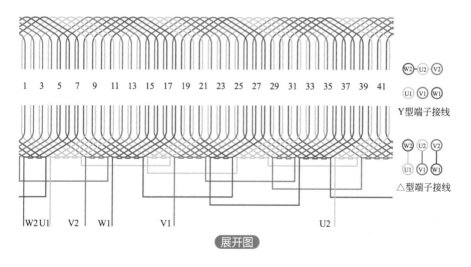

1 3 5 7 9 11 13 15 17 19 21 23 25 27 29 31 33 35 37 39 41

Y型端子接线

△型端子接线

W2 U1 V2 W1 V1 U2

展开图

2.1.34 4极45槽双层叠式绕组（Y10a1）

（1）绕组数据

定子槽数　$Z_1=45$

每组圈数　$S=3\dfrac{3}{4}$

并联路数　$a=1$

电机极数　$2p=4$

极相槽数　$q=3\dfrac{3}{3}$

线圈节距　$Y=10$

总线圈数　$Q=45$

绕组极距　$\tau=11\dfrac{1}{4}$

线圈组数　$u=12$

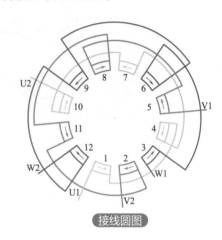

接线圆图

（2）嵌线顺序

采用交叠法嵌线时顺序表

嵌线顺序	1	2	3	4	5	6	7	8	9	10	11	12	13	14	15
槽　号	4	3	2	1	45	44	43	42	41	40	39	4	38	3	37
嵌线顺序	16	17	18	19	20	21	22	23	24	25	26	27	28	29	30
槽　号	2	36	1	35	45	34	44	33	43	32	42	31	41	30	40
嵌线顺序	31	32	33	34	35	36	37	38	39	40	41	42	43	44	45
槽　号	29	39	28	38	27	37	26	36	25	35	24	34	23	33	22
嵌线顺序	46	47	48	49	50	51	52	53	54	55	56	57	58	59	60
槽　号	32	21	31	20	30	19	29	18	28	17	27	16	26	15	25
嵌线顺序	61	62	63	64	65	66	67	68	69	70	71	72	73	74	75
槽　号	14	24	13	23	12	22	11	21	10	20	9	19	8	18	7
嵌线顺序	76	77	78	79	80	81	82	83	84	85	86	87	88	89	90
槽　号	17	6	16	5	15	14	13	12	11	10	9	8	7	6	5

（3）特点与应用

绕组采用显极接线，分数槽短节距线圈，每相由四组线圈反向串接而成，用于小功率三相同步发电机的改绕。

124

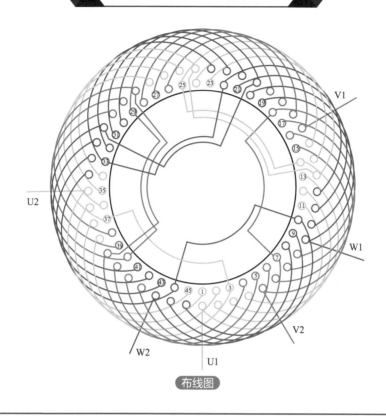

布线图

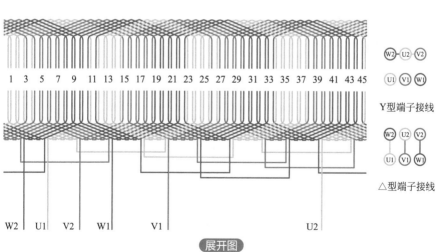

W2—U2—V2

U1　V1　W1

Y型端子接线

W2　U2　V2

U1　V1　W1

△型端子接线

展开图

2.1.35　4极48槽双层叠式绕组（Y9a2）

（1）绕组数据

定子槽数　$Z_1=48$

每组圈数　$S=4$

并联路数　$a=2$

电机极数　$2p=4$

极相槽数　$q=4$

线圈节距　$Y=9$

总线圈数　$Q=48$

绕组极距　$\tau=12$

线圈组数　$u=12$

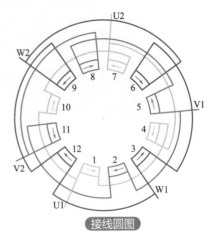

接线圆图

（2）嵌线顺序

采用交叠法嵌线时顺序表

嵌线顺序	1	2	3	4	5	6	7	8	9	10	11	12	13	14	15	16
槽　号	4	3	2	1	48	47	46	45	44	43	4	42	3	41	2	40
嵌线顺序	17	18	19	20	21	22	23	24	25	26	27	28	29	30	31	32
槽　号	1	39	48	38	47	37	46	36	45	35	44	34	43	33	42	32
嵌线顺序	33	34	35	36	37	38	39	40	41	42	43	44	45	46	47	48
槽　号	41	31	40	30	39	29	38	28	37	27	36	26	35	25	34	24
嵌线顺序	49	50	51	52	53	54	55	56	57	58	59	60	61	62	63	64
槽　号	33	23	32	22	31	21	30	20	29	19	28	18	27	17	26	16
嵌线顺序	65	66	67	68	69	70	71	72	73	74	75	76	77	78	79	80
槽　号	25	15	24	14	23	13	22	12	21	11	20	10	19	9	18	8
嵌线顺序	81	82	83	84	85	86	87	88	89	90	91	92	93	94	95	96
槽　号	17	7	16	6	15	5	14	13	12	11	10	9	8	7	6	5

（3）特点与应用

绕组采用显极接线，整数槽短节距线圈，每相先两组线圈反向串接，然后并接成两路，常用实例有 T-225 L-4、T-225M-4、TSN36.8/14-4 等。

126

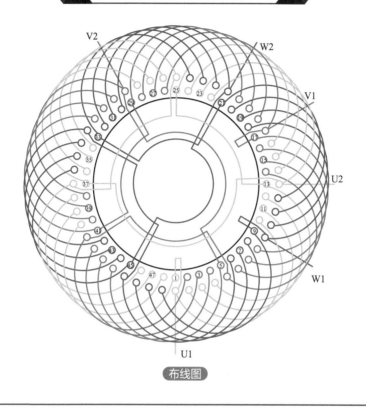

布线图

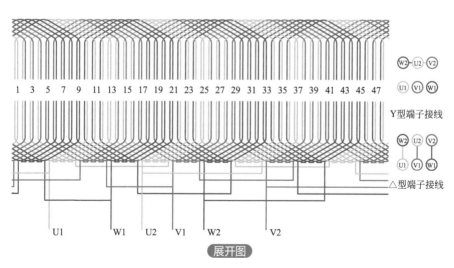

1　3　5　7　9　11　13　15　17　19　21　23　25　27　29　31　33　35　37　39　41　43　45　47

Y型端子接线

△型端子接线

U1　W1　U2　V1　W2　V2

展开图

127

2.1.36 4极48槽双层叠式绕组（Y9a4）

（1）绕组数据

定子槽数　$Z_1=48$

每组圈数　$S=4$

并联路数　$a=4$

电机极数　$2p=4$

极相槽数　$q=4$

线圈节距　$Y=9$

总线圈数　$Q=48$

绕组极距　$\tau=12$

线圈组数　$u=12$

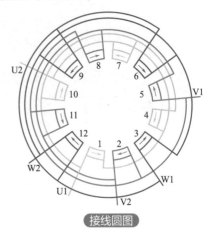

接线圆图

（2）嵌线顺序

采用交叠法嵌线时顺序表

嵌线顺序	1	2	3	4	5	6	7	8	9	10	11	12	13	14	15	16
槽　　号	4	3	2	1	48	47	46	45	44	43	4	42	3	41	2	40
嵌线顺序	17	18	19	20	21	22	23	24	25	26	27	28	29	30	31	32
槽　　号	1	39	48	38	47	37	46	36	45	35	44	34	43	33	42	32
嵌线顺序	33	34	35	36	37	38	39	40	41	42	43	44	45	46	47	48
槽　　号	41	31	40	30	39	29	38	28	37	27	36	26	35	25	34	24
嵌线顺序	49	50	51	52	53	54	55	56	57	58	59	60	61	62	63	64
槽　　号	33	23	32	22	31	21	30	20	29	19	28	18	27	17	26	16
嵌线顺序	65	66	67	68	69	70	71	72	73	74	75	76	77	78	79	80
槽　　号	25	15	24	14	23	13	22	12	21	11	20	10	19	9	18	8
嵌线顺序	81	82	83	84	85	86	87	88	89	90	91	92	93	94	95	96
槽　　号	17	7	16	6	15	5	14	13	12	11	10	9	8	7	6	5

（3）特点与应用

绕组采用显极接线，整数槽短节距线圈，每相由四组线圈反向并接而成，常用实例有 J-82-4 等。

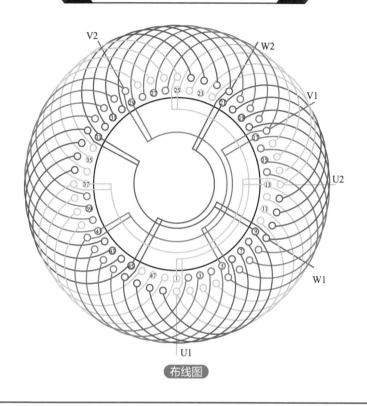

布线图

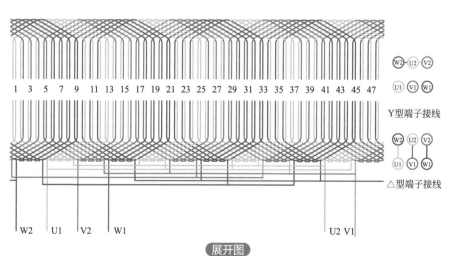

Y型端子接线

△型端子接线

展开图

129

2.1.37 4极48槽双层叠式绕组（Y10a1）

（1）绕组数据

定子槽数　Z_1=48

每组圈数　S=4

并联路数　a=1

电机极数　$2p$=4

极相槽数　q=4

线圈节距　Y=10

总线圈数　Q=48

绕组极距　τ=12

线圈组数　u=12

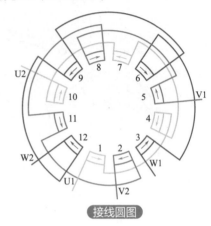

接线圆图

（2）嵌线顺序

采用交叠法嵌线时顺序表

嵌线顺序	1	2	3	4	5	6	7	8	9	10	11	12	13	14	15	16
槽　　号	4	3	2	1	48	47	46	45	44	43	42	4	41	3	40	2
嵌线顺序	17	18	19	20	21	22	23	24	25	26	27	28	29	30	31	32
槽　　号	39	1	38	48	37	47	36	46	35	45	34	44	33	43	32	42
嵌线顺序	33	34	35	36	37	38	39	40	41	42	43	44	45	46	47	48
槽　　号	31	41	30	40	29	39	28	38	27	37	26	36	25	35	24	34
嵌线顺序	49	50	51	52	53	54	55	56	57	58	59	60	61	62	63	64
槽　　号	23	33	22	32	21	31	20	30	19	29	18	28	17	27	16	26
嵌线顺序	65	66	67	68	69	70	71	72	73	74	75	76	77	78	79	80
槽　　号	15	25	14	24	13	23	12	22	11	21	10	20	9	19	8	18
嵌线顺序	81	82	83	84	85	86	87	88	89	90	91	92	93	94	95	96
槽　　号	7	17	6	16	5	15	14	13	12	11	10	9	8	7	6	5

（3）特点与应用

绕组采用显极接线，整数槽短节距线圈，每相由四组线圈反向串接而成，常用实例有 JS 114-4、JS 117-4 等。

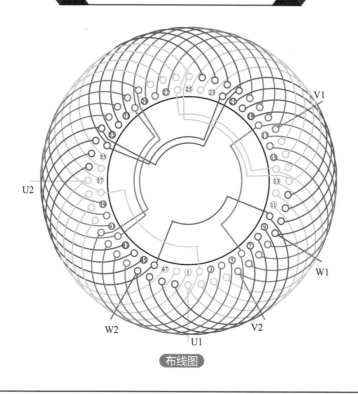

布线图

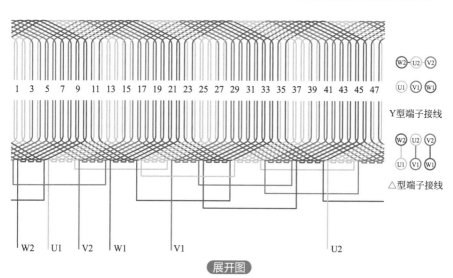

W2—U2—V2

U1 V1 W1

Y型端子接线

W2 U2 V2

U1 V1 W1

△型端子接线

W2 U1 V2 W1 V1 U2

展开图

131

2.1.38　4极48槽双层叠式绕组（Y10a2）

（1）绕组数据

定子槽数　$Z_1=48$

每组圈数　$S=4$

并联路数　$a=2$

电机极数　$2p=4$

极相槽数　$q=4$

线圈节距　$Y=10$

总线圈数　$Q=48$

绕组极距　$\tau=12$

线圈组数　$u=12$

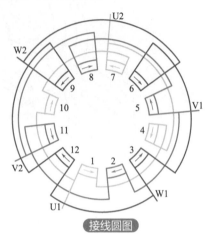

接线圆图

（2）嵌线顺序

采用交叠法嵌线时顺序表

嵌线顺序	1	2	3	4	5	6	7	8	9	10	11	12	13	14	15	16
槽　　号	<u>4</u>	<u>3</u>	<u>2</u>	<u>1</u>	<u>48</u>	<u>47</u>	<u>46</u>	<u>45</u>	<u>44</u>	<u>43</u>	<u>42</u>	4	<u>41</u>	3	<u>40</u>	2
嵌线顺序	17	18	19	20	21	22	23	24	25	26	27	28	29	30	31	32
槽　　号	<u>39</u>	1	<u>38</u>	48	<u>37</u>	47	<u>36</u>	46	<u>35</u>	45	<u>34</u>	44	<u>33</u>	43	<u>32</u>	42
嵌线顺序	33	34	35	36	37	38	39	40	41	42	43	44	45	46	47	48
槽　　号	<u>31</u>	41	<u>30</u>	40	<u>29</u>	39	<u>28</u>	38	<u>27</u>	37	<u>26</u>	36	<u>25</u>	35	<u>24</u>	34
嵌线顺序	49	50	51	52	53	54	55	56	57	58	59	60	61	62	63	64
槽　　号	<u>23</u>	33	<u>22</u>	32	<u>21</u>	31	<u>20</u>	30	<u>19</u>	29	<u>18</u>	28	<u>17</u>	27	<u>16</u>	26
嵌线顺序	65	66	67	68	69	70	71	72	73	74	75	76	77	78	79	80
槽　　号	<u>15</u>	25	<u>14</u>	24	<u>13</u>	23	<u>12</u>	22	<u>11</u>	21	<u>10</u>	20	<u>9</u>	19	<u>8</u>	18
嵌线顺序	81	82	83	84	85	86	87	88	89	90	91	92	93	94	95	96
槽　　号	<u>7</u>	17	<u>6</u>	16	<u>5</u>	15	14	13	12	11	10	9	8	7	6	5

（3）特点与应用

绕组采用显极接线，整数槽短节距线圈，每相先两组线圈反向串接，然后并接成两路，常用实例有 TSN36.8/14-4、YX200L-4 等。

132

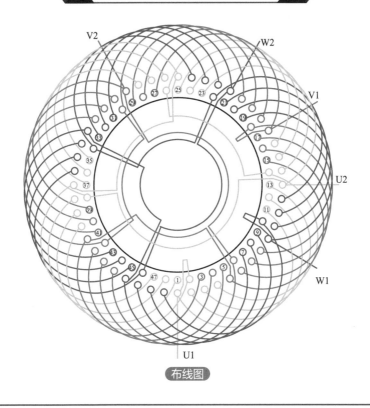

布线图

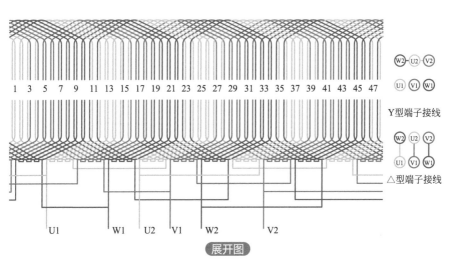

W2—U2—V2

U1 V1 W1

Y型端子接线

W2 U2 V2

U1 V1 W1

△型端子接线

U1 W1 U2 V1 W2 V2

展开图

2.1.39　4极48槽双层叠式绕组（Y10a4）

（1）绕组数据

定子槽数　$Z_1=48$

每组圈数　$S=4$

并联路数　$a=4$

电机极数　$2p=4$

极相槽数　$q=4$

线圈节距　$Y=10$

总线圈数　$Q=48$

绕组极距　$\tau=12$

线圈组数　$u=12$

（2）嵌线顺序

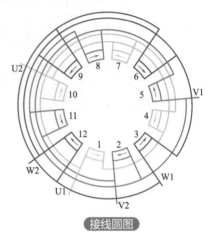

接线圆图

采用交叠法嵌线时顺序表

嵌线顺序	1	2	3	4	5	6	7	8	9	10	11	12	13	14	15	16
槽　　号	<u>4</u>	<u>3</u>	<u>2</u>	<u>1</u>	<u>48</u>	<u>47</u>	<u>46</u>	<u>45</u>	<u>44</u>	<u>43</u>	<u>42</u>	4	<u>41</u>	3	<u>40</u>	2
嵌线顺序	17	18	19	20	21	22	23	24	25	26	27	28	29	30	31	32
槽　　号	<u>39</u>	1	<u>38</u>	48	<u>37</u>	47	<u>36</u>	46	<u>35</u>	45	<u>34</u>	44	<u>33</u>	43	<u>32</u>	42
嵌线顺序	33	34	35	36	37	38	39	40	41	42	43	44	45	46	47	48
槽　　号	<u>31</u>	41	<u>30</u>	40	<u>29</u>	39	<u>28</u>	38	<u>27</u>	37	<u>26</u>	36	<u>25</u>	35	<u>24</u>	34
嵌线顺序	49	50	51	52	53	54	55	56	57	58	59	60	61	62	63	64
槽　　号	<u>23</u>	33	<u>22</u>	32	<u>21</u>	31	<u>20</u>	30	<u>19</u>	29	<u>18</u>	28	<u>17</u>	27	<u>16</u>	26
嵌线顺序	65	66	67	68	69	70	71	72	73	74	75	76	77	78	79	80
槽　　号	<u>15</u>	25	<u>14</u>	24	<u>13</u>	23	<u>12</u>	22	<u>11</u>	21	<u>10</u>	20	<u>9</u>	19	<u>8</u>	18
嵌线顺序	81	82	83	84	85	86	87	88	89	90	91	92	93	94	95	96
槽　　号	<u>7</u>	17	<u>6</u>	16	<u>5</u>	15	14	13	12	11	10	9	8	7	6	5

（3）特点与应用

绕组采用显极接线，整数槽短节距线圈，每相由四组线圈反向并接而成，常用实例有 JO2L72-4、YX180L-4 等。

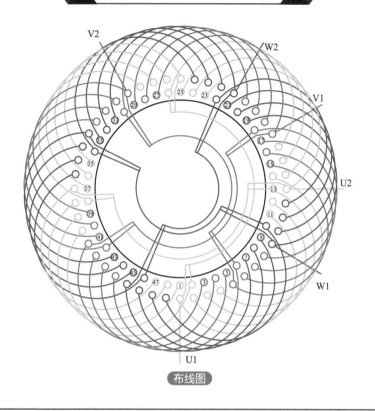

布线图

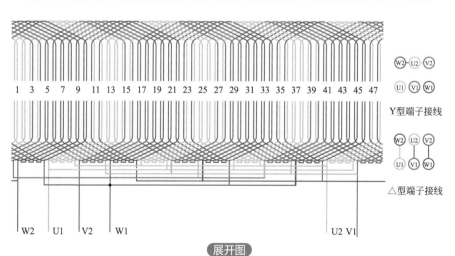

W2 U2 V2

U1 V1 W1

Y型端子接线

W2 U2 V2

U1 V1 W1

△型端子接线

W2 U1 V2 W1   U2 V1

展开图

2.1.40 4极48槽双层叠式绕组（Y11a1）

（1）绕组数据

转子槽数　$Z_2=48$

每组圈数　$S=4$

并联路数　$a=1$

电机极数　$2p=4$

极相槽数　$q=4$

线圈节距　$Y=11$

总线圈数　$Q=48$

绕组极距　$\tau=12$

线圈组数　$u=12$

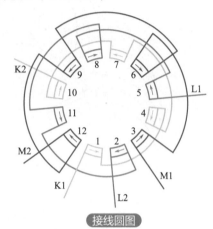

接线圆图

（2）嵌线顺序

采用交叠法嵌线时顺序表

嵌线顺序	1	2	3	4	5	6	7	8	9	10	11	12	13	14	15	16
槽　号	4	3	2	1	48	47	46	45	44	43	42	41	4	40	3	39
嵌线顺序	17	18	19	20	21	22	23	24	25	26	27	28	29	30	31	32
槽　号	2	38	1	37	48	36	47	35	46	34	45	33	44	32	43	31
嵌线顺序	33	34	35	36	37	38	39	40	41	42	43	44	45	46	47	48
槽　号	42	30	41	29	40	28	39	27	38	26	37	25	36	24	35	23
嵌线顺序	49	50	51	52	53	54	55	56	57	58	59	60	61	62	63	64
槽　号	34	22	33	21	32	20	31	19	30	18	29	17	28	16	27	15
嵌线顺序	65	66	67	68	69	70	71	72	73	74	75	76	77	78	79	80
槽　号	26	14	25	13	24	12	23	11	22	10	21	9	20	8	19	7
嵌线顺序	81	82	83	84	85	86	87	88	89	90	91	92	93	94	95	96
槽　号	18	6	17	5	16	15	14	13	12	11	10	9	8	7	6	5

（3）特点与应用

绕组采用显极接线，整数槽短节距线圈，每相由四组线圈反向串接而成，常用实例有 YR250M-4、YR280S-4 等。

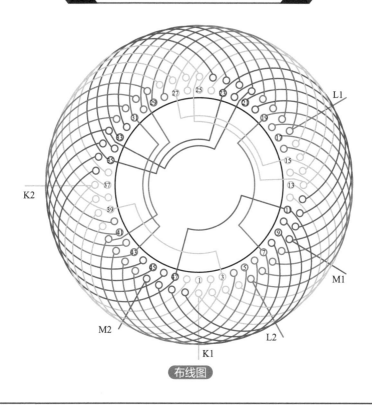

布线图

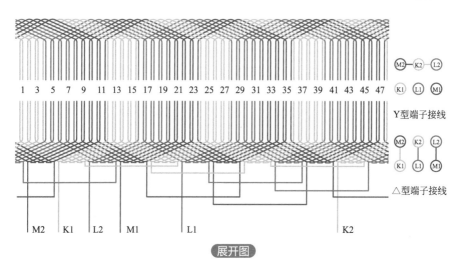

展开图

137

2.1.41　4极48槽双层叠式绕组（Y11a2）

（1）绕组数据

转子槽数　$Z_2=48$

每组圈数　$S=4$

并联路数　$a=2$

电机极数　$2p=4$

极相槽数　$q=4$

线圈节距　$Y=11$

总线圈数　$Q=48$

绕组极距　$\tau=12$

线圈组数　$u=12$

（2）嵌线顺序

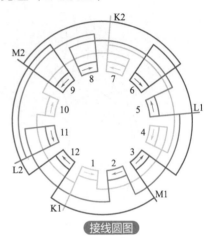

接线圆图

采用交叠法嵌线时顺序表

嵌线顺序	1	2	3	4	5	6	7	8	9	10	11	12	13	14	15	16
槽　号	4	3	2	1	48	47	46	45	44	43	42	41	4	40	3	39
嵌线顺序	17	18	19	20	21	22	23	24	25	26	27	28	29	30	31	32
槽　号	2	38	1	37	48	36	47	35	46	34	45	33	44	32	43	31
嵌线顺序	33	34	35	36	37	38	39	40	41	42	43	44	45	46	47	48
槽　号	42	30	41	29	40	28	39	27	38	26	37	25	36	24	35	23
嵌线顺序	49	50	51	52	53	54	55	56	57	58	59	60	61	62	63	64
槽　号	34	22	33	21	32	20	31	19	30	18	29	17	28	16	27	15
嵌线顺序	65	66	67	68	69	70	71	72	73	74	75	76	77	78	79	80
槽　号	26	14	25	13	24	12	23	11	22	10	21	9	20	8	19	7
嵌线顺序	81	82	83	84	85	86	87	88	89	90	91	92	93	94	95	96
槽　号	18	6	17	5	16	15	14	13	12	11	10	9	8	7	6	5

（3）特点与应用

绕组采用显极接线，整数槽短节距线圈，每相先两组线圈反向串接，然后并接成两路，常用实例有 Y2-225M-4E、YR280M-4 等。

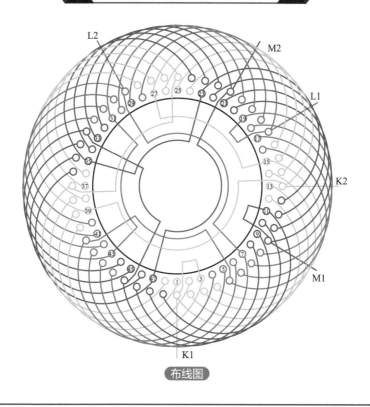

布线图

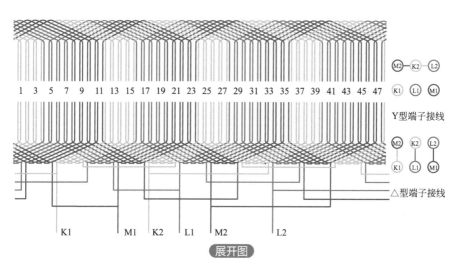

Y型端子接线

△型端子接线

展开图

2.1.42 4极48槽双层叠式绕组（Y11a4）

（1）绕组数据

定子槽数 Z_1=48

每组圈数 S=4

并联路数 a=4

电机极数 $2p$=4

极相槽数 q=4

线圈节距 Y=11

总线圈数 Q=48

绕组极距 τ=12

线圈组数 u=12

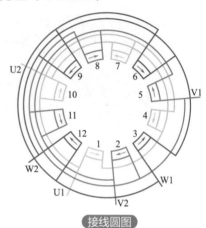

接线圆图

（2）嵌线顺序

采用交叠法嵌线时顺序表

嵌线顺序	1	2	3	4	5	6	7	8	9	10	11	12	13	14	15	16
槽 号	4	3	2	1	48	47	46	45	44	43	42	41	4	40	3	39
嵌线顺序	17	18	19	20	21	22	23	24	25	26	27	28	29	30	31	32
槽 号	2	38	1	37	48	36	47	35	46	34	45	33	44	32	43	31
嵌线顺序	33	34	35	36	37	38	39	40	41	42	43	44	45	46	47	48
槽 号	42	30	41	29	40	28	39	27	38	26	37	25	36	24	35	23
嵌线顺序	49	50	51	52	53	54	55	56	57	58	59	60	61	62	63	64
槽 号	34	22	33	21	32	20	31	19	30	18	29	17	28	16	27	15
嵌线顺序	65	66	67	68	69	70	71	72	73	74	75	76	77	78	79	80
槽 号	26	14	25	13	24	12	23	11	22	10	21	9	20	8	19	7
嵌线顺序	81	82	83	84	85	86	87	88	89	90	91	92	93	94	95	96
槽 号	18	6	17	5	16	15	14	13	12	11	10	9	8	7	6	5

（3）特点与应用

绕组采用显极接线，整数槽短节距线圈，每相由四组线圈反向并接而成，常用实例有Y2-225S-4、YR280M-4等。

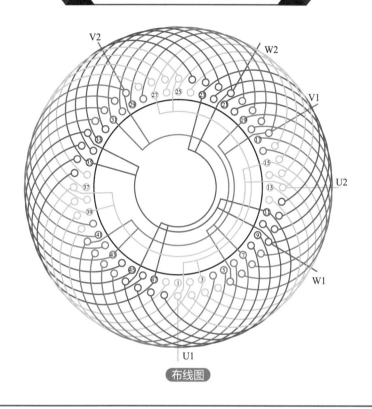

布线图

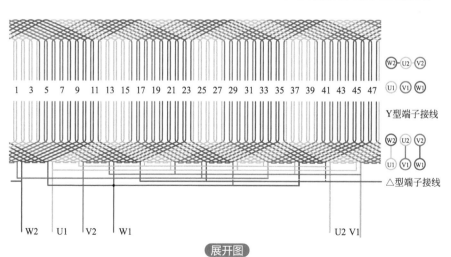

Y型端子接线

△型端子接线

展开图

2.1.43 4极48槽双层叠式绕组（Y12a1）

（1）绕组数据

定子槽数 Z_1=48

每组圈数 S=4

并联路数 a=1

电机极数 $2p$=4

极相槽数 q=4

线圈节距 Y=12

总线圈数 Q=48

绕组极距 τ=12

线圈组数 u=12

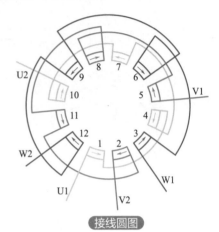

接线圆图

（2）嵌线顺序

采用交叠法嵌线时顺序表

嵌线顺序	1	2	3	4	5	6	7	8	9	10	11	12	13	14	15	16
槽　　号	4	3	2	1	48	47	46	45	44	43	42	41	40	4	39	3
嵌线顺序	17	18	19	20	21	22	23	24	25	26	27	28	29	30	31	32
槽　　号	38	2	37	1	36	48	35	47	34	46	33	45	32	44	31	43
嵌线顺序	33	34	35	36	37	38	39	40	41	42	43	44	45	46	47	48
槽　　号	30	42	29	41	28	40	27	39	26	38	25	37	24	36	23	35
嵌线顺序	49	50	51	52	53	54	55	56	57	58	59	60	61	62	63	64
槽　　号	22	34	21	33	20	32	19	31	18	30	17	29	16	28	15	27
嵌线顺序	65	66	67	68	69	70	71	72	73	74	75	76	77	78	79	80
槽　　号	14	26	13	25	12	24	11	23	10	22	9	21	8	20	7	19
嵌线顺序	81	82	83	84	85	86	87	88	89	90	91	92	93	94	95	96
槽　　号	6	18	5	17	16	15	14	13	12	11	10	9	8	7	6	5

（3）特点与应用

绕组采用显极接线，整数槽短节距线圈，每相由四组线圈反向串接而成，常用实例有J91-4、J92-4等。

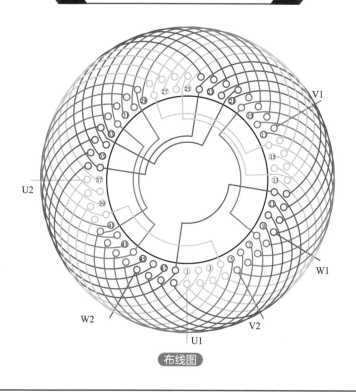

布线图

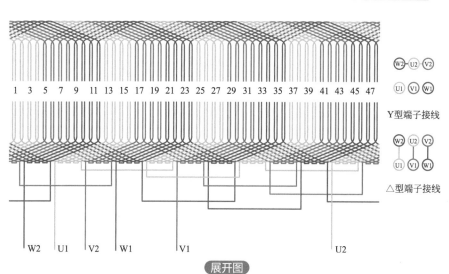

W2—U2—V2

U1 V1 W1

Y型端子接线

W2 U2 V2

U1 V1 W1

△型端子接线

W2 U1 V2 W1 V1 U2

展开图

143

2.1.44　4极60槽双层叠式绕组（Y11a2）

（1）绕组数据

定子槽数　$Z_1=60$

每组圈数　$S=5$

并联路数　$a=2$

电机极数　$2p=4$

极相槽数　$q=5$

线圈节距　$Y=11$

总线圈数　$Q=60$

绕组极距　$\tau=15$

线圈组数　$u=12$

（2）嵌线顺序

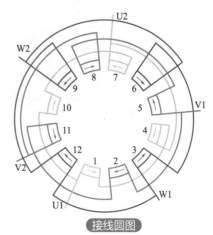

接线圆图

采用交叠法嵌线时顺序表

嵌线顺序	1	2	3	4	5	6	7	8	9	10	11	12	13	14	15	16	17	18	19	20
槽　　号	5	4	3	2	1	60	59	58	57	56	55	54	5	53	4	52	3	51	2	50
嵌线顺序	21	22	23	24	25	26	27	28	29	30	31	32	33	34	35	36	37	38	39	40
槽　　号	1	49	60	48	59	47	58	46	57	45	56	44	55	43	54	42	53	41	52	40
嵌线顺序	41	42	43	44	45	46	47	48	49	50	51	52	53	54	55	56	57	58	59	60
槽　　号	51	39	50	38	49	37	48	36	47	35	46	34	45	33	44	32	43	31	42	30
嵌线顺序	61	62	63	64	65	66	67	68	69	70	71	72	73	74	75	76	77	78	79	80
槽　　号	41	29	40	28	39	27	38	26	37	25	36	24	35	23	34	22	33	21	32	20
嵌线顺序	81	82	83	84	85	86	87	88	89	90	91	92	93	94	95	96	97	98	99	100
槽　　号	31	19	30	18	29	17	28	16	27	15	26	14	25	13	24	12	23	11	22	10
嵌线顺序	101	102	103	104	105	106	107	108	109	110	111	112	113	114	115	116	117	118	119	120
槽　　号	21	9	20	8	19	7	18	6	17	16	15	14	13	12	11	10	9	8	7	6

（3）特点与应用

绕组采用显极接线，整数槽短节距线圈，每相先两组线圈反向串接，然后并接成两路串接而成，用于小功率三相同步电动机，常用实例有 T2-250L-4 等。

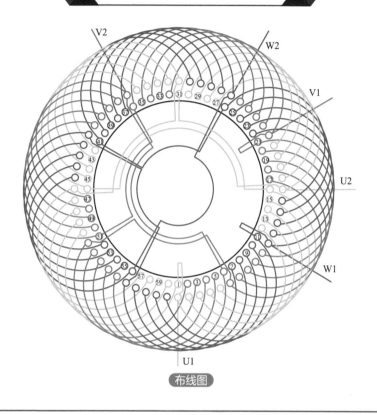

布线图

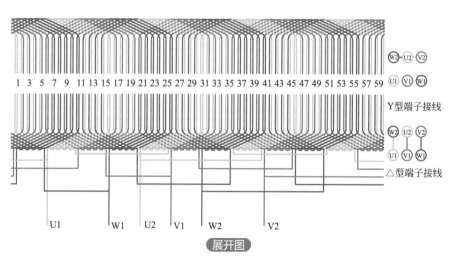

展开图

145

2.1.45 4极60槽双层叠式绕组(Y11a4)

(1)绕组数据

定子槽数 $Z_1=60$

每组圈数 $S=5$

并联路数 $a=4$

电机极数 $2p=4$

极相槽数 $q=5$

线圈节距 $Y=11$

总线圈数 $Q=60$

绕组极距 $\tau=15$

线圈组数 $u=12$

(2)嵌线顺序

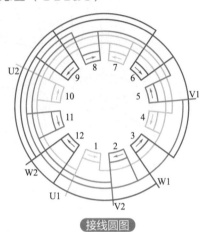

接线圆图

采用交叠法嵌线时顺序表

嵌线顺序	1	2	3	4	5	6	7	8	9	10	11	12	13	14	15	16	17	18	19	20
槽号	5	4	3	2	1	60	59	58	57	56	55	54	5	53	4	52	3	51	2	50
嵌线顺序	21	22	23	24	25	26	27	28	29	30	31	32	33	34	35	36	37	38	39	40
槽号	1	49	60	48	59	47	58	46	57	45	56	44	55	43	54	42	53	41	52	40
嵌线顺序	41	42	43	44	45	46	47	48	49	50	51	52	53	54	55	56	57	58	59	60
槽号	51	39	50	38	49	37	48	36	47	35	46	34	45	33	44	32	43	31	42	30
嵌线顺序	61	62	63	64	65	66	67	68	69	70	71	72	73	74	75	76	77	78	79	80
槽号	41	29	40	28	39	27	38	26	37	25	36	24	35	23	34	22	33	21	32	20
嵌线顺序	81	82	83	84	85	86	87	88	89	90	91	92	93	94	95	96	97	98	99	100
槽号	31	19	30	18	29	17	28	16	27	15	26	14	25	13	24	12	23	11	22	10
嵌线顺序	101	102	103	104	105	106	107	108	109	110	111	112	113	114	115	116	117	118	119	120
槽号	21	9	20	8	19	7	18	6	17	16	15	14	13	12	11	10	9	8	7	6

(3)特点与应用

绕组采用显极接线,整数槽短节距线圈,每相由四组线圈反向并接而成,用于小功率三相同步电动机,常用实例有 T2-250M-4 等。

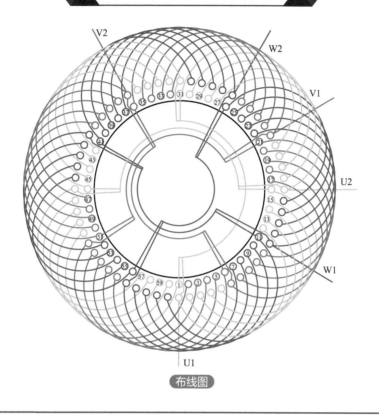

布线图

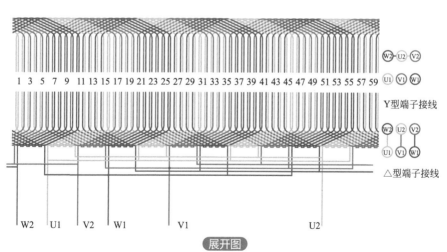

W2 U2 V2

U1 V1 W1

Y型端子接线

W2 U2 V2

U1 V1 W1

△型端子接线

展开图

147

2.1.46　4极60槽双层叠式绕组（Y12a1）

（1）绕组数据

定子槽数　$Z_1=60$

每组圈数　$S=5$

并联路数　$a=1$

电机极数　$2p=4$

极相槽数　$q=5$

线圈节距　$Y=12$

总线圈数　$Q=60$

绕组极距　$\tau=15$

线圈组数　$u=12$

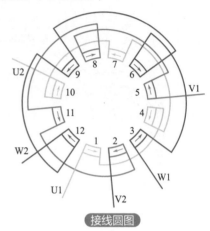

接线圆图

（2）嵌线顺序

采用交叠法嵌线时顺序表

嵌线顺序	1	2	3	4	5	6	7	8	9	10	11	12	13	14	15	16	17	18	19	20
槽　号	5	4	3	2	1	60	59	58	57	56	55	54	53	5	52	4	51	3	50	2
嵌线顺序	21	22	23	24	25	26	27	28	29	30	31	32	33	34	35	36	37	38	39	40
槽　号	49	1	48	60	47	59	46	58	45	57	44	56	43	55	42	54	41	53	40	52
嵌线顺序	41	42	43	44	45	46	47	48	49	50	51	52	53	54	55	56	57	58	59	60
槽　号	39	51	38	50	37	49	36	48	35	47	34	46	33	45	32	44	31	43	30	42
嵌线顺序	61	62	63	64	65	66	67	68	69	70	71	72	73	74	75	76	77	78	79	80
槽　号	29	41	28	40	27	39	26	38	25	37	24	36	23	35	22	34	21	33	20	32
嵌线顺序	81	82	83	84	85	86	87	88	89	90	91	92	93	94	95	96	97	98	99	100
槽　号	19	31	18	30	17	29	16	28	15	27	14	26	13	25	12	24	11	23	10	22
嵌线顺序	101	102	103	104	105	106	107	108	109	110	111	112	113	114	115	116	117	118	119	120
槽　号	9	21	8	20	7	19	6	18	17	16	15	14	13	12	11	10	9	8	7	6

（3）特点与应用

绕组采用显极接线，整数槽短节距线圈，每相由四组线圈反向串接而成，用于小功率三相异步电动机，常用实例有YB400M1-4、DM-580-4等。

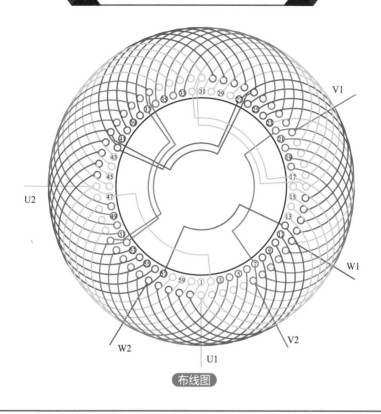

布线图

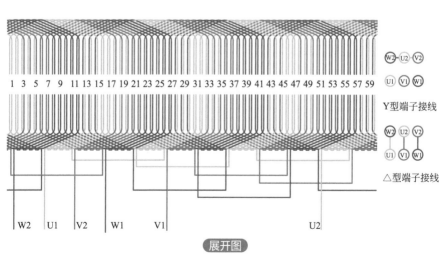

展开图

149

2.1.47 4极60槽双层叠式绕组（Y12a4）

（1）绕组数据

定子槽数　Z_1=60

每组圈数　S=5

并联路数　a=4

电机极数　$2p$=4

极相槽数　q=5

线圈节距　Y=12

总线圈数　Q=60

绕组极距　τ=15

线圈组数　u=12

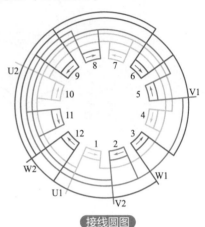

接线圆图

（2）嵌线顺序

采用交叠法嵌线时顺序表

嵌线顺序	1	2	3	4	5	6	7	8	9	10	11	12	13	14	15	16	17	18	19	20
槽　号	5	4	3	2	1	60	59	58	57	56	55	54	53	5	52	4	51	3	50	2
嵌线顺序	21	22	23	24	25	26	27	28	29	30	31	32	33	34	35	36	37	38	39	40
槽　号	49	1	48	60	47	59	46	58	45	57	44	56	43	55	42	54	41	53	40	52
嵌线顺序	41	42	43	44	45	46	47	48	49	50	51	52	53	54	55	56	57	58	59	60
槽　号	39	51	38	50	37	49	36	48	35	47	34	46	33	45	32	44	31	43	30	42
嵌线顺序	61	62	63	64	65	66	67	68	69	70	71	72	73	74	75	76	77	78	79	80
槽　号	29	41	28	40	27	26	38	25	37	24	36	23	35	22	34	21	33	20	32	
嵌线顺序	81	82	83	84	85	86	87	88	89	90	91	92	93	94	95	96	97	98	99	100
槽　号	19	31	18	30	17	29	16	28	15	27	14	26	13	25	12	24	11	23	10	22
嵌线顺序	101	102	103	104	105	106	107	108	109	110	111	112	113	114	115	116	117	118	119	120
槽　号	9	21	8	20	7	19	6	18	17	16	15	14	13	12	11	10	9	8	7	6

（3）特点与应用

绕组采用显极接线，整数槽短节距线圈，每相由四组线圈反向并接而成，用于小功率三相异步电动机，常用实例有JO2L-91-4、T2-355-M-4等。

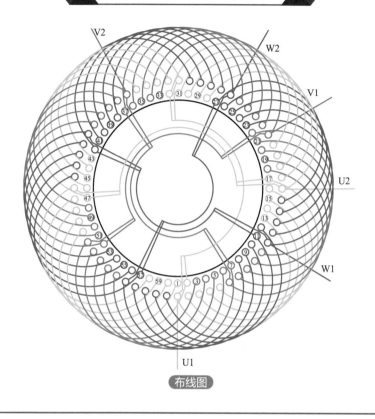

布线图

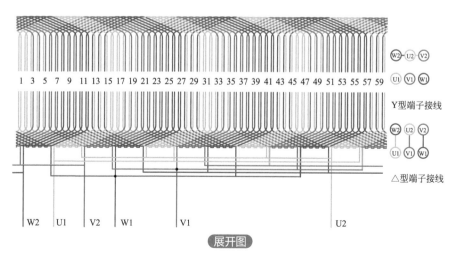

W2 — U2 — V2

U1 V1 W1

Y型端子接线

W2 U2 V2

U1 V1 W1

△型端子接线

1 3 5 7 9 11 13 15 17 19 21 23 25 27 29 31 33 35 37 39 41 43 45 47 49 51 53 55 57 59

W2 U1 V2 W1 V1 U2

展开图

2.1.48 4极60槽双层叠式绕组（Y13a1）

（1）绕组数据

定子槽数 $Z_1=60$

每组圈数 $S=5$

并联路数 $a=1$

电机极数 $2p=4$

极相槽数 $q=5$

线圈节距 $Y=13$

总线圈数 $Q=60$

绕组极距 $\tau=15$

线圈组数 $u=12$

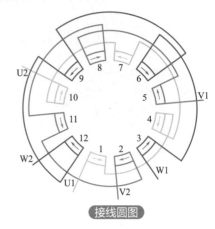

接线圆图

（2）嵌线顺序

采用交叠法嵌线时顺序表

嵌线顺序	1	2	3	4	5	6	7	8	9	10	11	12	13	14	15	16	17	18	19	20
槽　　号	5	4	3	2	1	60	59	58	57	56	55	54	53	52	5	51	4	50	3	49
嵌线顺序	21	22	23	24	25	26	27	28	29	30	31	32	33	34	35	36	37	38	39	40
槽　　号	2	48	1	47	60	46	59	45	58	44	57	43	56	42	55	41	54	40	53	39
嵌线顺序	41	42	43	44	45	46	47	48	49	50	51	52	53	54	55	56	57	58	59	60
槽　　号	52	38	51	37	50	36	49	35	48	34	47	33	46	32	45	31	44	30	43	29
嵌线顺序	61	62	63	64	65	66	67	68	69	70	71	72	73	74	75	76	77	78	79	80
槽　　号	42	28	41	27	40	26	39	25	38	24	37	23	36	22	35	21	34	20	33	19
嵌线顺序	81	82	83	84	85	86	87	88	89	90	91	92	93	94	95	96	97	98	99	100
槽　　号	32	18	31	17	30	16	29	15	28	14	27	13	26	12	25	11	24	10	23	9
嵌线顺序	101	102	103	104	105	106	107	108	109	110	111	112	113	114	115	116	117	118	119	120
槽　　号	22	8	21	7	20	6	19	18	17	16	15	14	13	12	11	10	9	8	7	6

（3）特点与应用

绕组采用显极接线，整数槽短节距线圈，每相由四组线圈反向串接而成，用于小功率三相异步电动机，常用实例有 Y450-4、JS-127-4 等。

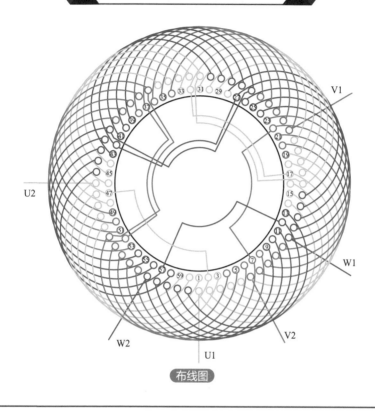

布线图

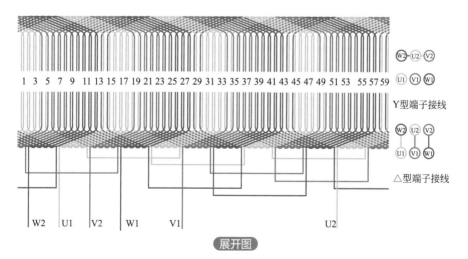

1 3 5 7 9 11 13 15 17 19 21 23 25 27 29 31 33 35 37 39 41 43 45 47 49 51 53 55 57 59

Y型端子接线

△型端子接线

展开图

153

2.1.49　4极60槽双层叠式绕组（Y13a2）

（1）绕组数据

定子槽数　$Z_1=60$

每组圈数　$S=5$

并联路数　$a=2$

电机极数　$2p=4$

极相槽数　$q=5$

线圈节距　$Y=13$

总线圈数　$Q=60$

绕组极距　$\tau=15$

线圈组数　$u=12$

（2）嵌线顺序

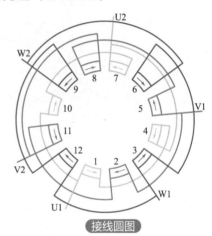

接线圆图

采用交叠法嵌线时顺序表

嵌线顺序	1	2	3	4	5	6	7	8	9	10	11	12	13	14	15	16	17	18	19	20
槽　号	5	4	3	2	1	60	59	58	57	56	55	54	53	52	5	51	4	50	3	49
嵌线顺序	21	22	23	24	25	26	27	28	29	30	31	32	33	34	35	36	37	38	39	40
槽　号	2	48	1	47	60	46	59	45	58	44	57	43	56	42	55	41	54	40	53	39
嵌线顺序	41	42	43	44	45	46	47	48	49	50	51	52	53	54	55	56	57	58	59	60
槽　号	52	38	51	37	50	36	49	35	48	34	47	33	46	32	45	31	44	30	43	29
嵌线顺序	61	62	63	64	65	66	67	68	69	70	71	72	73	74	75	76	77	78	79	80
槽　号	42	28	41	27	40	26	39	25	38	24	37	23	36	22	35	21	34	20	33	19
嵌线顺序	81	82	83	84	85	86	87	88	89	90	91	92	93	94	95	96	97	98	99	100
槽　号	32	18	31	17	30	16	29	15	28	14	27	13	26	12	25	11	24	10	23	9
嵌线顺序	101	102	103	104	105	106	107	108	109	110	111	112	113	114	115	116	117	118	119	120
槽　号	22	8	21	7	20	6	19	18	17	16	15	14	13	12	11	10	9	8	7	6

（3）特点与应用

绕组采用显极接线，整数槽短节距线圈，每相先两组线圈反向串接，然后并接成两路，用于小功率三相异步电动机，常用实例有 YLB250-1-4、YLB250-3-4 等。

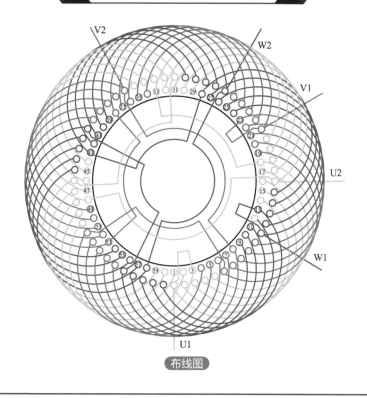

布线图

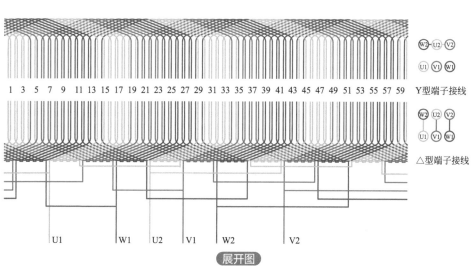

1　3　5　7　9　11　13　15　17　19　21　23　25　27　29　31　33　35　37　39　41　43　45　47　49　51　53　55　57　59

Y型端子接线

△型端子接线

U1　W1　U2　V1　W2　V2

展开图

155

2.1.50　4极60槽双层叠式绕组（Y13a4）

（1）绕组数据

定子槽数　$Z_1=60$

每组圈数　$S=5$

并联路数　$a=4$

电机极数　$2p=4$

极相槽数　$q=5$

线圈节距　$Y=13$

总线圈数　$Q=60$

绕组极距　$\tau=15$

线圈组数　$u=12$

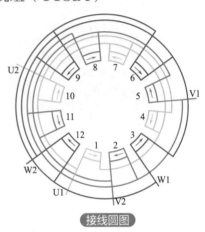

接线圆图

（2）嵌线顺序

采用交叠法嵌线时顺序表

嵌线顺序	1	2	3	4	5	6	7	8	9	10	11	12	13	14	15	16	17	18	19	20
槽　号	5	4	3	2	1	60	59	58	57	56	55	54	53	52	5	51	4	50	3	49
嵌线顺序	21	22	23	24	25	26	27	28	29	30	31	32	33	34	35	36	37	38	39	40
槽　号	2	48	1	47	60	46	59	45	58	44	57	43	56	42	55	41	54	40	53	39
嵌线顺序	41	42	43	44	45	46	47	48	49	50	51	52	53	54	55	56	57	58	59	60
槽　号	52	38	51	37	50	36	49	35	48	34	47	33	46	32	45	31	44	30	43	29
嵌线顺序	61	62	63	64	65	66	67	68	69	70	71	72	73	74	75	76	77	78	79	80
槽　号	42	28	41	27	40	26	39	25	38	24	37	23	36	22	35	21	34	20	33	19
嵌线顺序	81	82	83	84	85	86	87	88	89	90	91	92	93	94	95	96	97	98	99	100
槽　号	32	18	31	17	30	16	29	15	28	14	27	13	26	12	25	11	24	10	23	9
嵌线顺序	101	102	103	104	105	106	107	108	109	110	111	112	113	114	115	116	117	118	119	120
槽　号	22	8	21	7	20	6	19	18	17	16	15	14	13	12	11	10	9	8	7	6

（3）特点与应用

绕组采用显极接线，整数槽短节距线圈，每相由四组线圈反向并接而成，用于小功率三相异步电动机，常用实例有JO2L-93-1-4、YX280S-4、T2-280S-4等。

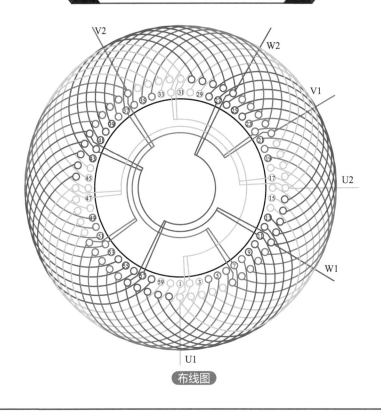

布线图

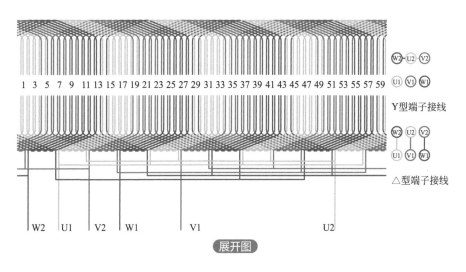

Y型端子接线

△型端子接线

展开图

157

2.1.51　4极60槽双层叠式绕组（Y14a4）

（1）绕组数据

定子槽数　Z_1=60

每组圈数　S=5

并联路数　a=4

电机极数　$2p$=4

极相槽数　q=5

线圈节距　Y=14

总线圈数　Q=60

绕组极距　τ=15

线圈组数　u=12

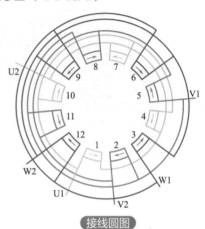

接线圆图

（2）嵌线顺序

采用交叠法嵌线时顺序表

嵌线顺序	1	2	3	4	5	6	7	8	9	10	11	12	13	14	15	16	17	18	19	20
槽　号	5	4	3	2	1	60	59	58	57	56	55	54	53	52	51	5	50	4	49	3
嵌线顺序	21	22	23	24	25	26	27	28	29	30	31	32	33	34	35	36	37	38	39	40
槽　号	48	2	47	1	46	60	45	59	44	58	43	57	42	56	41	55	40	54	39	53
嵌线顺序	41	42	43	44	45	46	47	48	49	50	51	52	53	54	55	56	57	58	59	60
槽　号	38	52	37	51	36	50	35	49	34	48	33	47	32	46	31	45	30	44	29	43
嵌线顺序	61	62	63	64	65	66	67	68	69	70	71	72	73	74	75	76	77	78	79	80
槽　号	28	42	27	41	26	40	25	39	24	38	23	37	22	36	21	35	20	34	19	33
嵌线顺序	81	82	83	84	85	86	87	88	89	90	91	92	93	94	95	96	97	98	99	100
槽　号	18	32	17	31	16	30	15	29	14	28	13	27	12	26	11	25	10	24	9	23
嵌线顺序	101	102	103	104	105	106	107	108	109	110	111	112	113	114	115	116	117	118	119	120
槽　号	8	22	7	21	6	20	19	18	17	16	15	14	13	12	11	10	9	8	7	6

（3）特点与应用

绕组采用显极接线，整数槽短节距线圈，每相由四组线圈反向并接而成，用于小功率三相异步电动机，常用实例有 JO2L-91-4、Y2-280S-4E 等。

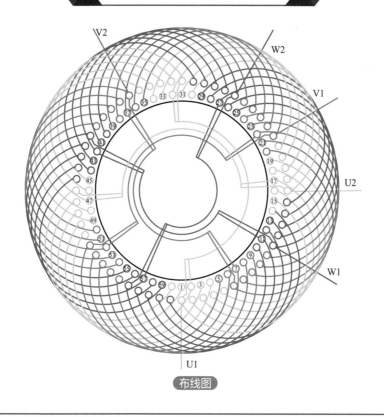

V2
W2
V1
U2
W1
U1

布线图

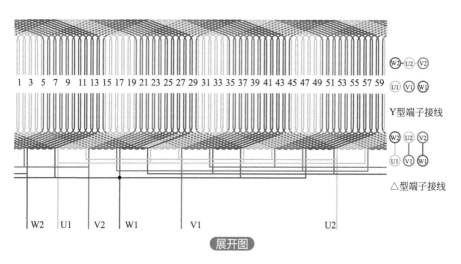

1 3 5 7 9 11 13 15 17 19 21 23 25 27 29 31 33 35 37 39 41 43 45 47 49 51 53 55 57 59

W2 U1 V2 W1 V1 U2

(W2) (U2) (V2)
(U1) (V1) (W1)

Y型端子接线

(W2) (U2) (V2)
(U1) (V1) (W1)

△型端子接线

展开图

159

2.1.52 4极72槽双层叠式绕组（Y16a4）

（1）绕组数据

定子槽数 $Z_1=72$

每组圈数 $S=6$

并联路数 $a=4$

电机极数 $2p=4$

极相槽数 $q=6$

线圈节距 $Y=16$

总线圈数 $Q=72$

绕组极距 $\tau=18$

线圈组数 $u=12$

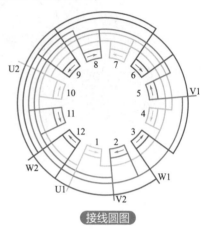

接线圆图

（2）嵌线顺序

采用交叠法嵌线时顺序表

嵌线顺序	1	2	3	4	5	6	7	8	9	10	11	12	13	14	15	16	17	18	19	20	21	22	23	24
槽 号	6	5	4	3	2	1	72	71	70	69	68	67	66	65	64	63	62	6	61	5	60	4	59	3
嵌线顺序	25	26	27	28	29	30	31	32	33	34	35	36	37	38	39	40	41	42	43	44	45	46	47	48
槽 号	58	2	57	1	56	72	55	71	54	70	53	69	52	68	51	67	50	66	49	65	48	64	47	63
嵌线顺序	49	50	51	52	53	54	55	56	57	58	59	60	61	62	63	64	65	66	67	68	69	70	71	72
槽 号	46	62	45	61	44	60	43	59	42	58	41	57	40	56	39	55	38	54	37	53	36	52	35	51
嵌线顺序	73	74	75	76	77	78	79	80	81	82	83	84	85	86	87	88	89	90	91	92	93	94	95	96
槽 号	34	50	33	49	32	48	31	47	30	46	29	45	28	44	27	43	26	42	25	41	24	40	23	39
嵌线顺序	97	98	99	100	101	102	103	104	105	106	107	108	109	110	111	112	113	114	115	116	117	118	119	120
槽 号	22	38	21	37	20	36	19	35	18	34	17	33	16	32	15	31	14	30	13	29	12	28	11	27
嵌线顺序	121	122	123	124	125	126	127	128	129	130	131	132	133	134	135	136	137	138	139	140	141	142	143	144
槽 号	10	26	9	25	8	24	7	23	22	21	20	19	18	17	16	15	14	13	12	11	10	9	8	7

（3）特点与应用

绕组采用显极接线，整数槽短节距线圈，每相由四组线圈反向并接而成，用于小功率三相异步电动机，常用实例有 Y315S-4、Y315M2-4 等。

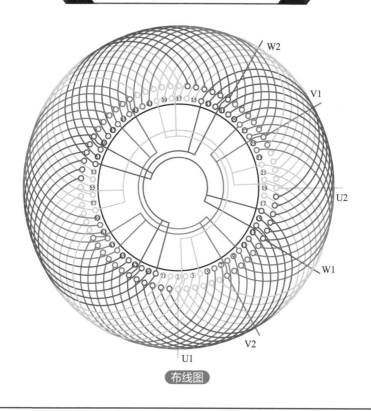

布线图

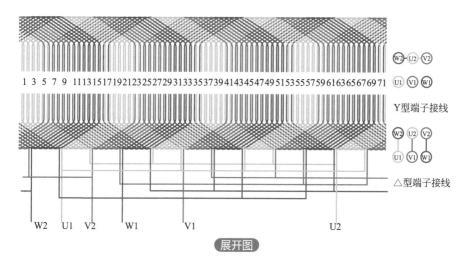

1 3 5 7 9 11 13 15 17 19 21 23 25 27 29 31 33 35 37 39 41 43 45 47 49 51 53 55 57 59 61 63 65 67 69 71

W2 — U2 — V2

U1 — V1 — W1

Y型端子接线

W2 U2 V2

U1 V1 W1

△型端子接线

W2　U1　V2　　W1　　V1　　　　　U2

展开图

2.1.53　6极27槽双层叠式绕组（Y4a1）

（1）绕组数据

定子槽数　$Z_1=27$

每组圈数　$S=1\frac{1}{2}$

并联路数　$a=1$

电机极数　$2p=6$

极相槽数　$q=1\frac{1}{2}$

线圈节距　$Y=4$

总线圈数　$Q=27$

绕组极距　$\tau=4\frac{1}{2}$

线圈组数　$u=18$

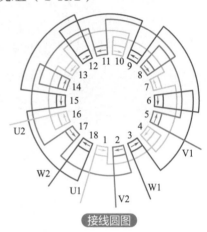

接线圆图

（2）嵌线顺序

采用交叠法嵌线时顺序表

嵌线顺序	1	2	3	4	5	6	7	8	9	10	11	12	13	14	15	16	17	18
槽　号	<u>2</u>	<u>1</u>	<u>27</u>	<u>26</u>	<u>25</u>	<u>24</u>	2	<u>23</u>	1	<u>22</u>	27	<u>21</u>	26	<u>20</u>	25	<u>19</u>	24	<u>18</u>
嵌线顺序	19	20	21	22	23	24	25	26	27	28	29	30	31	32	33	34	35	36
槽　号	23	<u>17</u>	22	<u>16</u>	21	<u>15</u>	20	<u>14</u>	19	<u>13</u>	18	<u>12</u>	17	<u>11</u>	16	<u>10</u>	15	<u>9</u>
嵌线顺序	37	38	39	40	41	42	43	44	45	46	47	48	49	50	51	52	53	54
槽　号	14	<u>8</u>	13	<u>7</u>	12	<u>6</u>	11	<u>5</u>	10	<u>4</u>	9	<u>3</u>	8	7	6	5	4	3

（3）特点与应用

绕组采用显极接线，分数槽短节距线圈，每相由六组线圈反向串接而成，常用实例有 JO3-801-6、Y2-711-6 等。

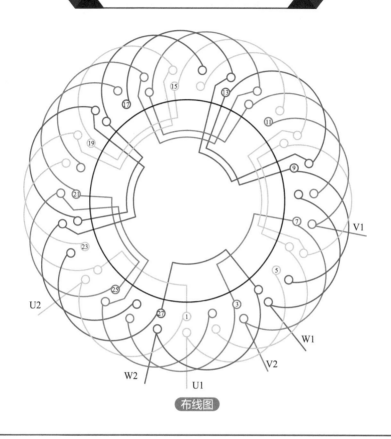

布线图

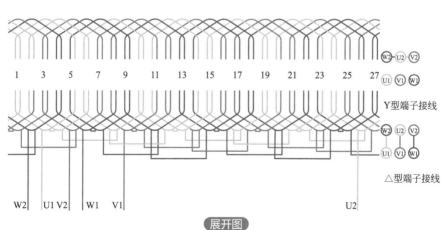

Y型端子接线

△型端子接线

展开图

2.1.54　6极36槽双层叠式绕组（Y5a1）

（1）绕组数据

定子槽数　$Z_1=36$

每组圈数　$S=2$

并联路数　$a=1$

电机极数　$2p=6$

极相槽数　$q=2$

线圈节距　$Y=5$

总线圈数　$Q=36$

绕组极距　$\tau=6$

线圈组数　$u=18$

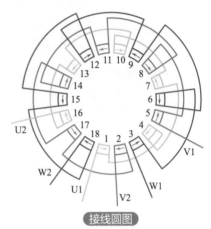

接线圆图

（2）嵌线顺序

采用交叠法嵌线时顺序表

嵌线顺序	1	2	3	4	5	6	7	8	9	10	11	12	13	14	15	16	17	18
槽　号	2	1	36	35	34	33	2	32	1	31	36	30	35	29	34	28	33	27
嵌线顺序	19	20	21	22	23	24	25	26	27	28	29	30	31	32	33	34	35	36
槽　号	32	26	31	25	30	24	29	23	28	22	27	21	26	20	25	19	24	18
嵌线顺序	37	38	39	40	41	42	43	44	45	46	47	48	49	50	51	52	53	54
槽　号	23	17	22	16	21	15	20	14	19	13	18	12	17	11	16	10	15	9
嵌线顺序	55	56	57	58	59	60	61	62	63	64	65	66	67	68	69	70	71	72
槽　号	14	8	13	7	12	6	11	5	10	4	9	3	8	7	6	5	4	3

（3）特点与应用

绕组采用显极接线，整数槽短节距线圈，每相由六组线圈反向串接而成，用于小功率三相异步电动机，常用实例有J-61-6、JO-63-6、YX132-6 等。

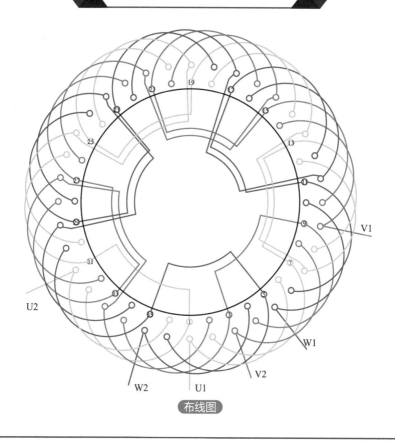

布线图

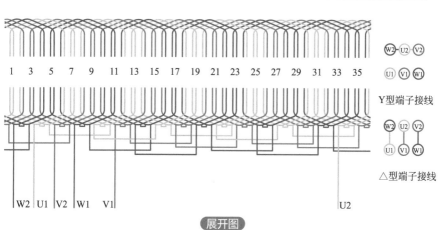

1　3　5　7　9　11　13　15　17　19　21　23　25　27　29　31　33　35

W2　U1　V2　W1　V1

U2

W2 U2 V2

U1 V1 W1

Y型端子接线

W2 U2 V2

U1 V1 W1

△型端子接线

展开图

2.1.55　6极36槽双层叠式绕组（Y5a2）

（1）绕组数据

定子槽数　$Z_1=36$

每组圈数　$S=2$

并联路数　$a=2$

电机极数　$2p=6$

极相槽数　$q=2$

线圈节距　$Y=5$

总线圈数　$Q=36$

绕组极距　$\tau=6$

线圈组数　$u=18$

（2）嵌线顺序

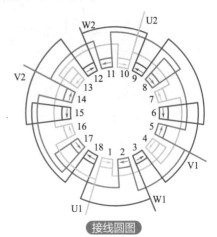

接线圆图

采用交叠法嵌线时顺序表

嵌线顺序	1	2	3	4	5	6	7	8	9	10	11	12	13	14	15	16	17	18
槽　号	2	1	36	35	34	33	2	32	1	31	36	30	35	29	34	28	33	27
嵌线顺序	19	20	21	22	23	24	25	26	27	28	29	30	31	32	33	34	35	36
槽　号	32	26	31	25	30	24	29	23	28	22	27	21	26	20	25	19	24	18
嵌线顺序	37	38	39	40	41	42	43	44	45	46	47	48	49	50	51	52	53	54
槽　号	23	17	22	16	21	15	20	14	19	13	18	12	17	11	16	10	15	9
嵌线顺序	55	56	57	58	59	60	61	62	63	64	65	66	67	68	69	70	71	72
槽　号	14	8	13	7	12	6	11	5	10	4	9	3	8	7	6	5	4	3

（3）特点与应用

绕组采用显极接线，整数槽短节距线圈，每相先三组线圈反向串接，然后并接成两路，用于小功率三相异步电动机，常用实例有 JO3-180M2-6、JB3-160M-6 等。

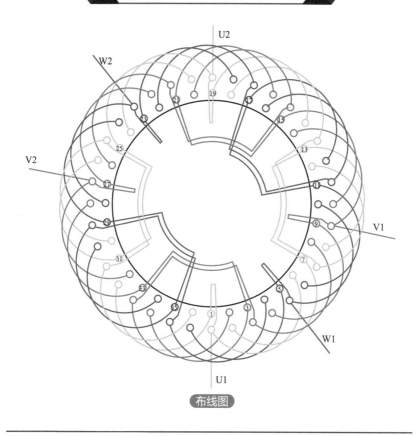

U2

W2

V2

V1

W1

U1

布线图

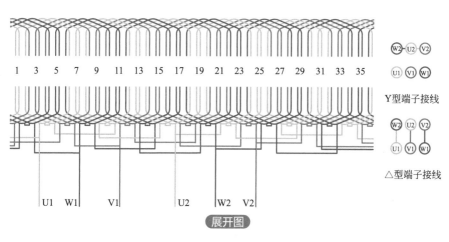

1　3　5　7　9　11　13　15　17　19　21　23　25　27　29　31　33　35

W2 – U2 – V2

U1　V1　W1

Y型端子接线

W2　U2　V2

U1　V1　W1

△型端子接线

U1　W1　V1　U2　W2　V2

展开图

2.1.56　6极45槽双层叠式绕组（Y5a1）

（1）绕组数据

定子槽数　$Z_1=45$

每组圈数　$S=2\dfrac{1}{2}$

并联路数　$a=1$

电机极数　$2p=6$

极相槽数　$q=2\dfrac{1}{2}$

线圈节距　$Y=5$

总线圈数　$Q=45$

绕组极距　$\tau=7\dfrac{1}{2}$

线圈组数　$u=18$

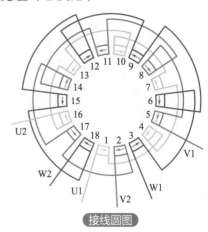

接线圆图

（2）嵌线顺序

采用交叠法嵌线时顺序表

嵌线顺序	1	2	3	4	5	6	7	8	9	10	11	12	13	14	15
槽　号	<u>3</u>	2	<u>1</u>	<u>45</u>	<u>44</u>	<u>43</u>	3	<u>42</u>	2	<u>41</u>	1	<u>40</u>	45	<u>39</u>	44
嵌线顺序	16	17	18	19	20	21	22	23	24	25	26	27	28	29	30
槽　号	<u>38</u>	43	<u>37</u>	42	<u>36</u>	41	<u>35</u>	40	<u>34</u>	39	<u>33</u>	38	<u>32</u>	37	<u>31</u>
嵌线顺序	31	32	33	34	35	36	37	38	39	40	41	42	43	44	45
槽　号	36	<u>30</u>	35	<u>29</u>	34	<u>28</u>	33	<u>27</u>	32	<u>26</u>	31	<u>25</u>	30	<u>24</u>	29
嵌线顺序	46	47	48	49	50	51	52	53	54	55	56	57	58	59	60
槽　号	<u>23</u>	28	<u>22</u>	27	<u>21</u>	26	<u>20</u>	25	<u>19</u>	24	<u>18</u>	23	<u>17</u>	22	<u>16</u>
嵌线顺序	61	62	63	64	65	66	67	68	69	70	71	72	73	74	75
槽　号	21	<u>15</u>	20	<u>14</u>	19	<u>13</u>	18	<u>12</u>	17	<u>11</u>	16	<u>10</u>	15	<u>9</u>	14
嵌线顺序	76	77	78	79	80	81	82	83	84	85	86	87	88	89	90
槽　号	<u>8</u>	13	<u>7</u>	12	<u>6</u>	11	<u>5</u>	10	<u>4</u>	9	8	7	6	5	4

（3）特点与应用

绕组采用显极接线，分数槽短节距线圈，每相由六组线圈反向串接而成，常用实例有 JZ2-22-6、JZ2-11-6 等。

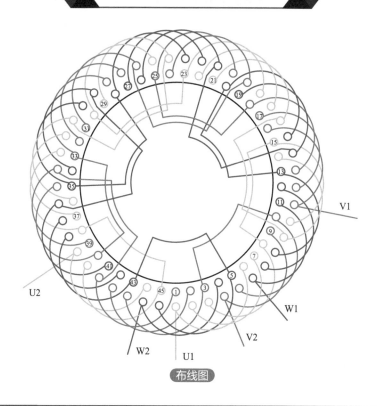

布线图

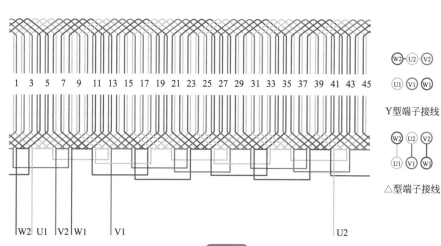

W2　U1　V2　W1　　　V1　　　　　　　　　　　　　　　U2

W2　U2　V2

U1　V1　W1

Y型端子接线

W2　U2　V2

U1　V1　W1

△型端子接线

展开图

2.1.57 6极45槽双层叠式绕组（Y6a1）

（1）绕组数据

定子槽数　$Z_1=45$

每组圈数　$S=2\frac{1}{2}$

并联路数　$a=1$

电机极数　$2p=6$

极相槽数　$q=2\frac{1}{2}$

线圈节距　$Y=6$

总线圈数　$Q=45$

绕组极距　$\tau=7\frac{1}{2}$

线圈组数　$u=18$

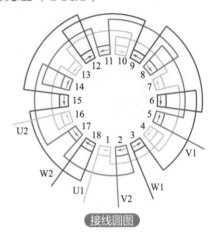

接线圆图

（2）嵌线顺序

采用交叠法嵌线时顺序表

嵌线顺序	1	2	3	4	5	6	7	8	9	10	11	12	13	14	15
槽　　号	3	2	1	45	44	43	42	3	41	2	40	1	39	45	38
嵌线顺序	16	17	18	19	20	21	22	23	24	25	26	27	28	29	30
槽　　号	44	37	43	36	42	35	41	34	40	33	39	32	38	31	37
嵌线顺序	31	32	33	34	35	36	37	38	39	40	41	42	43	44	45
槽　　号	30	36	29	35	28	34	27	33	26	32	25	31	24	30	23
嵌线顺序	46	47	48	49	50	51	52	53	54	55	56	57	58	59	60
槽　　号	29	22	28	21	27	20	26	19	25	18	24	17	23	16	22
嵌线顺序	61	62	63	64	65	66	67	68	69	70	71	72	73	74	75
槽　　号	15	21	14	20	13	19	12	11	17	10	16	9	15	8
嵌线顺序	76	77	78	79	80	81	82	83	84	85	86	87	88	89	90
槽　　号	14	7	13	6	12	5	11	4	10	9	8	7	6	5	4

（3）特点与应用

绕组采用显极接线，分数槽短节距线圈，每相由六组线圈反向串接而成，常用实例有 JZ2-21-6、JZR2-21-6、YZ-132M1-6 等。

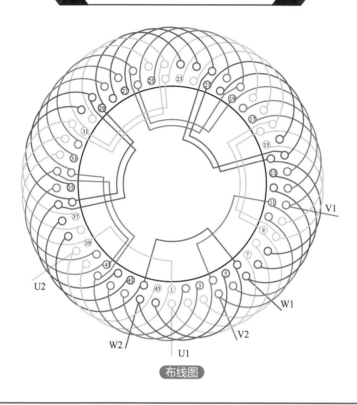

布线图

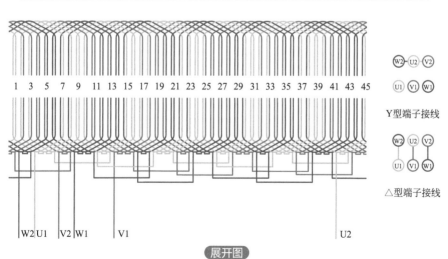

Y型端子接线

△型端子接线

展开图

2.1.58 6极48槽双层叠式绕组（Y7a1）

（1）绕组数据

转子槽数　$Z_2=48$

每组圈数　$S=2\dfrac{2}{3}$

并联路数　$a=1$

电机极数　$2p=6$

极相槽数　$q=2\dfrac{2}{3}$

线圈节距　$Y=7$

总线圈数　$Q=36$

绕组极距　$\tau=8$

线圈组数　$u=18$

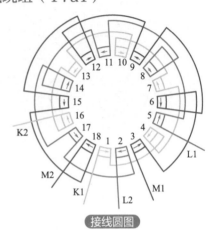

接线圆图

（2）嵌线顺序

采用交叠法嵌线时顺序表

嵌线顺序	1	2	3	4	5	6	7	8	9	10	11	12	13	14	15	16
槽　号	<u>3</u>	<u>2</u>	<u>1</u>	<u>48</u>	<u>47</u>	<u>46</u>	<u>45</u>	<u>44</u>	3	<u>43</u>	2	<u>42</u>	1	<u>41</u>	48	<u>40</u>
嵌线顺序	17	18	19	20	21	22	23	24	25	26	27	28	29	30	31	32
槽　号	47	<u>39</u>	46	<u>38</u>	45	<u>37</u>	44	<u>36</u>	43	<u>35</u>	42	<u>34</u>	41	<u>33</u>	40	<u>32</u>
嵌线顺序	33	34	35	36	37	38	39	40	41	42	43	44	45	46	47	48
槽　号	39	<u>31</u>	38	<u>30</u>	37	<u>29</u>	36	<u>28</u>	35	<u>27</u>	34	<u>26</u>	33	<u>25</u>	32	<u>24</u>
嵌线顺序	49	50	51	52	53	54	55	56	57	58	59	60	61	62	63	64
槽　号	31	<u>23</u>	30	<u>22</u>	29	<u>21</u>	28	<u>20</u>	27	<u>19</u>	26	<u>18</u>	25	<u>17</u>	24	<u>16</u>
嵌线顺序	65	66	67	68	69	70	71	72	73	74	75	76	77	78	79	80
槽　号	23	<u>15</u>	22	<u>14</u>	21	<u>13</u>	20	<u>12</u>	19	<u>11</u>	18	<u>10</u>	17	<u>9</u>	16	<u>8</u>
嵌线顺序	81	82	83	84	85	86	87	88	89	90	91	92	93	94	95	96
槽　号	15	<u>7</u>	14	<u>6</u>	13	<u>5</u>	12	<u>4</u>	11	10	9	8	7	6	5	4

（3）特点与应用

绕组采用显极接线，分数槽短节距线圈，每相由流组线圈反向串接而成，用于小功率三相异步电动机，常用实例有 JRO2-62-6、YR132M1-6、YR250M2-6 等

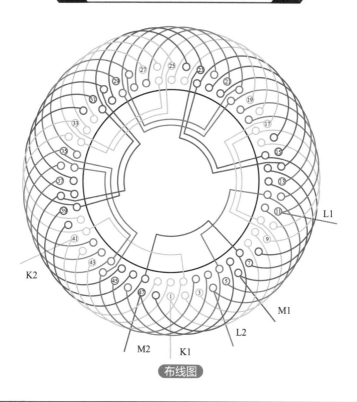

布线图

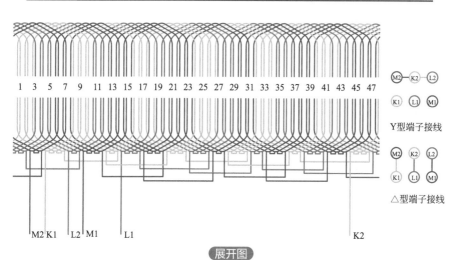

Y型端子接线

△型端子接线

展开图

173

2.1.59 6极48槽双层叠式绕组（Y7a2）

（1）绕组数据

转子槽数 $Z_2=36$

每组圈数 $S=2\frac{2}{3}$

并联路数 $a=2$

电机极数 $2p=6$

极相槽数 $q=2$

线圈节距 $Y=7$

总线圈数 $Q=36$

绕组极距 $\tau=8$

线圈组数 $u=18$

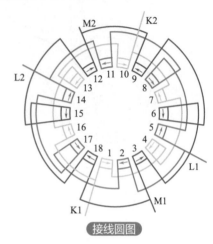

接线圆图

（2）嵌线顺序

采用交叠法嵌线时顺序表

嵌线顺序	1	2	3	4	5	6	7	8	9	10	11	12	13	14	15	16
槽　号	3	2	1	48	47	46	45	44	3	43	2	42	1	41	48	40
嵌线顺序	17	18	19	20	21	22	23	24	25	26	27	28	29	30	31	32
槽　号	47	39	46	38	45	37	44	36	43	35	42	34	41	33	40	32
嵌线顺序	33	34	35	36	37	38	39	40	41	42	43	44	45	46	47	48
槽　号	39	31	38	30	37	29	36	28	35	27	34	26	33	25	32	24
嵌线顺序	49	50	51	52	53	54	55	56	57	58	59	60	61	62	63	64
槽　号	31	23	30	22	29	21	28	20	27	19	26	18	25	17	24	16
嵌线顺序	65	66	67	68	69	70	71	72	73	74	75	76	77	78	79	80
槽　号	23	15	22	14	21	13	20	12	19	11	18	10	17	9	16	8
嵌线顺序	81	82	83	84	85	86	87	88	89	90	91	92	93	94	95	96
槽　号	15	7	14	6	13	5	12	4	11	10	9	8	7	6	5	4

（3）特点与应用

绕组采用显极接线，分数槽短节距线圈，每相先三组线圈反向串接，然后并接成两路，用于小功率三相异步电动机，常用实例有 YR160M-6、JRO2-72-6、YR280S-6 等。

174

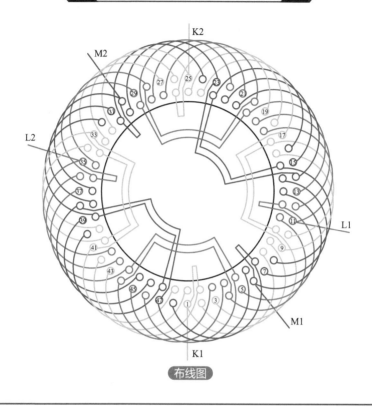

布线图

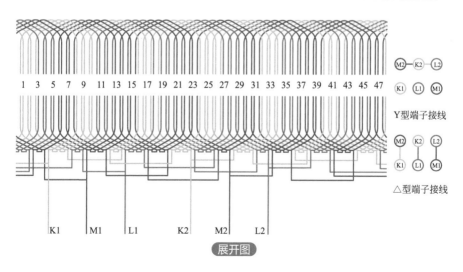

1 3 5 7 9 11 13 15 17 19 21 23 25 27 29 31 33 35 37 39 41 43 45 47

Y型端子接线

△型端子接线

K1　　M1　　L1　　K2　　M2　　L2

展开图

2.1.60 6极54槽双层叠式绕组（Y7a1）

（1）绕组数据

定子槽数　$Z_1=54$

每组圈数　$S=3$

并联路数　$a=1$

电机极数　$2p=6$

极相槽数　$q=3$

线圈节距　$Y=7$

总线圈数　$Q=54$

绕组极距　$\tau=9$

线圈组数　$u=18$

（2）嵌线顺序

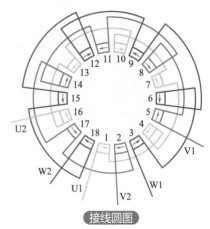

接线圆图

采用交叠法嵌线时顺序表

嵌线顺序	1	2	3	4	5	6	7	8	9	10	11	12	13	14	15	16	17	18
槽　号	3	2	1	54	53	52	51	50	3	49	2	48	1	47	54	46	53	45
嵌线顺序	19	20	21	22	23	24	25	26	27	28	29	30	31	32	33	34	35	36
槽　号	52	44	51	43	50	42	49	41	48	40	47	39	46	38	45	37	44	36
嵌线顺序	37	38	39	40	41	42	43	44	45	46	47	48	49	50	51	52	53	54
槽　号	43	35	42	34	41	33	40	32	39	31	38	30	37	29	36	28	35	27
嵌线顺序	55	56	57	58	59	60	61	62	63	64	65	66	67	68	69	70	71	72
槽　号	34	26	33	25	32	24	31	23	30	22	29	21	28	20	27	19	26	18
嵌线顺序	73	74	75	76	77	78	79	80	81	82	83	84	85	86	87	88	89	90
槽　号	25	17	24	16	23	15	22	14	21	13	20	12	19	11	18	10	17	9
嵌线顺序	91	92	93	94	95	96	97	98	99	100	101	102	103	104	105	106	107	108
槽　号	16	8	15	7	14	6	13	5	12	4	11	10	9	8	7	6	5	4

（3）特点与应用

绕组采用显极接线，整数槽短节距线圈，每相由六组线圈反向串接而成，用于中功率三相异步电动机，常用实例有J72-6、JS117-6等。

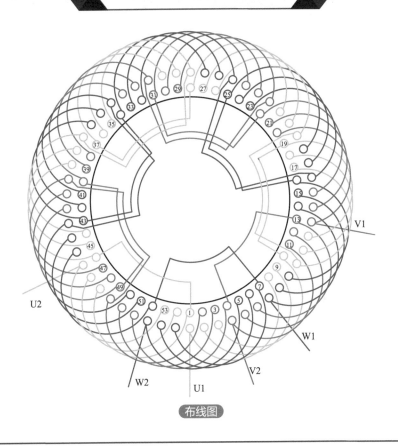

布线图

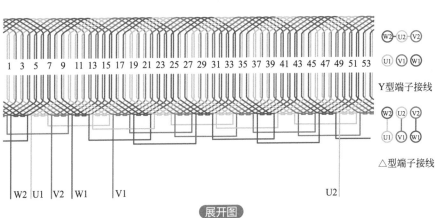

W2-U2-V2

U1 V1 W1

Y型端子接线

W2 U2 V2

U1 V1 W1

△型端子接线

W2 U1 V2 W1 V1 U2

展开图

2.1.61　6极54槽双层叠式绕组（Y7a2）

（1）绕组数据

定子槽数　$Z_1=54$

每组圈数　$S=3$

并联路数　$a=2$

电机极数　$2p=6$

极相槽数　$q=3$

线圈节距　$Y=7$

总线圈数　$Q=54$

绕组极距　$\tau=9$

线圈组数　$u=18$

（2）嵌线顺序

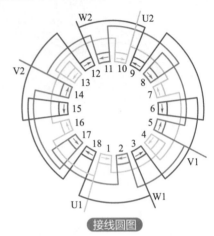

接线圆图

采用交叠法嵌线时顺序表

嵌线顺序	1	2	3	4	5	6	7	8	9	10	11	12	13	14	15	16	17	18
槽　号	3	2	1	54	53	52	51	50	3	49	2	48	1	47	54	46	53	45
嵌线顺序	19	20	21	22	23	24	25	26	27	28	29	30	31	32	33	34	35	36
槽　号	52	44	51	43	50	42	49	41	48	40	47	39	46	38	45	37	44	36
嵌线顺序	37	38	39	40	41	42	43	44	45	46	47	48	49	50	51	52	53	54
槽　号	43	35	42	34	41	33	40	32	39	31	38	30	37	29	36	28	35	27
嵌线顺序	55	56	57	58	59	60	61	62	63	64	65	66	67	68	69	70	71	72
槽　号	34	26	33	25	32	24	31	23	30	22	29	21	28	20	27	19	26	18
嵌线顺序	73	74	75	76	77	78	79	80	81	82	83	84	85	86	87	88	89	90
槽　号	25	17	24	16	23	15	22	14	21	13	20	12	19	11	18	10	17	9
嵌线顺序	91	92	93	94	95	96	97	98	99	100	101	102	103	104	105	106	107	108
槽　号	16	8	15	7	14	6	13	5	12	4	11	10	9	8	7	6	5	4

（3）特点与应用

绕组采用显极接线，整数槽短节距线圈，每相先三组线圈反向串接，然后并接成两路，用于小功率三相异步电动机，常用实例有 JZ2-31-6、TSN36.8/18-6 等。

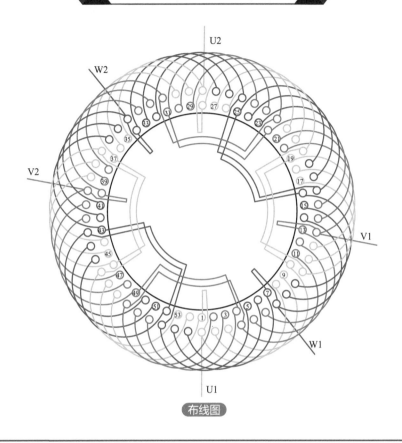

布线图

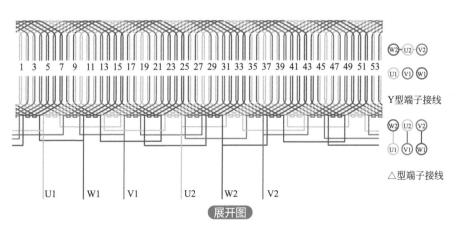

Y型端子接线

△型端子接线

展开图

179

2.1.62 6极54槽双层叠式绕组（Y7a3）

（1）绕组数据

定子槽数　$Z_1=54$

每组圈数　$S=3$

并联路数　$a=3$

电机极数　$2p=6$

极相槽数　$q=3$

线圈节距　$Y=7$

总线圈数　$Q=54$

绕组极距　$\tau=9$

线圈组数　$u=18$

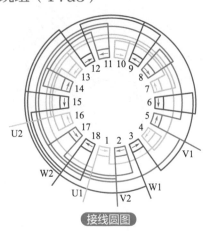

接线圆图

（2）嵌线顺序

采用交叠法嵌线时顺序表

嵌线顺序	1	2	3	4	5	6	7	8	9	10	11	12	13	14	15	16	17	18
槽　号	3	2	1	54	53	52	51	50	3	49	2	48	1	47	54	46	53	45
嵌线顺序	19	20	21	22	23	24	25	26	27	28	29	30	31	32	33	34	35	36
槽　号	52	44	51	43	50	42	49	41	48	40	47	39	46	38	45	37	44	36
嵌线顺序	37	38	39	40	41	42	43	44	45	46	47	48	49	50	51	52	53	54
槽　号	43	35	42	34	41	33	40	32	39	31	38	30	37	29	36	28	35	27
嵌线顺序	55	56	57	58	59	60	61	62	63	64	65	66	67	68	69	70	71	72
槽　号	34	26	33	25	32	24	31	23	30	22	29	21	28	20	27	19	26	18
嵌线顺序	73	74	75	76	77	78	79	80	81	82	83	84	85	86	87	88	89	90
槽　号	25	17	24	16	23	15	22	14	21	13	20	12	19	11	18	10	17	9
嵌线顺序	91	92	93	94	95	96	97	98	99	100	101	102	103	104	105	106	107	108
槽　号	16	8	15	7	14	6	13	5	12	4	11	10	9	8	7	6	5	4

（3）特点与应用

绕组采用显极接线，整数槽短节距线圈，每相先两组线圈反向串接，然后并接成三路，用于小功率三相异步电动机，常用实例有YR225M1-6、YZ160M2-6等。

180

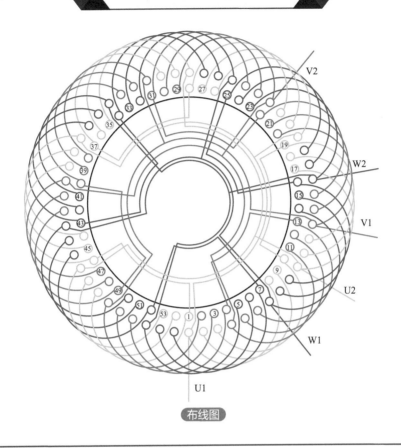

布线图

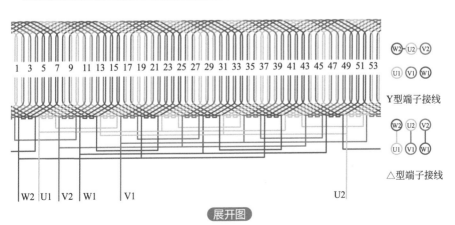

Y型端子接线

△型端子接线

展开图

181

2.1.63 6极54槽双层叠式绕组（Y8a1）

（1）绕组数据

定子槽数 Z_1=54

每组圈数 S=3

并联路数 a=1

电机极数 $2p$=6

极相槽数 q=3

线圈节距 Y=8

总线圈数 Q=54

绕组极距 τ=9

线圈组数 u=18

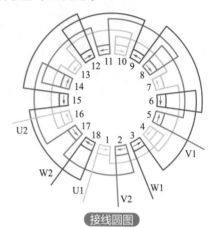

接线圆图

（2）嵌线顺序

采用交叠法嵌线时顺序表

嵌线顺序	1	2	3	4	5	6	7	8	9	10	11	12	13	14	15	16	17	18
槽　号	<u>3</u>	<u>2</u>	<u>1</u>	<u>54</u>	<u>53</u>	<u>52</u>	<u>51</u>	<u>50</u>	<u>49</u>	3	<u>48</u>	2	<u>47</u>	1	<u>46</u>	54	<u>45</u>	53
嵌线顺序	19	20	21	22	23	24	25	26	27	28	29	30	31	32	33	34	35	36
槽　号	<u>44</u>	52	<u>43</u>	51	<u>42</u>	50	<u>41</u>	49	<u>40</u>	48	<u>39</u>	47	<u>38</u>	46	<u>37</u>	45	<u>36</u>	44
嵌线顺序	37	38	39	40	41	42	43	44	45	46	47	48	49	50	51	52	53	54
槽　号	<u>35</u>	43	<u>34</u>	42	<u>33</u>	41	<u>32</u>	40	<u>31</u>	39	<u>30</u>	38	<u>29</u>	37	<u>28</u>	36	<u>27</u>	35
嵌线顺序	55	56	57	58	59	60	61	62	63	64	65	66	67	68	69	70	71	72
槽　号	<u>26</u>	34	<u>25</u>	33	<u>24</u>	32	<u>23</u>	31	<u>22</u>	30	<u>21</u>	29	<u>20</u>	28	<u>19</u>	27	<u>18</u>	26
嵌线顺序	73	74	75	76	77	78	79	80	81	82	83	84	85	86	87	88	89	90
槽　号	<u>17</u>	25	<u>16</u>	24	<u>15</u>	23	<u>14</u>	22	<u>13</u>	21	<u>12</u>	20	<u>11</u>	19	<u>10</u>	18	<u>9</u>	17
嵌线顺序	91	92	93	94	95	96	97	98	99	100	101	102	103	104	105	106	107	108
槽　号	<u>8</u>	16	<u>7</u>	15	<u>6</u>	14	<u>5</u>	13	<u>4</u>	12	11	10	9	8	7	6	5	4

（3）特点与应用

绕组采用显极接线，整数槽短节距线圈，每相由六组线圈反向串接而成，用于小功率三相异步电动机，常用实例有JO47-1-6、Y160M-6等。

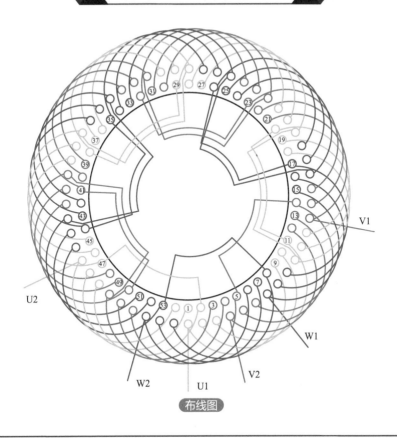

V1

U2

W2 U1 V2 W1

（布线图）

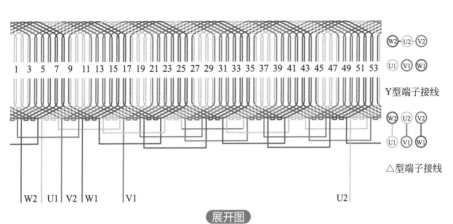

1 3 5 7 9 11 13 15 17 19 21 23 25 27 29 31 33 35 37 39 41 43 45 47 49 51 53

(W2)-(U2)-(V2)

(U1) (V1) (W1)

Y型端子接线

(W2) (U2) (V2)

(U1) (V1) (W1)

△型端子接线

W2 U1 V2 W1   V1   U2

（展开图）

183

2.1.64 6极54槽双层叠式绕组（Y8a2）

（1）绕组数据

定子槽数　Z_1=54

每组圈数　S=3

并联路数　a=2

电机极数　$2p$=6

极相槽数　q=3

线圈节距　Y=8

总线圈数　Q=54

绕组极距　τ=9

线圈组数　u=18

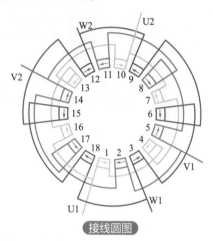

接线圆图

（2）嵌线顺序

采用交叠法嵌线时顺序表

嵌线顺序	1	2	3	4	5	6	7	8	9	10	11	12	13	14	15	16	17	18
槽　　号	3	2	1	54	53	52	51	50	49	3	48	2	47	1	46	54	45	53
嵌线顺序	19	20	21	22	23	24	25	26	27	28	29	30	31	32	33	34	35	36
槽　　号	44	52	43	51	42	50	41	49	40	48	39	47	38	46	37	45	36	44
嵌线顺序	37	38	39	40	41	42	43	44	45	46	47	48	49	50	51	52	53	54
槽　　号	35	43	34	42	33	41	32	40	31	39	30	38	29	37	28	36	27	35
嵌线顺序	55	56	57	58	59	60	61	62	63	64	65	66	67	68	69	70	71	72
槽　　号	26	34	25	33	24	32	23	31	22	30	21	29	20	28	19	27	18	26
嵌线顺序	73	74	75	76	77	78	79	80	81	82	83	84	85	86	87	88	89	90
槽　　号	17	25	16	24	15	23	14	22	13	21	12	20	11	19	10	18	9	17
嵌线顺序	91	92	93	94	95	96	97	98	99	100	101	102	103	104	105	106	107	108
槽　　号	8	16	7	15	6	14	5	13	4	12	11	10	9	8	7	6	5	4

（3）特点与应用

绕组采用显极接线，整数槽短节距线圈，每相先三组线圈反向串接，然后并接成两路，用于小功率三相异步电动机，常用实例有YR225M2-6、Y180L-6、TSN42.3/19-6等。

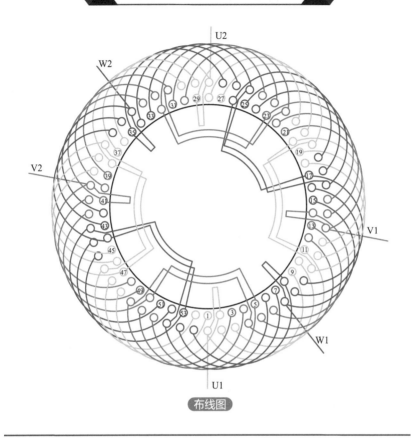

U2

W2

V2

V1

W1

U1

布线图

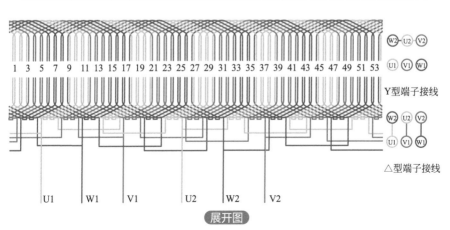

1 3 5 7 9 11 13 15 17 19 21 23 25 27 29 31 33 35 37 39 41 43 45 47 49 51 53

Ⓦ2 Ⓤ2 Ⓥ2

Ⓤ1 Ⓥ1 Ⓦ1

Y型端子接线

Ⓦ2 Ⓤ2 Ⓥ2

Ⓤ1 Ⓥ1 Ⓦ1

△型端子接线

U1　　W1　　V1　　U2　　W2　　V2

展开图

185

2.1.65　6极54槽双层叠式绕组（Y8a3）

（1）绕组数据

定子槽数　$Z_1=54$

每组圈数　$S=3$

并联路数　$a=3$

电机极数　$2p=6$

极相槽数　$q=3$

线圈节距　$Y=8$

总线圈数　$Q=54$

绕组极距　$\tau=9$

线圈组数　$u=18$

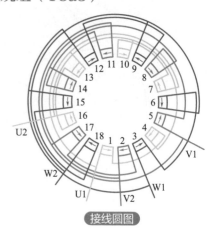

接线圆图

（2）嵌线顺序

采用交叠法嵌线时顺序表

嵌线顺序	1	2	3	4	5	6	7	8	9	10	11	12	13	14	15	16	17	18
槽　　号	3	2	1	54	53	52	51	50	49	3	48	2	47	1	46	54	45	53
嵌线顺序	19	20	21	22	23	24	25	26	27	28	29	30	31	32	33	34	35	36
槽　　号	44	52	43	51	42	50	41	49	40	48	39	47	38	46	37	45	36	44
嵌线顺序	37	38	39	40	41	42	43	44	45	46	47	48	49	50	51	52	53	54
槽　　号	35	43	34	42	33	41	32	40	31	39	30	38	29	37	28	36	27	35
嵌线顺序	55	56	57	58	59	60	61	62	63	64	65	66	67	68	69	70	71	72
槽　　号	26	34	25	33	24	32	23	31	22	30	21	29	20	28	19	27	18	26
嵌线顺序	73	74	75	76	77	78	79	80	81	82	83	84	85	86	87	88	89	90
槽　　号	17	25	16	24	15	23	14	22	13	21	12	20	11	19	10	18	9	17
嵌线顺序	91	92	93	94	95	96	97	98	99	100	101	102	103	104	105	106	107	108
槽　　号	8	16	7	15	6	14	5	13	4	12	11	10	9	8	7	6	5	4

（3）特点与应用

绕组采用显极接线，整数槽短节距线圈，每相先两组线圈反向串接，然后并接成三路，用于小功率三相异步电动机，常用实例有JO2L-62-6、YX180L-6等。

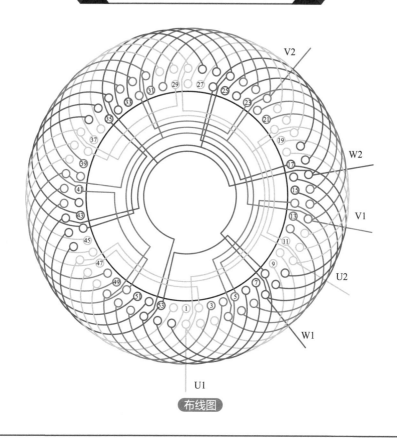

布线图

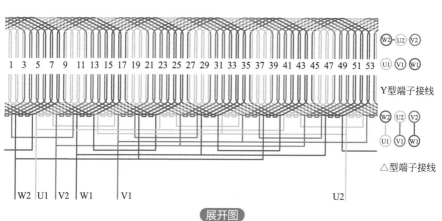

展开图

187

2.1.66 6极72槽双层叠式绕组（Y10a1）

（1）绕组数据

定子槽数　$Z_1=72$

每组圈数　$S=4$

并联路数　$a=1$

电机极数　$2p=6$

极相槽数　$q=4$

线圈节距　$Y=10$

总线圈数　$Q=72$

绕组极距　$\tau=12$

线圈组数　$u=18$

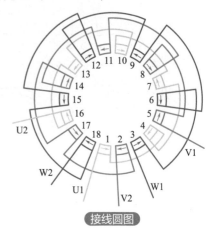

接线圆图

（2）嵌线顺序

采用交叠法嵌线时顺序表

嵌线顺序	1	2	3	4	5	6	7	8	9	10	11	12	13	14	15	16	17	18	19	20	21	22	23	24
槽号	4	3	2	1	72	71	70	69	68	67	66	4	65	3	64	2	63	1	62	72	61	71	60	70
嵌线顺序	25	26	27	28	29	30	31	32	33	34	35	36	37	38	39	40	41	42	43	44	45	46	47	48
槽号	59	69	58	68	57	67	56	66	55	65	54	64	53	63	52	62	51	61	50	60	49	59	48	58
嵌线顺序	49	50	51	52	53	54	55	56	57	58	59	60	61	62	63	64	65	66	67	68	69	70	71	72
槽号	47	57	46	56	45	55	44	54	43	53	42	52	41	51	40	50	39	49	38	48	37	47	36	46
嵌线顺序	73	74	75	76	77	78	79	80	81	82	83	84	85	86	87	88	89	90	91	92	93	94	95	96
槽号	35	45	34	44	33	43	32	42	31	41	30	40	29	39	28	38	27	37	26	36	25	35	24	34
嵌线顺序	97	98	99	100	101	102	103	104	105	106	107	108	109	110	111	112	113	114	115	116	117	118	119	120
槽号	23	33	22	32	21	31	20	30	19	29	18	28	17	27	16	26	15	25	14	24	13	23	12	22
嵌线顺序	121	122	123	124	125	126	127	128	129	130	131	132	133	134	135	136	137	138	139	140	141	142	143	144
槽号	11	21	10	20	9	19	8	18	7	17	6	16	5	15	14	13	12	11	10	9	8	7	6	5

（3）特点与应用

绕组采用显极接线，整数槽短节距线圈，每相由六组线圈反向串接而成，用于大功率三相异步电动机，常用实例有JS126-6、Y400-6等。

188

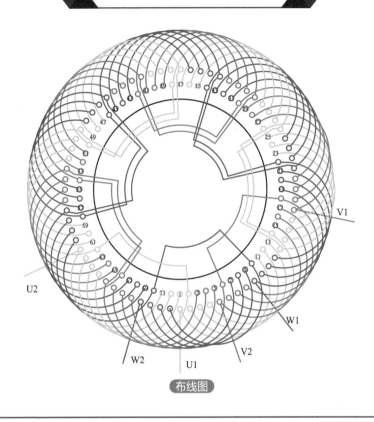

布线图

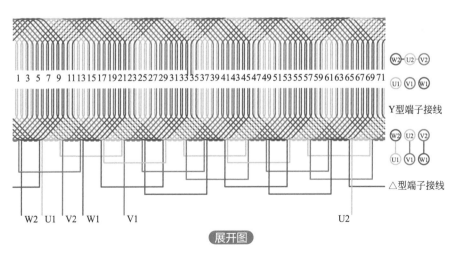

W2 U2 V2
U1 V1 W1

Y型端子接线

W2 U2 V2
U1 V1 W1

△型端子接线

W2 U1 V2 W1 V1 U2

1 3 5 7 9 11 13 15 17 19 21 23 25 27 29 31 33 35 37 39 41 43 45 47 49 51 53 55 57 59 61 63 65 67 69 71

展开图

2.1.67　6极72槽双层叠式绕组（Y10a2）

（1）绕组数据

定子槽数　$Z_1=72$

每组圈数　$S=4$

并联路数　$a=2$

电机极数　$2p=6$

极相槽数　$q=4$

线圈节距　$Y=10$

总线圈数　$Q=72$

绕组极距　$\tau=12$

线圈组数　$u=18$

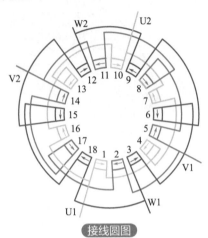

接线圆图

（2）嵌线顺序

采用交叠法嵌线时顺序表

嵌线顺序	1	2	3	4	5	6	7	8	9	10	11	12	13	14	15	16	17	18	19	20	21	22	23	24
槽　号	4	3	2	1	72	71	70	69	68	67	66	4	65	3	64	2	63	1	62	72	61	71	60	70
嵌线顺序	25	26	27	28	29	30	31	32	33	34	35	36	37	38	39	40	41	42	43	44	45	46	47	48
槽　号	59	69	58	68	57	67	56	66	55	65	54	64	53	63	52	62	51	61	50	60	49	59	48	58
嵌线顺序	49	50	51	52	53	54	55	56	57	58	59	60	61	62	63	64	65	66	67	68	69	70	71	72
槽　号	47	57	46	56	45	55	44	54	43	53	42	52	41	51	40	50	39	49	38	48	37	47	36	46
嵌线顺序	73	74	75	76	77	78	79	80	81	82	83	84	85	86	87	88	89	90	91	92	93	94	95	96
槽　号	35	45	34	44	33	43	32	42	31	41	30	40	29	39	28	38	27	37	26	36	25	35	24	34
嵌线顺序	97	98	99	100	101	102	103	104	105	106	107	108	109	110	111	112	113	114	115	116	117	118	119	120
槽　号	23	33	22	32	21	31	20	30	19	29	18	28	17	27	16	26	15	25	14	24	13	23	12	22
嵌线顺序	121	122	123	124	125	126	127	128	129	130	131	132	133	134	135	136	137	138	139	140	141	142	143	144
槽　号	11	21	10	20	9	19	8	18	7	17	6	16	5	15	14	13	12	11	10	9	8	7	6	5

（3）特点与应用

绕组采用显极接线，整数槽短节距线圈，每相先三组线圈反向串接，然后并接成两路，用于大功率三相异步电动机，常用实例有 JR2-335M1-6、JSQ1410-6 等。

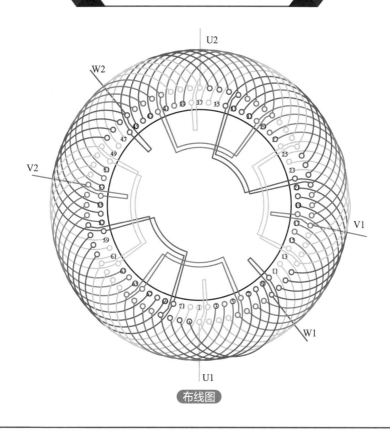

布线图

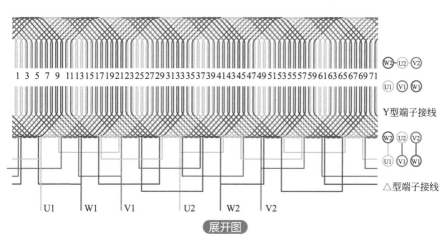

1 3 5 7 9 11 13 15 17 19 21 23 25 27 29 31 33 35 37 39 41 43 45 47 49 51 53 55 57 59 61 63 65 67 69 71

W2 U2 V2
U1 V1 W1

Y型端子接线

W2 U2 V2
U1 V1 W1

△型端子接线

U1   W1   V1   U2   W2   V2

展开图

2.1.68　6极72槽双层叠式绕组（Y10a3）

（1）绕组数据

定子槽数　$Z_1=72$

每组圈数　$S=4$

并联路数　$a=3$

电机极数　$2p=6$

极相槽数　$q=4$

线圈节距　$Y=10$

总线圈数　$Q=72$

绕组极距　$\tau=12$

线圈组数　$u=18$

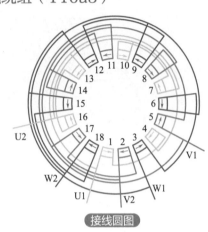

接线圆图

（2）嵌线顺序

采用交叠法嵌线时顺序表

嵌线顺序	1	2	3	4	5	6	7	8	9	10	11	12	13	14	15	16	17	18	19	20	21	22	23	24
槽号	4	3	2	1	72	71	70	69	68	67	66	4	65	3	64	2	63	1	62	72	61	71	60	70

嵌线顺序	25	26	27	28	29	30	31	32	33	34	35	36	37	38	39	40	41	42	43	44	45	46	47	48
槽号	59	69	58	68	57	67	56	66	55	65	54	64	53	63	52	62	51	61	50	60	49	59	48	58

嵌线顺序	49	50	51	52	53	54	55	56	57	58	59	60	61	62	63	64	65	66	67	68	69	70	71	72
槽号	47	57	46	56	45	55	44	54	43	53	42	52	41	51	40	50	39	49	38	48	37	47	36	46

嵌线顺序	73	74	75	76	77	78	79	80	81	82	83	84	85	86	87	88	89	90	91	92	93	94	95	96
槽号	35	45	34	44	33	43	32	42	31	41	30	40	29	39	28	38	27	37	26	36	25	35	24	34

嵌线顺序	97	98	99	100	101	102	103	104	105	106	107	108	109	110	111	112	113	114	115	116	117	118	119	120
槽号	23	33	22	32	21	31	20	30	19	29	18	28	17	27	16	26	15	25	14	24	13	23	12	22

嵌线顺序	121	122	123	124	125	126	127	128	129	130	131	132	133	134	135	136	137	138	139	140	141	142	143	144
槽号	11	21	10	20	9	19	8	18	7	17	6	16	5	15	14	13	12	11	10	9	8	7	6	5

（3）特点与应用

绕组采用显极接线，整数槽短节距线圈，每相先两组线圈反向串接，然后并接成三路，用于大功率三相异步电动机，常用实例有 JR2-355S1-6、JO2L-81-6 等。

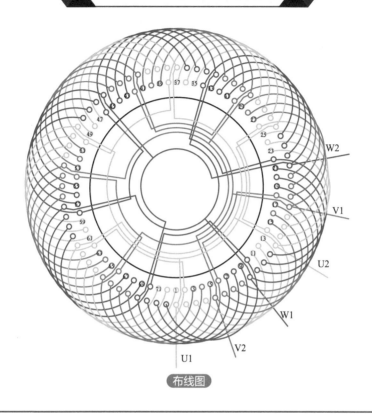

布线图

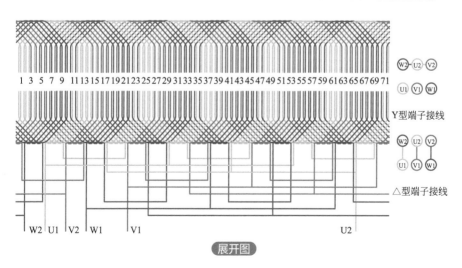

1 3 5 7 9 11 13 15 17 19 21 23 25 27 29 31 33 35 37 39 41 43 45 47 49 51 53 55 57 59 61 63 65 67 69 71

Ⓦ2 - Ⓤ2 Ⓥ2

Ⓤ1 Ⓥ1 Ⓦ1

Y型端子接线

Ⓦ2 Ⓤ2 Ⓥ2

Ⓤ1 Ⓥ1 Ⓦ1

△型端子接线

W2 U1 V2 W1 V1 U2

展开图

2.1.69　6极72槽双层叠式绕组（Y10a6）

（1）绕组数据

定子槽数　$Z_1=72$

每组圈数　$S=4$

并联路数　$a=6$

电机极数　$2p=6$

极相槽数　$q=4$

线圈节距　$Y=10$

总线圈数　$Q=72$

绕组极距　$\tau=12$

线圈组数　$u=18$

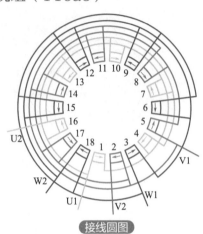

接线圆图

（2）嵌线顺序

采用交叠法嵌线时顺序表

嵌线顺序	1	2	3	4	5	6	7	8	9	10	11	12	13	14	15	16	17	18	19	20	21	22	23	24
槽号	4	3	2	1	72	71	70	69	68	67	66	4	65	3	64	2	63	1	62	72	61	71	60	70
嵌线顺序	25	26	27	28	29	30	31	32	33	34	35	36	37	38	39	40	41	42	43	44	45	46	47	48
槽号	59	69	58	68	57	67	56	66	55	65	54	64	53	63	52	62	51	61	50	60	49	59	48	58
嵌线顺序	49	50	51	52	53	54	55	56	57	58	59	60	61	62	63	64	65	66	67	68	69	70	71	72
槽号	47	57	46	56	45	55	44	54	43	53	42	52	41	51	40	50	39	49	38	48	37	47	36	46
嵌线顺序	73	74	75	76	77	78	79	80	81	82	83	84	85	86	87	88	89	90	91	92	93	94	95	96
槽号	35	45	34	44	33	43	32	42	31	41	30	40	29	39	28	38	27	37	26	36	25	35	24	34
嵌线顺序	97	98	99	100	101	102	103	104	105	106	107	108	109	110	111	112	113	114	115	116	117	118	119	120
槽号	23	33	22	32	21	31	20	30	19	29	18	28	17	27	16	26	15	25	14	24	13	23	12	22
嵌线顺序	121	122	123	124	125	126	127	128	129	130	131	132	133	134	135	136	137	138	139	140	141	142	143	144
槽号	11	21	10	20	9	19	8	18	7	17	6	16	5	15	14	13	12	11	10	9	8	7	6	5

（3）特点与应用

绕组采用显极接线，整数槽短节距线圈，每相由六组线圈反向并接而成，用于大功率三相异步电动机，常用实例有 Y315M2-6、Y2-315S-6 等。

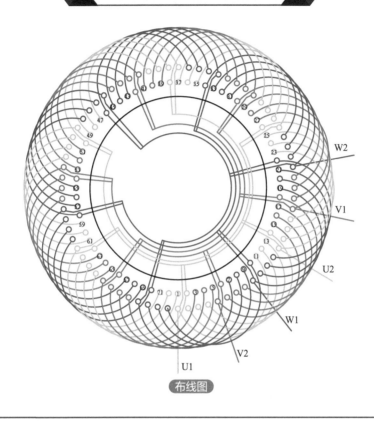

布线图

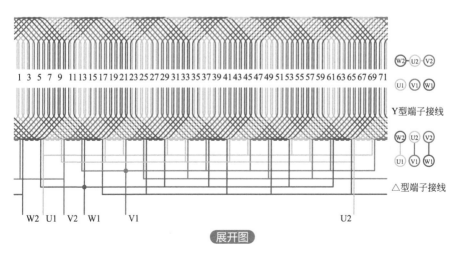

W2 · U2 · V2

U1 · V1 · W1

Y型端子接线

W2 · U2 · V2

U1 · V1 · W1

△型端子接线

1 3 5 7 9 11 13 15 17 19 21 23 25 27 29 31 33 35 37 39 41 43 45 47 49 51 53 55 57 59 61 63 65 67 69 71

W2 U1 V2 W1 V1 U2

展开图

2.1.70　6极72槽双层叠式绕组（Y11a1）

（1）绕组数据

定子槽数　$Z_1=72$

每组圈数　$S=4$

并联路数　$a=1$

电机极数　$2p=6$

极相槽数　$q=4$

线圈节距　$Y=11$

总线圈数　$Q=72$

绕组极距　$\tau=12$

线圈组数　$u=18$

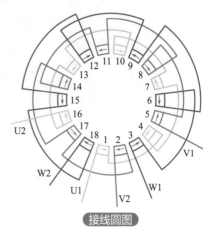

接线圆图

（2）嵌线顺序

采用交叠法嵌线时顺序表

嵌线顺序	1	2	3	4	5	6	7	8	9	10	11	12	13	14	15	16	17	18	19	20	21	22	23	24
槽　　号	4	3	2	1	72	71	70	69	68	67	66	65	4	64	3	63	2	62	1	61	72	60	71	59
嵌线顺序	25	26	27	28	29	30	31	32	33	34	35	36	37	38	39	40	41	42	43	44	45	46	47	48
槽　　号	70	58	69	57	68	56	67	55	66	54	65	53	64	52	63	51	62	50	61	49	60	48	59	47
嵌线顺序	49	50	51	52	53	54	55	56	57	58	59	60	61	62	63	64	65	66	67	68	69	70	71	72
槽　　号	58	46	57	45	56	44	55	43	54	42	53	41	52	40	51	39	50	38	49	37	48	36	47	35
嵌线顺序	73	74	75	76	77	78	79	80	81	82	83	84	85	86	87	88	89	90	91	92	93	94	95	96
槽　　号	46	34	45	33	44	32	43	31	42	30	41	29	40	28	39	27	38	26	37	25	36	24	35	23
嵌线顺序	97	98	99	100	101	102	103	104	105	106	107	108	109	110	111	112	113	114	115	116	117	118	119	120
槽　　号	34	22	33	21	32	20	31	19	30	18	29	17	28	16	27	15	26	14	25	13	24	12	23	11
嵌线顺序	121	122	123	124	125	126	127	128	129	130	131	132	133	134	135	136	137	138	139	140	141	142	143	144
槽　　号	22	10	21	9	20	8	19	7	18	6	17	5	16	15	14	13	12	11	10	9	8	7	6	5

（3）特点与应用

绕组采用显极接线，整数槽短节距线圈，每相由六组线圈反向串接而成，用于大功率三相异步电动机，常用实例有 Y400-6 等。

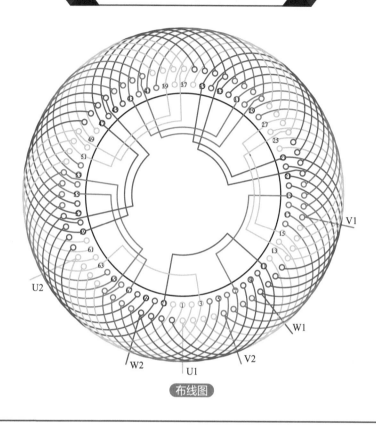

布线图

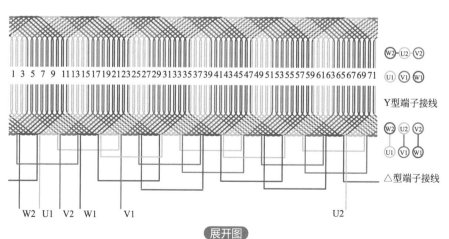

1 3 5 7 9 11 13 15 17 19 21 23 25 27 29 31 33 35 37 39 41 43 45 47 49 51 53 55 57 59 61 63 65 67 69 71

W2 U1 V2 W1 V1 U2

展开图

W2—U2—V2
U1 V1 W1

Y型端子接线

W2 U2 V2
U1 V1 W1

△型端子接线

2.1.71 8极36槽双层叠式绕组（Y4a1）

（1）绕组数据

定子槽数 Z_1=36

每组圈数 S=$1\frac{1}{2}$

并联路数 a=1

电机极数 $2p$=8

极相槽数 q=$1\frac{1}{2}$

线圈节距 Y=10

总线圈数 Q=36

绕组极距 τ=$4\frac{1}{2}$

线圈组数 u=24

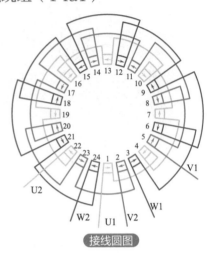

接线圆图

（2）嵌线顺序

采用交叠法嵌线时顺序表

嵌线顺序	1	2	3	4	5	6	7	8	9	10	11	12	13	14	15	16	17	18
槽 号	2	1	36	35	34	2	33	1	32	36	31	35	30	34	29	33	28	32
嵌线顺序	19	20	21	22	23	24	25	26	27	28	29	30	31	32	33	34	35	36
槽 号	27	31	26	30	25	29	24	28	23	27	22	26	21	25	20	24	19	23
嵌线顺序	37	38	39	40	41	42	43	44	45	46	47	48	49	50	51	52	53	54
槽 号	18	22	17	21	16	20	15	19	14	18	13	17	12	16	11	15	10	14
嵌线顺序	55	56	57	58	59	60	61	62	63	64	65	66	67	68	69	70	71	72
槽 号	9	13	8	12	7	11	6	10	5	9	4	8	3	7	6	5	4	3

（3）特点与应用

绕组采用显极接线，分数槽短节距线圈，每相由八组线圈反向串接而成，用于小功率三相异步电动机，常用实例有 JO3-100L-8、JZO2-32-8 等。

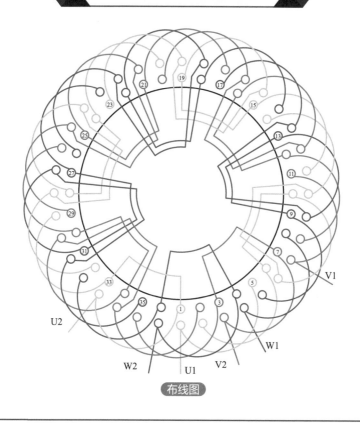

布线图

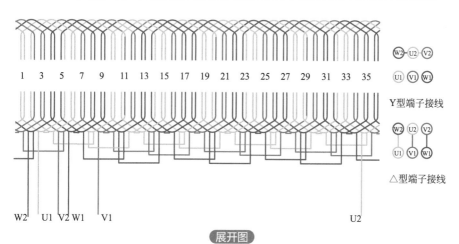

W2—U2—V2

U1 V1 W1

Y型端子接线

W2 U2 V2

U1 V1 W1

△型端子接线

展开图

199

2.1.72　8极36槽双层叠式绕组（Y4a2）

（1）绕组数据

定子槽数　$Z_1=36$

每组圈数　$S=1\frac{1}{2}$

并联路数　$a=2$

电机极数　$2p=8$

极相槽数　$q=1\frac{1}{2}$

线圈节距　$Y=10$

总线圈数　$Q=36$

绕组极距　$\tau=4\frac{1}{2}$

线圈组数　$u=24$

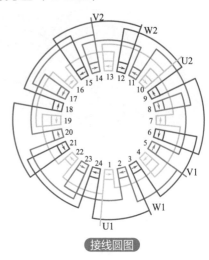

接线圆图

（2）嵌线顺序

采用交叠法嵌线时顺序表

嵌线顺序	1	2	3	4	5	6	7	8	9	10	11	12	13	14	15	16	17	18
槽　号	2	1	36	35	34	2	33	1	32	36	31	35	30	34	29	33	28	32
嵌线顺序	19	20	21	22	23	24	25	26	27	28	29	30	31	32	33	34	35	36
槽　号	27	31	26	30	25	29	24	28	23	27	22	26	21	25	20	24	19	23
嵌线顺序	37	38	39	40	41	42	43	44	45	46	47	48	49	50	51	52	53	54
槽　号	18	22	17	21	16	20	15	19	14	18	13	17	12	16	11	15	10	14
嵌线顺序	55	56	57	58	59	60	61	62	63	64	65	66	67	68	69	70	71	72
槽　号	9	13	8	12	7	11	6	10	5	9	4	8	3	7	6	5	4	3

（3）特点与应用

绕组采用显极接线，分数槽短节距线圈，每相先四组线圈反向串接，然后并接成两路，用于小功率三相异步电动机，常用实例有 YZR2-160L-8、YR225M1-8 等。

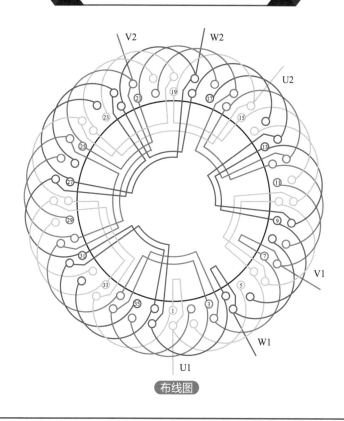

V2　W2　U2

V1

W1

U1

布线图

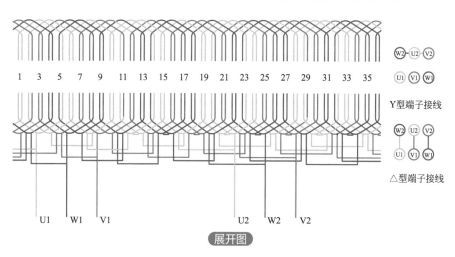

1　3　5　7　9　11　13　15　17　19　21　23　25　27　29　31　33　35

W2 - U2 - V2

U1 V1 W1

Y型端子接线

W2 U2 V2

U1 V1 W1

△型端子接线

U1　W1　V1　　　　　　U2　W2　V2

展开图

2.1.73 8极45槽双层叠式绕组（Y5a1）

（1）绕组数据

定子槽数　$Z_1=45$

每组圈数　$S=1\frac{7}{8}$

并联路数　$a=1$

电机极数　$2p=8$

极相槽数　$q=1\frac{7}{8}$

线圈节距　$Y=5$

总线圈数　$Q=45$

绕组极距　$\tau=5\frac{5}{8}$

线圈组数　$u=24$

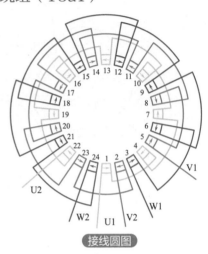

接线圆图

（2）嵌线顺序

采用交叠法嵌线时顺序表

嵌线顺序	1	2	3	4	5	6	7	8	9	10	11	12	13	14	15
槽　号	2	1	45	44	43	42	2	41	1	40	45	39	44	38	43
嵌线顺序	16	17	18	19	20	21	22	23	24	25	26	27	28	29	30
槽　号	37	42	36	41	35	40	34	39	33	38	32	37	31	36	30
嵌线顺序	31	32	33	34	35	36	37	38	39	40	41	42	43	44	45
槽　号	35	29	34	28	33	27	32	26	31	25	30	24	29	23	28
嵌线顺序	46	47	48	49	50	51	52	53	54	55	56	57	58	59	60
槽　号	22	27	21	26	20	25	19	24	18	23	17	22	16	21	15
嵌线顺序	61	62	63	64	65	66	67	68	69	70	71	72	73	74	75
槽　号	20	14	19	13	18	12	17	11	16	10	15	9	14	8	13
嵌线顺序	76	77	78	79	80	81	82	83	84	85	86	87	88	89	90
槽　号	7	12	6	11	5	10	4	9	3	8	7	6	5	4	3

（3）特点与应用

绕组采用显极接线，分数槽短节距线圈，每相由八组线圈反向串接而成，常用实例有 JG2-51-8、JG2-52-8 等。

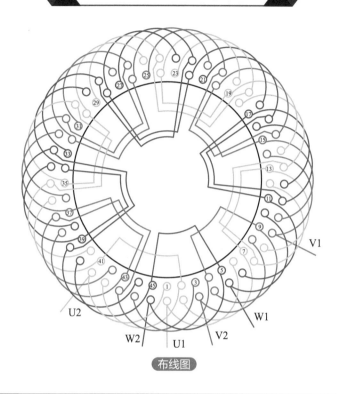

U1
U2
V1
V2
W1
W2

布线图

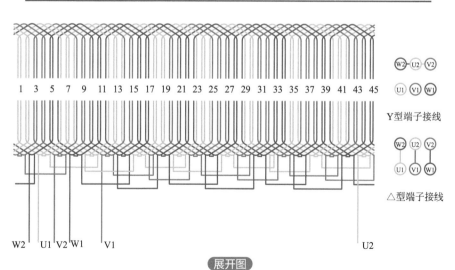

1　3　5　7　9　11　13　15　17　19　21　23　25　27　29　31　33　35　37　39　41　43　45

W2　U1　V2　W1　V1　　　　　　　　　　　　　　　　　　　　U2

(W2)—(U2)—(V2)

(U1) (V1) (W1)

Y型端子接线

(W2) (U2) (V2)

(U1) (V1) (W1)

△型端子接线

展开图

203

2.1.74 8极48槽双层叠式绕组（Y5a1）

（1）绕组数据

定子槽数　$Z_1=48$

每组圈数　$S=2$

并联路数　$a=1$

电机极数　$2p=8$

极相槽数　$q=2$

线圈节距　$Y=5$

总线圈数　$Q=48$

绕组极距　$\tau=6$

线圈组数　$u=24$

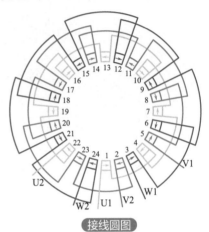

接线圆图

（2）嵌线顺序

采用交叠法嵌线时顺序表

嵌线顺序	1	2	3	4	5	6	7	8	9	10	11	12	13	14	15	16
槽　号	2	1	48	47	46	45	2	44	1	43	48	42	47	41	46	40
嵌线顺序	17	18	19	20	21	22	23	24	25	26	27	28	29	30	31	32
槽　号	45	39	44	38	43	37	42	36	41	35	40	34	39	33	38	32
嵌线顺序	33	34	35	36	37	38	39	40	41	42	43	44	45	46	47	48
槽　号	37	31	36	30	35	29	34	28	33	27	32	26	31	25	30	24
嵌线顺序	49	50	51	52	53	54	55	56	57	58	59	60	61	62	63	64
槽　号	29	23	28	22	27	21	26	20	25	19	24	18	23	17	22	16
嵌线顺序	65	66	67	68	69	70	71	72	73	74	75	76	77	78	79	80
槽　号	21	15	20	14	19	13	18	12	17	11	16	10	15	9	14	8
嵌线顺序	81	82	83	84	85	86	87	88	89	90	91	92	93	94	95	96
槽　号	13	7	12	6	11	5	10	4	9	3	8	7	6	5	4	3

（3）特点与应用

绕组采用显极接线，整数槽短节距线圈，每相由八组线圈反向串接而成，常用实例有 YR160M-8 等。

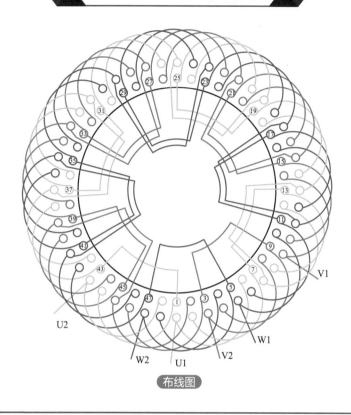

布线图

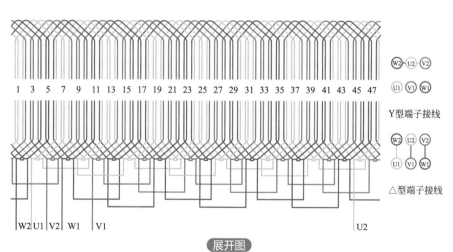

W2-U2-V2

U1 V1 W1

Y型端子接线

W2 U2 V2

U1 V1 W1

△型端子接线

1 3 5 7 9 11 13 15 17 19 21 23 25 27 29 31 33 35 37 39 41 43 45 47

W2 U1 V2 W1 V1 U2

展开图

2.1.75　8极48槽双层叠式绕组（Y5a2）

（1）绕组数据

定子槽数　$Z_1=48$

每组圈数　$S=2$

并联路数　$a=2$

电机极数　$2p=8$

极相槽数　$q=2$

线圈节距　$Y=5$

总线圈数　$Q=48$

绕组极距　$\tau=6$

线圈组数　$u=24$

（2）嵌线顺序

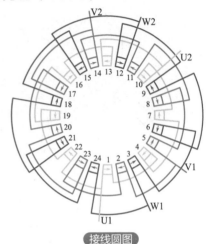

接线圆图

采用交叠法嵌线时顺序表

嵌线顺序	1	2	3	4	5	6	7	8	9	10	11	12	13	14	15	16
槽　号	2	1	48	47	46	45	2	44	1	43	48	42	47	41	46	40
嵌线顺序	17	18	19	20	21	22	23	24	25	26	27	28	29	30	31	32
槽　号	45	39	44	38	43	37	42	36	41	35	40	34	39	33	38	32
嵌线顺序	33	34	35	36	37	38	39	40	41	42	43	44	45	46	47	48
槽　号	37	31	36	30	35	29	34	28	33	27	32	26	31	25	30	24
嵌线顺序	49	50	51	52	53	54	55	56	57	58	59	60	61	62	63	64
槽　号	29	23	28	22	27	21	26	20	25	19	24	18	23	17	22	16
嵌线顺序	65	66	67	68	69	70	71	72	73	74	75	76	77	78	79	80
槽　号	21	15	20	14	19	13	18	12	17	11	16	10	15	9	14	8
嵌线顺序	81	82	83	84	85	86	87	88	89	90	91	92	93	94	95	96
槽　号	13	7	12	6	11	5	10	4	9	3	8	7	6	5	4	3

（3）特点与应用

绕组采用显极接线，整数槽短节距线圈，每相先四组线圈反向串接，然后并接成两路，常用实例有 YR160L-8、Y280S-8 等。

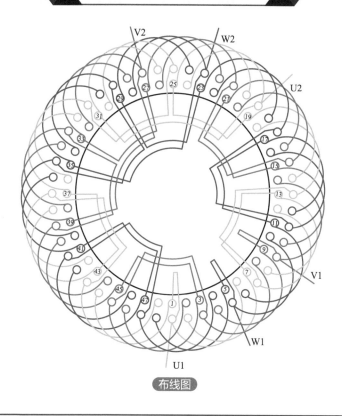

布线图

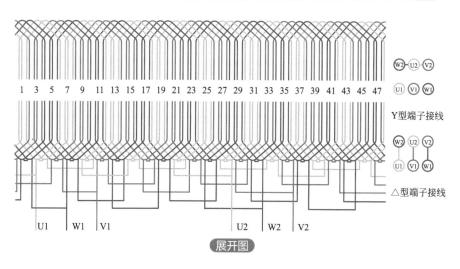

W2 U2 V2

U1 V1 W1

Y型端子接线

W2 U2 V2

U1 V1 W1

△型端子接线

U1 W1 V1   U2 W2 V2

展开图

2.1.76　8极48槽双层叠式绕组（Y5a4）

（1）绕组数据

定子槽数　Z_1=48

每组圈数　S=2

并联路数　a=4

电机极数　$2p$=8

极相槽数　q=2

线圈节距　Y=5

总线圈数　Q=48

绕组极距　τ=6

线圈组数　u=24

（2）嵌线顺序

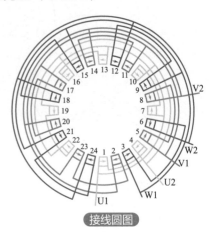

接线圆图

采用交叠法嵌线时顺序表

嵌线顺序	1	2	3	4	5	6	7	8	9	10	11	12	13	14	15	16
槽　　号	2	1	48	47	46	45	2	44	1	43	48	42	47	41	46	40
嵌线顺序	17	18	19	20	21	22	23	24	25	26	27	28	29	30	31	32
槽　　号	45	39	44	38	43	37	42	36	41	35	40	34	39	33	38	32
嵌线顺序	33	34	35	36	37	38	39	40	41	42	43	44	45	46	47	48
槽　　号	37	31	36	30	35	29	34	28	33	27	32	26	31	25	30	24
嵌线顺序	49	50	51	52	53	54	55	56	57	58	59	60	61	62	63	64
槽　　号	29	23	28	22	27	21	26	20	25	19	24	18	23	17	22	16
嵌线顺序	65	66	67	68	69	70	71	72	73	74	75	76	77	78	79	80
槽　　号	21	15	20	14	19	13	18	12	17	11	16	10	15	9	14	8
嵌线顺序	81	82	83	84	85	86	87	88	89	90	91	92	93	94	95	96
槽　　号	13	7	12	6	11	5	10	4	9	3	8	7	6	5	4	3

（3）特点与应用

绕组采用显极接线，整数槽短节距线圈，每相先两组线圈反向串接，然后并接成四路，常用实例有 JO-72-8 等。

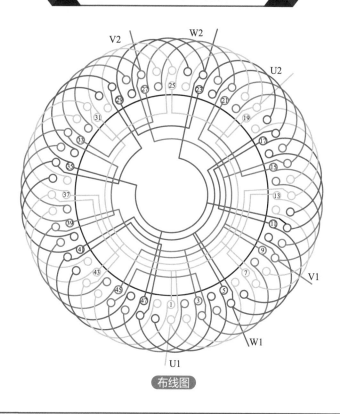

V2 W2 U2 V1 W1 U1

布线图

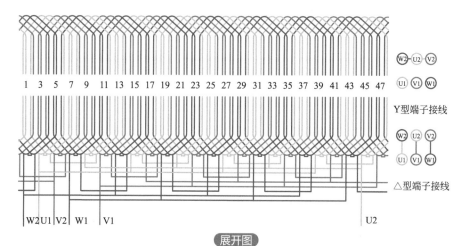

1 3 5 7 9 11 13 15 17 19 21 23 25 27 29 31 33 35 37 39 41 43 45 47

(W2)—(U2)—(V2)
(U1) (V1) (W1)

Y型端子接线

(W2) (U2) (V2)
(U1) (V1) (W1)

△型端子接线

W2 U1 V2 W1 V1 U2

展开图

209

2.1.77 8极54槽双层叠式绕组（Y6a1）

（1）绕组数据

定子槽数 Z_1=54

每组圈数 $S=2\dfrac{1}{4}$

并联路数 a=1

电机极数 $2p$=8

极相槽数 $q=2\dfrac{1}{4}$

线圈节距 Y=6

总线圈数 Q=54

绕组极距 $\tau=6\dfrac{3}{4}$

线圈组数 u=24

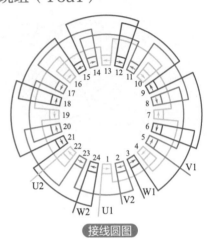

接线圆图

（2）嵌线顺序

采用交叠法嵌线时顺序表

嵌线顺序	1	2	3	4	5	6	7	8	9	10	11	12	13	14	15	16	17	18
槽号	3	2	1	54	53	52	51	3	50	2	49	1	48	54	47	53	46	52
嵌线顺序	19	20	21	22	23	24	25	26	27	28	29	30	31	32	33	34	35	36
槽号	45	51	44	50	43	49	42	48	41	47	40	46	39	45	38	44	37	43
嵌线顺序	37	38	39	40	41	42	43	44	45	46	47	48	49	50	51	52	53	54
槽号	36	42	35	41	34	40	33	39	32	38	31	37	30	36	29	35	28	34
嵌线顺序	55	56	57	58	59	60	61	62	63	64	65	66	67	68	69	70	71	72
槽号	27	33	26	32	25	31	24	30	23	29	22	28	21	27	20	26	19	25
嵌线顺序	73	74	75	76	77	78	79	80	81	82	83	84	85	86	87	88	89	90
槽号	18	24	17	23	16	22	15	21	14	20	13	19	12	18	11	17	10	16
嵌线顺序	91	92	93	94	95	96	97	98	99	100	101	102	103	104	105	106	107	108
槽号	9	15	8	14	7	13	6	12	5	11	4	10	9	8	7	6	5	4

（3）特点与应用

绕组采用显极接线，分数槽短节距线圈，每相由八组线圈反向串接而成，用于小功率三相异步电动机，常用实例有 Y160M-8、YR180M-8 等。

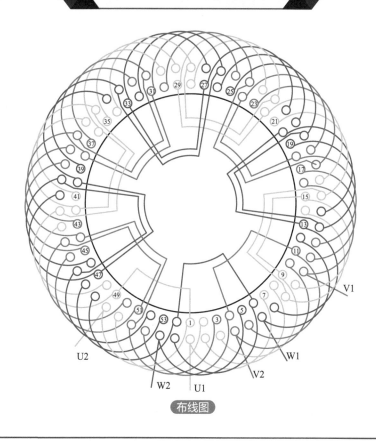

布线图

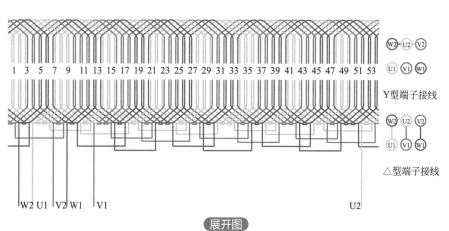

展开图

211

2.1.78　8极54槽双层叠式绕组（Y6a2）

（1）绕组数据

定子槽数　Z_1=54

每组圈数　S=2$\frac{1}{4}$

并联路数　a=2

电机极数　$2p$=8

极相槽数　q=2$\frac{1}{4}$

线圈节距　Y=6

总线圈数　Q=54

绕组极距　τ=6$\frac{3}{4}$

线圈组数　u=24

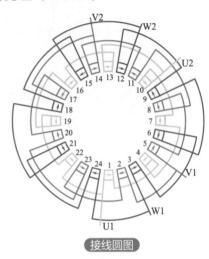

接线圆图

（2）嵌线顺序

采用交叠法嵌线时顺序表

嵌线顺序	1	2	3	4	5	6	7	8	9	10	11	12	13	14	15	16	17	18
槽　　号	3	2	1	54	53	52	51	3	50	2	49	1	48	54	47	53	46	52
嵌线顺序	19	20	21	22	23	24	25	26	27	28	29	30	31	32	33	34	35	36
槽　　号	45	51	44	50	43	49	42	48	41	47	40	46	39	45	38	44	37	43
嵌线顺序	37	38	39	40	41	42	43	44	45	46	47	48	49	50	51	52	53	54
槽　　号	36	42	35	41	34	40	33	39	32	38	31	37	30	36	29	35	28	34
嵌线顺序	55	56	57	58	59	60	61	62	63	64	65	66	67	68	69	70	71	72
槽　　号	27	33	26	32	25	31	24	30	23	29	22	28	21	27	20	26	19	25
嵌线顺序	73	74	75	76	77	78	79	80	81	82	83	84	85	86	87	88	89	90
槽　　号	18	24	17	23	16	22	15	21	14	20	13	19	12	18	11	17	10	16
嵌线顺序	91	92	93	94	95	96	97	98	99	100	101	102	103	104	105	106	107	108
槽　　号	9	15	8	14	7	13	6	12	5	11	4	10	9	8	7	6	5	4

（3）特点与应用

绕组采用显极接线，分数槽短节距线圈，每相先四组线圈反向串接，然后并接成两路，用于小功率三相异步电动机，常用实例有JO2L-61-8、Y180L-8等。

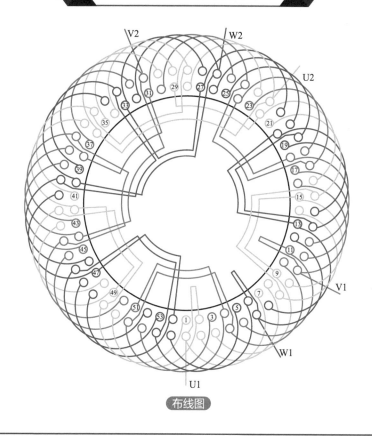

布线图

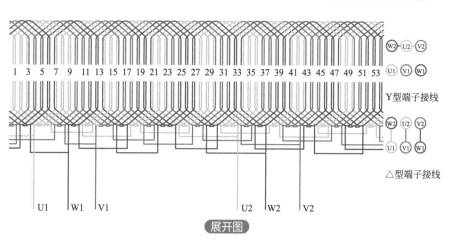

Y型端子接线

△型端子接线

展开图

213

2.1.79 8极60槽双层叠式绕组（Y6a2）

（1）绕组数据

定子槽数　$Z_1=60$

每组圈数　$S=2\frac{1}{2}$

并联路数　$a=2$

电机极数　$2p=8$

极相槽数　$q=2\frac{1}{2}$

线圈节距　$Y=6$

总线圈数　$Q=60$

绕组极距　$\tau=7\frac{1}{2}$

线圈组数　$u=24$

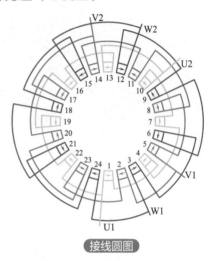

接线圆图

（2）嵌线顺序

采用交叠法嵌线时顺序表

嵌线顺序	1	2	3	4	5	6	7	8	9	10	11	12	13	14	15	16	17	18	19	20
槽　号	3	2	1	60	59	58	57	3	56	2	55	1	54	60	53	59	52	58	51	57
嵌线顺序	21	22	23	24	25	26	27	28	29	30	31	32	33	34	35	36	37	38	39	40
槽　号	50	56	49	55	48	54	47	53	46	52	45	51	44	50	43	49	42	48	41	47
嵌线顺序	41	42	43	44	45	46	47	48	49	50	51	52	53	54	55	56	57	58	59	60
槽　号	40	46	39	45	38	44	37	43	36	42	35	41	34	40	33	39	32	38	31	37
嵌线顺序	61	62	63	64	65	66	67	68	69	70	71	72	73	74	75	76	77	78	79	80
槽　号	30	36	29	35	28	34	27	33	26	32	25	31	24	30	23	29	22	28	21	27
嵌线顺序	81	82	83	84	85	86	87	88	89	90	91	92	93	94	95	96	97	98	99	100
槽　号	20	26	19	25	18	24	17	23	16	22	15	21	14	20	13	19	12	18	11	17
嵌线顺序	101	102	103	104	105	106	107	108	109	110	111	112	113	114	115	116	117	118	119	120
槽　号	10	16	9	15	8	14	7	13	6	12	5	11	4	10	9	9	8	7	6	5	4

（3）特点与应用

绕组采用显极接线，分数槽短节距线圈，每相先两组线圈反向串接，然后并接成两路，用于小功率三相异步电动机，常用实例有 JZR-180-8、YZR180L-8 等。

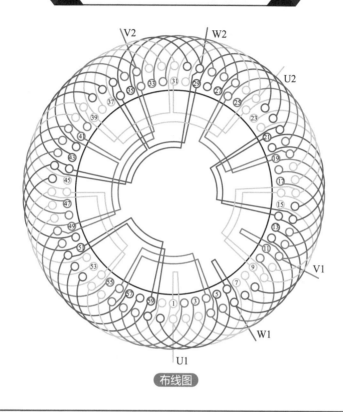

（布线图）

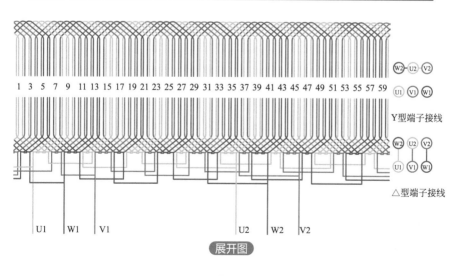

（展开图）

2.1.80 8极60槽双层叠式绕组（Y7a2）

（1）绕组数据

定子槽数　$Z_1=60$

每组圈数　$S=2\dfrac{1}{2}$

并联路数　$a=2$

电机极数　$2p=8$

极相槽数　$q=2\dfrac{1}{2}$

线圈节距　$Y=7$

总线圈数　$Q=60$

绕组极距　$\tau=7\dfrac{1}{2}$

线圈组数　$u=24$

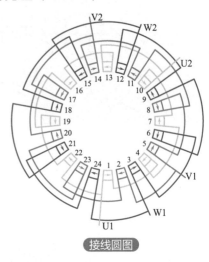

接线圆图

（2）嵌线顺序

采用交叠法嵌线时顺序表

嵌线顺序	1	2	3	4	5	6	7	8	9	10	11	12	13	14	15	16	17	18	19	20
槽　号	3	2	1	60	59	58	57	3	2	56	1	55	60	54	59	53	58	52	57	51
嵌线顺序	21	22	23	24	25	26	27	28	29	30	31	32	33	34	35	36	37	38	39	40
槽　号	56	50	55	49	54	48	53	47	52	46	51	45	50	44	49	43	48	42	47	41
嵌线顺序	41	42	43	44	45	46	47	48	49	50	51	52	53	54	55	56	57	58	59	60
槽　号	46	40	45	39	44	38	43	37	42	36	41	35	40	34	39	33	38	32	37	31
嵌线顺序	61	62	63	64	65	66	67	68	69	70	71	72	73	74	75	76	77	78	79	80
槽　号	36	30	35	29	34	28	33	27	32	26	31	25	30	24	29	23	28	22	27	21
嵌线顺序	81	82	83	84	85	86	87	88	89	90	91	92	93	94	95	96	97	98	99	100
槽　号	26	20	25	19	24	18	23	17	22	16	21	15	20	14	19	13	18	12	17	11
嵌线顺序	101	102	103	104	105	106	107	108	109	110	111	112	113	114	115	116	117	118	119	120
槽　号	16	10	15	9	14	8	13	7	12	6	11	5	10	4	9	8	7	6	5	4

（3）特点与应用

　　绕组采用显极接线，分数槽短节距线圈，每相先四组线圈反向串接，然后并接成两路，用于小功率三相异步电动机，常用实例有JZR2-31-8、YZ-200L-8等。

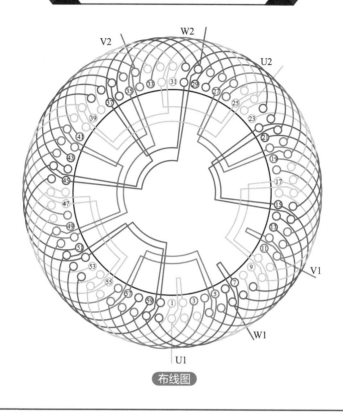

布线图

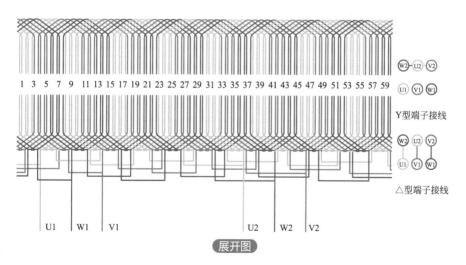

Y型端子接线

△型端子接线

展开图

2.1.81　8极72槽双层叠式绕组（Y7a1）

（1）绕组数据

定子槽数　$Z_1=72$

每组圈数　$S=3$

并联路数　$a=1$

电机极数　$2p=8$

极相槽数　$q=3$

线圈节距　$Y=7$

总线圈数　$Q=72$

绕组极距　$\tau=9$

线圈组数　$u=24$

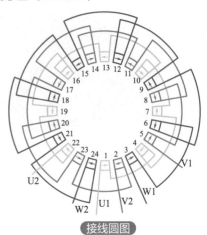

接线圆图

（2）嵌线顺序

采用交叠法嵌线时顺序表

嵌线顺序	1	2	3	4	5	6	7	8	9	10	11	12	13	14	15	16	17	18	19	20	21	22	23	24
槽　号	3	2	1	72	71	70	69	68	3	67	2	66	1	65	72	64	71	63	70	62	69	61	68	60
嵌线顺序	25	26	27	28	29	30	31	32	33	34	35	36	37	38	39	40	41	42	43	44	45	46	47	48
槽　号	67	59	66	58	65	57	64	56	63	55	62	54	61	53	60	52	59	51	58	50	57	49	56	48
嵌线顺序	49	50	51	52	53	54	55	56	57	58	59	60	61	62	63	64	65	66	67	68	69	70	71	72
槽　号	55	47	54	46	53	45	52	44	51	43	50	42	49	41	48	40	47	39	46	38	45	37	44	36
嵌线顺序	73	74	75	76	77	78	79	80	81	82	83	84	85	86	87	88	89	90	91	92	93	94	95	96
槽　号	43	35	42	34	41	33	40	32	39	31	38	30	37	29	36	28	35	27	34	26	33	25	32	24
嵌线顺序	97	98	99	100	101	102	103	104	105	106	107	108	109	110	111	112	113	114	115	116	117	118	119	120
槽　号	31	23	30	22	29	21	28	20	27	19	26	18	25	17	24	16	23	15	22	14	21	13	20	12
嵌线顺序	121	122	123	124	125	126	127	128	129	130	131	132	133	134	135	136	137	138	139	140	141	142	143	144
槽　号	19	11	18	10	17	9	16	8	15	7	14	6	13	5	12	4	11	10	9	8	7	6	5	4

（3）特点与应用

绕组采用显极接线，整数槽短节距线圈，每相由八组线圈反向串接而成，用于小功率三相异步电动机，常用实例有 JR-126-8、Y400-8 等。

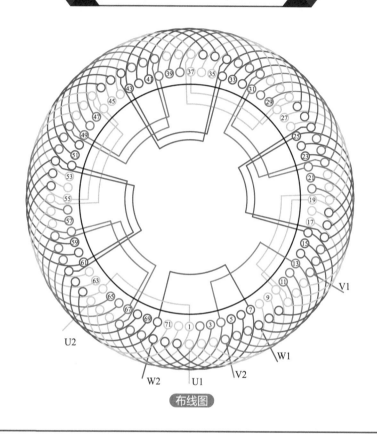

布线图

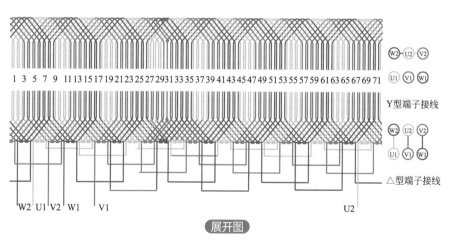

1 3 5 7 9 11 13 15 17 19 21 23 25 27 29 31 33 35 37 39 41 43 45 47 49 51 53 55 57 59 61 63 65 67 69 71

Y型端子接线

△型端子接线

W2 U1 V2 W1 V1 U2

展开图

219

2.1.82　8极72槽双层叠式绕组（Y8a1）

（1）绕组数据

定子槽数　$Z_1=72$

每组圈数　$S=3$

并联路数　$a=1$

电机极数　$2p=8$

极相槽数　$q=3$

线圈节距　$Y=8$

总线圈数　$Q=72$

绕组极距　$\tau=9$

线圈组数　$u=24$

（2）嵌线顺序

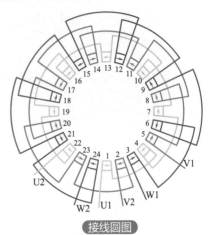

接线圆图

采用交叠法嵌线时顺序表

嵌线顺序	1	2	3	4	5	6	7	8	9	10	11	12	13	14	15	16	17	18	19	20	21	22	23	24
槽号	3	2	1	72	71	70	69	68	67	3	66	2	65	1	64	72	63	71	62	70	61	69	60	68
嵌线顺序	25	26	27	28	29	30	31	32	33	34	35	36	37	38	39	40	41	42	43	44	45	46	47	48
槽号	59	67	58	66	57	65	56	64	55	63	54	62	53	61	52	60	51	59	50	58	49	57	48	56
嵌线顺序	49	50	51	52	53	54	55	56	57	58	59	60	61	62	63	64	65	66	67	68	69	70	71	72
槽号	47	55	46	54	45	53	44	52	43	51	42	50	41	49	40	48	39	47	38	46	37	45	36	44
嵌线顺序	73	74	75	76	77	78	79	80	81	82	83	84	85	86	87	88	89	90	91	92	93	94	95	96
槽号	35	43	34	42	33	41	32	40	31	39	30	38	29	37	28	36	27	35	26	34	25	33	24	32
嵌线顺序	97	98	99	100	101	102	103	104	105	106	107	108	109	110	111	112	113	114	115	116	117	118	119	120
槽号	23	31	22	30	21	29	20	28	19	27	18	26	17	25	16	24	15	23	14	22	13	21	12	20
嵌线顺序	121	122	123	124	125	126	127	128	129	130	131	132	133	134	135	136	137	138	139	140	141	142	143	144
槽号	11	19	10	18	9	17	8	16	7	15	6	14	5	13	4	12	11	10	9	8	7	6	5	4

（3）特点与应用

绕组采用显极接线，整数槽短节距线圈，每相由八组线圈反向串接而成，用于小功率三相异步电动机，常用实例有 JO-93-8、JSQ-148-8 等。

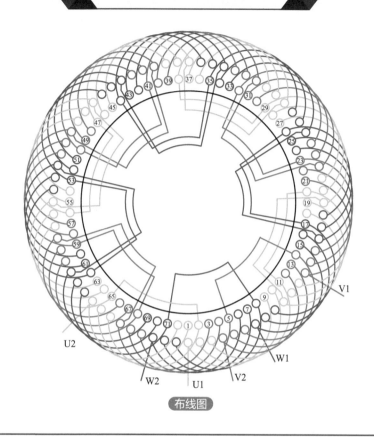

布线图

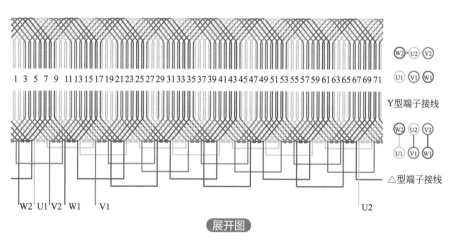

展开图

221

2.1.83　8极72槽双层叠式绕组（Y8a2）

（1）绕组数据

定子槽数　$Z_1=72$

每组圈数　$S=3$

并联路数　$a=2$

电机极数　$2p=8$

极相槽数　$q=3$

线圈节距　$Y=8$

总线圈数　$Q=72$

绕组极距　$\tau=9$

线圈组数　$u=24$

（2）嵌线顺序

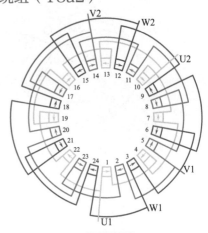

接线圆图

采用交叠法嵌线时顺序表

嵌线顺序	1	2	3	4	5	6	7	8	9	10	11	12	13	14	15	16	17	18	19	20	21	22	23	24
槽　号	3	2	1	72	71	70	69	68	67	3	66	2	65	1	64	72	63	71	62	70	61	69	60	68
嵌线顺序	25	26	27	28	29	30	31	32	33	34	35	36	37	38	39	40	41	42	43	44	45	46	47	48
槽　号	59	67	58	66	57	65	56	64	55	63	54	62	53	61	52	60	51	59	50	58	49	57	48	56
嵌线顺序	49	50	51	52	53	54	55	56	57	58	59	60	61	62	63	64	65	66	67	68	69	70	71	72
槽　号	47	55	46	54	45	53	44	52	43	51	42	50	41	49	40	48	39	47	38	46	37	45	36	44
嵌线顺序	73	74	75	76	77	78	79	80	81	82	83	84	85	86	87	88	89	90	91	92	93	94	95	96
槽　号	35	43	34	42	33	41	32	40	31	39	30	38	29	37	28	36	27	35	26	34	25	33	24	32
嵌线顺序	97	98	99	100	101	102	103	104	105	106	107	108	109	110	111	112	113	114	115	116	117	118	119	120
槽　号	23	31	22	30	21	29	20	28	19	27	18	26	17	25	16	24	15	23	14	22	13	21	12	20
嵌线顺序	121	122	123	124	125	126	127	128	129	130	131	132	133	134	135	136	137	138	139	140	141	142	143	144
槽　号	11	19	10	18	9	17	8	16	7	15	6	14	5	13	4	12	11	10	9	8	7	6	5	4

（3）特点与应用

绕组采用显极接线，整数槽短节距线圈，每相先四组线圈反向串接，然后并接成两路，用于小功率三相异步电动机，常用实例有 JO2-81-8、JO2L-81-8 等。

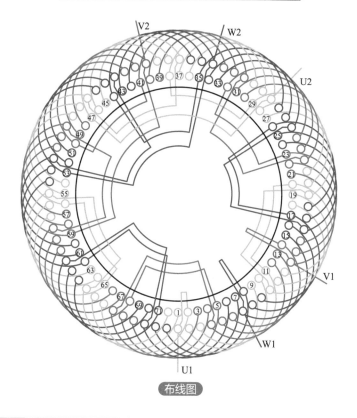

布线图

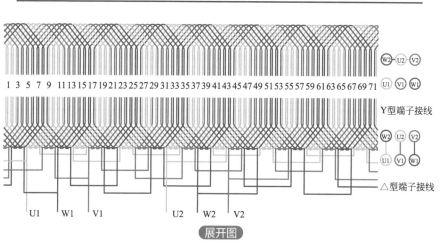

1 3 5 7 9 11 13 15 17 19 21 23 25 27 29 31 33 35 37 39 41 43 45 47 49 51 53 55 57 59 61 63 65 67 69 71

W2 U2 V2

U1 V1 W1

Y型端子接线

W2 U2 V2

U1 V1 W1

△型端子接线

U1 W1 V1 U2 W2 V2

展开图

2.1.84　8极72槽双层叠式绕组（Y8a4）

（1）绕组数据

定子槽数　$Z_1=72$

每组圈数　$S=3$

并联路数　$a=4$

电机极数　$2p=8$

极相槽数　$q=3$

线圈节距　$Y=8$

总线圈数　$Q=72$

绕组极距　$\tau=9$

线圈组数　$u=24$

（2）嵌线顺序

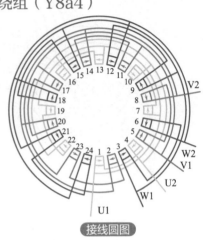

接线圆图

采用交叠法嵌线时顺序表

嵌线顺序	1	2	3	4	5	6	7	8	9	10	11	12	13	14	15	16	17	18	19	20	21	22	23	24
槽号	3	2	1	72	71	70	69	68	67	3	66	2	65	1	64	72	63	71	62	70	61	69	60	68
嵌线顺序	25	26	27	28	29	30	31	32	33	34	35	36	37	38	39	40	41	42	43	44	45	46	47	48
槽号	59	67	58	66	57	65	56	64	55	63	54	62	53	61	52	60	51	59	50	58	49	57	48	56
嵌线顺序	49	50	51	52	53	54	55	56	57	58	59	60	61	62	63	64	65	66	67	68	69	70	71	72
槽号	47	55	46	54	45	53	44	52	43	51	42	50	41	49	40	48	39	47	38	46	37	45	36	44
嵌线顺序	73	74	75	76	77	78	79	80	81	82	83	84	85	86	87	88	89	90	91	92	93	94	95	96
槽号	35	43	34	42	33	41	32	40	31	39	30	38	29	37	28	36	27	35	26	34	25	33	24	32
嵌线顺序	97	98	99	100	101	102	103	104	105	106	107	108	109	110	111	112	113	114	115	116	117	118	119	120
槽号	23	31	22	30	21	29	20	28	19	27	18	26	17	25	16	24	15	23	14	22	13	21	12	20
嵌线顺序	121	122	123	124	125	126	127	128	129	130	131	132	133	134	135	136	137	138	139	140	141	142	143	144
槽号	11	19	10	18	9	17	8	16	7	15	6	14	5	13	4	12	11	10	9	8	7	6	5	4

（3）特点与应用

绕组采用显极接线，整数槽短节距线圈，每相先两组线圈反向串接，然后并接成四路，用于小功率三相异步电动机，常用实例有 J2-91-8、JO2-91-8 等。

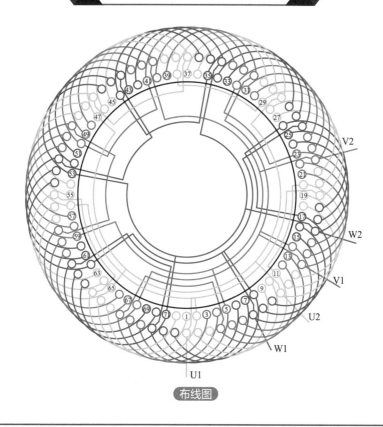

布线图

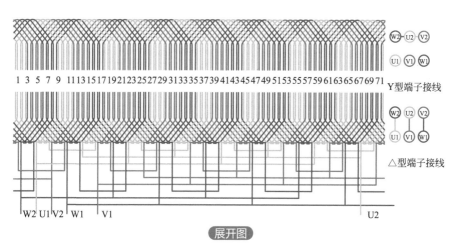

展开图

2.1.85　8极72槽双层叠式绕组（Y8a8）

（1）绕组数据

定子槽数　$Z_1=72$

每组圈数　$S=3$

并联路数　$a=8$

电机极数　$2p=8$

极相槽数　$q=3$

线圈节距　$Y=8$

总线圈数　$Q=72$

绕组极距　$\tau=9$

线圈组数　$u=24$

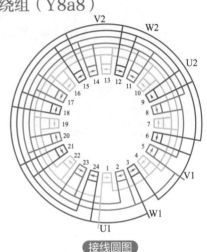

接线圆图

（2）嵌线顺序

采用交叠法嵌线时顺序表

嵌线顺序	1	2	3	4	5	6	7	8	9	10	11	12	13	14	15	16	17	18	19	20	21	22	23	24
槽　号	3	2	1	72	71	70	69	68	67	3	66	2	65	1	64	72	63	71	62	70	61	69	60	68
嵌线顺序	25	26	27	28	29	30	31	32	33	34	35	36	37	38	39	40	41	42	43	44	45	46	47	48
槽　号	59	67	58	66	57	65	56	64	55	63	54	62	53	61	52	60	51	59	50	58	49	57	48	56
嵌线顺序	49	50	51	52	53	54	55	56	57	58	59	60	61	62	63	64	65	66	67	68	69	70	71	72
槽　号	47	55	46	54	45	53	44	52	43	51	42	50	41	49	40	48	39	47	38	46	37	45	36	44
嵌线顺序	73	74	75	76	77	78	79	80	81	82	83	84	85	86	87	88	89	90	91	92	93	94	95	96
槽　号	35	43	34	42	33	41	32	40	31	39	30	38	29	37	28	36	27	35	26	34	25	33	24	32
嵌线顺序	97	98	99	100	101	102	103	104	105	106	107	108	109	110	111	112	113	114	115	116	117	118	119	120
槽　号	23	31	22	30	21	29	20	28	19	27	18	26	17	25	16	24	15	23	14	22	13	21	12	20
嵌线顺序	121	122	123	124	125	126	127	128	129	130	131	132	133	134	135	136	137	138	139	140	141	142	143	144
槽　号	11	19	10	18	9	17	8	16	7	15	6	14	5	13	4	12	11	10	9	8	7	6	5	4

（3）特点与应用

绕组采用显极接线，整数槽短节距线圈，每相由八组线圈反向并接而成，用于小功率三相异步电动机，常用实例有 Y315M1-8、JS127-8 等。

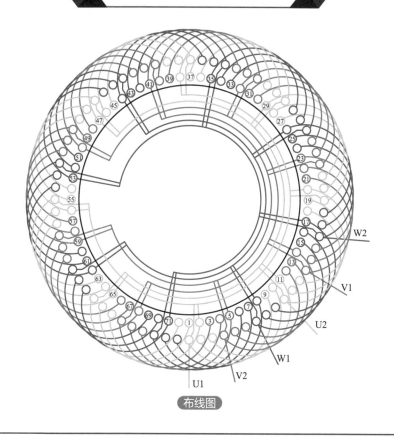

布线图

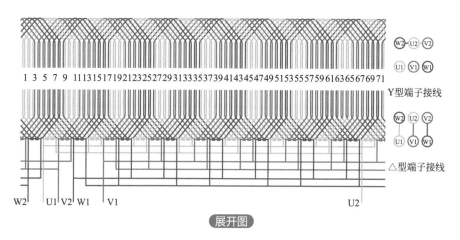

1 3 5 7 9 1113151719212325272931333537394143454749515355575961636567697 1

Y型端子接线

△型端子接线

W2　U1 V2 W1　V1　　　　　　　　　　　　　　　U2

展开图

2.1.86　10极36槽双层叠式绕组（Y3a1）

（1）绕组数据

定子槽数　$Z_1=36$

每组圈数　$S=1\frac{1}{5}$

并联路数　$a=1$

电机极数　$2p=10$

极相槽数　$q=1\frac{1}{5}$

线圈节距　$Y=3$

总线圈数　$Q=36$

绕组极距　$\tau=3\frac{3}{5}$

线圈组数　$u=30$

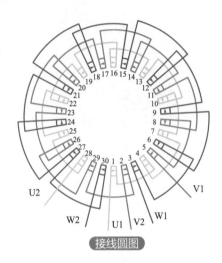

接线圆图

（2）嵌线顺序

采用交叠法嵌线时顺序表

嵌线顺序	1	2	3	4	5	6	7	8	9	10	11	12	13	14	15	16	17	18
槽　　号	2	1	36	35	2	34	1	33	36	32	35	31	34	30	33	29	32	28
嵌线顺序	19	20	21	22	23	24	25	26	27	28	29	30	31	32	33	34	35	36
槽　　号	31	27	30	26	29	25	28	24	27	23	26	22	25	21	24	20	23	19
嵌线顺序	37	38	39	40	41	42	43	44	45	46	47	48	49	50	51	52	53	54
槽　　号	22	18	21	17	20	16	19	15	18	14	17	13	16	12	15	11	14	10
嵌线顺序	55	56	57	58	59	60	61	62	63	64	65	66	67	68	69	70	71	72
槽　　号	13	9	12	8	11	7	10	6	9	5	8	4	7	3	6	5	4	3

（3）特点与应用

绕组采用显极接线，分数槽短节距线圈，每相由十组线圈反向串接而成，用于小功率三相异步电动机，常用实例有 JG2-42-10 等。

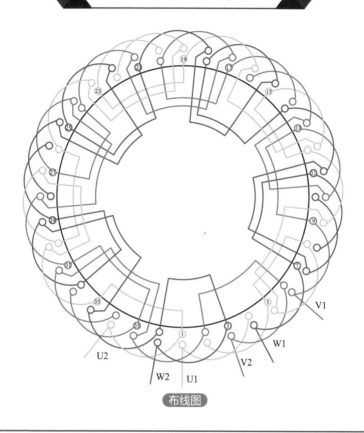

V1

U2

W2　U1

V2

W1

布线图

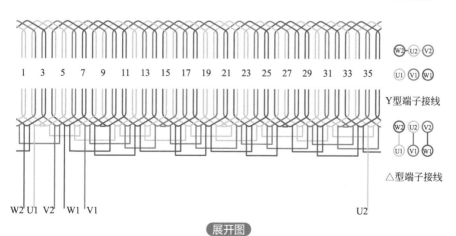

1　3　5　7　9　11　13　15　17　19　21　23　25　27　29　31　33　35

W2-U2-V2

U1 V1 W1

Y型端子接线

W2 U2 V2

U1 V1 W1

△型端子接线

W2 U1 V2　W1 V1

U2

展开图

2.1.87 10极45槽双层叠式绕组（Y4a1）

（1）绕组数据

定子槽数　$Z_1=45$

每组圈数　$S=1\frac{1}{2}$

并联路数　$a=1$

电机极数　$2p=10$

极相槽数　$q=1\frac{1}{2}$

线圈节距　$Y=4$

总线圈数　$Q=45$

绕组极距　$\tau=4\frac{1}{2}$

线圈组数　$u=30$

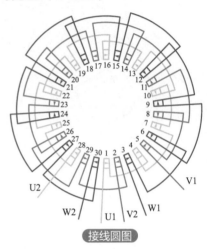

接线圆图

（2）嵌线顺序

采用交叠法嵌线时顺序表

嵌线顺序	1	2	3	4	5	6	7	8	9	10	11	12	13	14	15
槽　　号	<u>2</u>	<u>1</u>	<u>45</u>	<u>44</u>	<u>43</u>	2	<u>42</u>	1	<u>41</u>	45	<u>40</u>	44	<u>39</u>	43	<u>38</u>
嵌线顺序	16	17	18	19	20	21	22	23	24	25	26	27	28	29	30
槽　　号	42	<u>37</u>	41	<u>36</u>	40	<u>35</u>	39	<u>34</u>	38	<u>33</u>	37	<u>32</u>	36	<u>31</u>	35
嵌线顺序	31	32	33	34	35	36	37	38	39	40	41	42	43	44	45
槽　　号	<u>30</u>	34	<u>29</u>	33	<u>28</u>	32	<u>27</u>	31	<u>26</u>	30	<u>25</u>	29	<u>24</u>	28	<u>23</u>
嵌线顺序	46	47	48	49	50	51	52	53	54	55	56	57	58	59	60
槽　　号	27	<u>22</u>	26	<u>21</u>	25	<u>20</u>	24	<u>19</u>	23	<u>18</u>	22	<u>17</u>	21	<u>16</u>	20
嵌线顺序	61	62	63	64	65	66	67	68	69	70	71	72	73	74	75
槽　　号	<u>15</u>	19	<u>14</u>	18	<u>13</u>	17	<u>12</u>	16	<u>11</u>	15	<u>10</u>	14	<u>9</u>	13	<u>8</u>
嵌线顺序	76	77	78	79	80	81	82	83	84	85	86	87	88	89	90
槽　　号	12	<u>7</u>	11	<u>6</u>	10	<u>5</u>	9	<u>4</u>	8	<u>3</u>	7	6	5	4	3

（3）特点与应用

绕组采用显极接线，分数槽短节距线圈，每相由十组线圈反向串接而成，常用实例有 JG2-51-10 等。

230

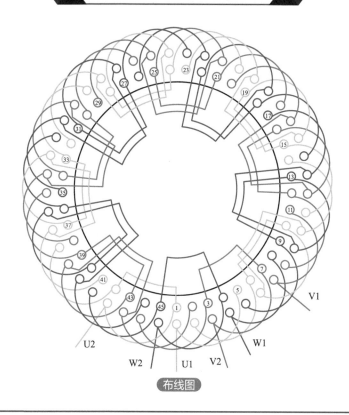

布线图

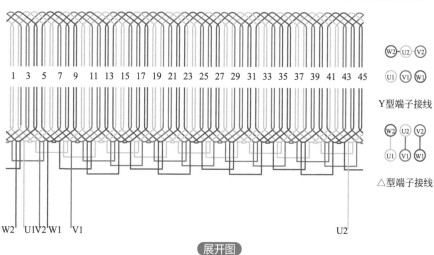

Y型端子接线

△型端子接线

展开图

231

2.1.88　10极54槽双层叠式绕组（Y5a2）

（1）绕组数据

定子槽数　$Z_1=54$

每组圈数　$S=1\dfrac{4}{5}$

并联路数　$a=2$

电机极数　$2p=10$

极相槽数　$q=1\dfrac{4}{5}$

线圈节距　$Y=5$

总线圈数　$Q=54$

绕组极距　$\tau=5\dfrac{2}{5}$

线圈组数　$u=30$

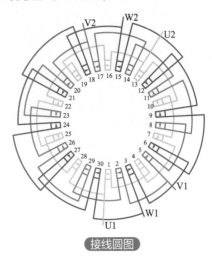

接线圆图

（2）嵌线顺序

采用交叠法嵌线时顺序表

嵌线顺序	1	2	3	4	5	6	7	8	9	10	11	12	13	14	15	16	17	18
槽　　号	2	1	54	53	52	51	2	50	1	49	54	48	53	47	52	46	51	45
嵌线顺序	19	20	21	22	23	24	25	26	27	28	29	30	31	32	33	34	35	36
槽　　号	50	44	49	43	48	42	47	41	46	40	45	39	44	38	43	37	42	36
嵌线顺序	37	38	39	40	41	42	43	44	45	46	47	48	49	50	51	52	53	54
槽　　号	41	35	40	34	39	33	38	32	37	31	36	30	35	29	34	28	33	27
嵌线顺序	55	56	57	58	59	60	61	62	63	64	65	66	67	68	69	70	71	72
槽　　号	32	26	31	25	30	24	29	23	28	22	27	21	26	20	25	19	24	18
嵌线顺序	73	74	75	76	77	78	79	80	81	82	83	84	85	86	87	88	89	90
槽　　号	23	17	22	16	21	15	20	14	19	13	18	12	17	11	16	10	15	9
嵌线顺序	91	92	93	94	95	96	97	98	99	100	101	102	103	104	105	106	107	108
槽　　号	14	8	13	7	12	6	11	5	10	4	9	3	8	7	6	5	4	3

（3）特点与应用

绕组采用显极接线，分数槽短节距线圈，每相先五组线圈反向串接，然后并接成两路，用于小功率三相异步电动机，常用实例有 JG2-71-10 等。

232

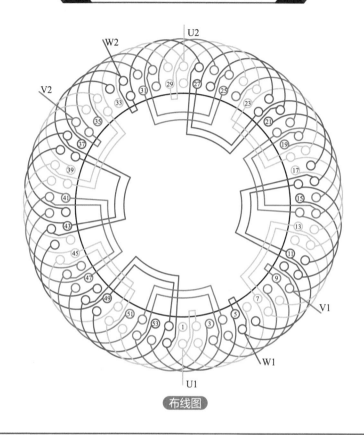

布线图

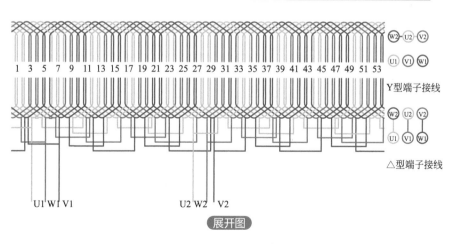

展开图

233

2.1.89 10极60槽双层叠式绕组（Y5a1）

（1）绕组数据

定子槽数　$Z_1=60$

每组圈数　$S=2$

并联路数　$a=1$

电机极数　$2p=10$

极相槽数　$q=2$

线圈节距　$Y=5$

总线圈数　$Q=60$

绕组极距　$\tau=6$

线圈组数　$u=30$

（2）嵌线顺序

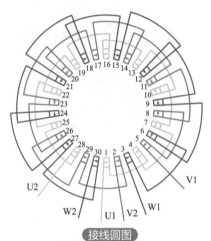

接线圆图

采用交叠法嵌线时顺序表

嵌线顺序	1	2	3	4	5	6	7	8	9	10	11	12	13	14	15	16	17	18	19	20
槽号	2	1	60	59	58	57	2	56	1	55	60	54	59	53	58	52	57	51	56	50
嵌线顺序	21	22	23	24	25	26	27	28	29	30	31	32	33	34	35	36	37	38	39	40
槽号	55	49	54	48	53	47	52	46	51	45	50	44	49	43	48	42	47	41	46	40
嵌线顺序	41	42	43	44	45	46	47	48	49	50	51	52	53	54	55	56	57	58	59	60
槽号	45	39	44	38	43	37	42	36	41	35	40	34	39	33	38	32	37	31	36	30
嵌线顺序	61	62	63	64	65	66	67	68	69	70	71	72	73	74	75	76	77	78	79	80
槽号	35	29	34	28	33	27	32	26	31	25	30	24	29	23	28	22	27	21	26	20
嵌线顺序	81	82	83	84	85	86	87	88	89	90	91	92	93	94	95	96	97	98	99	100
槽号	25	19	24	18	23	17	22	16	21	15	20	14	19	13	18	12	17	11	16	10
嵌线顺序	101	102	103	104	105	106	107	108	109	110	111	112	113	114	115	116	117	118	119	120
槽号	15	9	14	8	13	7	12	6	11	5	10	4	9	3	8	7	6	5	4	3

（3）特点与应用

绕组采用显极接线，整数槽短节距线圈，每相由十组线圈反向串接而成，用于小功率三相异步电动机，常用实例有 JO2L-92-10 等。

234

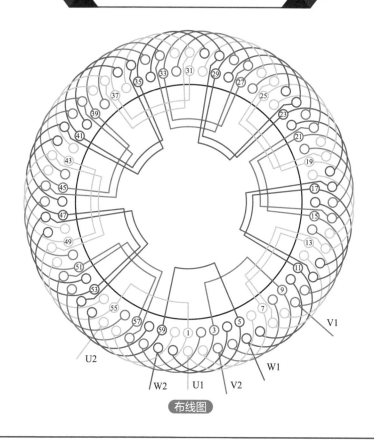

布线图

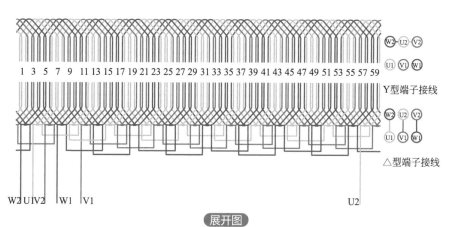

W2 U2 V2
U1 V1 W1

Y型端子接线

W2 U2 V2
U1 V1 W1

△型端子接线

展开图

2.1.90 10极60槽双层叠式绕组（Y5a2）

（1）绕组数据

定子槽数 $Z_1=60$

每组圈数 $S=2$

并联路数 $a=2$

电机极数 $2p=10$

极相槽数 $q=2$

线圈节距 $Y=5$

总线圈数 $Q=60$

绕组极距 $\tau=6$

线圈组数 $u=30$

（2）嵌线顺序

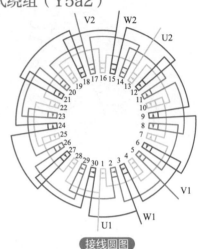

接线圆图

采用交叠法嵌线时顺序表

嵌线顺序	1	2	3	4	5	6	7	8	9	10	11	12	13	14	15	16	17	18	19	20
槽 号	2	1	60	59	58	57	2	56	1	55	60	54	59	53	58	52	57	51	56	50
嵌线顺序	21	22	23	24	25	26	27	28	29	30	31	32	33	34	35	36	37	38	39	40
槽 号	55	49	54	48	53	47	52	46	51	45	50	44	49	43	48	42	47	41	46	40
嵌线顺序	41	42	43	44	45	46	47	48	49	50	51	52	53	54	55	56	57	58	59	60
槽 号	45	39	44	38	43	37	42	36	41	35	40	34	39	33	38	32	37	31	36	30
嵌线顺序	61	62	63	64	65	66	67	68	69	70	71	72	73	74	75	76	77	78	79	80
槽 号	35	29	34	28	33	27	32	26	31	25	30	24	29	23	28	22	27	21	26	20
嵌线顺序	81	82	83	84	85	86	87	88	89	90	91	92	93	94	95	96	97	98	99	100
槽 号	25	19	24	18	23	17	22	16	21	15	20	14	19	13	18	12	17	11	16	10
嵌线顺序	101	102	103	104	105	106	107	108	109	110	111	112	113	114	115	116	117	118	119	120
槽 号	15	9	14	8	13	7	12	6	11	5	10	4	9	3	8	7	6	5	4	3

（3）特点与应用

绕组采用显极接线，整数槽短节距线圈，每相先五组线圈反向串接，然后并接成两路，用于小功率三相异步电动机，常用实例有 JO2-82-10、JO2L-81-10 等。

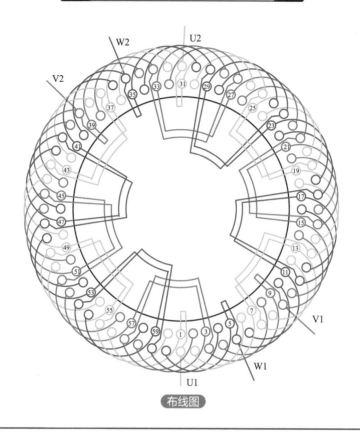

布线图

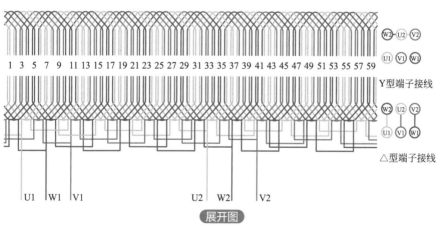

W2 U2 V2

U1 V1 W1

Y型端子接线

W2 U2 V2

U1 V1 W1

△型端子接线

U1 W1 V1 U2 W2 V2

展开图

2.1.91 10极60槽双层叠式绕组（Y5a5）

（1）绕组数据

定子槽数　Z_1=60

每组圈数　S=2

并联路数　a=5

电机极数　$2p$=10

极相槽数　q=2

线圈节距　Y=5

总线圈数　Q=60

绕组极距　τ=6

线圈组数　u=30

（2）嵌线顺序

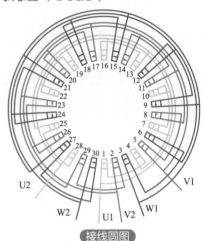

接线圆图

采用交叠法嵌线时顺序表

嵌线顺序	1	2	3	4	5	6	7	8	9	10	11	12	13	14	15	16	17	18	19	20
槽　号	2	1	60	59	58	57	2	56	1	55	60	54	59	53	58	52	57	51	56	50
嵌线顺序	21	22	23	24	25	26	27	28	29	30	31	32	33	34	35	36	37	38	39	40
槽　号	55	49	54	48	53	47	52	46	51	45	50	44	49	43	48	42	47	41	46	40
嵌线顺序	41	42	43	44	45	46	47	48	49	50	51	52	53	54	55	56	57	58	59	60
槽　号	45	39	44	38	43	37	42	36	41	35	40	34	39	33	38	32	37	31	36	30
嵌线顺序	61	62	63	64	65	66	67	68	69	70	71	72	73	74	75	76	77	78	79	80
槽　号	35	29	34	28	33	27	32	26	31	25	30	24	29	23	28	22	27	21	26	20
嵌线顺序	81	82	83	84	85	86	87	88	89	90	91	92	93	94	95	96	97	98	99	100
槽　号	25	19	24	18	23	17	22	16	21	15	20	14	19	13	18	12	17	11	16	10
嵌线顺序	101	102	103	104	105	106	107	108	109	110	111	112	113	114	115	116	117	118	119	120
槽　号	15	9	14	8	13	7	12	6	11	5	10	4	9	3	8	7	6	5	4	3

（3）特点与应用

绕组采用显极接线，整数槽短节距线圈，每相先两组线圈反向串接，然后并接成五路，用于小功率三相异步电动机，常用实例有JO2L-82-10、YZR280S-10 等。

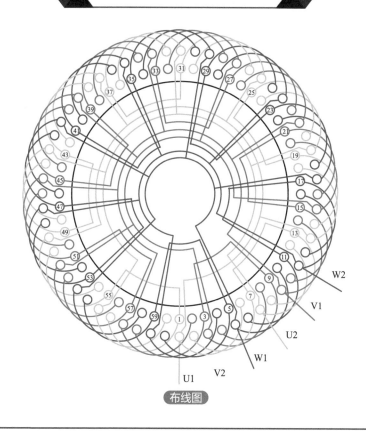

W2
V1
U2
W1
V2
U1

布线图

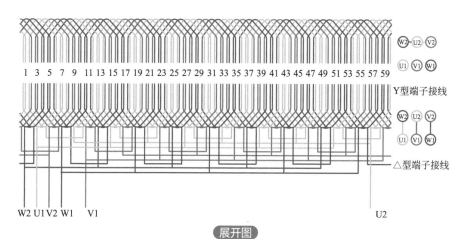

1 3 5 7 9 11 13 15 17 19 21 23 25 27 29 31 33 35 37 39 41 43 45 47 49 51 53 55 57 59

Y型端子接线

△型端子接线

W2 U1 V2 W1 V1

U2

展开图

239

2.1.92　12极45槽双层叠式绕组（Y3a1）

（1）绕组数据

定子槽数　$Z_1=45$

每组圈数　$S=1$

并联路数　$a=1$

电机极数　$2p=12$

极相槽数　$q=1\dfrac{1}{4}$

线圈节距　$Y=3$

总线圈数　$Q=45$

绕组极距　$\tau=3\dfrac{3}{4}$

线圈组数　$u=36$

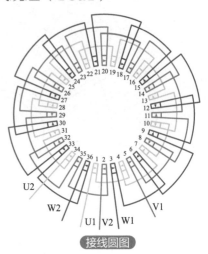

接线圆图

（2）嵌线顺序

采用交叠法嵌线时顺序表

嵌线顺序	1	2	3	4	5	6	7	8	9	10	11	12	13	14	15
槽　　号	2	1	45	44	2	43	1	42	45	41	44	40	43	39	42
嵌线顺序	16	17	18	19	20	21	22	23	24	25	26	27	28	29	30
槽　　号	38	41	37	40	36	39	35	38	34	37	33	36	32	35	31
嵌线顺序	31	32	33	34	35	36	37	38	39	40	41	42	43	44	45
槽　　号	34	30	33	29	32	28	31	27	30	26	29	25	28	24	27
嵌线顺序	46	47	48	49	50	51	52	53	54	55	56	57	58	59	60
槽　　号	23	26	22	25	21	24	20	23	19	22	18	21	17	20	16
嵌线顺序	61	62	63	64	65	66	67	68	69	70	71	72	73	74	75
槽　　号	19	15	18	14	17	13	16	12	15	11	14	10	13	9	12
嵌线顺序	76	77	78	79	80	81	82	83	84	85	86	87	88	89	90
槽　　号	8	11	7	10	6	9	5	8	4	7	3	6	5	4	3

（3）特点与应用

绕组采用显极接线，分数槽短节距线圈，每相由十二组线圈反向串接而成，常用实例有 JG2-51-12 等。

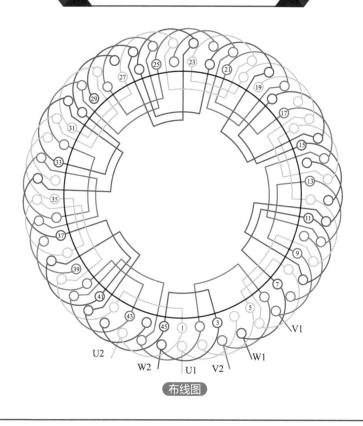

U2
W2
U1
V2
V1
W1

布线图

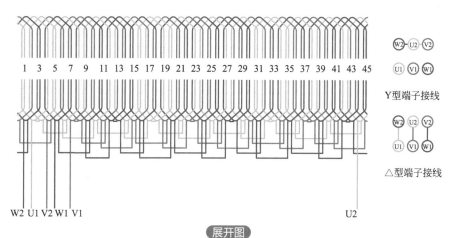

1 3 5 7 9 11 13 15 17 19 21 23 25 27 29 31 33 35 37 39 41 43 45

W2 U1 V2 W1 V1

U2

W2 U2 V2
U1 V1 W1

Y型端子接线

W2 U2 V2
U1 V1 W1

△型端子接线

展开图

241

2.1.93　12 极 54 槽双层叠式绕组（Y4a1）

（1）绕组数据

定子槽数　$Z_1=54$

每组圈数　$S=1\dfrac{1}{2}$

并联路数　$a=1$

电机极数　$2p=12$

极相槽数　$q=1\dfrac{1}{2}$

线圈节距　$Y=4$

总线圈数　$Q=54$

绕组极距　$\tau=4\dfrac{1}{2}$

线圈组数　$u=36$

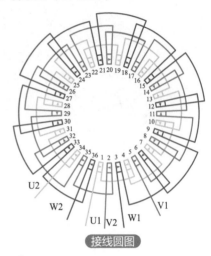

接线圆图

（2）嵌线顺序

采用交叠法嵌线时顺序表

嵌线顺序	1	2	3	4	5	6	7	8	9	10	11	12	13	14	15	16	17	18
槽　号	2	1	54	53	52	2	51	1	50	54	49	53	48	52	47	51	46	50
嵌线顺序	19	20	21	22	23	24	25	26	27	28	29	30	31	32	33	34	35	36
槽　号	45	49	44	48	43	47	42	46	41	45	40	44	39	43	38	42	37	41
嵌线顺序	37	38	39	40	41	42	43	44	45	46	47	48	49	50	51	52	53	54
槽　号	36	40	35	39	34	38	33	37	32	36	31	35	30	34	29	33	28	32
嵌线顺序	55	56	57	58	59	60	61	62	63	64	65	66	67	68	69	70	71	72
槽　号	27	31	26	30	25	29	24	28	23	27	22	26	21	25	20	24	19	23
嵌线顺序	73	74	75	76	77	78	79	80	81	82	83	84	85	86	87	88	89	90
槽　号	18	22	17	21	16	20	15	19	14	18	13	17	12	16	11	15	10	14
嵌线顺序	91	92	93	94	95	96	97	98	99	100	101	102	103	104	105	106	107	108
槽　号	9	13	8	12	7	11	6	10	5	9	4	8	3	7	6	5	4	3

（3）特点与应用

绕组采用显极接线，分数槽短节距线圈，每相由十组线圈反向串接而成，用于小功率三相异步电动机，常用实例有 JG2-61-12 等。

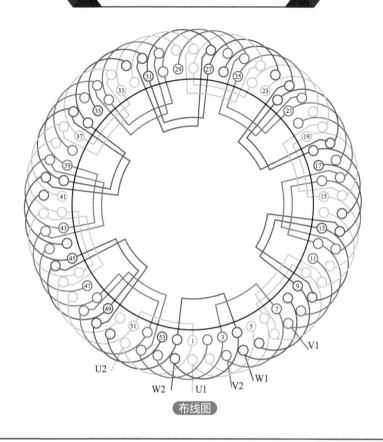

V1

U2 W2 U1 V2 W1

布线图

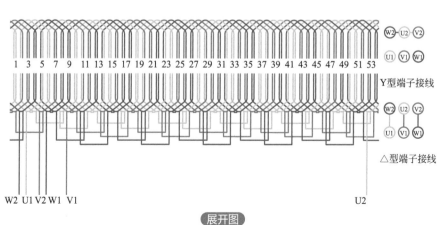

1 3 5 7 9 11 13 15 17 19 21 23 25 27 29 31 33 35 37 39 41 43 45 47 49 51 53

(W2) (U2) (V2)

(U1) (V1) (W1)

Y型端子接线

(W2) (U2) (V2)

(U1) (V1) (W1)

△型端子接线

W2 U1 V2 W1 V1

U2

展开图

243

2.1.94　12极54槽双层叠式绕组（Y4a2）

（1）绕组数据

定子槽数　$Z_1=54$

每组圈数　$S=1\frac{1}{2}$

并联路数　$a=2$

电机极数　$2p=12$

极相槽数　$q=1\frac{1}{2}$

线圈节距　$Y=4$

总线圈数　$Q=54$

绕组极距　$\tau=4\frac{1}{2}$

线圈组数　$u=36$

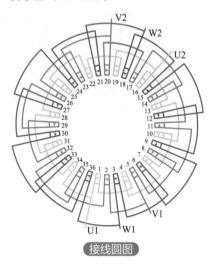

接线圆图

（2）嵌线顺序

采用交叠法嵌线时顺序表

嵌线顺序	1	2	3	4	5	6	7	8	9	10	11	12	13	14	15	16	17	18
槽　号	2	1	54	53	52	2	51	1	50	54	49	53	48	52	47	51	46	50
嵌线顺序	19	20	21	22	23	24	25	26	27	28	29	30	31	32	33	34	35	36
槽　　号	45	49	44	48	43	47	42	46	41	45	40	44	39	43	38	42	37	41
嵌线顺序	37	38	39	40	41	42	43	44	45	46	47	48	49	50	51	52	53	54
槽　　号	36	40	35	39	34	38	33	37	32	36	31	35	30	34	29	33	28	32
嵌线顺序	55	56	57	58	59	60	61	62	63	64	65	66	67	68	69	70	71	72
槽　　号	27	31	26	30	25	29	24	28	23	27	22	26	21	25	20	24	19	23
嵌线顺序	73	74	75	76	77	78	79	80	81	82	83	84	85	86	87	88	89	90
槽　　号	18	22	17	21	16	20	15	19	14	18	13	17	12	16	11	15	10	14
嵌线顺序	91	92	93	94	95	96	97	98	99	100	101	102	103	104	105	106	107	108
槽　　号	9	13	8	12	7	11	6	10	5	9	4	8	3	7	6	5	4	3

（3）特点与应用

绕组采用显极接线，分数槽短节距线圈，每相先六组线圈反向串接，然后并接成两路，用于小功率三相异步电动机，常用实例有 JG2-62-12 等。

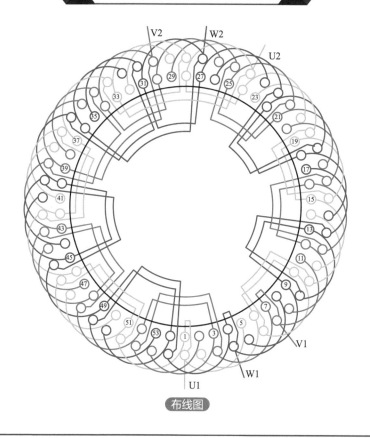

布线图

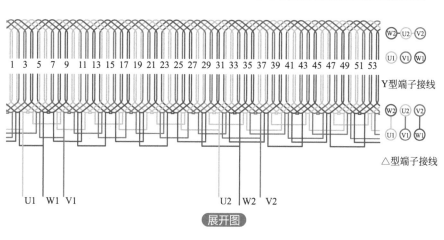

展开图

2.1.95　16极54槽双层叠式绕组（Y3a1）

（1）绕组数据

定子槽数　$Z_1=54$

每组圈数　$S=1\frac{1}{8}$

并联路数　$a=1$

电机极数　$2p=16$

极相槽数　$q=1\frac{1}{8}$

线圈节距　$Y=3$

总线圈数　$Q=54$

绕组极距　$\tau=4\frac{1}{2}$

线圈组数　$u=48$

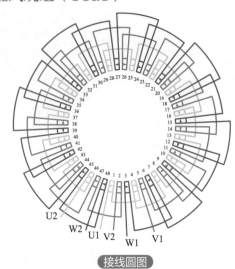

接线圆图

（2）嵌线顺序

采用交叠法嵌线时顺序表

嵌线顺序	1	2	3	4	5	6	7	8	9	10	11	12	13	14	15	16	17	18
槽　号	2	1	54	53	2	52	1	51	54	50	53	49	52	48	51	47	50	46
嵌线顺序	19	20	21	22	23	24	25	26	27	28	29	30	31	32	33	34	35	36
槽　号	49	45	48	44	47	43	46	42	45	41	44	40	43	39	42	38	41	37
嵌线顺序	37	38	39	40	41	42	43	44	45	46	47	48	49	50	51	52	53	54
槽　号	40	36	39	35	38	34	37	33	36	32	35	31	34	30	33	29	32	28
嵌线顺序	55	56	57	58	59	60	61	62	63	64	65	66	67	68	69	70	71	72
槽　号	31	27	30	26	29	25	28	24	27	23	26	22	25	21	24	20	23	19
嵌线顺序	73	74	75	76	77	78	79	80	81	82	83	84	85	86	87	88	89	90
槽　号	22	18	21	17	20	16	19	14	17	13	16	12	15	11	14	10
嵌线顺序	91	92	93	94	95	96	97	98	99	100	101	102	103	104	105	106	107	108
槽　号	13	9	12	8	11	7	10	6	9	5	8	4	7	3	6	5	4	3

（3）特点与应用

　　绕组采用显极接线，分数槽短节距线圈，每相由十组线圈反向串接而成，用于小功率三相异步电动机，常用实例有 JG2-72-16 等。

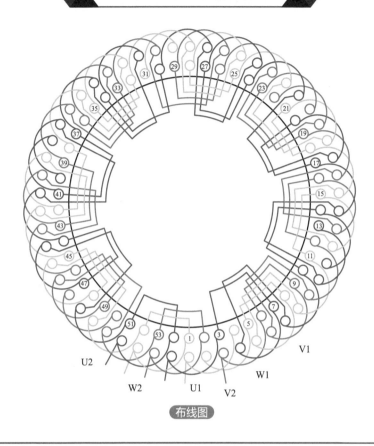

布线图

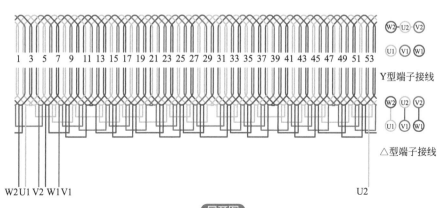

展开图

● 2.2　双层链式绕组

2.2.1　4极12槽双层链式绕组（Y2a1）

（1）绕组数据

定子槽数　$Z_1=12$

每组圈数　$S=1$

并联路数　$a=1$

电机极数　$2p=4$

极相槽数　$q=1$

线圈节距　$Y=2$

总线圈数　$Q=12$

绕组极距　$\tau=3$

线圈组数　$u=12$

（2）嵌线顺序

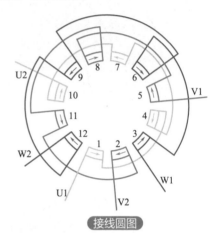

接线圆图

采用交叠法嵌线时顺序表

嵌线顺序	1	2	3	4	5	6	7	8	9	10	11	12
槽　号	1	12	11	1	10	12	9	11	8	10	7	9
嵌线顺序	13	14	15	16	17	18	19	20	21	22	23	24
槽　号	6	8	5	7	4	6	3	5	2	4	3	2

（3）特点与应用

绕组采用显极接线，整数槽短节距线圈，每相由两组线圈反向串接而成，用于小功率三相异步电动机，常用实例有 FTA3-5 等。

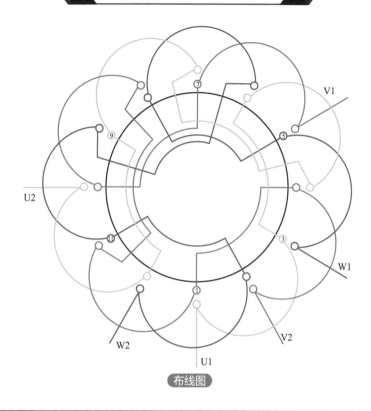

V1

U2

W1

V2

W2

U1

布线图

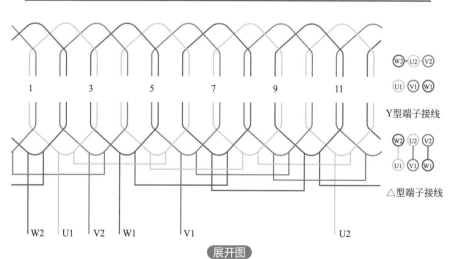

1   3   5   7   9   11

Y型端子接线

△型端子接线

W2   U1   V2   W1   V1   U2

展开图

249

2.2.2　4极12槽双层链式绕组（Y3a1）

（1）绕组数据

定子槽数　$Z_1=12$

每组圈数　$S=1$

并联路数　$a=1$

电机极数　$2p=4$

极相槽数　$q=1$

线圈节距　$Y=3$

总线圈数　$Q=12$

绕组极距　$\tau=3$

线圈组数　$u=12$

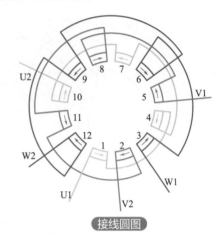

接线圆图

（2）嵌线顺序

采用交叠法嵌线时顺序表

嵌线顺序	1	2	3	4	5	6	7	8	9	10	11	12
槽　号	<u>1</u>	<u>12</u>	<u>11</u>	<u>10</u>	1	<u>9</u>	12	<u>8</u>	11	<u>7</u>	10	<u>6</u>
嵌线顺序	13	14	15	16	17	18	19	20	21	22	23	24
槽　号	9	<u>5</u>	8	<u>4</u>	7	<u>3</u>	6	<u>2</u>	5	4	3	2

（3）特点与应用

绕组采用显极接线，整数槽短节距线圈，每相由两组线圈反向串接而成，用于小功率三相异步电动机，常用实例有 AO2-4524 等。

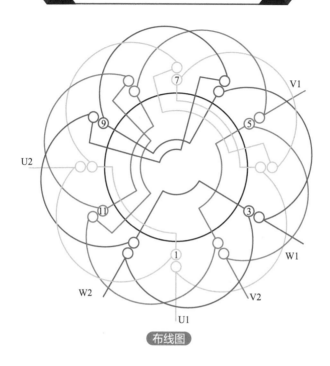

布线图

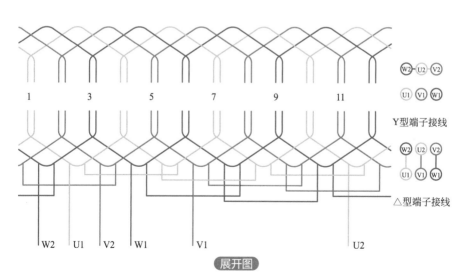

展开图

251

2.2.3　6极18槽双层链式绕组（a1）

（1）绕组数据

定子槽数　$Z_1=18$

每组圈数　$S=1$

并联路数　$a=1$

电机极数　$2p=6$

极相槽数　$q=1$

线圈节距　$Y=3$

总线圈数　$Q=18$

绕组极距　$\tau=3$

线圈组数　$u=18$

（2）嵌线顺序

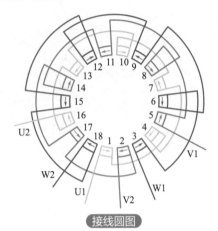

接线圆图

采用交叠法嵌线时顺序表

嵌线顺序	1	2	3	4	5	6	7	8	9	10	11	12	13	14	15	16	17	18
槽　号	1	18	17	16	1	15	18	14	17	13	16	12	15	11	14	10	13	9
嵌线顺序	19	20	21	22	23	24	25	26	27	28	29	30	31	32	33	34	35	36
槽　号	12	8	11	7	10	6	9	5	8	4	7	3	6	2	5	4	3	2

（3）特点与应用

绕组采用显极接线，整数槽整节距线圈，每相由6组线圈反向串接而成，用于小功率三相异步电动机，常用实例有 Z2D-130 插入式振动电动机等。

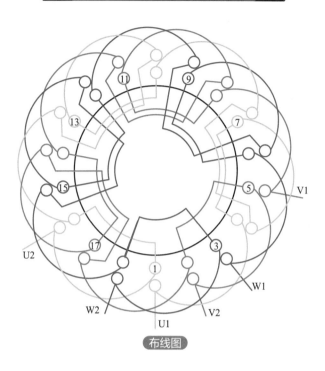

布线图

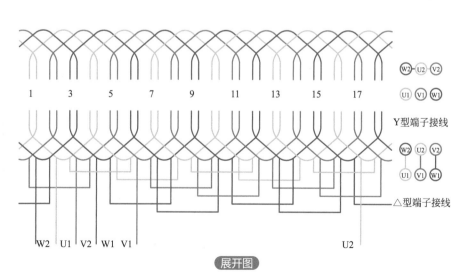

展开图

253

2.2.4　8极24槽双层链式绕组（a1）

（1）绕组数据

定子槽数　$Z_1=24$

每组圈数　$S=1$

并联路数　$a=1$

电机极数　$2p=8$

极相槽数　$q=1$

线圈节距　$Y=3$

总线圈数　$Q=24$

绕组极距　$\tau=3$

线圈组数　$u=24$

（2）嵌线顺序

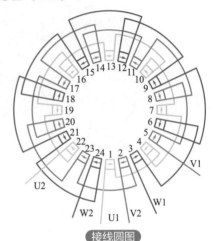

接线圆图

采用交叠法嵌线时顺序表

嵌线顺序	1	2	3	4	5	6	7	8	9	10	11	12	13	14	15	16
槽　号	1	24	23	22	1	21	24	20	23	19	22	18	21	17	20	16
嵌线顺序	17	18	19	20	21	22	23	24	25	26	27	28	29	30	31	32
槽　号	19	15	18	14	17	13	16	12	15	11	14	10	13	9	12	8
嵌线顺序	33	34	35	36	37	38	39	40	41	42	43	44	45	46	47	48
槽　号	11	7	10	6	9	5	8	4	7	3	6	2	5	4	3	2

（3）特点与应用

绕组采用显极接线，整数槽整节距线圈，每相由8组线圈反向串接而成，用于小功率三相异步电动机改绕。

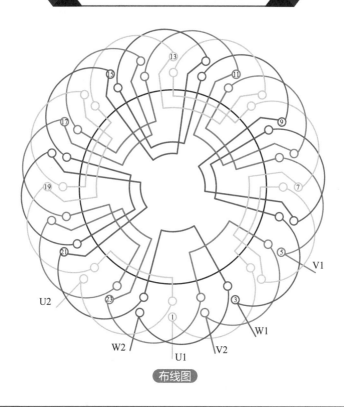

布线图

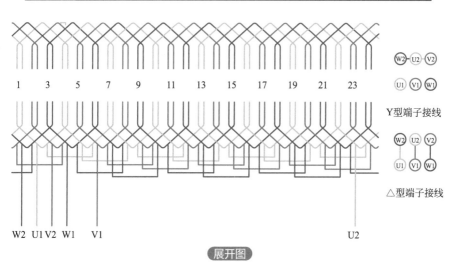

W2—U2—V2

U1 V1 W1

Y型端子接线

W2 U2 V2

U1 V1 W1

△型端子接线

W2 U1V2 W1 V1 U2

展开图

255

2.2.5　12极36槽双层链式绕组（a1）

（1）绕组数据

定子槽数　$Z_1=36$

每组圈数　$S=1$

并联路数　$a=1$

电机极数　$2p=12$

极相槽数　$q=1$

线圈节距　$Y=3$

总线圈数　$Q=36$

绕组极距　$\tau=3$

线圈组数　$u=36$

（2）嵌线顺序

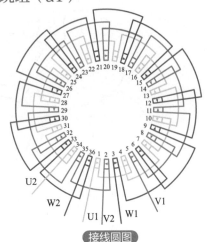

接线圆图

采用交叠法嵌线时顺序表

嵌线顺序	1	2	3	4	5	6	7	8	9	10	11	12	13	14	15	16	17	18
槽　号	1	36	35	1	34	36	33	35	32	34	31	33	30	32	29	31	28	30
嵌线顺序	19	20	21	22	23	24	25	26	27	28	29	30	31	32	33	34	35	36
槽　号	27	29	26	28	25	27	24	26	23	25	22	24	21	23	20	22	19	21
嵌线顺序	37	38	39	40	41	42	43	44	45	46	47	48	49	50	51	52	53	54
槽　号	18	20	17	19	16	18	15	17	14	16	13	15	12	14	11	13	10	12
嵌线顺序	55	56	57	58	59	60	61	62	63	64	65	66	67	68	69	70	71	72
槽　号	9	11	8	10	7	9	6	8	5	7	4	6	3	5	2	4	3	2

（3）特点与应用

绕组采用显极接线，整数槽整节距线圈，每相由十二组线圈反向串接而成，用于小功率三相异步电动机改绕。

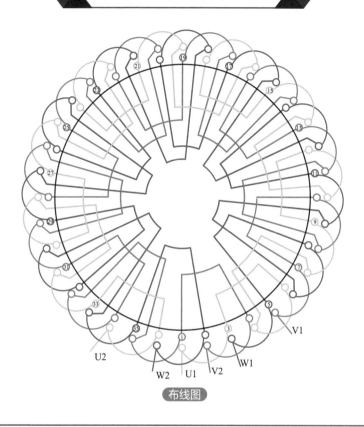

布线图

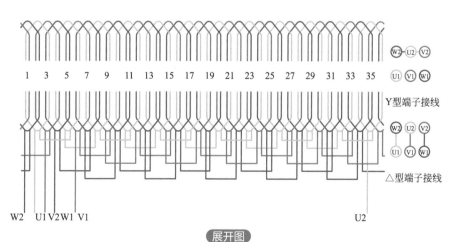

W2 U1 V2 W1 V1

U2

展开图

2.3 双层同心式绕组

2.3.1 4极24槽双层同心式绕组（a1）

（1）绕组数据

定子槽数　Z_1=24

每组圈数　S=2

并联路数　a=1

电机极数　$2p$=4

极相槽数　q=2

线圈节距　Y=1—7，2—6

总线圈数　Q=24

绕组极距　τ=6

线圈组数　u=12

（2）嵌线顺序

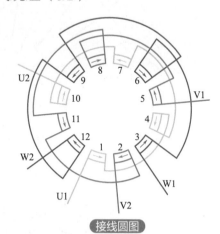

接线圆图

采用交叠法嵌线时顺序表

嵌线顺序	1	2	3	4	5	6	7	8	9	10	11	12	13	14	15	16
槽　　号	2	1	24	23	22	21	20	24	19	1	18	22	17	23	16	20
嵌线顺序	17	18	19	20	21	22	23	24	25	26	27	28	29	30	31	32
槽　　号	15	21	14	18	13	19	12	16	11	17	10	14	9	15	8	12
嵌线顺序	33	34	35	36	37	38	39	40	41	42	43	44	45	46	47	48
槽　　号	7	13	6	10	5	11	4	8	3	9	6	7	4	5	2	3

（3）特点与应用

绕组采用显极接线，整数槽整节距线圈，每相由4组线圈反向串接而成，用于小功率三相异步电动机改绕。

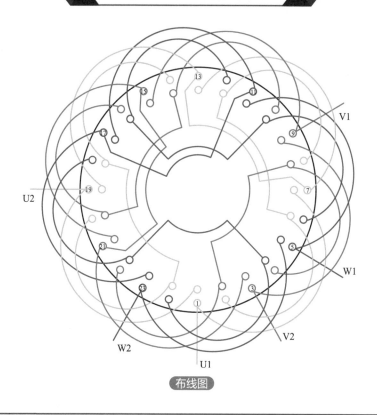

布线图

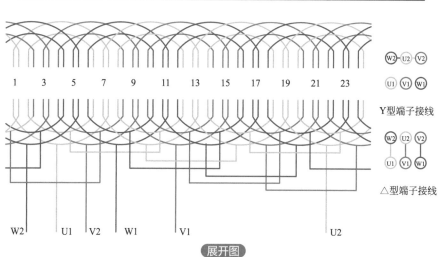

Y型端子接线

△型端子接线

展开图

259

2.3.2　4极36槽双层同心式绕组（a1）

（1）绕组数据

定子槽数　Z_1=36

每组圈数　S=3

并联路数　a=1

电机极数　$2p$=4

极相槽数　q=3

线圈节距　Y=1—10，2—9，3—8

总线圈数　Q=36

绕组极距　τ=9

线圈组数　u=12

（2）嵌线顺序

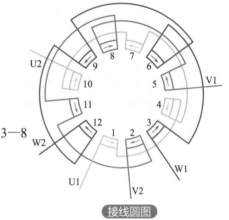

接线圆图

采用交叠法嵌线时顺序表

嵌线顺序	1	2	3	4	5	6	7	8	9	10	11	12	13	14	15	16	17	18
槽　　号	3	2	1	36	35	34	33	32	31	30	35	29	36	28	1	27	32	26
嵌线顺序	19	20	21	22	23	24	25	26	27	28	29	30	31	32	33	34	35	36
槽　　号	33	25	34	24	29	23	30	24	31	26	20	27	19	28	23	18	17	
嵌线顺序	37	38	39	40	41	42	43	44	45	46	47	48	49	50	51	52	53	54
槽　　号	24	16	25	15	20	14	21	13	22	12	17	11	18	10	19	9	14	8
嵌线顺序	55	56	57	58	59	60	61	62	63	64	65	66	67	68	69	70	71	72
槽　　号	15	7	16	6	11	5	12	4	13	8	9	10	5	6	7	2	3	4

（3）特点与应用

绕组采用显极接线，整数槽整节距线圈，每相由两组线圈反向串接而成，用于小功率三相异步电动机，常用实例有 JO2-41-4，JO2L-42-4 等。

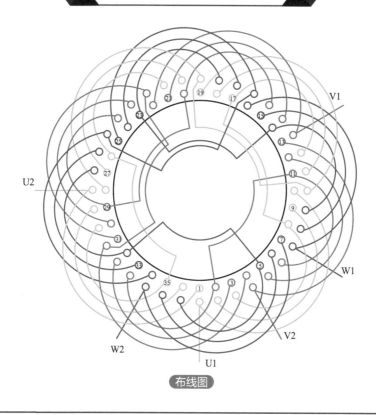

布线图

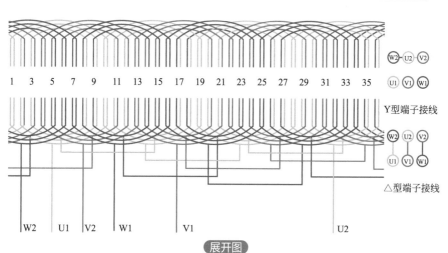

Y型端子接线

△型端子接线

展开图

2.3.3 4极36槽双层同心式绕组（a2）

（1）绕组数据

定子槽数　　Z_1=36

每组圈数　　S=3

并联路数　　a=2

电机极数　　$2p$=4

极相槽数　　q=3

线圈节距　　Y=1—10，2—9，3—8

总线圈数　　Q=36

绕组极距　　τ=9

线圈组数　　u=12

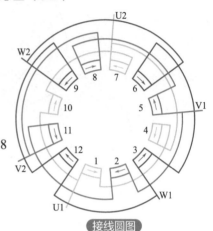

接线圆图

（2）嵌线顺序

采用交叠法嵌线时顺序表

嵌线顺序	1	2	3	4	5	6	7	8	9	10	11	12	13	14	15	16	17	18
槽　　号	3	2	1	36	35	34	33	32	31	30	35	29	36	28	1	27	32	26
嵌线顺序	19	20	21	22	23	24	25	26	27	28	29	30	31	32	33	34	35	36
槽　　号	33	25	34	24	29	23	30	22	31	21	32	20	27	19	28	18	23	17
嵌线顺序	37	38	39	40	41	42	43	44	45	46	47	48	49	50	51	52	53	54
槽　　号	24	16	25	15	20	14	21	13	22	12	17	11	18	10	19	9	14	8
嵌线顺序	55	56	57	58	59	60	61	62	63	64	65	66	67	68	69	70	71	72
槽　　号	15	7	16	6	11	5	12	4	13	8	9	10	5	6	7	2	3	4

（3）特点与应用

绕组采用显极接线，整数槽整节距线圈，每相先两组线圈反向串接，然后并接成两路，用于小功率三相异步电动机，常用实例有JO4-73-4等。

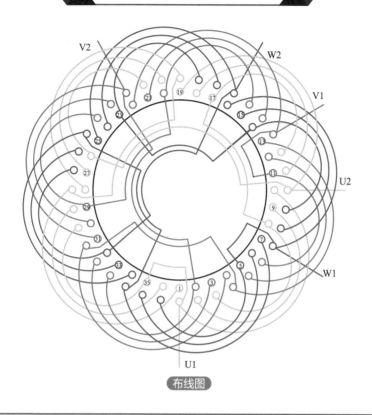

V2 W2 V1 U2 W1

U1

布线图

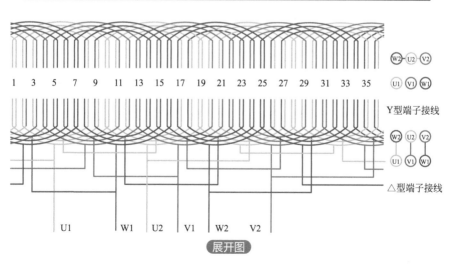

1　3　5　7　9　11　13　15　17　19　21　23　25　27　29　31　33　35

(W2)-(U2)-(V2)

(U1) (V1) (W1)

Y型端子接线

(W2) (U2) (V2)

(U1) (V1) (W1)

△型端子接线

U1　　W1　U2　V1　W2　V2

展开图

263

2.3.4 6极36槽双层同心式绕组（a1）

（1）绕组数据

定子槽数 $Z_1=36$

每组圈数 $S=2$

并联路数 $a=1$

电机极数 $2p=6$

极相槽数 $q=2$

线圈节距 $Y=1\text{—}7,\ 2\text{—}6$

总线圈数 $Q=36$

绕组极距 $\tau=6$

线圈组数 $u=18$

（2）嵌线顺序

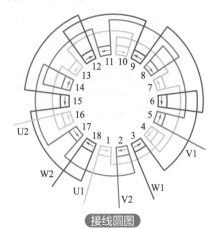

接线圆图

采用交叠法嵌线时顺序表

嵌线顺序	1	2	3	4	5	6	7	8	9	10	11	12	13	14	15	16	17	18
槽 号	2	1	36	35	34	33	32	36	31	1	30	34	29	35	28	32	27	33
嵌线顺序	19	20	21	22	23	24	25	26	27	28	29	30	31	32	33	34	35	36
槽 号	26	30	25	31	24	32	23	33	22		21	26	20	27	19		18	23
嵌线顺序	37	38	39	40	41	42	43	44	45	46	47	48	49	50	51	52	53	54
槽 号	17	24	16	25	15	26	14	21	13	22	12	17	11	18	10	19	9	14
嵌线顺序	55	56	57	58	59	60	61	62	63	64	65	66	67	68	69	70	71	72
槽 号	8	15	7	16	6	11	5	12	4	13	8	9	10	5	6	7	2	3

（3）特点与应用

绕组采用显极接线，整数槽整节距线圈，每相由两组线圈反向串接而成，用于小功率三相异步电动机，常用实例有 JO2-71-6 等。

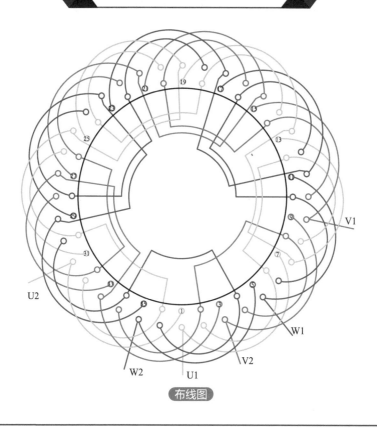

V1

U2

W1

V2

W2 U1

布线图

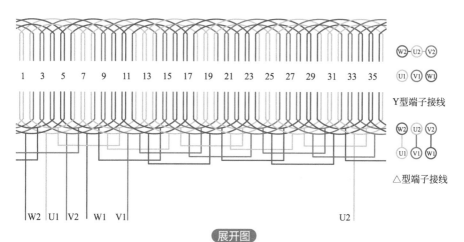

1　3　5　7　9　11　13　15　17　19　21　23　25　27　29　31　33　35

W2-U2-V2

U1 V1 W1

Y型端子接线

W2 U2 V2

U1 V1 W1

△型端子接线

W2 U1 V2 W1 V1 　　　　　　　　U2

展开图

265

● 2.4 单双层混合式绕组

2.4.1 2极18槽单双层混合式绕组（a1）

（1）绕组数据

定子槽数　$Z_1=18$

每组双圈　$S_双=1$

每组单圈　$S_单=1$

并联路数　$a=1$

电机极数　$2p=2$

极相槽数　$q=3$

线圈节距　$Y=1—9$，$2—8$

总线圈数　$Q=6$

绕组极距　$\tau=9$

线圈组数　$u=6$

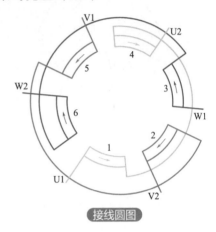

接线圆图

（2）嵌线顺序

采用交叠法嵌线时顺序表

嵌线顺序	1	2	3	4	5	6	7	8	9	10	11	12	13	14	15	16	17	18
槽　号	2	1	17	16	14	2	13	1	11	17	10	18	8	14	7	15	5	11
嵌线顺序	19	20	21	22	23	24	25	26	27	28	29	30	31	32	33	34	35	36
槽　号	4	12	9	8	6	5												

（3）特点与应用

绕组采用显极接线，整数槽整节距线圈，每相由两组线圈反向串接而成，用于小功率三相异步电动机，常用实例有 Z2D-130 插入式振动电动机等。

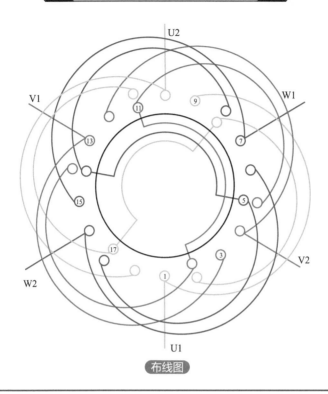

布线图

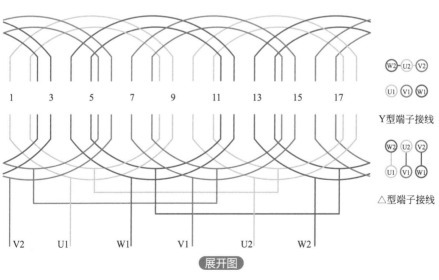

展开图

267

2.4.2　2极24槽单双层混合式绕组（a1）

（1）绕组数据

定子槽数　Z_1=24

每组双圈　$S_双$=2

每组单圈　$S_单$=1

并联路数　a=1

电机极数　$2p$=2

极相槽数　q=4

线圈节距　Y=1—12，2—11，3—10

总线圈数　Q=18

绕组极距　τ=12

线圈组数　u=6

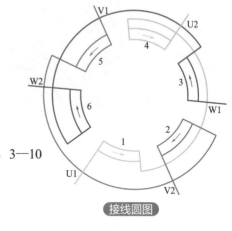

接线圆图

（2）嵌线顺序

采用交叠法嵌线时顺序表

嵌线顺序	1	2	3	4	5	6	7	8	9	10	11	12	13	14	15	16
槽　号	2	1	24	23	22	21	2	20	1	19	24	18	23	17	22	16
嵌线顺序	17	18	19	20	21	22	23	24	25	26	27	28	29	30	31	32
槽　号	21	15	20	14	19	13	18	12	17	11	16	10	15	9	14	8
嵌线顺序	33	34	35	36	37	38	39	40	41	42	43	44	45	46	47	48
槽　号	13	7	12	6	11	5	10	4	9	3	8	7	6	5	4	3

（3）特点与应用

绕组采用显极接线，整数槽整节距线圈，每相由两组线圈反向串接而成，用于小功率三相异步电动机，常用实例有 JO3-160M2-TH 等。

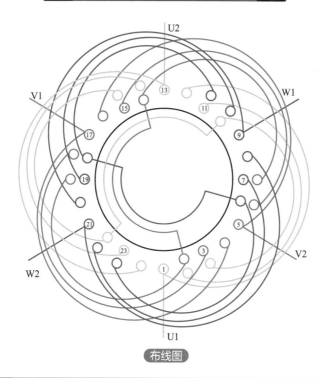

布线图

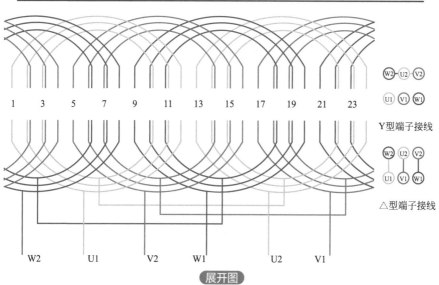

Y型端子接线

△型端子接线

展开图

269

2.4.3　2极30槽单双层混合式绕组（a1）

（1）绕组数据

定子槽数　$Z_1=30$

每组双圈　$S_双=1$

每组单圈　$S_单=2$

并联路数　$a=1$

电机极数　$2p=2$

极相槽数　$q=5$

线圈节距　$Y=1—16$，$2—15$，$3—14$

总线圈数　$Q=18$

绕组极距　$\tau=15$

线圈组数　$u=6$

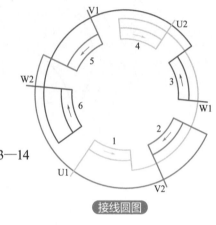

接线圆图

（2）嵌线顺序

采用交叠法嵌线时顺序表

嵌线顺序	1	2	3	4	5	6	7	8	9	10	11	12	13	14	15
槽　　号	3	2	1	28	27	26	23	22	21	18	29	17	30	16	1
嵌线顺序	16	17	18	19	20	21	22	23	24	25	26	27	28	29	30
槽　　号	13	24	12	25	11	26	8	19	7	20	6	21	14	15	16
嵌线顺序	31	32	33	34	35	36	37	38	39	40	41	42	43	44	45
槽　　号	9	10	11	4	5	6									
嵌线顺序	46	47	48	49	50	51	52	53	54	55	56	57	58	59	60
槽　　号															

（3）特点与应用

绕组采用显极接线，整数槽整节距线圈，每相由两组线圈反向串接而成，用于小功率三相异步电动机，常用实例有 JO2-62-2 等。

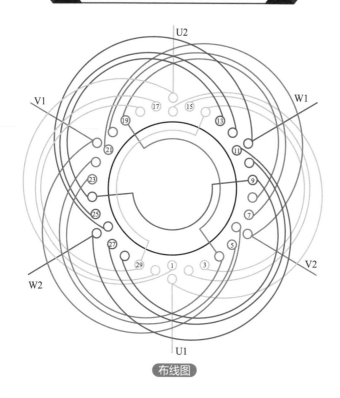

U2

V1

W1

17 15 13

19

21 11

23 9

25 7

27 5

29 1 3

W2

V2

U1

布线图

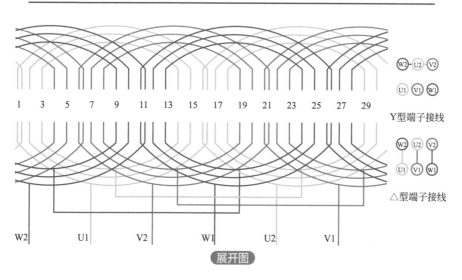

1 3 5 7 9 11 13 15 17 19 21 23 25 27 29

W2 U1 V2 W1 U2 V1

(W2)—(U2)—(V2)

(U1) (V1) (W1)

Y型端子接线

(W2) (U2) (V2)

(U1) (V1) (W1)

△型端子接线

展开图

2.4.4　2极36槽单双层混合式绕组（a2）

（1）绕组数据

定子槽数　$Z_1=36$

每组双圈　$S_双=2$

每组单圈　$S_单=2$

并联路数　$a=2$

电机极数　$2p=2$

极相槽数　$q=6$

线圈节距　$Y=1—18，2—17，$
　　　　　　$3—16，4—15$

总线圈数　$Q=24$

绕组极距　$\tau=18$

线圈组数　$u=6$

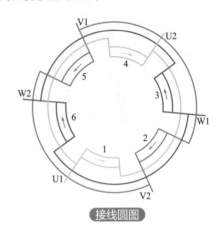

接线圆图

（2）嵌线顺序

采用交叠法嵌线时顺序表

嵌线顺序	1	2	3	4	5	6	7	8	9	10	11	12	13	14	15	16	17	18
槽　　号	4	3	2	1	34	33	32	31	28	3	27	4	26	5	25	6	22	33
嵌线顺序	19	20	21	22	23	24	25	26	27	28	29	30	31	32	33	34	35	36
槽　　号	21	34	20	35	19	36	16	27	15	28	14	29	13	30	10	21	9	22
嵌线顺序	37	38	39	40	41	42	43	44	45	46	47	48	49	50	51	52	53	54
槽　　号	8	23	7	24	18	17	16	11	10	9								
嵌线顺序	55	56	57	58	59	60	61	62	63	64	65	66	67	68	69	70	71	72
槽　　号																		

（3）特点与应用

绕组采用显极接线，整数槽整节距线圈，每相由两组线圈反向并接而成，用于小功率三相异步电动机，常用实例有 JO2L-72-2 等。

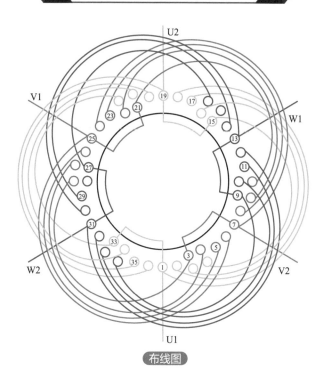

U2

V1

W1

25

27

29

31

33

35   1   3   5

W2

V2

U1

布线图

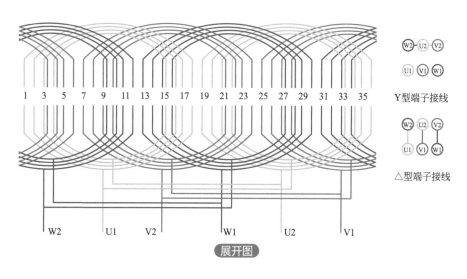

1 3 5 7 9 11 13 15 17 19 21 23 25 27 29 31 33 35

W2   U1   V2   W1   U2   V1

展开图

$\boxed{W2}$—$\boxed{U2}$—$\boxed{V2}$

$\boxed{U1}$ $\boxed{V1}$ $\boxed{W1}$

Y型端子接线

$\boxed{W2}$ $\boxed{U2}$ $\boxed{V2}$

$\boxed{U1}$ $\boxed{V1}$ $\boxed{W1}$

△型端子接线

273

2.4.5 2极42槽单双层混合式绕组（a2）

（1）绕组数据

定子槽数　$Z_1=42$

每组双圈　$S_双=3$

每组单圈　$S_单=2$

并联路数　$a=2$

电机极数　$2p=2$

极相槽数　$q=7$

线圈节距　$Y=1—21$，$2—20$，
　　　　　$3—19$，$4—18$，$5—17$

总线圈数　$Q=30$

绕组极距　$\tau=21$

线圈组数　$u=6$

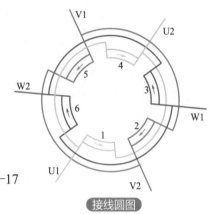

接线圆图

（2）嵌线顺序

采用交叠法嵌线时顺序表

嵌线顺序	1	2	3	4	5	6	7	8	9	10	11	12	13	14	15	16	17	18	19	20	21
槽　号	5	4	3	2	1	40	39	38	37	36	33	32	31	30	29	26	38	25	39	24	40
嵌线顺序	22	23	24	25	26	27	28	29	30	31	32	33	34	35	36	37	38	39	40	41	42
槽　号	23	41	22	42	19	31	18	32	17	33	16	34	15	35	12	24	11	25	10	26	9
嵌线顺序	43	44	45	46	47	48	49	50	51	52	53	54	55	56	57	58	59	60	61	62	63
槽　号	27	8	28	17	18	20	21	10	11	12	13	14	3	4	5	6	7				
嵌线顺序	64	65	66	67	68	69	70	71	72	73	74	75	76	77	78	79	80	81	82	83	84
槽　号																					

（3）特点与应用

绕组采用显极接线，整数槽整节距线圈，每相由两组线圈反向并接而成，用于小功率三相异步电动机，常用实例有 JO2L-91-2 等。

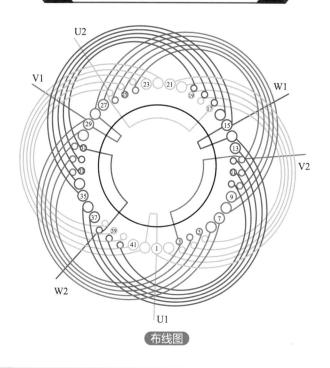

布线图

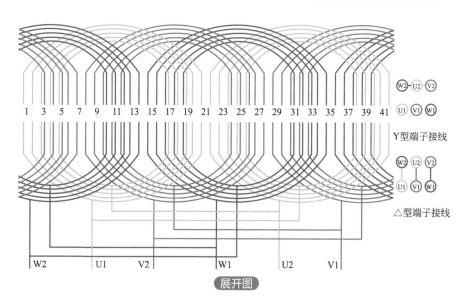

Y型端子接线

△型端子接线

展开图

275

2.4.6 2极48槽单双层混合式绕组（a2）

（1）绕组数据

定子槽数　$Z_1=48$

每组双圈　$S_双=2$

每组单圈　$S_单=3$

并联路数　$a=2$

电机极数　$2p=2$

极相槽数　$q=8$

线圈节距　$Y=1—24$，$2—23$，
　　　　　　$3—22$，$4—21$，$5—20$

总线圈数　$Q=30$

绕组极距　$\tau=24$

线圈组数　$u=6$

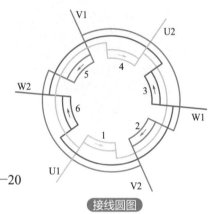

接线圆图

（2）嵌线顺序

采用交叠法嵌线时顺序表

嵌线顺序	1	2	3	4	5	6	7	8	9	10	11	12	13	14	15	16
槽　号	5	4	3	2	1	45	44	43	42	41	38	37	36	35	34	33
嵌线顺序	17	18	19	20	21	22	23	24	25	26	27	28	29	30	31	32
槽　号	29	44	28	45	27	46	26	47	25	48	21	36	20	37	19	38
嵌线顺序	33	34	35	36	37	38	39	40	41	42	43	44	45	46	47	48
槽　号	18	39	17	40	13	41	12	29	11	30	10	31	9	32	20	21
嵌线顺序	49	50	51	52	53	54	55	56	57	58	59	60	61	62	63	64
槽　号	22	23	24	12	13	14	15	16	4	5	6	7	8			
嵌线顺序	65	66	67	68	69	70	71	72	73	74	75	76	77	78	79	80
槽　号																
嵌线顺序	81	82	83	84	85	86	87	88	89	90	91	92	93	94	95	96
槽　号																

（3）特点与应用

绕组采用显极接线，整数槽整节距线圈，每相由两组线圈反向并接而成，用于小功率三相异步电动机，常用实例有 JO2L-93-2 等。

276

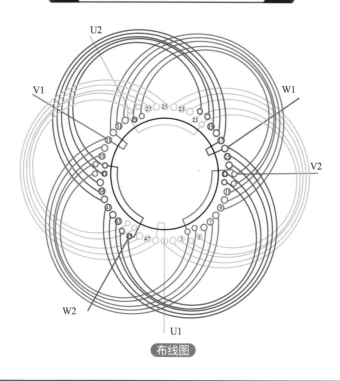

U2

V1

W1

V2

W2

U1

布线图

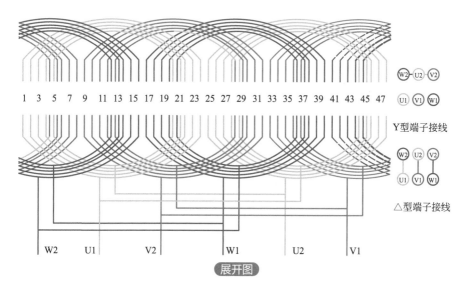

1 3 5 7 9 11 13 15 17 19 21 23 25 27 29 31 33 35 37 39 41 43 45 47

(W2)—(U2)—(V2)

(U1) (V1) (W1)

Y型端子接线

(W2) (U2) (V2)

(U1) (V1) (W1)

△型端子接线

W2   U1   V2   W1   U2   V1

展开图

277

2.4.7 4极30槽单双层混合式绕组（a1）

（1）绕组数据

定子槽数 $Z_1=30$

每组双圈 $S_{双}=2$

每组单圈 $S_{单}=2$

并联路数 $a=1$

电机极数 $2p=4$

极相槽数 $q=4$

线圈节距 $Y=1{-}7,\ 2{-}6$

总线圈数 $Q=24$

绕组极距 $\tau=7\dfrac{1}{2}$

线圈组数 $u=12$

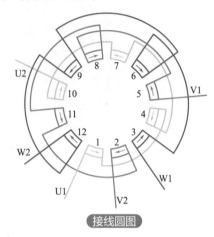

接线圆图

（2）嵌线顺序

采用交叠法嵌线时顺序表

嵌线顺序	1	2	3	4	5	6	7	8	9	10	11	12	13	14	15
槽 号	2	1	29	28	27	1	26	2	24	29	23	30	22	26	21
嵌线顺序	16	17	18	19	20	21	22	23	24	25	26	27	28	29	30
槽 号	27	19	24	18	25	17	21	16	22	14	19	13	20	12	16
嵌线顺序	31	32	33	34	35	36	37	38	39	40	41	42	43	44	45
槽 号	11	17	9	14	8	15	7	11	6	12	4	9	3	10	6
嵌线顺序	46	47	48	49	50	51	52	53	54	55	56	57	58	59	60
槽 号	7	4	5												

（3）特点与应用

绕组采用显极接线，整数槽整节距线圈，每相由四组线圈反向串接而成，用于小功率三相异步电动机，常用实例有 JO2-62-2 等。

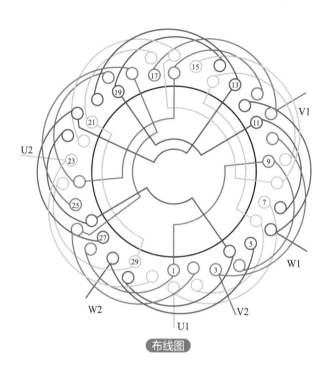

布线图

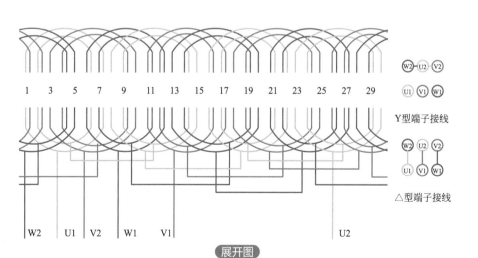

Y型端子接线

△型端子接线

展开图

2.4.8　4极36槽单双层混合式绕组（a1）

（1）绕组数据

定子槽数　Z_1=36

每组双圈　$S_双$=1

每组单圈　$S_单$=1

并联路数　a=1

电机极数　$2p$=4

极相槽数　q=3

线圈节距　Y=1—9，2—8

总线圈数　Q=24

绕组极距　τ=9

线圈组数　u=12

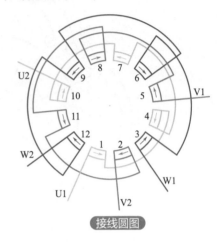

接线圆图

（2）嵌线顺序

采用交叠法嵌线时顺序表

嵌线顺序	1	2	3	4	5	6	7	8	9	10	11	12	13	14	15	16	17	18
槽　　号	2	1	35	34	32	31	29	35	28	36	26	32	25	33	23	29	22	30
嵌线顺序	19	20	21	22	23	24	25	26	27	28	29	30	31	32	33	34	35	36
槽　　号	20	26	19	27	17	23	16	24	14	20	13	21	11	17	10	18	8	14
嵌线顺序	37	38	39	40	41	42	43	44	45	46	47	48	49	50	51	52	53	54
槽　　号	7	15	5	11	4	12	8	9	5	6	2	3						

（3）特点与应用

绕组采用显极接线，整数槽短节距线圈，每相由十二组线圈反向串接而成，用于小功率三相异步电动机，常用实例有 JO2L-72-2 等。

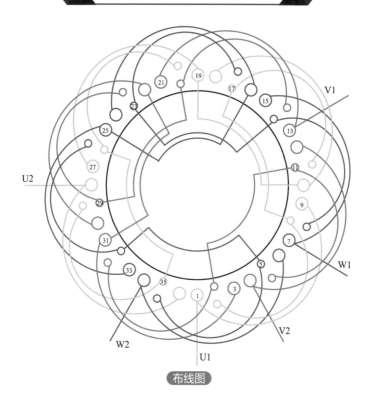

布线图

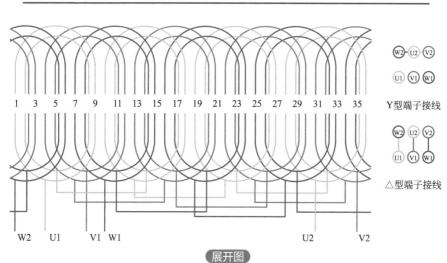

W2　U1　　　V1　W1　　　　　　　　　　　　　U2　　　　V2

展开图

281

2.4.9　4极60槽双层叠式绕组（a4）

（1）绕组数据

定子槽数　$Z_1=60$

每组双圈　$S_双=1$

每组单圈　$S_单=2$

并联路数　$a=4$

电机极数　$2p=4$

极相槽数　$q=5$

线圈节距　$Y=1—15$，$2—14$，$3—13$

总线圈数　$Q=36$

绕组极距　$\tau=15$

线圈组数　$u=12$

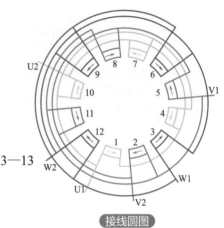

接线圆图

（2）嵌线顺序

采用交叠法嵌线时顺序表

嵌线顺序	1	2	3	4	5	6	7	8	9	10	11	12	13	14	15	16	17	18	19	20
槽　号	3	2	1	58	57	56	53	52	51	48	58	47	59	46	60	43	53	42	54	41
嵌线顺序	21	22	23	24	25	26	27	28	29	30	31	32	33	34	35	36	37	38	39	40
槽　号	55	38	48	37	49	36	50	33	43	32	44	31	45	28	38	27	39	40	26	41
嵌线顺序	41	42	43	44	45	46	47	48	49	50	51	52	53	54	55	56	57	58	59	60
槽　号	23	33	22	34	21	35	18	28	17	29	16	30	13	23	12	24	11	25	8	18
嵌线顺序	61	62	63	64	65	66	67	68	69	70	71	72	73	74	75	76	77	78	79	80
槽　号	7	19	6	20	13	14	15	8	9	10	3	4	5							

（3）特点与应用

绕组采用显极接线，整数槽短节距线圈，每相由四组线圈反向并接而成，用于小功率三相同步电动机，常用实例有 JO2L-94-4 等。

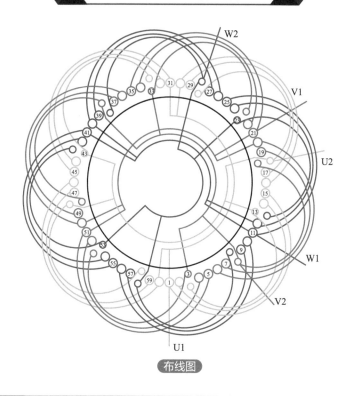

W2
V1
U2
W1
V2
U1

布线图

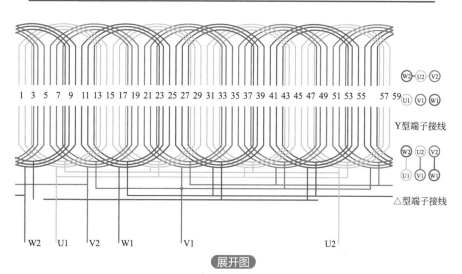

1 3 5 7 9 11 13 15 17 19 21 23 25 27 29 31 33 35 37 39 41 43 45 47 49 51 53 55 57 59

W2 U1 V2 W1 V1 U2

W2 — U2 — V2
U1 V1 W1

Y型端子接线

W2 U2 V2
U1 V1 W1

△型端子接线

展开图

2.4.10 8极36槽单双层混合式绕组（Y2a1）

（1）绕组数据

定子槽数　　Z_1=36

每组双圈　　$S_双$=1

每组单圈　　$S_单$=1

并联路数　　a=1

电机极数　　$2p$=8

极相槽数　　$q=1\dfrac{1}{2}$

线圈节距　　Y=1—5，6—9

总线圈数　　Q=24

绕组极距　　$\tau=4\dfrac{1}{2}$

线圈组数　　u=24

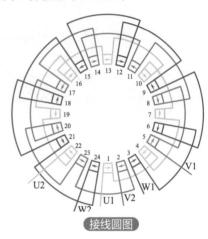

接线圆图

（2）嵌线顺序

采用交叠法嵌线时顺序表

嵌线顺序	1	2	3	4	5	6	7	8	9	10	11	12	13	14	15	16	17	18
槽　　号	<u>1</u>	<u>36</u>	<u>34</u>	2	<u>33</u>	36	<u>31</u>	35	<u>30</u>	33	<u>28</u>	32	<u>27</u>	30	<u>25</u>	29	<u>24</u>	27
嵌线顺序	19	20	21	22	23	24	25	26	27	28	29	30	31	32	33	34	35	36
槽　　号	<u>22</u>	26	<u>21</u>	24	<u>19</u>	23	<u>18</u>	21	<u>16</u>	20	<u>15</u>	18	<u>13</u>	17	<u>12</u>	15	<u>10</u>	14
嵌线顺序	37	38	39	40	41	42	43	44	45	46	47	48	49	50	51	52	53	54
槽　　号	<u>9</u>	12	<u>7</u>	11	<u>6</u>	9	<u>4</u>	8	<u>3</u>	6	5	3						

（3）特点与应用

绕组采用显极接线，整数槽短节距线圈，每相由八组线圈反向串接而成，用于小功率三相异步电动机改绕。

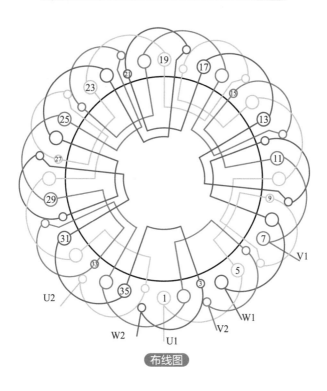

布线图

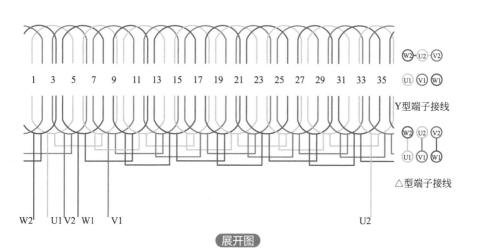

Y型端子接线

△型端子接线

展开图

285

三相单双层混合
绕组嵌线步骤

三相双层叠式
绕组嵌线步骤

三相双层链式
绕组嵌线步骤

三相双层同心式
绕组嵌线步骤

第3章

变速电动机绕组

● 3.1 三相 4/2 极双速绕组

3.1.1 4/2 极 24 槽 △/2Y 双速绕组（Y6）

（1）绕组数据

定子槽数 Z_1=24

接法△/2Y

电机极数 2p=4/2

线圈节距 Y=6

总线圈数 Q=24

线圈组数 u=6

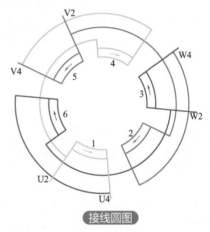

接线圆图

（2）嵌线顺序

采用交叠法嵌线时顺序表

嵌线顺序	1	2	3	4	5	6	7	8	9	10	11	12	13	14	15	16
槽　号	4	3	2	1	24	23	22	4	21	3	20	2	19	1	18	24
嵌线顺序	17	18	19	20	21	22	23	24	25	26	27	28	29	30	31	32
槽　号	17	23	16	22	15	21	14	20	13	19	12	18	11	17	10	16
嵌线顺序	33	34	35	36	37	38	39	40	41	42	43	44	45	46	47	48
槽　号	9	15	8	14	7	13	6	12	5	11	10	9	8	7	6	5

（3）特点与应用

绕组 2 极时显极接线，每相两组线圈反向并接；4 极时庶极接线，每相两组线圈正向串接，用于小功率三相变速异步电动机定子，常用实例有 JDO2-22-4/2、YD90S-4/2。

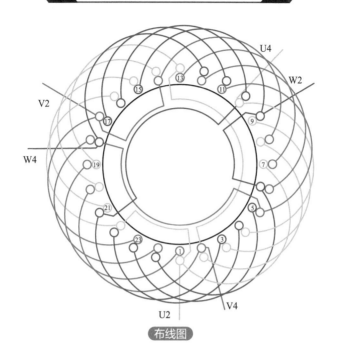

布线图

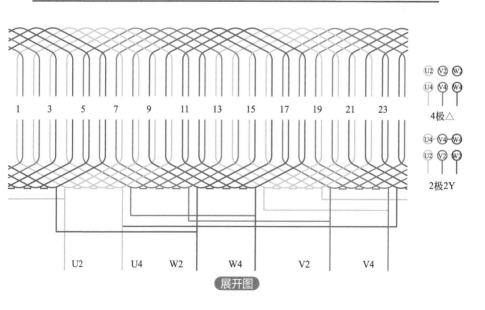

展开图

289

3.1.2 4/2 极 24 槽△/2Y 双速绕组（Y7）

（1）绕组数据

定子槽数　Z_1=24

接法△/2Y

电机极数　$2p$=4/2

线圈节距　Y=7

总线圈数　Q=24

线圈组数　u=6

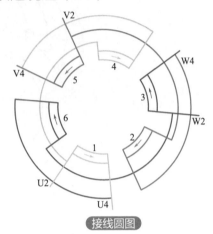

接线圆图

（2）嵌线顺序

采用交叠法嵌线时顺序表

嵌线顺序	1	2	3	4	5	6	7	8	9	10	11	12	13	14	15	16
槽　　号	4	3	2	1	24	23	22	21	4	20	3	19	2	18	1	17
嵌线顺序	17	18	19	20	21	22	23	24	25	26	27	28	29	30	31	32
槽　　号	24	16	23	15	22	14	21	13	20	12	19	11	18	10	17	9
嵌线顺序	33	34	35	36	37	38	39	40	41	42	43	44	45	46	47	48
槽　　号	16	8	15	7	14	6	13	5	12	11	10	9	8	7	6	5

（3）特点与应用

绕组 2 极时显极接线，每相两组线圈反向并接；4 极时庶极接线，每相两组线圈正向串接，用于小功率三相变速异步电动机定子，常用实例有 JDO3-802-4/2、YD801-4/2 等。

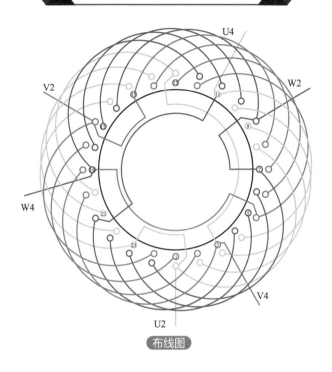

布线图

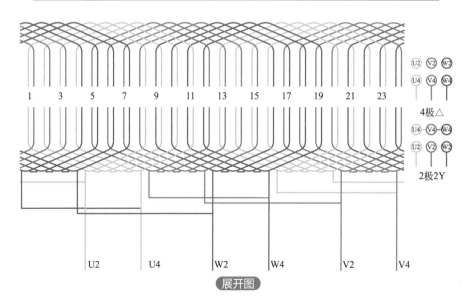

展开图

291

3.1.3　4/2极24槽2Y/2Y双速绕组（Y6）

（1）绕组数据

定子槽数　Z_1=24

接法 2Y/2Y

电机极数　$2p$=4/2

线圈节距　Y=6

总线圈数　Q=24

线圈组数　u=6

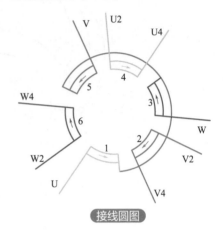

接线圆图

（2）嵌线顺序

采用交叠法嵌线时顺序表

嵌线顺序	1	2	3	4	5	6	7	8	9	10	11	12	13	14	15	16
槽　号	4	3	2	1	24	23	22	4	21	3	20	2	19	1	18	24
嵌线顺序	17	18	19	20	21	22	23	24	25	26	27	28	29	30	31	32
槽　号	17	23	16	22	15	21	14	20	13	19	12	18	11	17	10	16
嵌线顺序	33	34	35	36	37	38	39	40	41	42	43	44	45	46	47	48
槽　号	9	15	8	14	7	13	6	12	5	11	10	9	8	7	6	5

（3）特点与应用

绕组2极时显极接线，每相两组线圈反向并接；4极时庶极接线，每相两组线圈正向并接，用于小功率三相变速异步电动机定子改绕，没有应用实例。

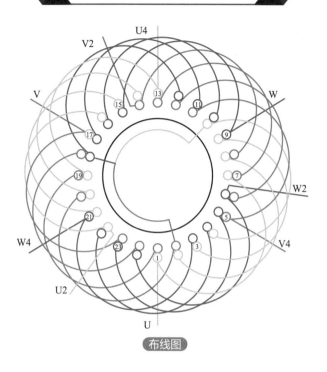

布线图

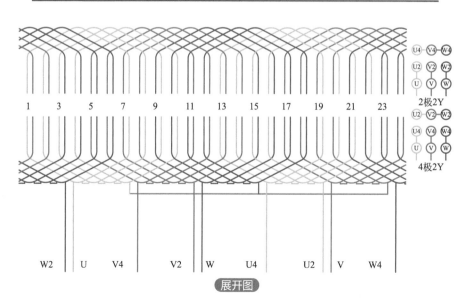

2极2Y

4极2Y

展开图

3.1.4 4/2极36槽△/2Y双速绕组（Y9）

（1）绕组数据

定子槽数　　$Z_1=36$

接法△/2Y

电机极数　　$2p=4/2$

线圈节距　　$Y=9$

总线圈数　　$Q=36$

线圈组数　　$u=6$

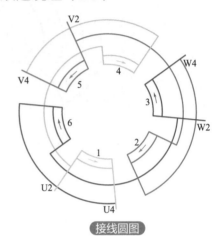

接线圆图

（2）嵌线顺序

采用整嵌法嵌线时顺序表

嵌线顺序	1	2	3	4	5	6	7	8	9	10	11	12	13	14	15	16	17	18
槽号	6	5	4	3	2	1	36	35	34	33	6	32	5	31	4	30	3	29
嵌线顺序	19	20	21	22	23	24	25	26	27	28	29	30	31	32	33	34	35	36
槽号	2	28	1	27	36	26	35	25	34	24	33	23	32	22	31	21	30	20
嵌线顺序	37	38	39	40	41	42	43	44	45	46	47	48	49	50	51	52	53	54
槽号	29	19	28	18	27	17	26	16	25	15	24	14	23	13	22	12	21	11
嵌线顺序	55	56	57	58	59	60	61	62	63	64	65	66	67	68	69	70	71	72
槽号	20	10	19	9	18	8	17	7	16	15	14	13	12	11	10	9	8	7

（3）特点与应用

　　绕组2极时显极接线，每相两组线圈反向并接；4极时庶极接线，每相两组线圈正向串接，用于小功率三相变速异步电动机定子，常用实例有JDO3-140M-4/2、YD160M-4/2等。

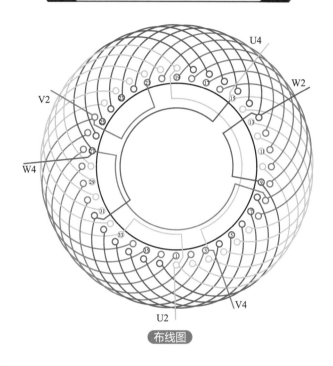

布线图

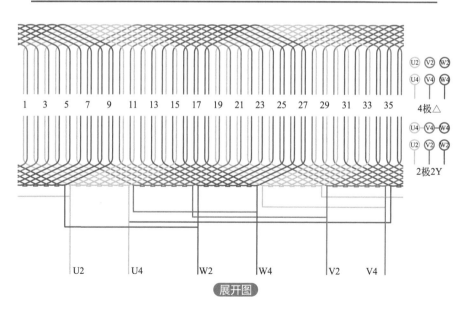

展开图

3.1.5 4/2极36槽△/2Y双速绕组（Y10）

（1）绕组数据

定子槽数　Z_1=36

接法△/2Y

电机极数　$2p$=4/2

线圈节距　Y=10

总线圈数　Q=36

线圈组数　u=6

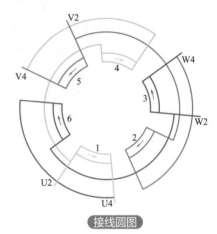

接线圆图

（2）嵌线顺序

采用整嵌法嵌线时顺序表

嵌线顺序	1	2	3	4	5	6	7	8	9	10	11	12	13	14	15	16	17	18
槽　　号	6	5	4	3	2	1	36	35	34	33	32	6	31	5	30	4	29	3
嵌线顺序	19	20	21	22	23	24	25	26	27	28	29	30	31	32	33	34	35	36
槽　　号	28	2	27	1	26	36	25	35	24	34	23	33	22	32	21	31	20	30
嵌线顺序	37	38	39	40	41	42	43	44	45	46	47	48	49	50	51	52	53	54
槽　　号	19	29	18	28	17	27	16	26	15	25	14	24	13	23	12	22	11	21
嵌线顺序	55	56	57	58	59	60	61	62	63	64	65	66	67	68	69	70	71	72
槽　　号	10	20	9	19	8	18	7	17	16	14	15	13	12	11	10	9	8	7

（3）特点与应用

绕组2极时显极接线，每相两组线圈反向并接；4极时庶极接线，每相两组线圈正向串接，用于小功率三相变速异步电动机定子，常用实例有 YD132S-4/2 等。

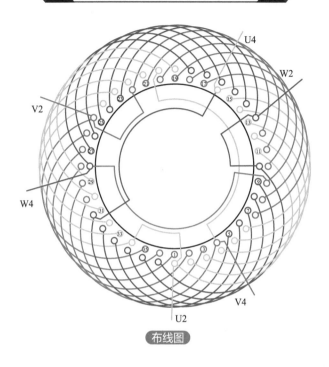

布线图

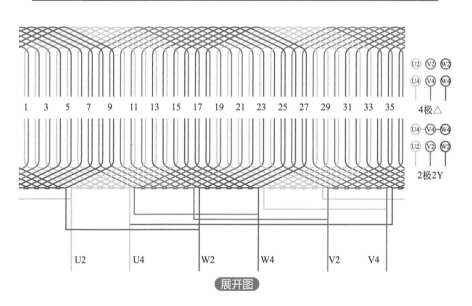

展开图

3.1.6　4/2极48槽△/2Y双速绕组（Y12）

（1）绕组数据

定子槽数　Z_1=48

接法△/2Y

电机极数　$2p$=4/2

线圈节距　Y=12

总线圈数　Q=48

线圈组数　u=6

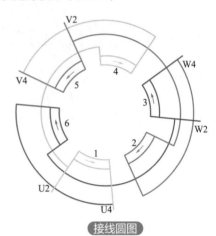

接线圆图

（2）嵌线顺序

采用交叠法嵌线时顺序表

嵌线顺序	1	2	3	4	5	6	7	8	9	10	11	12	13	14	15	16
槽　号	8	7	6	5	4	3	2	1	48	47	46	45	44	8	43	7
嵌线顺序	17	18	19	20	21	22	23	24	25	26	27	28	29	30	31	32
槽　号	42	6	41	5	40	4	39	3	38	2	37	1	36	48	35	47
嵌线顺序	33	34	35	36	37	38	39	40	41	42	43	44	45	46	47	48
槽　号	34	46	33	45	32	44	31	43	30	42	29	41	28	40	27	39
嵌线顺序	49	50	51	52	53	54	55	56	57	58	59	60	61	62	63	64
槽　号	26	38	25	37	24	36	23	35	22	34	21	33	20	32	19	31
嵌线顺序	65	66	67	68	69	70	71	72	73	74	75	76	77	78	79	80
槽　号	18	30	17	29	16	28	15	27	14	26	13	25	12	24	11	23
嵌线顺序	81	82	83	84	85	86	87	88	89	90	91	92	93	94	95	96
槽　号	10	22	9	21	20	19	18	17	16	15	14	13	12	11	10	9

（3）特点与应用

绕组2极时显极接线，每相两组线圈反向并接；4极时庶极接线，每相两组线圈正向串接，用于小功率三相变速异步电动机定子，常用实例有YD180S-4/2等。

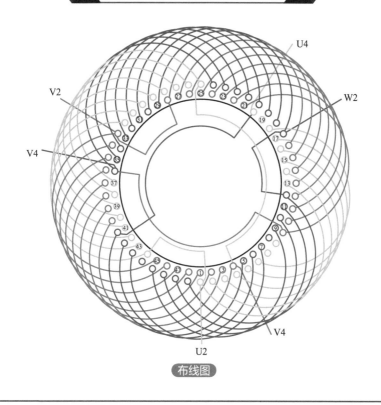

布线图

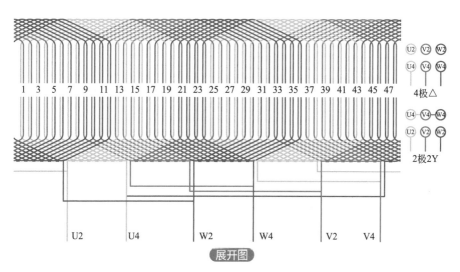

展开图

● 3.2 三相6/4极双速绕组

3.2.1 6/4极36槽△/2Y双速绕组（Y6）

（1）绕组数据

定子槽数　$Z_1=36$

接法　△/2Y

电机极数　$2p=6/4$

线圈节距　$Y=6$

总线圈数　$Q=36$

线圈组数　$u=14$

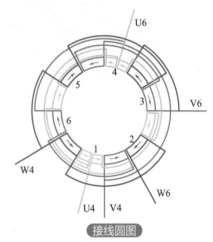

接线圆图

（2）嵌线顺序

采用交叠法嵌线时顺序表

嵌线顺序	1	2	3	4	5	6	7	8	9	10	11	12	13	14	15	16	17	18
槽　　号	1	36	35	34	33	32	31	1	30	36	29	35	28	34	27	33	26	32
嵌线顺序	19	20	21	22	23	24	25	26	27	28	29	30	31	32	33	34	35	36
槽　　号	25	31	24	30	23	29	22	28	21	27	20	26	19	25	18	24	17	23
嵌线顺序	37	38	39	40	41	42	43	44	45	46	47	48	49	50	51	52	53	54
槽　　号	16	22	15	21	14	20	13	19	12	18	11	17	10	16	9	15	8	14
嵌线顺序	55	56	57	58	59	60	61	62	63	64	65	66	67	68	69	70	71	72
槽　　号	7	13	6	12	5	11	4	10	3	9	2	8	7	6	5	4	3	2

（3）特点与应用

绕组4极时显极接线，每相两组线圈反向并接；6极时两组庶极接线，用于小功率三相变速异步电动机定子，常用实例有YD100L 1-6/4、JDO3-112S-6/4等。

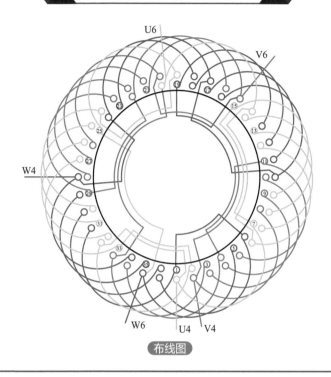

U6　V6　W4　V4　U4　W6　V4

布线图

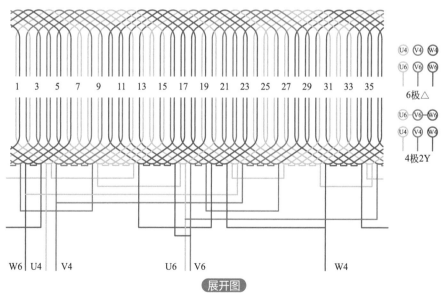

1　3　5　7　9　11　13　15　17　19　21　23　25　27　29　31　33　35

U4 V4 W4
U6 V6 W6

6极△

U6 V6 W6
U4 V4 W4

4极2Y

W6　U4　V4　　U6　V6　　W4

展开图

301

3.2.2　6/4极36槽△/2Y双速绕组（Y7）

（1）绕组数据

定子槽数　$Z_1=36$

接法△/2Y

电机极数　$2p=6/4$

线圈节距　$Y=7$

总线圈数　$Q=36$

线圈组数　$u=14$

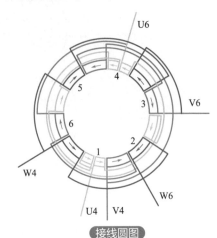

接线圆图

（2）嵌线顺序

采用交叠法嵌线时顺序表

嵌线顺序	1	2	3	4	5	6	7	8	9	10	11	12	13	14	15	16	17	18
槽　号	1	36	35	34	33	32	31	30	1	29	36	28	35	27	34	26	33	25
嵌线顺序	19	20	21	22	23	24	25	26	27	28	29	30	31	32	33	34	35	36
槽　号	32	24	31	23	30	22	29	21	28	20	27	19	26	18	25	17	24	16
嵌线顺序	37	38	39	40	41	42	43	44	45	46	47	48	49	50	51	52	53	54
槽　号	23	15	22	14	21	13	20	12	19	11	18	10	17	9	16	8	15	7
嵌线顺序	55	56	57	58	59	60	61	62	63	64	65	66	67	68	69	70	71	72
槽　号	14	6	13	5	12	4	11	3	10	2	9	8	7	6	5	4	3	2

（3）特点与应用

绕组4极时显极接线，每相两组线圈反向并接；6极时两组庶极接线，用于小功率三相变速异步电动机定子，常用实例有YD160M-6/4、JDO3-112S-6/4等。

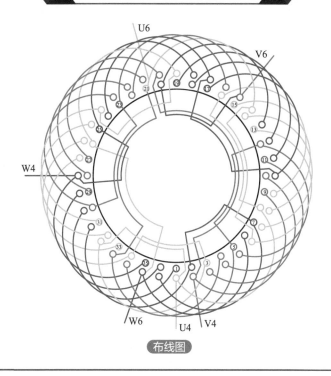

布线图

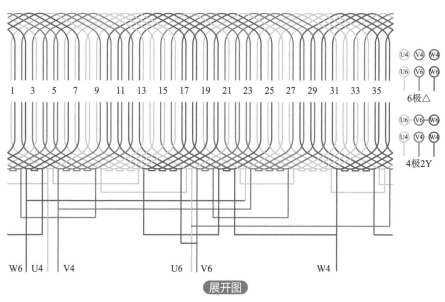

展开图

303

3.2.3　6/4极36槽△/2Y双速绕组（Y7）

（1）绕组数据

定子槽数　$Z_1=36$

接法　Y/2Y

电机极数　$2p=6/4$

线圈节距　$Y=7$

总线圈数　$Q=36$

线圈组数　$u=14$

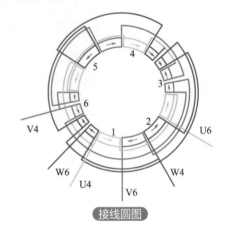

接线圆图

（2）嵌线顺序

采用交叠法嵌线时顺序表

嵌线顺序	1	2	3	4	5	6	7	8	9	10	11	12	13	14	15	16	17	18
槽　　号	3	2	1	36	35	34	33	32	3	31	2	30	1	29	36	28	35	27
嵌线顺序	19	20	21	22	23	24	25	26	27	28	29	30	31	32	33	34	35	36
槽　　号	34	26	33	25	32	24	31	23	30	22	29	21	28	20	27	19	26	18
嵌线顺序	37	38	39	40	41	42	43	44	45	46	47	48	49	50	51	52	53	54
槽　　号	25	17	24	16	23	15	22	14	21	13	20	12	19	11	18	10	17	9
嵌线顺序	55	56	57	58	59	60	61	62	63	64	65	66	67	68	69	70	71	72
槽　　号	16	8	15	7	14	6	13	5	12	4	11	10	9	8	7	6	5	4

（3）特点与应用

U相绕组4极时显极接线，6极时两组庶极接线；其他两相中的两组线圈分成两组，连接在不同的半圈上，4极时同相，6极时反相，用于小功率三相变速异步电动机定子改绕。

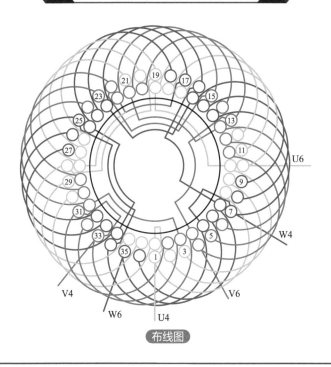

布线图

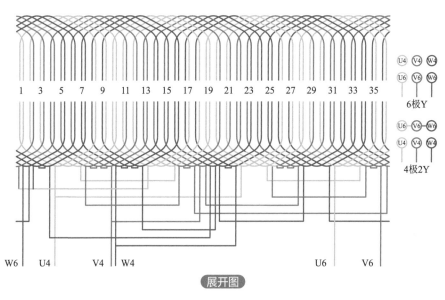

展开图

305

3.2.4　6/4 极 72 槽△/2Y 双速绕组（Y15）

（1）绕组数据

定子槽数　$Z_1=72$

接法△/2Y

电机极数　$2p=6/4$

线圈节距　$Y=15$

总线圈数　$Q=72$

线圈组数　$u=14$

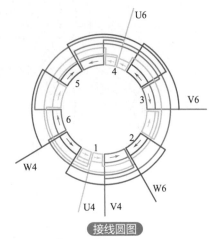

接线圆图

（2）嵌线顺序

采用交叠法嵌线时顺序表

嵌线顺序	1	2	3	4	5	6	7	8	9	10	11	12	13	14	15	16	17	18	19	20	21	22	23	24
槽号	2	1	72	71	70	69	68	67	66	65	64	63	62	61	60	59	2	58	1	57	72	56	71	55
嵌线顺序	25	26	27	28	29	30	31	32	33	34	35	36	37	38	39	40	41	42	43	44	45	46	47	48
槽号	70	54	69	53	68	52	67	51	66	50	65	49	64	48	63	47	62	46	61	45	60	44	59	43
嵌线顺序	49	50	51	52	53	54	55	56	57	58	59	60	61	62	63	64	65	66	67	68	69	70	71	72
槽号	58	42	57	41	56	40	55	39	54	38	53	37	52	36	51	35	50	34	49	33	48	32	47	31
嵌线顺序	73	74	75	76	77	78	79	80	81	82	83	84	85	86	87	88	89	90	91	92	93	94	95	96
槽号	46	30	45	29	44	28	43	27	42	26	41	25	40	24	39	23	38	22	37	21	36	20	35	19
嵌线顺序	97	98	99	100	101	102	103	104	105	106	107	108	109	110	111	112	113	114	115	116	117	118	119	120
槽号	34	18	33	17	32	16	31	15	30	14	29	13	28	12	27	11	26	10	25	9	24	8	23	7
嵌线顺序	121	122	123	124	125	126	127	128	129	130	131	132	133	134	135	136	137	138	139	140	141	142	143	144
槽号	6	22	5	21	4	20	3	19	18	17	16	15	14	13	12	11	10	9	8	7	6	5	4	3

（3）特点与应用

绕组 4 极时显极接线，每相两组线圈反向并接；6 极时两组庶极接线，用于小功率三相变速异步电动机定子，常用实例有 JDO2-81-6/4 等。

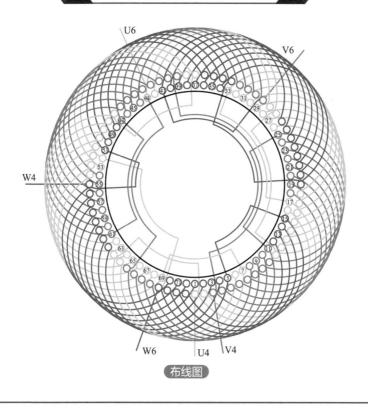

布线图

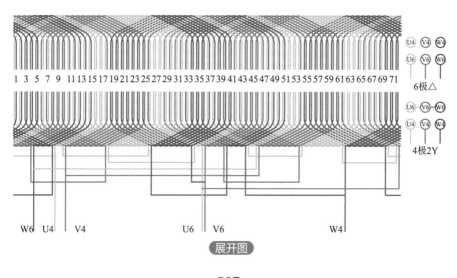

展开图

3.3 三相 8/4 极双速绕组

3.3.1 8/4 极 24 槽 △/2Y 双速绕组（Y3）

（1）绕组数据

定子槽数　　Z_1=24

接法△/2Y

电机极数　　$2p$=8/4

线圈节距　　Y=3

总线圈数　　Q=24

线圈组数　　u=12

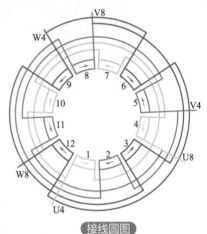

接线圆图

（2）嵌线顺序

采用交叠法嵌线时顺序表

嵌线顺序	1	2	3	4	5	6	7	8	9	10	11	12	13	14	15	16
槽　　号	2	1	24	23	2	1	22	24	21	23	20	22	19	21	18	20
嵌线顺序	17	18	19	20	21	22	23	24	25	26	27	28	29	30	31	32
槽　　号	17	19	16	18	15	17	14	16	13	15	12	14	11	13	10	12
嵌线顺序	33	34	35	36	37	38	39	40	41	42	43	44	45	46	47	48
槽　　号	9	11	8	10	7	9	6	8	5	7	4	6	3	5	4	3

（3）特点与应用

绕组 4 极时显极接线，每相两个半圈反向并接；8 极时庶极接线，每相两个半圈正向串接，用于小功率三相变速异步电动机定子，常用实例有 JDO2-12-8/4 等。

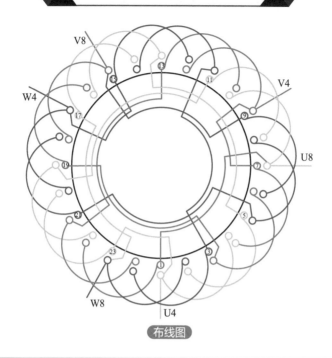

布线图

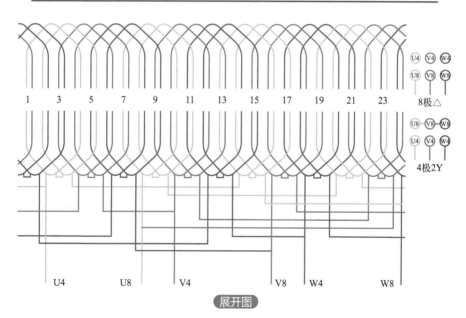

展开图

3.3.2　8/4极36槽△/2Y双速绕组（Y5）

（1）绕组数据

定子槽数　Z_1=36

接法　△/2Y

电机极数　2p=8/4

线圈节距　Y=5

总线圈数　Q=36

线圈组数　u=12

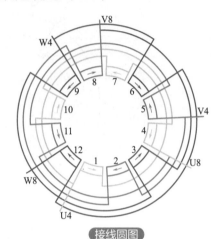

接线圆图

（2）嵌线顺序

采用交叠法嵌线时顺序表

嵌线顺序	1	2	3	4	5	6	7	8	9	10	11	12	13	14	15	16	17	18
槽　号	3	2	1	36	35	34	3	33	2	32	1	31	36	30	35	29	34	28
嵌线顺序	19	20	21	22	23	24	25	26	27	28	29	30	31	32	33	34	35	36
槽　号	33	27	32	26	31	25	30	24	29	23	28	22	27	21	26	20	25	19
嵌线顺序	37	38	39	40	41	42	43	44	45	46	47	48	49	50	51	52	53	54
槽　号	24	18	23	17	22	16	21	15	20	14	19	13	18	12	17	11	16	10
嵌线顺序	55	56	57	58	59	60	61	62	63	64	65	66	67	68	69	70	71	72
槽　号	15	9	14	8	13	7	12	6	11	5	10	4	9	8	7	6	5	4

（3）特点与应用

绕组4极时显极接线，每相两个半圈反向并接；8极时庶极接线，每相两个半圈正向串接，用于小功率三相变速异步电动机定子，常用实例有JDO3-112L-8/4、YD132-8/4等。

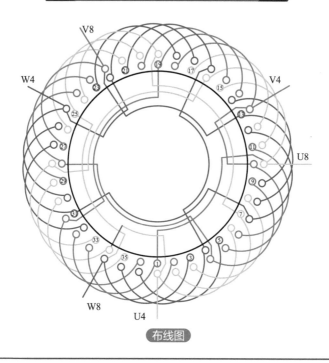

V8
W4
V4
U8
U4
W8

布线图

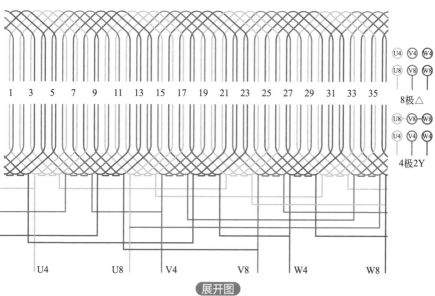

U4 V4 W4
U8 V8 W8

8极△

U8 V8 W8
U4 V4 W4

4极2Y

U4　　U8　　V4　　V8　　W4　　W8

展开图

3.3.3 8/4极48槽△/2Y双速绕组（Y5）

（1）绕组数据

定子槽数 Z_1=48

接法 △/2Y

电机极数 $2p$=8/4

线圈节距 Y=5

总线圈数 Q=48

线圈组数 u=12

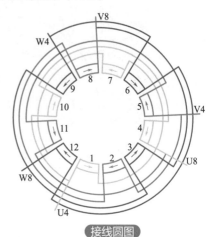

接线圆图

（2）嵌线顺序

采用交叠法嵌线时顺序表

嵌线顺序	1	2	3	4	5	6	7	8	9	10	11	12	13	14	15	16
槽 号	3	2	1	48	47	46	3	45	2	44	1	43	48	42	47	41
嵌线顺序	17	18	19	20	21	22	23	24	25	26	27	28	29	30	31	32
槽 号	46	40	45	39	44	38	43	37	42	36	41	35	40	34	39	33
嵌线顺序	33	34	35	36	37	38	39	40	41	42	43	44	45	46	47	48
槽 号	38	32	37	31	36	30	35	29	34	28	33	27	32	26	31	25
嵌线顺序	49	50	51	52	53	54	55	56	57	58	59	60	61	62	63	64
槽 号	30	24	29	23	28	22	27	21	26	20	25	19	24	18	23	17
嵌线顺序	65	66	67	68	69	70	71	72	73	74	75	76	77	78	79	80
槽 号	22	16	21	15	20	14	19	13	18	12	17	11	16	10	15	9
嵌线顺序	81	82	83	84	85	86	87	88	89	90	91	92	93	94	95	96
槽 号	14	8	13	7	12	6	11	5	10	4	9	8	7	6	5	4

（3）特点与应用

绕组4极时显极接线，每相两个半圈反向并接；8极时庶极接线，每相两个半圈正向串接，用于小功率三相变速异步电动机定子，常用实例有JDO2-41-8/4等。

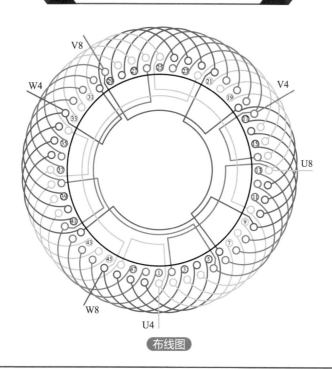

布线图

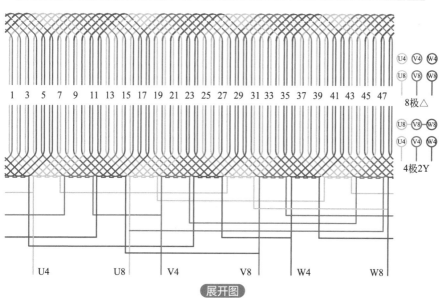

展开图

3.3.4 8/4 极 48 槽 △/2Y 双速绕组（Y6）

（1）绕组数据

定子槽数　　$Z_1=48$

接法△/2Y

电机极数　　$2p=8/4$

线圈节距　　$Y=6$

总线圈数　　$Q=48$

线圈组数　　$u=12$

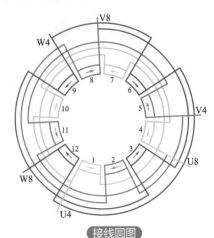

接线圆图

（2）嵌线顺序

采用交叠法嵌线时顺序表

嵌线顺序	1	2	3	4	5	6	7	8	9	10	11	12	13	14	15	16
槽　号	3	2	1	48	47	46	45	3	44	2	43	1	42	48	41	47
嵌线顺序	17	18	19	20	21	22	23	24	25	26	27	28	29	30	31	32
槽　号	40	46	39	45	38	44	37	43	36	42	35	41	34	40	33	39
嵌线顺序	33	34	35	36	37	38	39	40	41	42	43	44	45	46	47	48
槽　号	32	38	31	37	30	36	29	35	28	34	27	33	26	32	25	31
嵌线顺序	49	50	51	52	53	54	55	56	57	58	59	60	61	62	63	64
槽　号	24	30	23	29	22	28	21	27	20	26	19	25	18	24	17	23
嵌线顺序	65	66	67	68	69	70	71	72	73	74	75	76	77	78	79	80
槽　号	16	22	15	21	14	20	13	19	12	18	11	17	10	16	9	15
嵌线顺序	81	82	83	84	85	86	87	88	89	90	91	92	93	94	95	96
槽　号	8	14	7	13	6	12	5	11	4	10	9	8	7	6	5	4

（3）特点与应用

绕组 4 极时显极接线，每相两个半圈反向并接；8 极时庶极接线，每相两个半圈正向串接，用于小功率三相变速异步电动机定子，常用实例有 JDO3-160S-8/4、JDO3-160M-8/4 等。

314

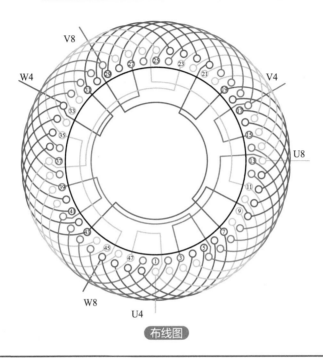

布线图

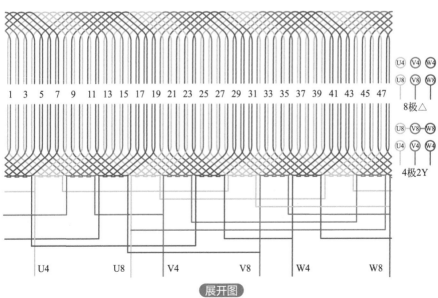

展开图

315

3.3.5 8/4 极 54 槽△/2Y 双速绕组（Y7）

（1）绕组数据

定子槽数　Z_1=54

接法△/2Y

电机极数　$2p$=8/4

线圈节距　Y=7

总线圈数　Q=54

线圈组数　u=12

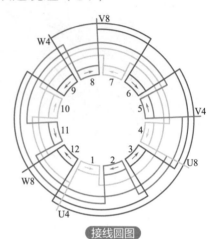

接线圆图

（2）嵌线顺序

采用交叠法嵌线时顺序表

嵌线顺序	1	2	3	4	5	6	7	8	9	10	11	12	13	14	15	16	17	18
槽　　号	4	3	2	1	54	53	52	51	4	50	3	49	2	48	1	47	54	46
嵌线顺序	19	20	21	22	23	24	25	26	27	28	29	30	31	32	33	34	35	36
槽　　号	53	45	52	44	51	43	50	42	49	41	48	40	47	39	46	38	45	37
嵌线顺序	37	38	39	40	41	42	43	44	45	46	47	48	49	50	51	52	53	54
槽　　号	44	36	43	35	42	34	41	33	40	32	39	31	38	30	37	29	36	28
嵌线顺序	55	56	57	58	59	60	61	62	63	64	65	66	67	68	69	70	71	72
槽　　号	35	27	34	26	33	25	32	24	31	23	30	22	29	21	28	20	27	19
嵌线顺序	73	74	75	76	77	78	79	80	81	82	83	84	85	86	87	88	89	90
槽　　号	26	18	25	17	24	16	23	15	22	14	21	13	20	12	19	11	18	10
嵌线顺序	91	92	93	94	95	96	97	98	99	100	101	102	103	104	105	106	107	108
槽　　号	17	9	16	8	15	7	14	6	13	5	12	11	10	9	8	7	6	5

（3）特点与应用

绕组 4 极时显极接线，每相两个半圈反向并接；8 极时庶极接线，每相两个半圈正向串接，用于小功率三相变速异步电动机定子，常用实例有 JDO2-71-8/4、YD180L-8/4 等。

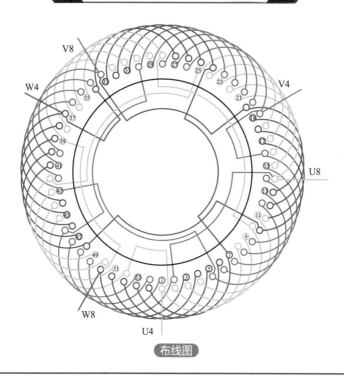

布线图

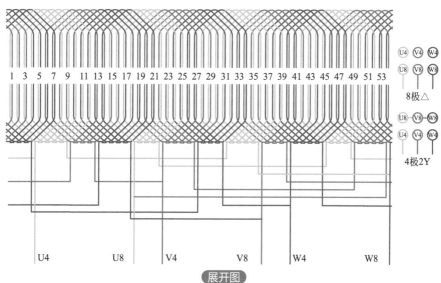

展开图

317

3.3.6 8/4 极 60 槽双层叠式绕组（Y8）

（1）绕组数据

定子槽数　Z_1=60

接法△/2Y

电机极数　$2p$=8/4

线圈节距　Y=4

总线圈数　Q=60

线圈组数　u=12

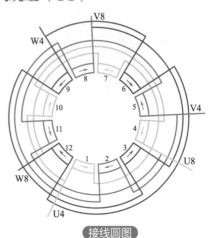

接线圆图

（2）嵌线顺序

采用交叠法嵌线时顺序表

嵌线顺序	1	2	3	4	5	6	7	8	9	10	11	12	13	14	15	16	17	18	19	20
槽　号	5	4	3	2	1	60	59	58	57	5	56	4	55	3	54	2	53	1	52	60
嵌线顺序	21	22	23	24	25	26	27	28	29	30	31	32	33	34	35	36	37	38	39	40
槽　号	51	59	50	58	49	57	48	57	47	55	46	54	45	53	44	52	43	51	42	50
嵌线顺序	41	42	43	44	45	46	47	48	49	50	51	52	53	54	55	56	57	58	59	60
槽　号	41	49	40	48	39	47	38	46	37	45	36	44	35	43	34	42	33	41	32	40
嵌线顺序	61	62	63	64	65	66	67	68	69	70	71	72	73	74	75	76	77	78	79	80
槽　号	31	39	30	38	29	37	28	36	27	35	26	34	25	33	24	32	23	31	22	30
嵌线顺序	81	82	83	84	85	86	87	88	89	90	91	92	93	94	95	96	97	98	99	100
槽　号	21	29	20	28	19	27	18	26	17	25	16	24	15	23	14	22	13	21	12	20
嵌线顺序	101	102	103	104	105	106	107	108	109	110	111	112	113	114	115	116	117	118	119	120
槽　号	11	19	10	18	9	17	8	16	7	15	6	14	13	12	11	10	9	8	7	6

（3）特点与应用

绕组 4 极时显极接线，每相两个半圈反向并接；8 极时庶极接线，每相两个半圈正向串接，用于小功率三相变速异步电动机定子，常用实例有 JDO3-160S-8/4、JDO3-160M -8/4 等。

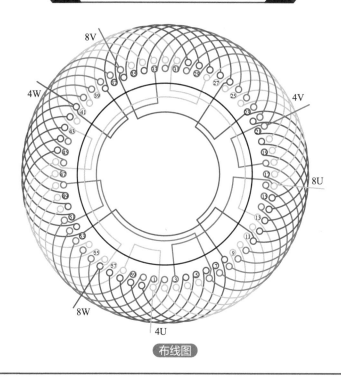

8V
4W
4V
8U
8W
4U

布线图

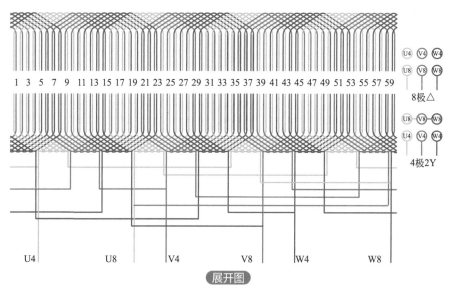

1 3 5 7 9 11 13 15 17 19 21 23 25 27 29 31 33 35 37 39 41 43 45 47 49 51 53 55 57 59

U4 V4 W4
U8 V8 W8

8极△

U8 V8 W8
U4 V4 W4

4极2Y

U4　　　　U8　　　V4　　　V8　　　W4　　　W8

展开图

319

3.3.7 8/4极72槽双层叠式绕组（Y9）

（1）绕组数据

定子槽数　　$Z_1=72$

接法△/2Y

电机极数　　$2p=8/4$

线圈节距　　$Y=9$

总线圈数　　$Q=72$

线圈组数　　$u=12$

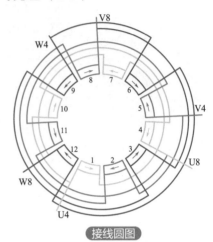

接线圆图

（2）嵌线顺序

采用交叠法嵌线时顺序表

嵌线顺序	1	2	3	4	5	6	7	8	9	10	11	12	13	14	15	16	17	18	19	20	21	22	23	24
槽　号	6	5	4	3	2	1	72	71	70	69	6	68	5	67	4	66	3	65	2	64	1	63	72	62
嵌线顺序	25	26	27	28	29	30	31	32	33	34	35	36	37	38	39	40	41	42	43	44	45	46	47	48
槽　号	71	61	70	60	69	59	68	58	67	57	66	56	65	55	64	54	63	53	62	52	61	51	60	50
嵌线顺序	49	50	51	52	53	54	55	56	57	58	59	60	61	62	63	64	65	66	67	68	69	70	71	72
槽　号	59	49	58	48	57	47	56	46	55	45	54	44	53	43	52	42	51	41	50	40	49	39	48	38
嵌线顺序	73	74	75	76	77	78	79	80	81	82	83	84	85	86	87	88	89	90	91	92	93	94	95	96
槽　号	47	37	46	36	45	35	44	34	43	33	42	32	41	31	40	30	39	29	38	28	37	27	36	26
嵌线顺序	97	98	99	100	101	102	103	104	105	106	107	108	109	110	111	112	113	114	115	116	117	118	119	120
槽　号	35	25	34	24	33	23	32	22	31	21	30	20	29	19	28	18	27	17	26	16	25	15	24	14
嵌线顺序	121	122	123	124	125	126	127	128	129	130	131	132	133	134	135	136	137	138	139	140	141	142	143	144
槽　号	23	13	22	12	21	11	20	10	19	9	18	8	17	7	16	15	14	13	12	11	10	9	8	7

（3）特点与应用

绕组4极时显极接线，每相两个半圈反向并接；8极时庶极接线，每相两个半圈正向串接，用于小功率三相变速异步电动机定子，常用实例有 JDO2-91-8/4、JOB-TH -8/4 等。

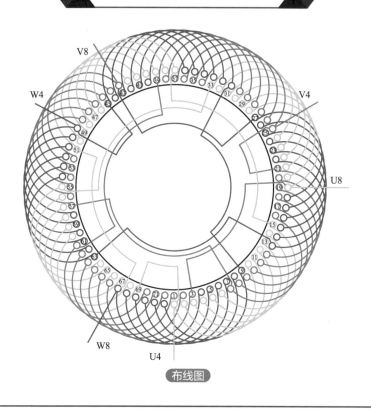

布线图

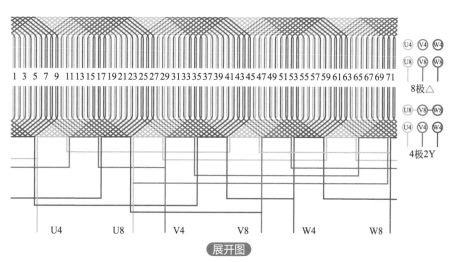

展开图

3.3.8　8/4极72槽双层叠式绕组（Y10）

（1）绕组数据

定子槽数　Z_1=72

接法△/2Y

电机极数　$2p$=8/4

线圈节距　Y=10

总线圈数　Q=72

线圈组数　u=12

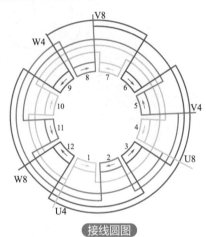

接线圆图

（2）嵌线顺序

采用交叠法嵌线时顺序表

嵌线顺序	1	2	3	4	5	6	7	8	9	10	11	12	13	14	15	16	17	18	19	20	21	22	23	24
槽　　号	6	5	4	3	2	1	72	71	70	69	68	6	67	5	66	4	65	3	64	2	63	1	62	72
嵌线顺序	25	26	27	28	29	30	31	32	33	34	35	36	37	38	39	40	41	42	43	44	45	46	47	48
槽　　号	61	71	60	70	59	69	58	68	57	67	56	66	55	65	54	64	53	63	52	62	51	61	50	60
嵌线顺序	49	50	51	52	53	54	55	56	57	58	59	60	61	62	63	64	65	66	67	68	69	70	71	72
槽　　号	49	59	48	58	47	57	46	56	45	55	44	54	43	53	42	52	41	51	40	50	39	49	38	48
嵌线顺序	73	74	75	76	77	78	79	80	81	82	83	84	85	86	87	88	89	90	91	92	93	94	95	96
槽　　号	37	47	36	46	35	45	34	44	33	43	32	42	31	41	30	40	29	39	28	38	27	37	26	36
嵌线顺序	97	98	99	100	101	102	103	104	105	106	107	108	109	110	111	112	113	114	115	116	117	118	119	120
槽　　号	25	35	24	34	23	33	22	32	21	31	20	30	19	29	18	28	17	27	16	26	15	25	14	24
嵌线顺序	121	122	123	124	125	126	127	128	129	130	131	132	133	134	135	136	137	138	139	140	141	142	143	144
槽　　号	13	23	12	22	11	21	10	20	9	19	8	18	7	17	16	15	14	13	12	11	10	9	8	7

（3）特点与应用

绕组4极时显极接线，每相两个半圈反向并接；8极时庶极接线，每相两个半圈正向串接，用于小功率三相变速异步电动机定子，常用实例有JDO3-225S三速电动机中8/4绕组、JDO3-250S四速8/4绕组等。

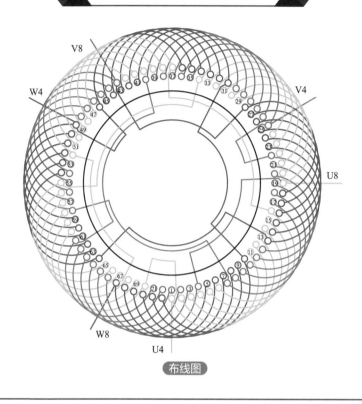

布线图

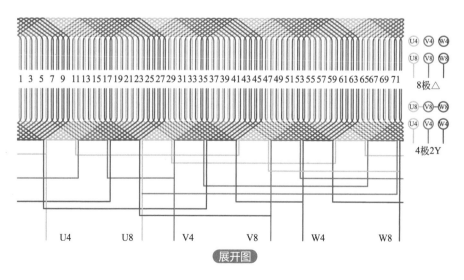

展开图

323

3.4 三相 8/6 极双速绕组

3.4.1 8/6 极 36 槽 △/2Y 双速绕组（Y4）

（1）绕组数据

定子槽数 $Z_1=36$

接法 △/2Y

电机极数 $2p=8/6$

线圈节距 $Y=4$

总线圈数 $Q=36$

线圈组数 $u=24$

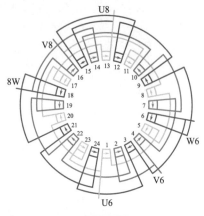

接线圆图

（2）嵌线顺序

采用交叠法嵌线时顺序表

嵌线顺序	1	2	3	4	5	6	7	8	9	10	11	12	13	14	15	16	17	18
槽 号	1	36	35	34	33	1	32	36	31	35	30	34	29	33	28	32	27	31
嵌线顺序	19	20	21	22	23	24	25	26	27	28	29	30	31	32	33	34	35	36
槽 号	26	30	25	29	24	28	23	27	22	26	21	25	20	24	19	23	18	22
嵌线顺序	37	38	39	40	41	42	43	44	45	46	47	48	49	50	51	52	53	54
槽 号	17	21	16	20	15	19	14	18	13	17	12	16	11	15	10	14	9	13
嵌线顺序	55	56	57	58	59	60	61	62	63	64	65	66	67	68	69	70	71	72
槽 号	8	12	7	11	6	10	5	9	4	8	3	7	2	6	5	4	3	2

（3）特点与应用

绕组 4 极时显极接线，每相两个半圈反向并接；8 极时庶极接线，每相两个半圈正向串接，用于小功率三相变速异步电动机定子，常用实例有 JDO3-112L-8/4、YD132-8/4 等。

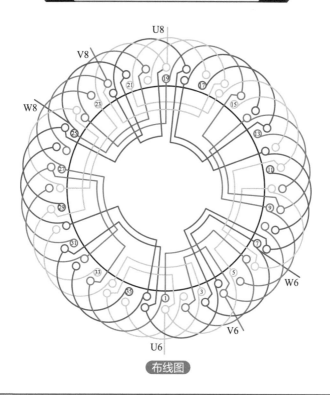

U8

V8

W8

㉓

㉕

㉗

㉙

㉛

㉝

㉟

①

③

V6

U6

⑲

㉑

⑰

⑮

⑬

⑪

⑨

⑦

⑤

W6

布线图

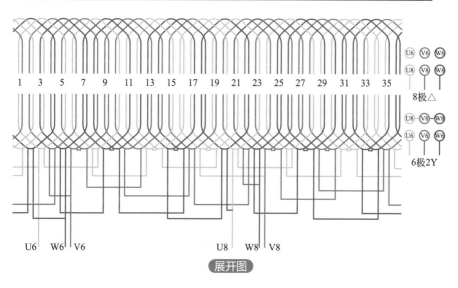

1　3　5　7　9　11　13　15　17　19　21　23　25　27　29　31　33　35

U6　V6　W6

U8　V8　W8

8极△

U8　V8　W8

U6　V6　W6

6极2Y

U6　W6　V6

U8　W8　V8

展开图

325

3.4.2　8/6极36槽△/2Y双速绕组（Y5）

（1）绕组数据

定子槽数　Z_1=36

接法△/2Y

电机极数　$2p$=8/6

线圈节距　Y=5

总线圈数　Q=36

线圈组数　u=24

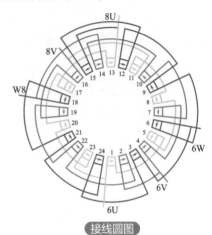

接线圆图

（2）嵌线顺序

采用交叠法嵌线时顺序表

嵌线顺序	1	2	3	4	5	6	7	8	9	10	11	12	13	14	15	16	17	18
槽　　号	1	36	35	34	33	32	1	31	36	30	35	29	34	28	33	27	32	26
嵌线顺序	19	20	21	22	23	24	25	26	27	28	29	30	31	32	33	34	35	36
槽　　号	31	25	30	24	29	23	28	22	27	21	26	20	25	19	24	18	23	17
嵌线顺序	37	38	39	40	41	42	43	44	45	46	47	48	49	50	51	52	53	54
槽　　号	22	16	21	15	20	14	19	12	18	11	17	10	16	15	9	14	8
嵌线顺序	55	56	57	58	59	60	61	62	63	64	65	66	67	68	69	70	71	72
槽　　号	13	7	12	6	11	5	10	4	9	3	8	2	7	6	5	4	3	2

（3）特点与应用

绕组 4 极时显极接线，每相两个半圈反向并接；8 极时庶极接线，每相两个半圈正向串接，用于小功率三相变速异步电动机定子，常用实例有 JDO3-112L-8/4、YD132-8/4 等。

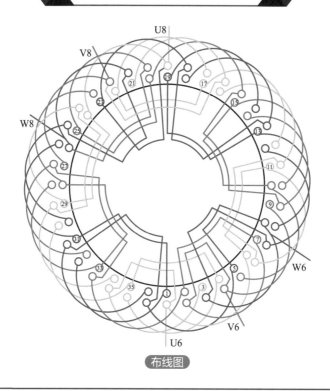

布线图

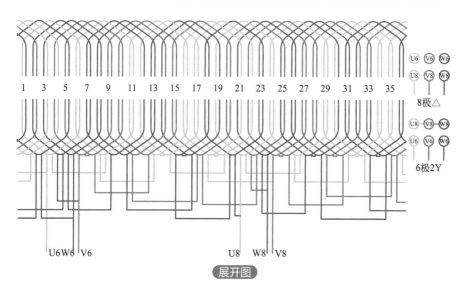

展开图

327

3.4.3　8/6极54槽△/2Y双速绕组（Y6）

（1）绕组数据

定子槽数　Z_1=54

接法△/2Y

电机极数　$2p$=8/6

线圈节距　Y=6

总线圈数　Q=54

线圈组数　u=22

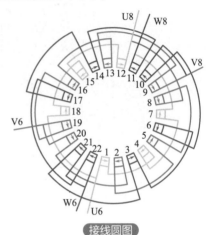

接线圆图

（2）嵌线顺序

采用交叠法嵌线时顺序表

嵌线顺序	1	2	3	4	5	6	7	8	9	10	11	12	13	14	15	16	17	18
槽　　号	3	2	1	54	53	52	51	50	49	1	48	54	47	53	46	52	45	51
嵌线顺序	19	20	21	22	23	24	25	26	27	28	29	30	31	32	33	34	35	36
槽　　号	44	50	43	49	42	48	41	47	40	46	39	45	38	44	37	43	36	42
嵌线顺序	37	38	39	40	41	42	43	44	45	46	47	48	49	50	51	52	53	54
槽　　号	35	41	34	40	33	39	32	38	31	37	30	36	29	35	28	34	27	33
嵌线顺序	55	56	57	58	59	60	61	62	63	64	65	66	67	68	69	70	71	72
槽　　号	26	32	25	31	24	30	23	29	22	28	21	27	20	26	19	25	18	24
嵌线顺序	73	74	75	76	77	78	79	80	81	82	83	84	85	86	87	88	89	90
槽　　号	17	23	16	22	15	21	14	20	13	19	12	18	11	17	10	16	9	15
嵌线顺序	91	92	93	94	95	96	97	98	99	100	101	102	103	104	105	106	107	108
槽　　号	8	14	7	13	6	12	5	11	4	10	9	8	7	6	5	4	3	2

（3）特点与应用

绕组4极时显极接线，每相两个半圈反向并接；8极时庶极接线，每相两个半圈正向串接，用于小功率三相变速异步电动机定子，常用实例有JDO2-71-8/4、YD180L-8/4等。

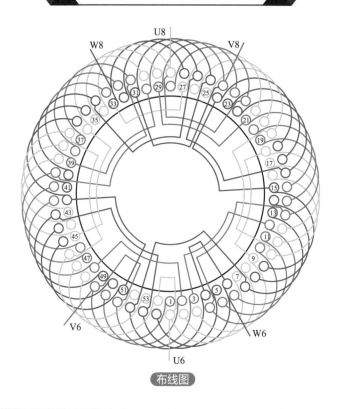

布线图

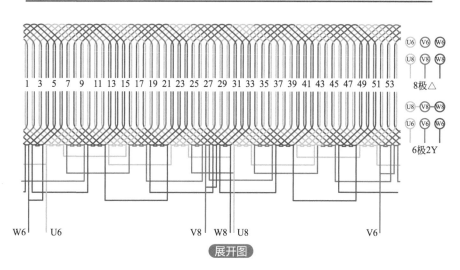

展开图

3.5　三相12/6极双速绕组

3.5.1　12/6极36槽△/2Y双速绕组（Y3）

（1）绕组数据

定子槽数　Z_1=36

接法△/2Y

电机极数　$2p$=12/6

线圈节距　Y=3

总线圈数　Q=36

线圈组数　u=18

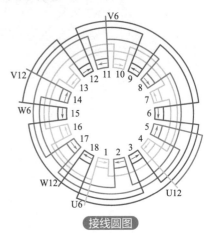

接线圆图

（2）嵌线顺序

采用交叠法嵌线时顺序表

嵌线顺序	1	2	3	4	5	6	7	8	9	10	11	12	13	14	15	16	17	18
槽　　号	2	1	36	35	2	34	1	33	36	32	35	31	34	30	33	29	32	28
嵌线顺序	19	20	21	22	23	24	25	26	27	28	29	30	31	32	33	34	35	36
槽　　号	31	27	30	26	29	25	28	24	27	23	26	22	25	21	24	20	23	19
嵌线顺序	37	38	39	40	41	42	43	44	45	46	47	48	49	50	51	52	53	54
槽　　号	22	18	21	17	20	16	19	15	18	14	17	13	16	12	15	11	14	10
嵌线顺序	55	56	57	58	59	60	61	62	63	64	65	66	67	68	69	70	71	72
槽　　号	13	9	12	8	11	7	10	6	9	5	8	4	7	3	6	5	4	3

（3）特点与应用

绕组4极时显极接线，每相两个半圈反向并接；8极时庶极接线，每相两个半圈正向串接，用于小功率三相变速异步电动机定子，常用实例有JDO3-112L-8/4、YD132-8/4等。

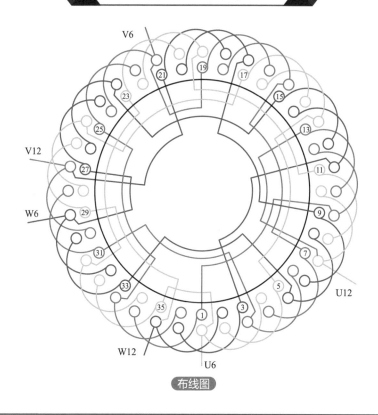

布线图

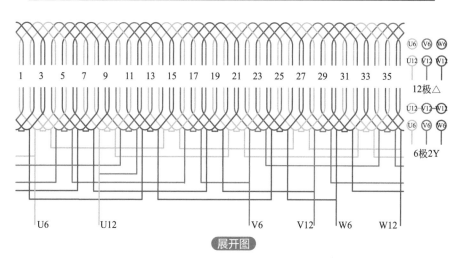

展开图

3.5.2 12/6极54槽△/2Y双速绕组（Y3）

（1）绕组数据

定子槽数　Z_1=54

接法△/2Y

电机极数　$2p$=12/6

线圈节距　Y=3

总线圈数　Q=54

线圈组数　u=18

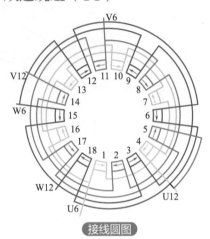

接线圆图

（2）嵌线顺序

采用交叠法嵌线时顺序表

嵌线顺序	1	2	3	4	5	6	7	8	9	10	11	12	13	14	15	16	17	18
槽　号	<u>3</u>	<u>2</u>	<u>1</u>	<u>54</u>	<u>53</u>	<u>52</u>	3	<u>51</u>	2	<u>50</u>	1	<u>49</u>	54	<u>48</u>	53	<u>47</u>	52	<u>46</u>
嵌线顺序	19	20	21	22	23	24	25	26	27	28	29	30	31	32	33	34	35	36
槽　号	51	<u>45</u>	50	<u>44</u>	49	<u>43</u>	48	47	47	<u>41</u>	46	<u>40</u>	45	<u>39</u>	44	<u>38</u>	43	<u>37</u>
嵌线顺序	37	38	39	40	41	42	43	44	45	46	47	48	49	50	51	52	53	54
槽　号	42	<u>36</u>	41	<u>35</u>	40	<u>34</u>	39	<u>33</u>	38	<u>32</u>	37	<u>31</u>	36	35	35	<u>29</u>	34	<u>28</u>
嵌线顺序	55	56	57	58	59	60	61	62	63	64	65	66	67	68	69	70	71	72
槽　号	33	<u>27</u>	32	<u>26</u>	31	<u>25</u>	30	<u>24</u>	29	<u>23</u>	28	<u>22</u>	27	<u>21</u>	26	<u>20</u>	25	<u>19</u>
嵌线顺序	73	74	75	76	77	78	79	80	81	82	83	84	85	86	87	88	89	90
槽　号	24	<u>18</u>	23	<u>17</u>	22	<u>16</u>	21	<u>15</u>	20	<u>14</u>	19	<u>13</u>	18	<u>12</u>	17	<u>11</u>	16	<u>10</u>
嵌线顺序	91	92	93	94	95	96	97	98	99	100	101	102	103	104	105	106	107	108
槽　号	15	<u>9</u>	14	<u>8</u>	13	<u>7</u>	12	<u>6</u>	11	<u>5</u>	10	<u>4</u>	9	8	7	6	5	4

（3）特点与应用

绕组4极时显极接线，每相两个半圈反向并接；8极时庶极接线，每相两个半圈正向串接，用于小功率三相变速异步电动机定子，常用实例有JDO2-71-8/4、YD180L-8/4等。

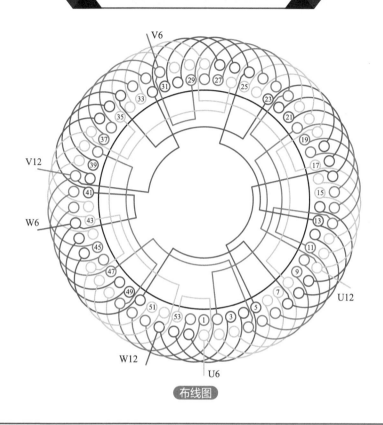

V6

V12

W6

U12

W12

U6

布线图

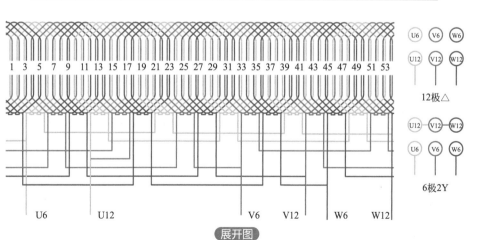

1 3 5 7 9 11 13 15 17 19 21 23 25 27 29 31 33 35 37 39 41 43 45 47 49 51 53

U6 U12 V6 V12 W6 W12

U6 V6 W6

U12 V12 W12

12极△

U12 V12 W12

U6 V6 W6

6极2Y

展开图

3.5.3　12/6极72槽△/2Y双速绕组（Y6）

（1）绕组数据

定子槽数　Z_1=72

接法△/2Y

电机极数　$2p$=12/6

线圈节距　Y=6

总线圈数　Q=72

线圈组数　u=18

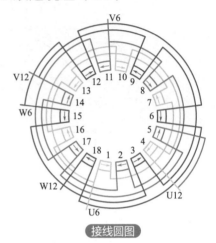

接线圆图

（2）嵌线顺序

采用交叠法嵌线时顺序表

嵌线顺序	1	2	3	4	5	6	7	8	9	10	11	12	13	14	15	16	17	18	19	20	21	22	23	24
槽　号	4	3	2	1	72	71	70	4	69	3	68	2	67	1	66	72	65	71	64	70	63	69	62	68
嵌线顺序	25	26	27	28	29	30	31	32	33	34	35	36	37	38	39	40	41	42	43	44	45	46	47	48
槽　号	61	67	60	66	59	65	58	64	57	63	56	62	55	61	54	60	53	59	52	58	51	57	50	56
嵌线顺序	49	50	51	52	53	54	55	56	57	58	59	60	61	62	63	64	65	66	67	68	69	70	71	72
槽　号	49	55	48	54	47	53	46	52	45	51	44	50	43	49	42	48	41	47	40	46	39	45	38	44
嵌线顺序	73	74	75	76	77	78	79	80	81	82	83	84	85	86	87	88	89	90	91	92	93	94	95	96
槽　号	37	43	36	42	35	41	34	40	33	39	32	38	31	37	30	36	29	35	28	34	27	33	26	32
嵌线顺序	97	98	99	100	101	102	103	104	105	106	107	108	109	110	111	112	113	114	115	116	117	118	119	120
槽　号	25	31	24	30	23	29	22	28	21	27	20	26	19	25	18	24	17	23	16	22	15	21	14	20
嵌线顺序	121	122	123	124	125	126	127	128	129	130	131	132	133	134	135	136	137	138	139	140	141	142	143	144
槽　号	13	19	12	18	11	17	10	16	9	15	8	14	7	13	6	12	5	11	10	9	8	7	6	5

（3）特点与应用

绕组4极时显极接线，每相两组线圈反向并接；6极时两组庶极接线，用于小功率三相变速异步电动机定子，常用实例有JDO2-81-6/4等。

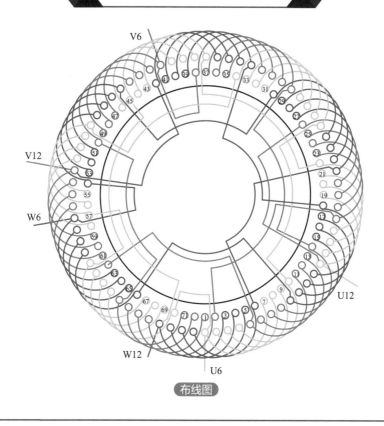

布线图

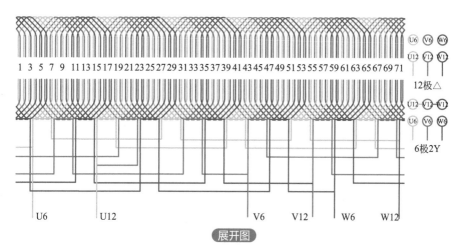

展开图

3.6 单相变速电动机绕组

3.6.1 4极8槽L型电压双速绕组

（1）绕组数据

数定子槽数 $Z_1=8$

每组圈数 $S_U=4$、$S_V=2$、$S_T=2$

电机极数 $2p=4$

极相槽数 $q=4$

线圈节距 主 $Y=1—3$

副 $Y=1—3$

总线圈数 $Q=8$

绕组极距 $\tau=2$

线圈组数 $u=3$

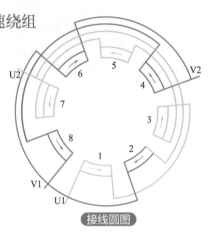

接线圆图

（2）嵌线顺序

采用交叠法嵌线时顺序表

嵌线顺序	1	2	3	4	5	6	7	8
槽 号	<u>1</u>	<u>8</u>	<u>7</u>	1	<u>6</u>	8	<u>5</u>	7
嵌线顺序	9	10	11	12	13	14	15	16
槽 号	<u>4</u>	6	<u>3</u>	5	<u>2</u>	4	3	2

采用整嵌法嵌线时顺序表

嵌线顺序	1	2	3	4	5	6	7	8
槽 号	1	3	8	2	7	1	6	8
嵌线顺序	9	10	11	12	13	14	15	16
槽 号	5	7	4	6	3	5	2	4

（3）特点与应用

主绕组四把线圈固定，显极接线；副绕组分成两组庶极接线。低速时副绕组两把与主绕组串联，主绕组端电压降低，转速下降；高速时副绕组四把串联，主绕组端电压提高，转速提高。常用于立式、台式风扇单相异步电动机。

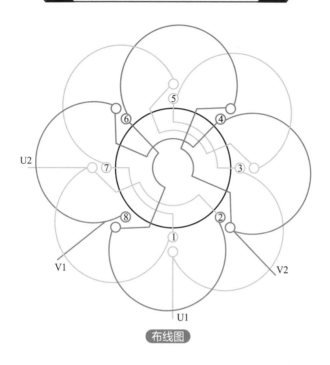

布线图

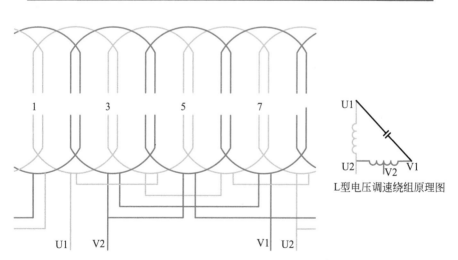

1　　　3　　　5　　　7

U1　　V2　　　　　V1　U2

L型电压调速绕组原理图

U1
U2　　V2　V1

注：U1、V1接电容，U2高速、V2低速

展开图

3.6.2 4极12槽L型电压双速绕组

（1）绕组数据

数定子槽数　$Z_1=12$

每组圈数　$S_U=4$、$S_V=2$、$S_T=2$

电机极数　$2p=4$

极相槽数　$q=4$

线圈节距　主 $Y=1—3$

　　　　　副 $Y=1—3$

总线圈数　$Q=8$

绕组极距　$\tau=3$

线圈组数　$u=3$

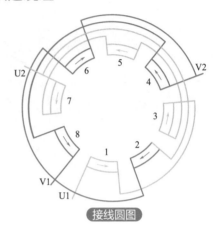

接线圆图

（2）嵌线顺序

采用交叠法嵌线时顺序表

嵌线顺序	1	2	3	4	5	6	7	8
槽　号	1	12	2	10	12	9	11	7
嵌线顺序	9	10	11	12	13	14	15	16
槽　号	9	6	8	7	6	3	5	3

采用整嵌法嵌线时顺序表

嵌线顺序	1	2	3	4	5	6	7	8
槽　号	1	3	10	12	7	9	4	6
嵌线顺序	9	10	11	12	13	14	15	16
槽　号	12	2	9	11	6	8	3	5

（3）特点与应用

主绕组四把线圈固定，显极接线；副绕组分成两组庶极接线。低速时副绕组两把与主绕组串联，主绕组端电压降低，转速下降；高速时副绕组四把串联，主绕组端电压提高，转速提高。常用于转页扇单相异步电动机。

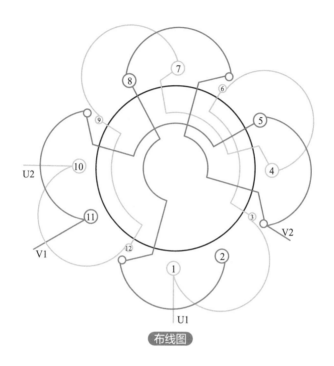

布线图

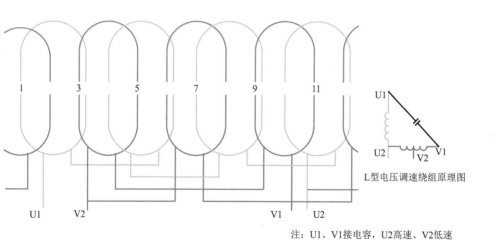

L型电压调速绕组原理图

注：U1、V1接电容，U2高速、V2低速

展开图

3.6.3　4极16槽L型电压双速绕组

（1）绕组数据

数定子槽数　$Z_1=16$

每组圈数　$S_U=4$、$S_V=4$、$S_T=2$

电机极数　$2p=4$

极相槽数　$q=4$

线圈节距　主 $Y=1—4$

　　　　　副 $Y=1—4$

总线圈数　$Q=10$

绕组极距　$\tau=4$

线圈组数　$u=3$

（2）嵌线顺序

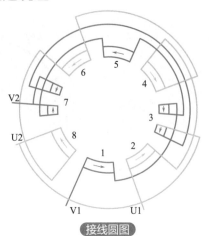

接线圆图

采用交叠法嵌线时顺序表

嵌线顺序	1	2	3	4	5	6	7	8
槽　　号	<u>1</u>	<u>12</u>	2	<u>10</u>	12	<u>9</u>	11	<u>7</u>
嵌线顺序	9	10	11	12	13	14	15	16
槽　　号	9	<u>6</u>	5	<u>7</u>	<u>6</u>	<u>3</u>	5	3

采用整嵌法嵌线时顺序表

嵌线顺序	1	2	3	4	5	6	7	8
槽　　号	1	2	10	12	7	9	4	6
嵌线顺序	9	10	11	12	13	14	15	16
槽　　号	12	2	9	11	6	8	3	5

（3）特点与应用

主绕组四把线圈固定，显极接线；副绕组分成两组庶极接线。低速时副绕组两把与主绕组串联，主绕组端电压降低，转速下降；高速时副绕组四把串联，主绕组端电压提高，转速提高。常用于立式、台式风扇单相异步电动机。

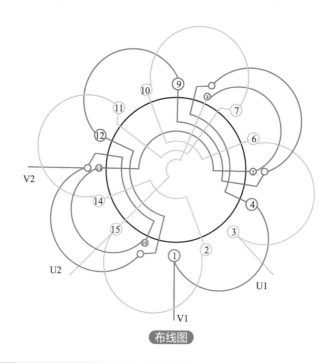

布线图

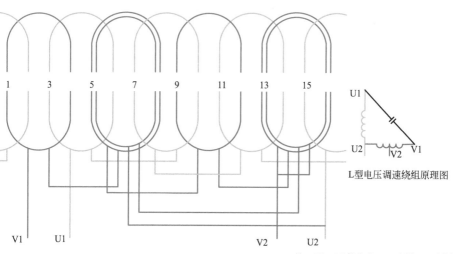

L型电压调速绕组原理图

注：U1、V1接电容，U2高速、V2低速

展开图

341

3.6.4　4极16槽L型电压三速绕组

（1）绕组数据

数定子槽数　$Z_1=16$

每组圈数　$S_U=4$、$S_V=4$、$S_T=4$

电机极数　$2p=4$

极相槽数　$q=4$

线圈节距　主 $Y=1—4$

副 $Y=1—4$

总线圈数　$Q=12$

绕组极距　$\tau=4$

线圈组数　$u=4$

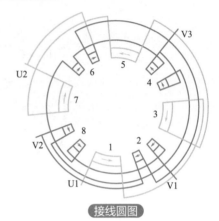

接线圆图

（2）嵌线顺序

采用整嵌法嵌线时顺序表

嵌线顺序	1	2	3	4	5	6	7	8	9	10	11	12
槽　号	1	4	13	16	9	12	5	8	15	2	11	14
嵌线顺序	13	14	15	16	17	18	19	20	21	22	23	24
槽　号	7	10	3	6	15	2	11	14	7	10	3	6

（3）特点与应用

主绕组四把线圈固定，显极接线；副绕组分成三组，一组显极接线，另两组庶极接线。利用主绕组端电压降低改变转速。常用于落地扇单相异步电动机。

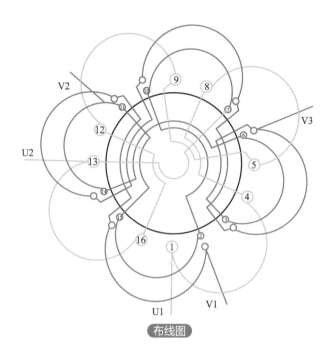

布线图

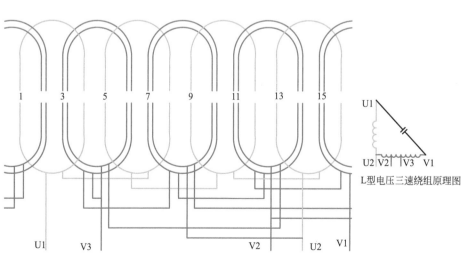

U1

U2 V2 V3 V1

L型电压三速绕组原理图

注：U1、V1接电容，U2高速、V2中速、V3低速

展开图

343

3.6.5　4极16槽T型电压双速绕组

（1）绕组数据

数定子槽数　　$Z_1=16$

每组圈数　　　$S_U=4$、$S_V=4$、$S_T=2$

电机极数　　　$2p=4$

极相槽数　　　$q=4$

线圈节距　　主 $Y=1\text{—}4$

　　　　　　副 $Y=1\text{—}4$

总线圈数　　　$Q=10$

绕组极距　　　$\tau=4$

线圈组数　　　$u=3$

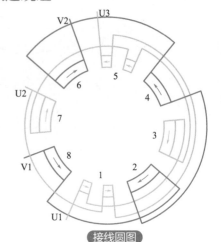

接线圆图

（2）嵌线顺序

采用整嵌法嵌线时顺序表

嵌线顺序	1	2	3	4	5	6	7	8	9	10	11	12
槽　　号	1	4	13	16	9	12	5	8	1	4	9	12
嵌线顺序	13	14	15	16	17	18	19	20	21	22	23	24
槽　　号	15	12	11	14	7	10	3	6				

（3）特点与应用

主绕组六把线圈，其中四把线圈固定，显极接线；另外两把庶极接线，与主绕组串联，用来改变主绕组端电压，从而改变转速。常用于风扇单相异步电动机。

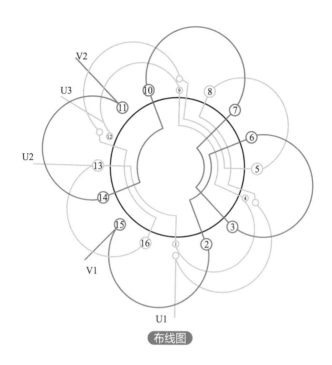

布线图

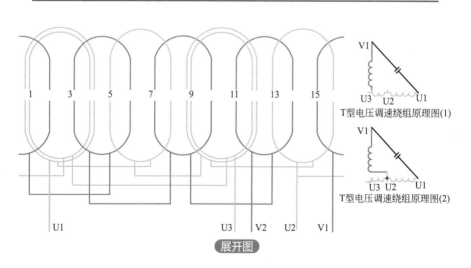

T型电压调速绕组原理图(1)

T型电压调速绕组原理图(2)

展开图

345

3.6.6 4极16槽Φ型电压三速绕组

（1）绕组数据

数定子槽数 $Z_1=16$

每组圈数 $S_U=4$、$S_V=4$、$S_T=4$

电机极数 $2p=4$

极相槽数 $q=4$

线圈节距 主 $Y=1—4$

副 $Y=1—4$

总线圈数 $Q=12$

绕组极距 $\tau=4$

线圈组数 $u=4$

（2）嵌线顺序

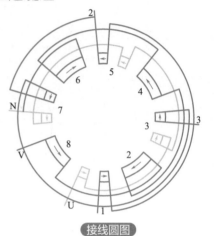

接线圆图

采用整嵌法嵌线时顺序表

嵌线顺序	1	2	3	4	5	6	7	8	9	10	11	12
槽 号	1	4	13	16	9	12	5	8	1	4	9	12
嵌线顺序	13	14	15	16	17	18	19	20	21	22	23	24
槽 号	15	2	11	14	7	10	3	6				

（3）特点与应用

主绕组四把线圈显极接线，调速绕组分成两组庶极接线与主绕组串联，用来改变主绕组端电压，从而改变转速；副绕组显极接线，常用于400mm型立式风扇单相异步电动机。

346

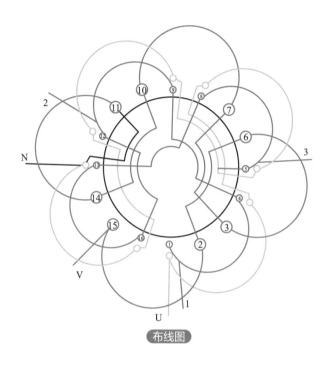

布线图

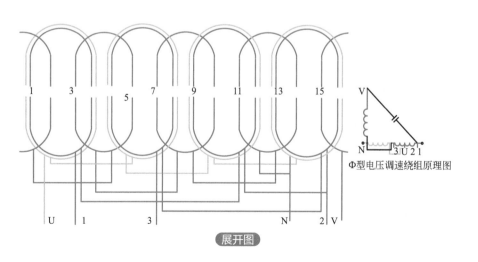

Φ型电压调速绕组原理图

展开图

3.6.7　4极16槽H型电压三速绕组

（1）绕组数据

数定子槽数　$Z_1=16$

每组圈数　$S_U=4$、$S_V=2$、$S_T=4$

电机极数　$2p=4$

极相槽数　$q=4$

线圈节距　主 $Y=1—4$

　　　　　副 $Y=1—4$

总线圈数　$Q=12$

绕组极距　$\tau=4$

线圈组数　$u=4$

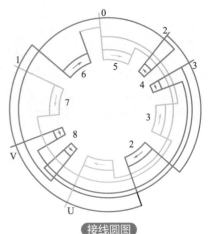

接线圆图

（2）嵌线顺序

采用整嵌法嵌线时顺序表

嵌线顺序	1	2	3	4	5	6	7	8	9	10	11	12
槽　　号	1	4	13	16	9	12	5	8	15	2	7	10
嵌线顺序	13	14	15	16	17	18	19	20	21	22	23	24
槽　　号	15	2	7	10	7	10	3	6				

（3）特点与应用

主绕组四把线圈分成两组，同组顺向串联，显极接线；副绕组由两个半槽线圈庶极接线，调速绕组由两个半槽线圈与两个整槽线圈对称分成两组用来改变主绕组端电压，从而改变转速。常用于 FT-40 型台扇单相异步电动机。

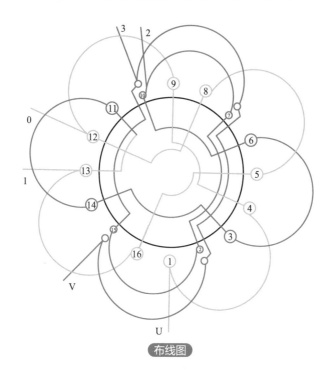

布线图

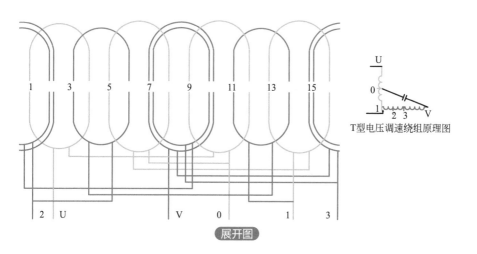

T型电压调速绕组原理图

展开图

3.6.8 4/2极16槽双速同心式绕组

（1）绕组数据

数定子槽数 $Z_1=16$

每组圈数 $S_U=4$、$S_V=2$

电机极数 $2p=4/2$

极相槽数 $q=4$

线圈节距 $Y=1{-}8，3{-}6$

总线圈数 $Q=8$

绕组极距 $\tau=4/8$

线圈组数 $u=4$

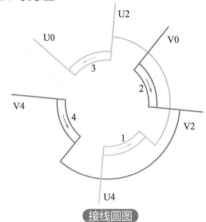

接线圆图

（2）嵌线顺序

采用整嵌法嵌线时顺序表

嵌线顺序	1	2	3	4	5	6	7	8	9	10	11	12
槽 号	3	6	1	8	11	14	9	16	15	2	13	4
嵌线顺序	13	14	15	16	17	18	19	20	21	22	23	24
槽 号	7	10	5	12								

（3）特点与应用

主副绕组相同，2极时两把线圈并接显极接线；4极时两把线圈顺向串接庶极接线。常用于变极调速单相异步电动机改绕。

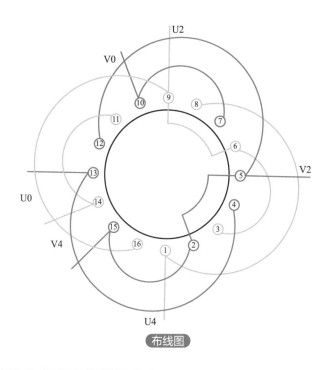

布线图

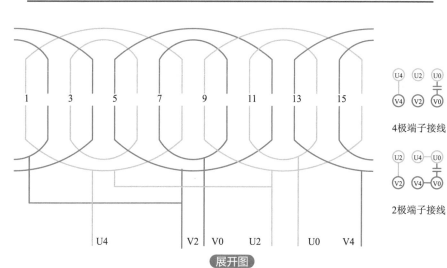

4极端子接线

2极端子接线

展开图

3.6.9 4/2极16槽双速叠式绕组

（1）绕组数据

数定子槽数 $Z_1=16$

每组圈数 $S_U=8$、$S_V=8$

电机极数 $2p=4/2$

极相槽数 $q=4$

线圈节距 $Y=1—5$

总线圈数 $Q=8$

绕组极距 $\tau=4/8$

线圈组数 $u=6$

（2）嵌线顺序

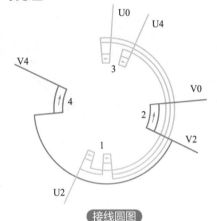

接线圆图

采用交叠法嵌线时顺序表

嵌线顺序	1	2	3	4	5	6	7	8	9	10	11	12
槽 号	<u>1</u>	<u>16</u>	<u>15</u>	<u>14</u>	<u>13</u>	1	<u>12</u>	16	<u>11</u>	15	<u>10</u>	14
嵌线顺序	13	14	15	16	17	18	19	20	21	22	23	24
槽 号	<u>9</u>	13	<u>8</u>	<u>12</u>	<u>7</u>	11	<u>6</u>	10	<u>5</u>	9	<u>4</u>	8
嵌线顺序	25	<u>26</u>	27	<u>28</u>	29	<u>30</u>	31	<u>32</u>				
槽 号	<u>3</u>	7	<u>2</u>	6	5	4	3	2				

（3）特点与应用

主绕组每把线圈分成两组，半把线圈显极接线为一组，2极时两组线圈并接显极接线；4极时两组线圈顺向串接庶极接线；副绕组4极时庶极接线，2极时并联显极接线。常用于变极调速单相异步电动机改绕。

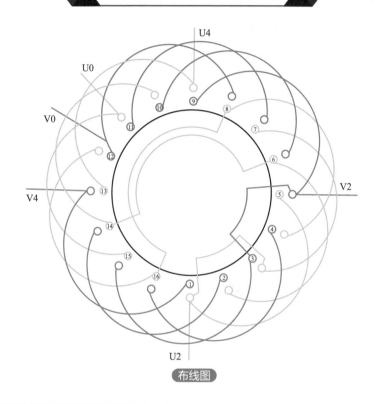

U4

U0

V0

V4

V2

U2

布线图

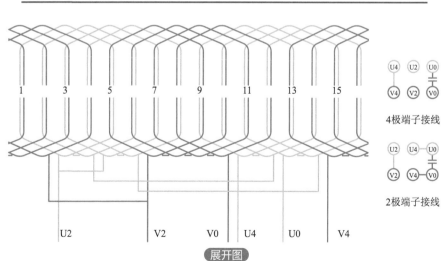

1　　3　　5　　7　　9　　11　　13　　15

U2　　V2　　V0　U4　U0　　V4

展开图

U4　U2　U0
V4　V2　V0

4极端子接线

U2　U4　U0
V2　V4　V0

2极端子接线

353

3.6.10 4/2极18槽双速单双层混合绕组

（1）绕组数据

数定子槽数　$Z_1=18$

每组圈数　$S_U=6$、$S_V=4$

电机极数　$2p=4/2$

极相槽数　$q=4$，5

线圈节距　主 $Y=1—10$，2—9，4—7

　　　　　副 $Y=1—9$，3—5

总线圈数　$Q=8$

绕组极距　$\tau=4/8$

线圈组数　$u=6$

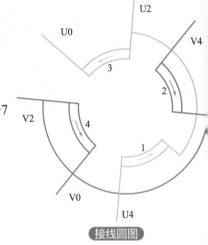

接线圆图

（2）嵌线顺序

采用交叠法嵌线时顺序表

嵌线顺序	1	2	3	4	5	6	7	8	9	10	11	12
槽　号	4	7	2	9	1	10	13	16	11	18	10	1
嵌线顺序	13	14	15	16	17	18	19	20	21	22	23	24
槽　号	17	3	15	5	8	12	6	14				

（3）特点与应用

主副绕组相同，2极时两把线圈并接显极接线；4极时两把线圈顺向串接庶极接线。常用于变极调速单相异步电动机改绕。

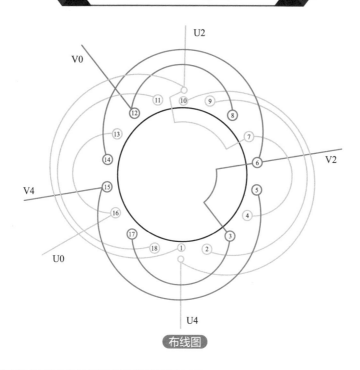

布线图

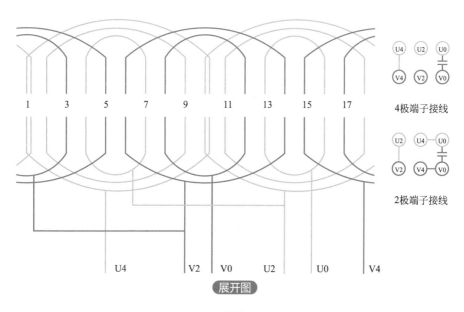

4极端子接线

2极端子接线

展开图

4/2 极 24 槽 △ 2Y 双
速电动机绕组修理

6/4 极 24 槽 △ 2Y 双
速电动机绕组修理

8/2 极 24 槽 △ 2Y 双
速电动机绕组修理

单相多速电动机
绕组修理

第4章

单相电动机绕组

● 4.1 单层链式绕组

4.1.1 2极8槽单层链式绕组

（1）绕组数据

定子槽数　$Z_1=8$

每组圈数　$S=1$

并联路数　$a=1$

电机极数　$2p=2$

极相槽数　$q=2$

线圈节距　$Y=1\text{—}4$

总线圈数　$Q=4$

绕组极距　$\tau=4$

线圈组数　$u=4$

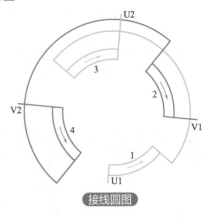

接线圆图

（2）嵌线顺序

采用交叠法嵌线时顺序表

嵌线顺序	1	2	3	4	5	6	7	8
槽　　号	1	7	5	8	3	6	4	2

采用整嵌法嵌线时顺序表

嵌线顺序	1	2	3	4	5	6	7	8
槽　　号	1	4	5	8	7	2	3	6

（3）特点与应用

绕组采用显极接线，每组只有一把线圈，每相由两把线圈反向串接而成，常用于 200mm 仪用风扇单相异步电动机。

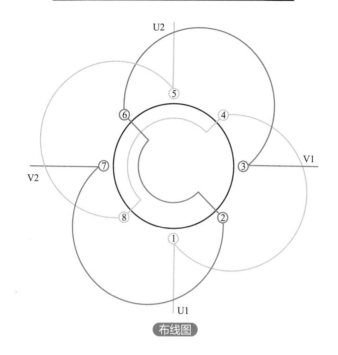

布线图

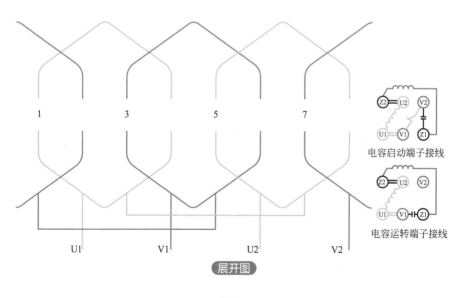

电容启动端子接线

电容运转端子接线

展开图

4.1.2　4极16槽单层链式绕组

（1）绕组数据

定子槽数　$Z_1=16$

每组圈数　$S=1$

并联路数　$a=1$

电机极数　$2p=4$

极相槽数　$q=2$

线圈节距　$Y=1—4$

总线圈数　$Q=8$

绕组极距　$\tau=4$

线圈组数　$u=8$

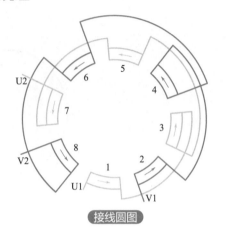

接线圆图

（2）嵌线顺序

采用交叠法嵌线时顺序表

嵌线顺序	1	2	3	4	5	6	7	8
槽　　号	<u>1</u>	<u>15</u>	2	<u>13</u>	16	<u>11</u>	14	<u>9</u>
嵌线顺序	9	10	11	12	13	14	15	16
槽　　号	12	<u>7</u>	10	<u>5</u>	8	<u>3</u>	6	4

采用整嵌法嵌线时顺序表

嵌线顺序	1	2	3	4	5	6	7	8
槽　　号	1	4	13	16	9	12	5	8
嵌线顺序	9	10	11	12	13	14	15	16
槽　　号	15	2	1	4	7	10	3	6

（3）特点与应用

绕组采用显极接线，每组只有一把线圈，每相由四把线圈反向串接而成，用于小功率单相异步电动机，常用实例有 JXD6-4 台扇电动机、CFP-1-120 排风扇电动机等。

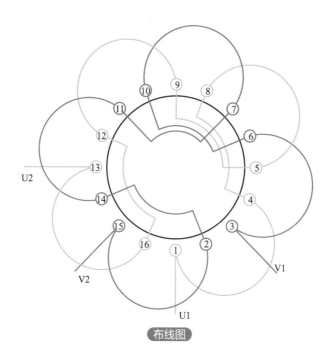

布线图

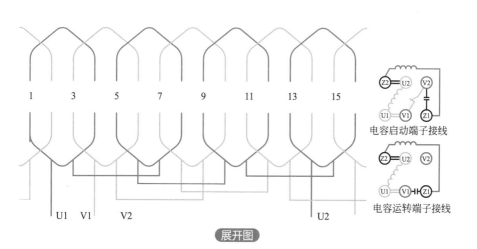

电容启动端子接线

电容运转端子接线

展开图

4.1.3　6极24槽单层链式绕组

（1）绕组数据

定子槽数　Z_1=24

每组圈数　S=1

并联路数　a=1

电机极数　$2p$=6

极相槽数　q=2

线圈节距　Y=1—4

总线圈数　Q=12

绕组极距　τ=4

线圈组数　u=12

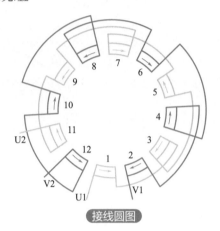

接线圆图

（2）嵌线顺序

采用交叠法嵌线时顺序表

嵌线顺序	1	2	3	4	5	6	7	8	9	10	11	12
槽　　号	1	23	2	21	24	19	22	17	20	15	18	13
嵌线顺序	13	14	15	16	17	18	19	20	21	22	23	24
槽　　号	16	11	14	9	12	7	10	5	8	3	6	4

采用整嵌法嵌线时顺序表

嵌线顺序	1	2	3	4	5	6	7	8	9	10	11	12
槽　　号	1	4	21	24	17	20	13	16	9	12	5	8
嵌线顺序	13	14	15	16	17	18	19	20	21	22	23	24
槽　　号	23	2	19	22	15	18	11	14	7	10	3	6

（3）特点与应用

绕组采用显极接线，每组只有一把线圈，每相由六把线圈反向串接而成，用于小功率单相异步电动机，常用实例有 F-400、F-500 排风扇电动机和 400mm 轴流风机等。

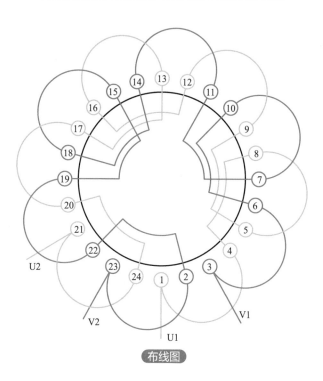

布线图

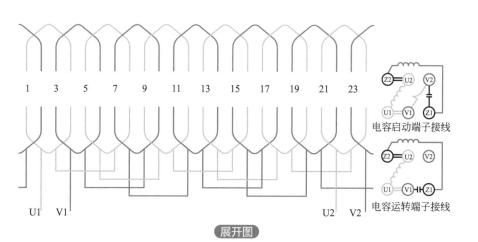

电容启动端子接线

电容运转端子接线

展开图

363

4.1.4 14极28槽单层链式绕组

（1）绕组数据

定子槽数　$Z_1=28$

每组圈数　$S=1$

并联路数　$a=1$

电机极数　$2p=14$

极相槽数　$q=1$

线圈节距　$Y=1—3$

总线圈数　$Q=14$

绕组极距　$\tau=2$

线圈组数　$u=14$

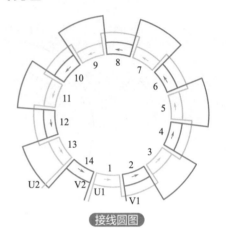

接线圆图

（2）嵌线顺序

采用整嵌法嵌线时顺序表

嵌线顺序	1	2	3	4	5	6	7	8	9	10
槽　号	1	3	25	27	21	23	17	19	13	15
嵌线顺序	11	12	13	14	15	16	17	18	19	20
槽　号	9	11	5	7	26	28	22	24	18	20
嵌线顺序	21	22	23	24	25	26	27	28		
槽　号	14	16	10	12	6	8	2	4		

（3）特点与应用

绕组采用庶极接线，每组只有一把线圈，每相由七把线圈正向串接而成，用于小功率单相异步电动机，常用实例有900mm吊扇电动机等。

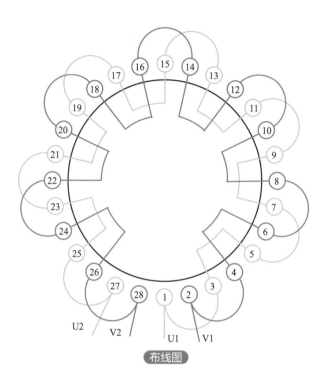

布线图

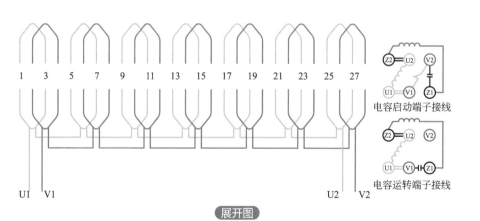

展开图

365

4.1.5 16极32槽单层链式绕组

（1）绕组数据

定子槽数　$Z_1=32$

每组圈数　$S=1$

并联路数　$a=1$

电机极数　$2p=16$

极相槽数　$q=1$

线圈节距　$Y=1—3$

总线圈数　$Q=16$

绕组极距　$\tau=2$

线圈组数　$u=16$

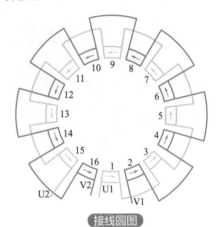

接线圆图

（2）嵌线顺序

采用整嵌法嵌线时顺序表

嵌线顺序	1	2	3	4	5	6	7	8	9	10	11	12
槽　号	1	3	29	31	25	27	21	23	17	19	13	15
嵌线顺序	13	14	15	16	17	18	19	20	21	22	23	24
槽　号	9	11	5	7	30	32	26	28	22	24	18	20
嵌线顺序	25	26	27	28	29	30	31	32				
槽　号	14	16	10	12	6	8	2	4				

（3）特点与应用

绕组采用庶极接线，每组只有一把线圈，每相由八把线圈正向串接而成，用于小功率单相异步电动机，常用实例有 1200mm、1400mm 吊扇电动机等。

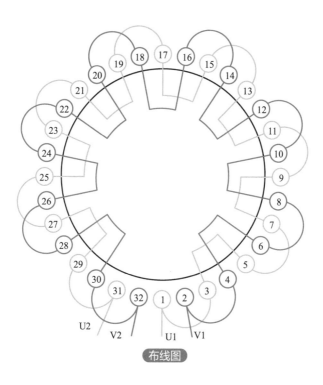

布线图

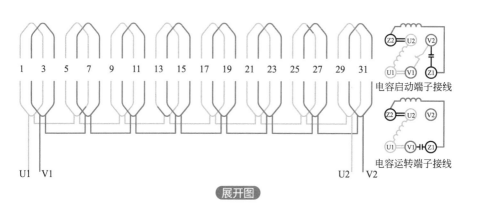

电容启动端子接线

电容运转端子接线

展开图

367

4.1.6 18极36槽单层链式绕组

（1）绕组数据

定子槽数　$Z_1=36$

每组圈数　$S=1$

并联路数　$a=1$

电机极数　$2p=18$

极相槽数　$q=1$

线圈节距　$Y=1—3$

总线圈数　$Q=18$

绕组极距　$\tau=2$

线圈组数　$u=18$

（2）嵌线顺序

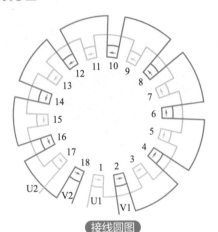

接线圆图

采用整嵌法嵌线时顺序表

嵌线顺序	1	2	3	4	5	6	7	8	9	10	11	12
槽　　号	1	3	35	33	29	31	25	27	21	23	17	19
嵌线顺序	13	14	15	16	17	18	19	20	21	22	23	24
槽　　号	13	15	9	11	5	7	34	36	30	32	26	28
嵌线顺序	25	26	27	28	29	30	31	32	33	34	35	36
槽　　号	22	24	18	20	14	16	10	12	6	8	2	4

（3）特点与应用

绕组采用庶极接线，每组只有一把线圈，每相由九把线圈正向串接而成，用于小功率单相异步电动机，常用实例有1400mm吊扇电动机等。

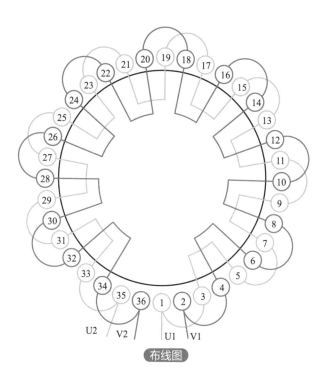

U2　V2　　U1　V1

布线图

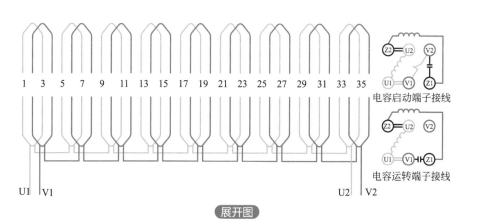

电容启动端子接线

电容运转端子接线

U1　V1　　　　　　　　　　　　　　　　　　　　U2　V2

展开图

● 4.2　单层同心式绕组

4.2.1　2极16槽单层同心式绕组

（1）绕组数据

定子槽数　$Z_1=16$

每组圈数　$S_U=2$、$S_V=2$

并联路数　$a=1$

电机极数　$2p=2$

极相槽数　$q_U=4$、$q_V=4$

线圈节距　$Y=1—8$，$2—7$

总线圈数　$Q=8$

绕组极距　$\tau=8$

线圈组数　$u=4$

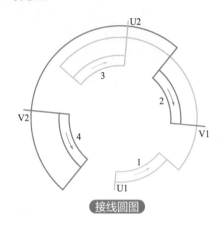

接线圆图

（2）嵌线顺序

采用整嵌法嵌线时顺序表

嵌线顺序	1	2	3	4	5	6	7	8
槽　　号	2	7	1	8	10	15	9	16
嵌线顺序	9	10	11	12	13	14	15	16
槽　　号	6	11	5	12	14	3	13	4

（3）特点与应用

绕组采用显极接线，每组两把线圈，每相由两把线圈反向串接而成，用于小功率单相异步电动机，常用实例有进口液泵电动机等。

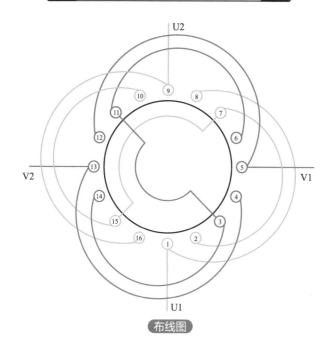

U2

V2

V1

U1

布线图

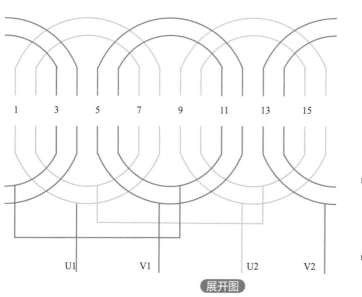

1　　3　　5　　7　　9　　11　　13　　15

U1　　　　V1　　　　U2　　　　V2

展开图

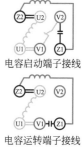

电容启动端子接线

电容运转端子接线

4.2.2　2极18槽单层同心式绕组

（1）绕组数据

定子槽数　$Z_1=18$

每组圈数　$S_U=2\dfrac{1}{2}$、$S_V=2$

并联路数　$a=1$

电机极数　$2p=2$

极相槽数　$q_U=5$、$q_V=4$

线圈节距　$Y_U=1—9，2—8，3—7$

　　　　　$Y_V=1—9，2—8$

总线圈数　$Q=9$

绕组极距　$\tau=9$

线圈组数　$u=4$

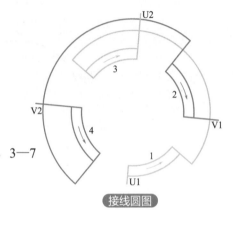

接线圆图

（2）嵌线顺序

采用整嵌法嵌线时顺序表

嵌线顺序	1	2	3	4	5	6	7	8	9	10	11	12	13	14	15	16	17	18
槽　　号	3	8	2	9	1	10	12	17	11	18	16	4	15	5	7	13	6	14

（3）特点与应用

绕组采用显极接线，主绕组一把三圈、另一把两圈，每相由两组线圈反向串接而成，用于小功率单相异步电动机，常用案例有电容运转或启动电动机改绕。

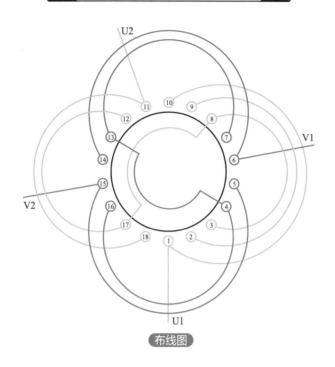

布线图

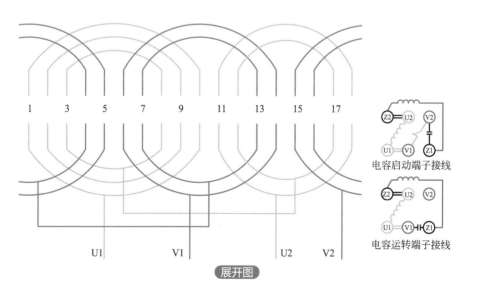

电容启动端子接线

电容运转端子接线

展开图

373

4.2.3 4极24槽单层同心式绕组

（1）绕组数据

定子槽数　Z_1=24

每组圈数　S_U=2、S_V=1

并联路数　a=1

电机极数　$2p$=4

极相槽数　q_U=4、q_V=2

线圈节距　Y_U=1—6，2—5，

　　　　　Y_V=1—6

总线圈数　Q=12

绕组极距　τ=6

线圈组数　u=8

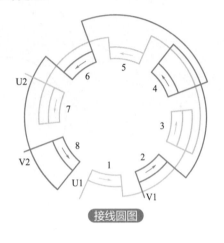

接线圆图

（2）嵌线顺序

采用整嵌法嵌线时顺序表

嵌线顺序	1	2	3	4	5	6	7	8	9	10	11	12
槽　　号	2	5	1	6	20	23	19	24	14	17	13	18
嵌线顺序	13	14	15	16	17	18	19	20	21	22	23	24
槽　　号	8	11	7	12	22	3	16	21	10	15	<u>4</u>	<u>9</u>

（3）特点与应用

绕组采用显极接线，每组线圈数相等，每相由四把线圈反向串接而成，用于小功率单相异步电动机，常用实例有 XDC-X 洗衣机电动机等。

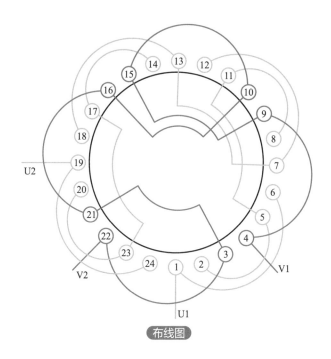

布线图

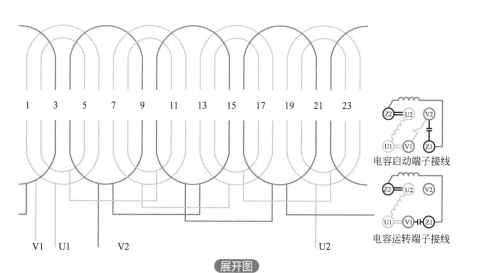

电容启动端子接线

电容运转端子接线

展开图

◆ 4.3 双层链式绕组

4.3.1 4极8槽双层链式绕组

（1）绕组数据

定子槽数　$Z_1=8$

每组圈数　$S=1$

并联路数　$a=1$

电机极数　$2p=4$

极相槽数　$q=1$

线圈节距　$Y=1—3$

总线圈数　$Q=8$

绕组极距　$\tau=2$

线圈组数　$u=8$

（2）嵌线顺序

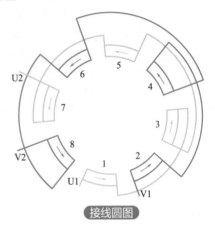

接线圆图

采用交叠法嵌线时顺序表

嵌线顺序	1	2	3	4	5	6	7	8
槽　　号	<u>1</u>	<u>8</u>	2	<u>7</u>	1	<u>6</u>	8	<u>5</u>
嵌线顺序	9	10	11	12	13	14	15	16
槽　　号	7	<u>4</u>	6	<u>3</u>	5	<u>2</u>	4	3

采用整嵌法嵌线时顺序表

嵌线顺序	1	2	3	4	5	6	7	8
槽　　号	1	3	7	1	5	7	3	5
嵌线顺序	9	10	11	12	13	14	15	16
槽　　号	8	2	6	8	4	6	2	4

（3）特点与应用

绕组采用显极接线，每组只有一把线圈，每相由四把线圈反向串接而成，常用于400mm小功率台扇、落地扇外调速单相异步电动机。

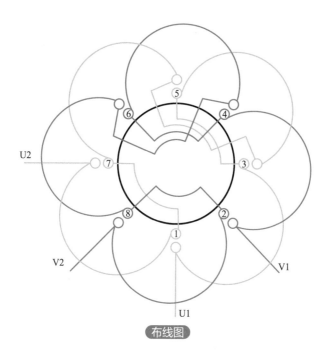

布线图

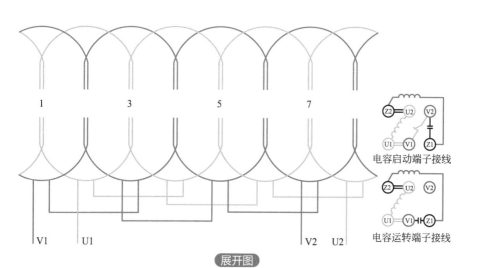

电容启动端子接线

电容运转端子接线

展开图

4.3.2　14极28槽双层链式绕组

（1）绕组数据

定子槽数　Z_1=28

每组圈数　S=1

并联路数　a=1

电机极数　$2p$=14

极相槽数　q=1

线圈节距　Y=1—3

总线圈数　Q=28

绕组极距　τ=2

线圈组数　u=28

（2）嵌线顺序

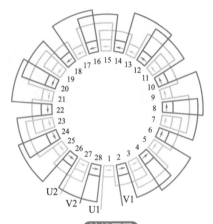

接线圆图

采用整嵌法嵌线时顺序表

嵌线顺序	1	2	3	4	5	6	7	8	9	10	11	12	13	14
槽　号	1	3	27	1	25	27	23	25	21	23	19	21	17	19
嵌线顺序	15	16	17	18	19	20	21	22	23	24	25	26	27	28
槽　号	15	17	13	15	11	13	9	11	7	9	5	7	3	5
嵌线顺序	29	30	31	32	33	34	35	36	37	38	39	40	41	42
槽　号	28	2	26	28	24	26	22	24	20	22	18	20	16	18
嵌线顺序	43	44	45	46	47	48	49	50	51	52	53	54	55	56
槽　号	14	16	12	14	10	12	8	10	6	8	4	6	2	4

（3）特点与应用

绕组采用显极接线，每组只有一把线圈，每相由14把线圈反向串接而成，用于小功率单相异步电动机，常用实例有900mm吊扇电动机等。

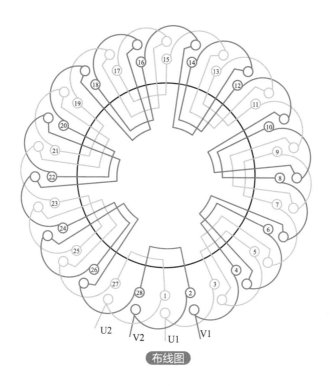

布线图

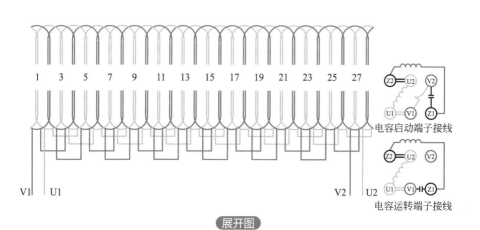

电容启动端子接线

电容运转端子接线

展开图

4.3.3　16极32槽双层链式绕组

（1）绕组数据

定子槽数　$Z_1=32$

每组圈数　$S=1$

并联路数　$a=1$

电机极数　$2p=16$

极相槽数　$q=1$

线圈节距　$Y=1—3$

总线圈数　$Q=32$

绕组极距　$\tau=2$

线圈组数　$u=32$

（2）嵌线顺序

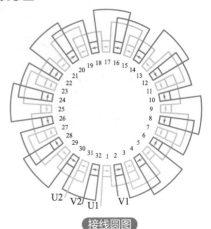

接线圆图

采用整嵌法嵌线时顺序表

嵌线顺序	1	2	3	4	5	6	7	8	9	10	11	12	13	14	15	16
槽　　号	1	3	31	1	29	31	27	29	25	27	23	25	21	23	19	21
嵌线顺序	17	18	19	20	21	22	23	24	25	26	27	28	29	30	31	32
槽　　号	17	19	15	17	13	15	11	13	9	11	7	9	5	7	3	5
嵌线顺序	33	34	35	36	37	38	39	40	41	42	43	44	45	46	47	48
槽　　号	32	2	30	32	28	30	26	28	24	26	22	24	20	22	18	20
嵌线顺序	49	50	51	52	53	54	55	56	57	58	59	60	61	62	63	64
槽　　号	16	18	14	16	12	14	10	12	8	10	6	8	4	6	2	4

（3）特点与应用

绕组采用显极接线，每组只有一把线圈，每相由16把线圈反向串接而成，用于小功率单相异步电动机，常用实例有1200mm、1400mm吊扇电动机等。

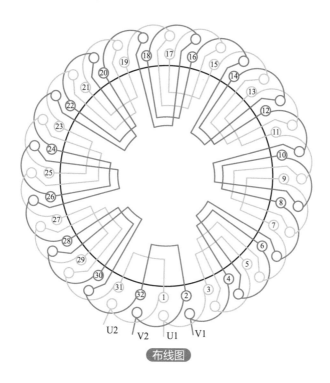

布线图

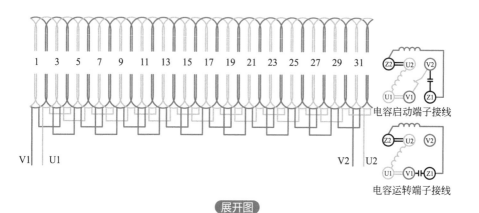

电容启动端子接线

电容运转端子接线

展开图

381

● 4.4 单双层混合绕组

4.4.1 2极12槽单双层混合绕组

（1）绕组数据

定子槽数　Z_1=12

每组圈数　S=1$\dfrac{1}{2}$

并联路数　a=1

电机极数　$2p$=2

极相槽数　q=3

线圈节距　Y=1—7，2—6

总线圈数　Q=8

绕组极距　τ=6

线圈组数　u=4

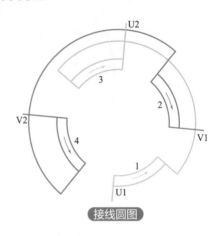

接线圆图

（2）嵌线顺序

采用交叠法嵌线时顺序表

嵌线顺序	1	2	3	4	5	6	7	8
槽　　号	<u>2</u>	<u>1</u>	<u>11</u>	<u>10</u>	<u>8</u>	12	<u>7</u>	11
嵌线顺序	9	10	11	12	13	14	15	16
槽　　号	<u>5</u>	9	<u>4</u>	10	6	7	3	4

采用整嵌法嵌线时顺序表

嵌线顺序	1	2	3	4	5	6	7	8
槽　　号	2	6		7	8	12	7	1
嵌线顺序	9	10	11	12	13	14	15	16
槽　　号	11	3	10	4	5	9	4	10

（3）特点与应用

绕组采用显极接线，每组线圈数相等，每相由两把线圈反向串接而成，用于小功率单相异步电动机，常用实例有老式抽油烟机电动机等。

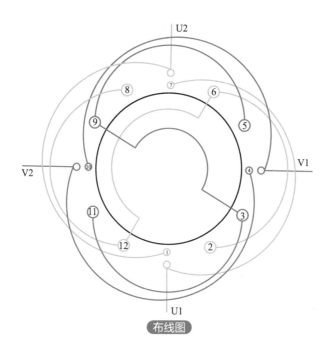

布线图

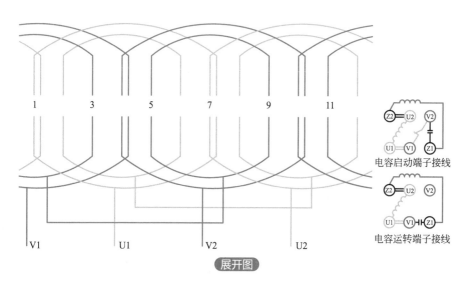

电容启动端子接线

电容运转端子接线

展开图

383

4.4.2　4极12槽单双层混合绕组

（1）绕组数据

定子槽数　$Z_1=12$

每组圈数　$S=\dfrac{3}{4}$

并联路数　$a=1$

电机极数　$2p=4$

极相槽数　$q=1\dfrac{1}{2}$

线圈节距　$Y=1\text{---}3$

总线圈数　$Q=8$

绕组极距　$\tau=3$

线圈组数　$u=8$

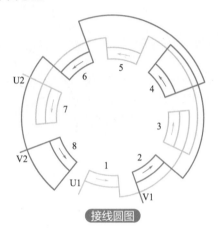

接线圆图

（2）嵌线顺序

采用交叠法嵌线时顺序表

嵌线顺序	1	2	3	4	5	6	7	8
槽　号	1	10	12	9	11	7	9	6
嵌线顺序	9	10	11	12	13	14	15	16
槽　号	8	4	6	3	5	12	2	3

采用整嵌法嵌线时顺序表

嵌线顺序	1	2	3	4	5	6	7	8
槽　号	1	3	10	12	7	9	4	6
嵌线顺序	9	10	11	12	13	14	15	16
槽　号	12	2	9	11	6	8	3	5

（3）特点与应用

绕组采用显极接线，每组线圈数相等，每相由四把线圈反向串接而成，用于小功率单相异步电动机，常用实例有新式抽油烟机电动机等。

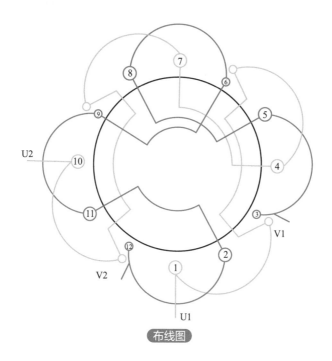

布线图

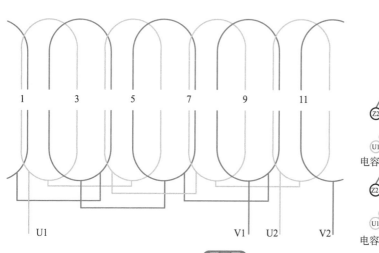

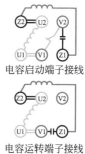

电容启动端子接线

电容运转端子接线

展开图

4.4.3　4极24槽单双层混合绕组之一

（1）绕组数据

定子槽数　$Z_1=24$

每组圈数　$S=1\dfrac{1}{2}$

并联路数　$a=1$

电机极数　$2p=4$

极相槽数　$q=2$

线圈节距　$Y=1—6，2—5$

总线圈数　$Q=16$

绕组极距　$\tau=6$

线圈组数　$u=8$

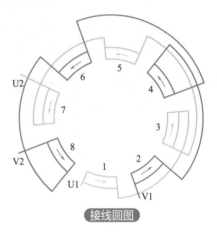

接线圆图

（2）嵌线顺序

采用整嵌法嵌线时顺序表

嵌线顺序	1	2	3	4	5	6	7	8	9	10	11	12
槽　号	2	5	1	6	20	23	19	24	14	17	13	18
嵌线顺序	13	14	15	16	17	18	19	20	21	22	23	24
槽　号	8	11	7	12	23	2	22	3	17	20	16	21
嵌线顺序	25	26	27	28	29	30	31	32	33	34	35	36
槽　号	11	14	10	15	5	8	4	9				

（3）特点与应用

绕组采用显极接线，每组两把线圈，每相由四把线圈反向串接而成，用于小功率单相异步电动机，常用实例有普及型洗衣机电动机等。

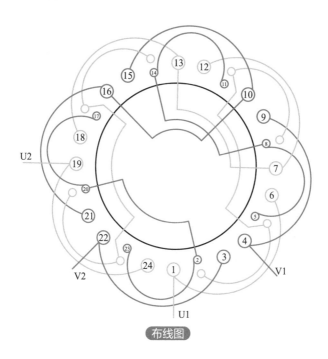

布线图

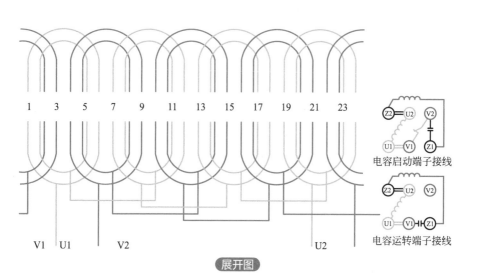

电容启动端子接线

电容运转端子接线

展开图

4.4.4　4极24槽单双层混合绕组之二

（1）绕组数据

定子槽数　$Z_1=24$

每组圈数　$S=1\dfrac{1}{2}$

并联路数　$a=1$

电机极数　$2p=4$

极相槽数　$q=2$

线圈节距　$Y=1—7，2—6$

总线圈数　$Q=16$

绕组极距　$\tau=6$

线圈组数　$u=8$

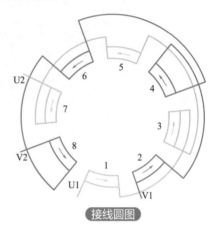

接线圆图

（2）嵌线顺序

采用整嵌法嵌线时顺序表

嵌线顺序	1	2	3	4	5	6	7	8	9	10	11	12
槽　号	2	6	1	7	20	24	19	1	14	18	13	19
嵌线顺序	13	14	15	16	17	18	19	20	21	22	23	24
槽　号	8	12	7	13	23	3	22	4	17	21	16	22
嵌线顺序	25	26	27	28	29	30	31	32	33	34	35	36
槽　号	11	15	10	16	5	9	4	10				

（3）特点与应用

绕组采用显极接线，每组两把线圈，每相由四把线圈反向串接而成，用于小功率单相异步电动机，常用实例有 JXX-90 普及型洗衣机电动机等。

388

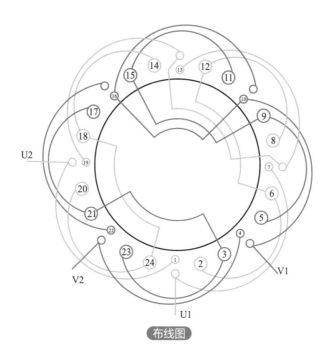

布线图

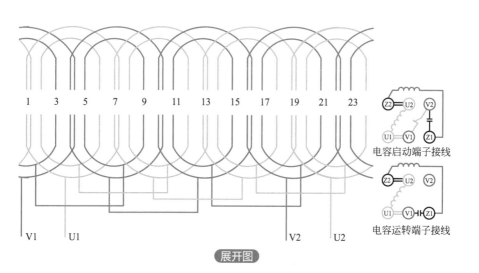

电容启动端子接线

电容运转端子接线

展开图

◆ 4.5 正弦绕组

4.5.1 2极12槽1/1正弦绕组

（1）绕组数据

定子槽数　　Z_1=12

每组圈数　　S_U=2、S_V=2

并联路数　　a=1

电机极数　　$2p$=2

极相槽数　　q=3

线圈节距　主、副　Y=1

总线圈数　　Q=8

绕组极距　　τ=6

线圈组数　　u=4

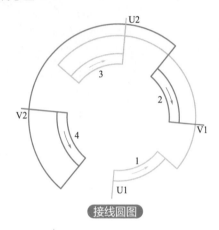

接线圆图

（2）嵌线顺序

采用整嵌法嵌线时顺序表

嵌线顺序	1	2	3	4	5	6	7	8
槽　　号	2	5	1	6	8	11	7	12
嵌线顺序	9	10	11	12	13	14	15	16
槽　　号	11	2	10	3	5	8	4	9

（3）特点与应用

绕组采用显极接线，每组线圈数相等，每相由两把线圈反向串接而成，用于小功率单相异步电动机，常用实例有 F-16 型仪用风扇电动机等。

注：本节分子、分母数字对应附表 1 中的序号

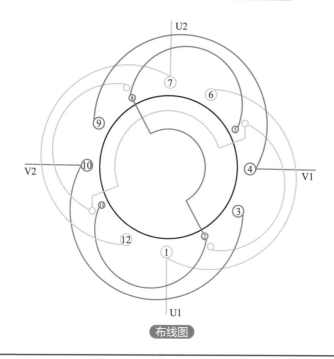

U2

⑦

⑧

⑥

⑨

⑤

V2 ⑩

④ V1

⑪

③

⑫

②

①

U1

布线图

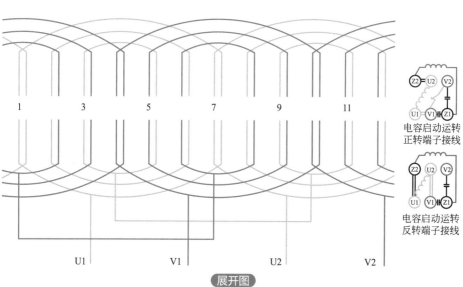

1　　　3　　　5　　　7　　　9　　　11

U1　　　　V1　　　　U2　　　　V2

展开图

电容启动运转
正转端子接线

电容启动运转
反转端子接线

4.5.2　2极12槽4/4正弦绕组

（1）绕组数据

定子槽数　　$Z_1=12$

每组圈数　　$S_U=3$、$S_V=3$

并联路数　　$a=1$

电机极数　　$2p=2$

极相槽数　　$q=3$

线圈节距　　主、副 $Y=4$

总线圈数　　$Q=12$

绕组极距　　$\tau=6$

线圈组数　　$u=4$

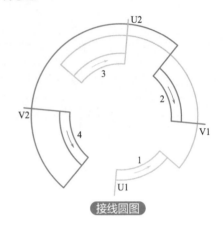

接线圆图

（2）嵌线顺序

采用整嵌法嵌线时顺序表

嵌线顺序	1	2	3	4	5	6	7	8	9	10	11	12
槽　号	3	4	2	5	1	6	9	10	8	11	7	12
嵌线顺序	13	14	15	16	17	18	19	20	21	22	23	24
槽　号	12	1	11	2	10	3	6	7	5	8	4	9

（3）特点与应用

绕组采用显极接线，每组线圈数相等，每相由两把线圈反向串接而成，用于小功率单相异步电动机，常用实例有 DO-4512、JX-5022单相电容运转电动机等。

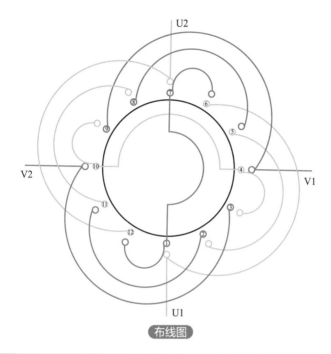

U2

⑧　⑦　⑥

⑨　　　⑤

V2 ⑩　　　④ V1

⑪　　　③

⑫　①　②

U1

布线图

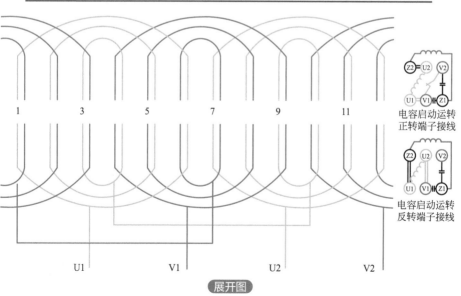

1　　3　　5　　7　　9　　11

U1　　　V1　　　U2　　　V2

展开图

电容启动运转
正转端子接线

电容启动运转
反转端子接线

4.5.3 2极12槽6/6正弦绕组

（1）绕组数据

定子槽数　$Z_1=12$

每组圈数　$S_U=3$、$S_V=3$

并联路数　$a=1$

电机极数　$2p=2$

极相槽数　$q=3$

线圈节距　主、副 $Y=6$

总线圈数　$Q=12$

绕组极距　$\tau=6$

线圈组数　$u=4$

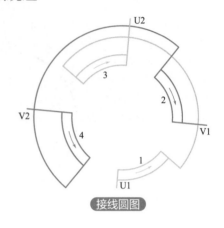

接线圆图

（2）嵌线顺序

采用整嵌法嵌线时顺序表

嵌线顺序	1	2	3	4	5	6	7	8	9	10	11	12
槽　　号	3	5	2	6	1	7	9	11	8	12	7	13
嵌线顺序	13	14	15	16	17	18	19	20	21	22	23	24
槽　　号	12	2	11	3	10	4	6	8	5	9	6	10

（3）特点与应用

绕组采用显极接线，每组三把线圈，每相由两把线圈反向串接而成，用于小功率单相异步电动机，常用实例有 DO2-5012 单相电容运转电动机等。

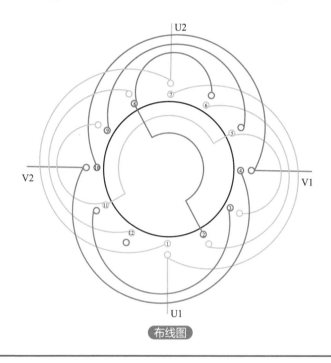

布线图

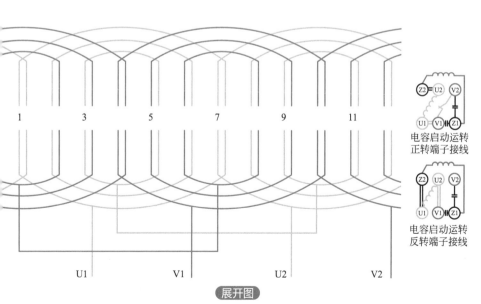

电容启动运转
正转端子接线

电容启动运转
反转端子接线

展开图

4.5.4　2极16槽8/8正弦绕组

（1）绕组数据

定子槽数　Z_1=16

每组圈数　S_U=2、S_V=2

并联路数　a=1

电机极数　$2p$=2

极相槽数　q=4

线圈节距　主、副 Y=8

总线圈数　Q=12

绕组极距　τ=8

线圈组数　u=4

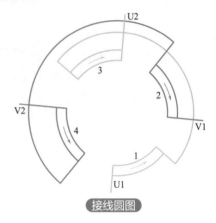

接线圆图

（2）嵌线顺序

采用整嵌法嵌线时顺序表

嵌线顺序	1	2	3	4	5	6	7	8	9	10	11	12
槽　号	3	6	2	7	1	8	11	14	10	15	9	16
嵌线顺序	13	14	15	16	17	18	19	20	21	22	23	24
槽　号	15	2	14	3	13	4	7	10	6	11	5	12

（3）特点与应用

绕组采用显极接线，每组三把线圈，每相由两把线圈反向串接而成，用于小功率单相异步电动机，常用实例有 JX06A-2 单相电容运行电动机等。

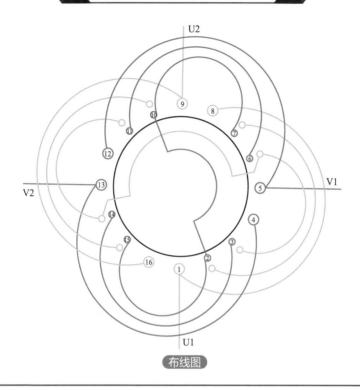

U2

9 8
10
11 7
12 6

V2 13 5 V1

14 4
15 3
16 2
1

U1

布线图

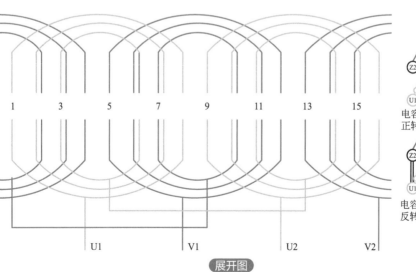

1 3 5 7 9 11 13 15

U1   V1   U2   V2

展开图

电容启动运转
正转端子接线

电容启动运转
反转端子接线

4.5.5 2极18槽11/14正弦绕组

（1）绕组数据

定子槽数　　Z_1=18

每组圈数　　S_U=4、S_V=4

并联路数　　a=1

电机极数　　$2p$=2

极相槽数　　q=4$\dfrac{1}{2}$

线圈节距　　主 Y=11、副 Y=14

总线圈数　　Q=16

绕组极距　　τ=9

线圈组数　　u=4

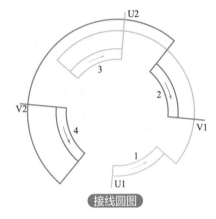

接线圆图

（2）嵌线顺序

采用整嵌法嵌线时顺序表

嵌线顺序	1	2	3	4	5	6	7	8	9	10	11
槽　　号	4	6	3	7	2	8	1	9	13	15	12
嵌线顺序	12	13	14	15	16	17	18	19	20	21	22
槽　　号	16	11	17	10	18	17	2	16	3	15	4
嵌线顺序	23	24	25	26	27	28	29	30	31	32	
槽　　号	14	5	8	11	7	12	6	13	5	14	

（3）特点与应用

绕组采用显极接线，每组四把线圈，每相由两把线圈正向串接而成，用于小功率单相异步电动机，常用实例有 CFP1-120 单相砂轮电动机等。

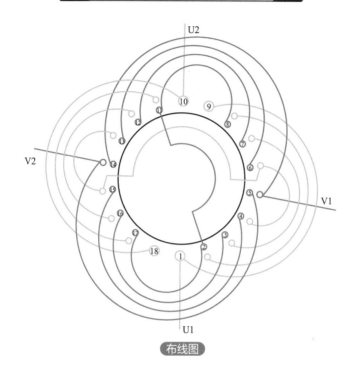

U2

V2

V1

U1

布线图

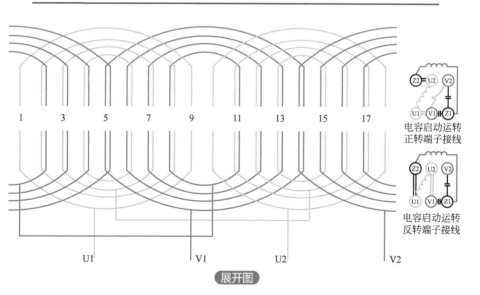

1 3 5 7 9 11 13 15 17

U1 V1 U2 V2

电容启动运转
正转端子接线

电容启动运转
反转端子接线

展开图

399

4.5.6　2极24槽20/18正弦绕组

（1）绕组数据

定子槽数　Z_1=24

每组圈数　S_U=4、S_V=2

并联路数　a=1

电机极数　$2p$=2

极相槽数　q=6

线圈节距　主 Y=20、副 Y=18

总线圈数　Q=12

绕组极距　τ=12

线圈组数　u=4

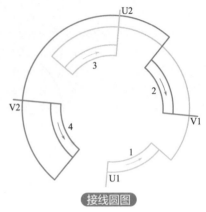

接线圆图

（2）嵌线顺序

采用整嵌法嵌线时顺序表

嵌线顺序	1	2	3	4	5	6	7	8	9	10	11	12
槽　号	4	9	3	10	2	11	1	12	16	21	15	22
嵌线顺序	13	14	15	16	17	18	19	20	21	22	23	24
槽　号	14	23	13	24	20	5	19	6	8	17	7	18

（3）特点与应用

绕组采用显极接线，每组线圈数相等，每相由两把线圈正向串接而成，用于小功率单相异步电动机，常用实例有 KL-12 单相电容启动电动机等。

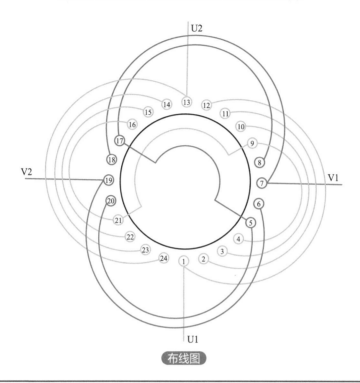

U2

V2

V1

U1

布线图

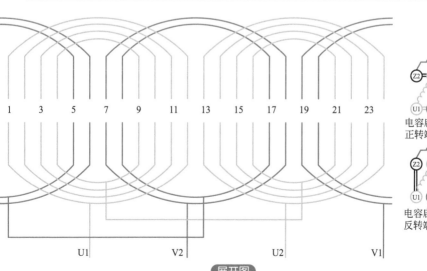

1　3　5　　7　9　11　13　15　17　19　21　23

U1　　　　V2　　　　U2　　　　V1

展开图

电容启动运转
正转端子接线

电容启动运转
反转端子接线

4.5.7　2极24槽20/19正弦绕组

（1）绕组数据

定子槽数　Z_1=24

每组圈数　S_U=4、S_V=3

并联路数　a=1

电机极数　$2p$=2

极相槽数　q=6

线圈节距　主 Y=20、副 Y=19

总线圈数　Q=14

绕组极距　τ=12

线圈组数　u=4

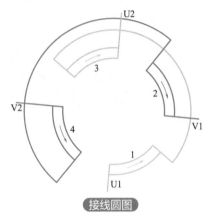

接线圆图

（2）嵌线顺序

采用整嵌法嵌线时顺序表

嵌线顺序	1	2	3	4	5	6	7	8	9	10	11	12	13	14
槽　号	4	9	3	10	2	11	1	12	16	21	15	22	14	23
嵌线顺序	15	16	17	18	19	20	21	22	23	24	25	26	27	28
槽　号	13	24	21	4	20	5	19	6	9	16	8	17	7	18

（3）特点与应用

绕组采用显极接线，每组线圈数相等，每相由两把线圈正向串接而成，用于小功率单相异步电动机，常用实例有 HQ-651-BQ 单相电阻分相启动电动机等。

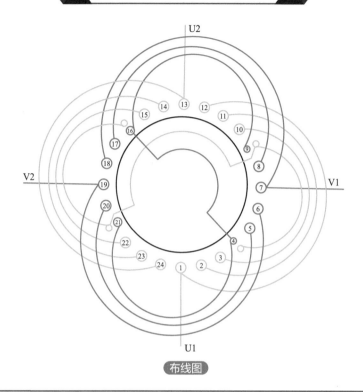

布线图

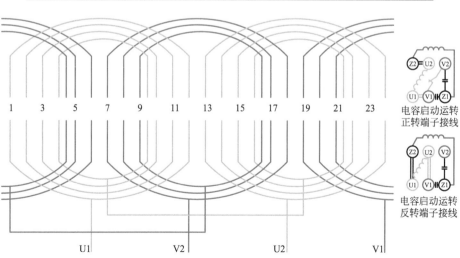

电容启动运转
正转端子接线

电容启动运转
反转端子接线

展开图

4.5.8　2极24槽20/20正弦绕组

（1）绕组数据

定子槽数　Z_1=24

每组圈数　S_U=4、S_V=4

并联路数　a=1

电机极数　$2p$=2

极相槽数　q=6

线圈节距　主 Y=20、副 Y=20

总线圈数　Q=12

绕组极距　τ=12

线圈组数　u=4

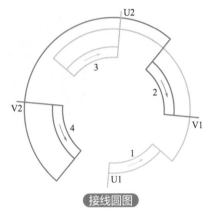

接线圆图

（2）嵌线顺序

采用整嵌法嵌线时顺序表

嵌线顺序	1	2	3	4	5	6	7	8	9	10	11
槽　号	4	9	3	10	2	11	1	12	16	21	15
嵌线顺序	12	13	14	15	16	17	18	19	20	21	22
槽　号	22	14	23	13	24	22	3	21	4	20	5
嵌线顺序	23	24	25	26	27	28	29	30	31	32	
槽　号	19	6	10	15	9	16	8	17	7	18	

（3）特点与应用

绕组采用显极接线，每组线圈数相等，每相由两把线圈正向串接而成，用于小功率单相异步电动机，常用实例有 QD3-16J 单相电容运转电动机等。

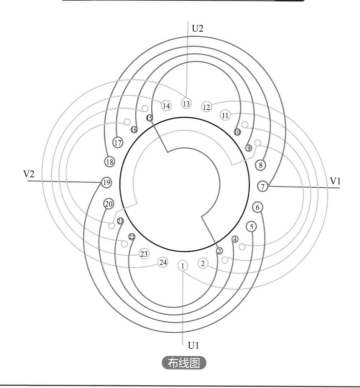

U2

V2

V1

U1

布线图

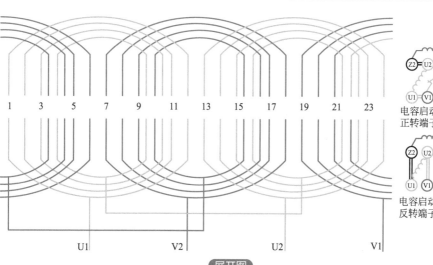

| 1 | 3 | 5 | 7 | 9 | 11 | 13 | 15 | 17 | 19 | 21 | 23 |

U1   V2   U2   V1

电容启动运转
正转端子接线

电容启动运转
反转端子接线

展开图

405

4.5.9　2极24槽21/20正弦绕组

（1）绕组数据

定子槽数　$Z_1=24$

每组圈数　$S_U=5$、$S_V=4$

并联路数　$a=1$

电机极数　$2p=2$

极相槽数　$q=6$

线圈节距　主 $Y=21$、副 $Y=20$

总线圈数　$Q=18$

绕组极距　$\tau=12$

线圈组数　$u=4$

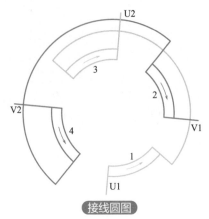

接线圆图

（2）嵌线顺序

采用整嵌法嵌线时顺序表

嵌线顺序	1	2	3	4	5	6	7	8	9	10	11	12
槽　　号	5	8	4	9	3	10	2	11	1	12	17	20
嵌线顺序	13	14	15	16	17	18	19	20	21	22	23	24
槽　　号	16	21	15	22	14	23	13	24	2	3	21	4
嵌线顺序	25	26	27	28	29	30	31	32	33	34	35	36
槽　　号	20	5	19	6	10	15	9	16	8	17	7	18

（3）特点与应用

绕组采用显极接线，每组线圈数相等，每相由两把线圈正向串接而成，用于小功率单相异步电动机，常用实例有 QF-21 单相电阻分相启动电动机等。

406

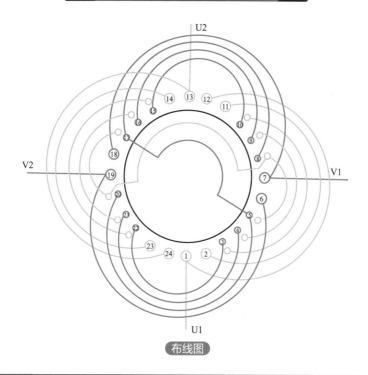

布线图

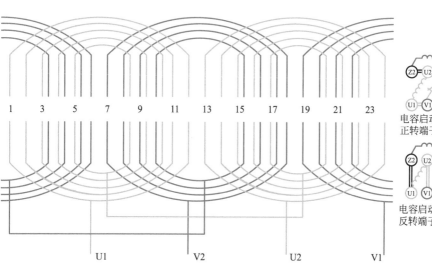

电容启动运转
正转端子接线

电容启动运转
反转端子接线

展开图

407

4.5.10 2极24槽21/21正弦绕组

（1）绕组数据

定子槽数 Z_1=24

每组圈数 S_U=5、S_V=5

并联路数 a=1

电机极数 $2p$=2

极相槽数 q=6

线圈节距 主、副 Y=21

总线圈数 Q=20

绕组极距 τ=12

线圈组数 u=4

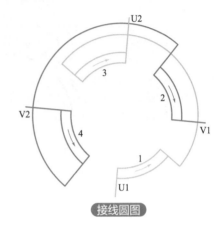

接线圆图

（2）嵌线顺序

采用整嵌法嵌线时顺序表

嵌线顺序	1	2	3	4	5	6	7	8	9	10
槽 号	5	8	4	9	3	10	2	11	1	12
嵌线顺序	11	12	13	14	15	16	17	18	19	20
槽 号	17	20	16	21	15	22	14	23	13	24
嵌线顺序	21	22	23	24	25	26	27	28	29	30
槽 号	23	2	22	3	21	4	20	5	19	6
嵌线顺序	31	32	33	34	35	36	37	38	39	40
槽 号	11	14	10	15	9	16	8	17	7	18

（3）特点与应用

绕组采用显极接线，每组线圈数相等，每相由两把线圈正向串接而成，用于小功率单相异步电动机，常用实例有 CO-7122 单相电容分相启动电动机等。

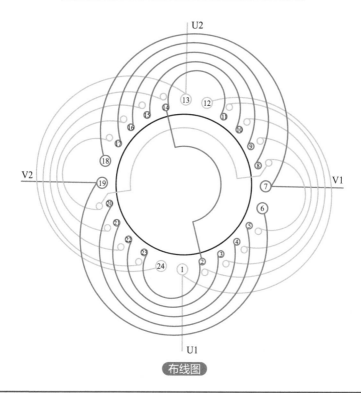

U2

13 12
14 11
15 10
16 9
17 8
18
V2 19 7 V1
20 6
21 5
22 4
23 3
24 2
1

U1

布线图

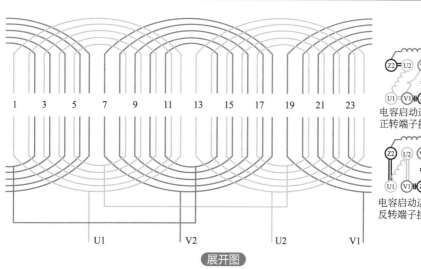

1 3 5 7 9 11 13 15 17 19 21 23

U1   V2   U2   V1

展开图

电容启动运转
正转端子接线

电容启动运转
反转端子接线

4.5.11 2极24槽22/20正弦绕组

（1）绕组数据

定子槽数 $Z_1=24$

每组圈数 $S_U=6$、$S_V=4$

并联路数 $a=1$

电机极数 $2p=2$

极相槽数 $q=6$

线圈节距 主 $Y=22$、副 $Y=20$

总线圈数 $Q=20$

绕组极距 $\tau=12$

线圈组数 $u=4$

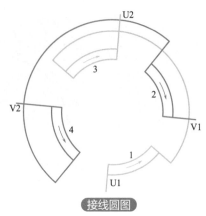

接线圆图

（2）嵌线顺序

采用整嵌法嵌线时顺序表

嵌线顺序	1	2	3	4	5	6	7	8	9	10	11
槽　号	6	7	5	8	4	9	3	10	2	11	1
嵌线顺序	12	13	14	15	16	17	18	19	20	21	22
槽　号	12	18	17	20	16	21	15	22	14	23
嵌线顺序	23	24	25	26	27	28	29	30	31	32	33
槽　号	13	24	22	3	21	4	20	5	19	6	10
嵌线顺序	34	35	36	37	38	39	40				
槽　号	15	9	16	8	17	7	18				

（3）特点与应用

绕组采用显极接线，每组线圈数相等，每相由两把线圈正向串接而成，用于小功率单相异步电动机，常用实例有YC902-2单相电容分相启动电动机等。

410

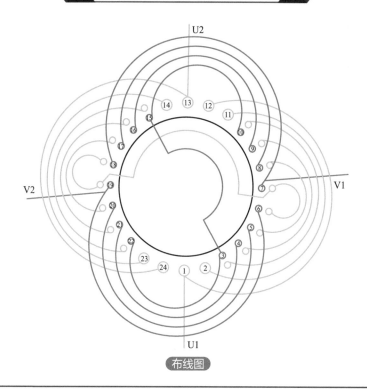

布线图

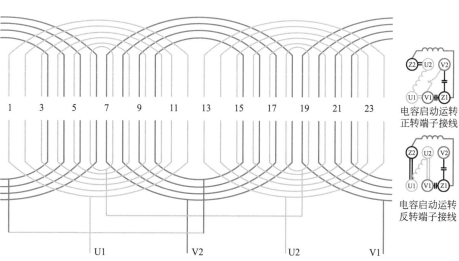

电容启动运转
正转端子接线

电容启动运转
反转端子接线

展开图

411

4.5.12　2极24槽22/22正弦绕组

（1）绕组数据

定子槽数　$Z_1=24$

每组圈数　$S_U=6$、$S_V=6$

并联路数　$a=1$

电机极数　$2p=2$

极相槽数　$q=6$

线圈节距　主 $Y=22$、副 $Y=22$

总线圈数　$Q=24$

绕组极距　$\tau=12$

线圈组数　$u=4$

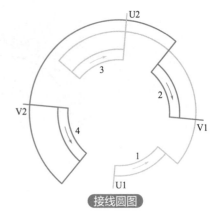

接线圆图

（2）嵌线顺序

采用整嵌法嵌线时顺序表

嵌线顺序	1	2	3	4	5	6	7	8	9	10	11	12
槽　　号	6	8	5	9	4	10	3	11	2	12	1	13
嵌线顺序	13	14	15	16	17	18	19	20	21	22	23	24
槽　　号	18	20	17	21	16	22	15	23	14	24	13	1
嵌线顺序	25	26	27	28	29	30	31	32	33	34	35	36
槽　　号	24	2	23	3	22	4	21	5	20	6	19	7
嵌线顺序	37	38	39	40	41	42	43	44	45	46	47	48
槽　　号	12	14	11	15	10	16	9	17	8	18	7	19

（3）特点与应用

绕组采用显极接线，每组线圈数相等，每相由两把线圈正向串接而成，用于小功率单相异步电动机，常用实例有 BB/M-1 单相电阻分相启动电动机等。

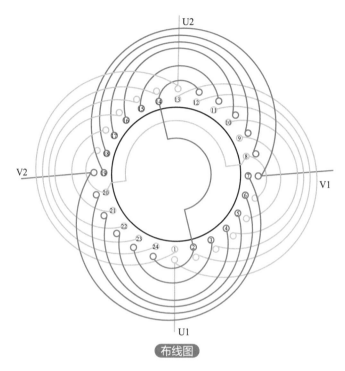

U2

V2

V1

U1

布线图

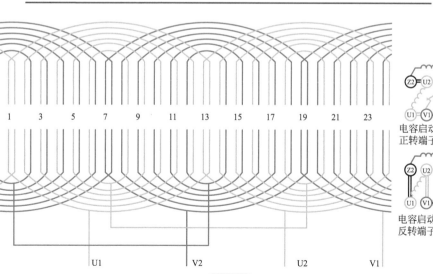

1　3　5　7　9　11　13　15　17　19　21　23

U1　V2　U2　V1

电容启动运转
正转端子接线

电容启动运转
反转端子接线

展开图

413

4.5.13　2极24槽25/25正弦绕组

（1）绕组数据

定子槽数　Z_1=24

每组圈数　S_U=4、S_V=4

并联路数　a=1

电机极数　$2p$=2

极相槽数　q=6

线圈节距　主、副 Y=25

总线圈数　Q=16

绕组极距　τ=12

线圈组数　u=4

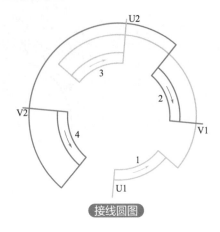

接线圆图

（2）嵌线顺序

采用整嵌法嵌线时顺序表

嵌线顺序	1	2	3	4	5	6	7	8	9	10	11	12
槽　　号	4	10	3	11	2	12	1	13	16	22	15	23
嵌线顺序	13	14	15	16	17	18	19	20	21	22	23	24
槽　　号	14	24	13	1	22	4	21	5	20	6	19	7
嵌线顺序	25	26	27	28	29	30	31	32				
槽　　号	10	16	9	17	8	18	7	19				

（3）特点与应用

绕组采用显极接线，每组线圈数相等，每相由两把线圈正向串接而成，用于小功率单相异步电动机，常用实例有 LD-1 单相电阻分相启动电动机等。

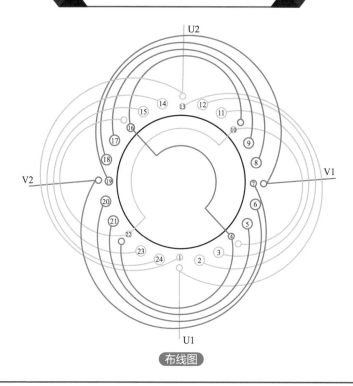

U2

V2

V1

U1

布线图

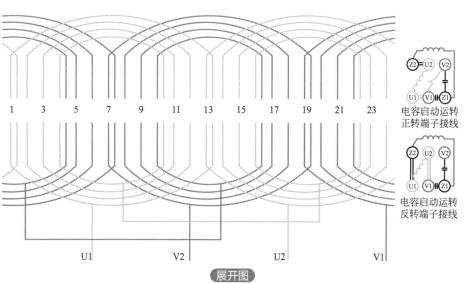

| 1 | 3 | 5 | 7 | 9 | 11 | 13 | 15 | 17 | 19 | 21 | 23 |

电容启动运转
正转端子接线

电容启动运转
反转端子接线

U1   V2   U2   V1

展开图

415

4.5.14　2极24槽26/24正弦绕组

（1）绕组数据

定子槽数　$Z_1=24$

每组圈数　$S_U=5$、$S_V=3$

并联路数　$a=1$

电机极数　$2p=2$

极相槽数　$q=6$

线圈节距　主 $Y=26$、副 $Y=24$

总线圈数　$Q=16$

绕组极距　$\tau=12$

线圈组数　$u=4$

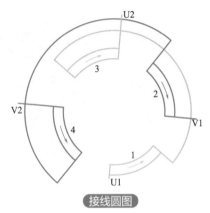

接线圆图

（2）嵌线顺序

采用整嵌法嵌线时顺序表

嵌线顺序	1	2	3	4	5	6	7	8	9	10	11	12
槽　号	5	9	4	10	3	11	2	12	1	13	17	21
嵌线顺序	13	14	15	16	17	18	19	20	21	22	23	24
槽　号	16	22	15	23	14	24	13	1	21	5	20	6
嵌线顺序	25	26	27	28	29	30	31	32				
槽　号	19	7	9	17	8	18	7	19				

（3）特点与应用

绕组采用显极接线，每组线圈数相等，每相由两把线圈正向串接而成，用于小功率单相异步电动机，常用实例有 ND-70BX 单相电阻分相启动电动机等。

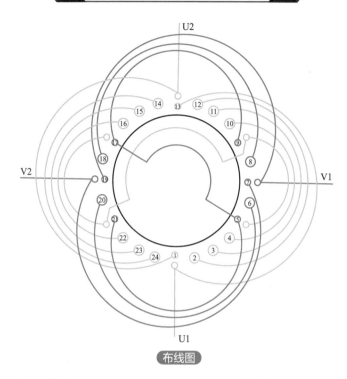

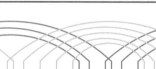

布线图

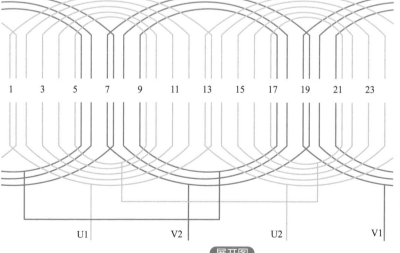

电容启动运转
正转端子接线

电容启动运转
反转端子接线

展开图

4.5.15 2极24槽26/25正弦绕组

（1）绕组数据

定子槽数　$Z_1=24$

每组圈数　$S_U=5$、$S_V=4$

并联路数　$a=1$

电机极数　$2p=2$

极相槽数　$q=6$

线圈节距　主 $Y=26$、副 $Y=25$

总线圈数　$Q=18$

绕组极距　$\tau=12$

线圈组数　$u=4$

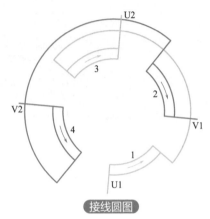

接线圆图

（2）嵌线顺序

采用整嵌法嵌线时顺序表

嵌线顺序	1	2	3	4	5	6	7	8	9	10	11	12
槽　　号	5	9	4	10	3	11	2	12	1	13	17	21
嵌线顺序	13	14	15	16	17	18	19	20	21	22	23	24
槽　　号	16	22	15	23	14	24	13	1	22	4	21	5
嵌线顺序	25	26	27	28	29	30	31	32	33	34	35	36
槽　　号	20	6	19	7	10	16		17	8	18	7	19

（3）特点与应用

绕组采用显极接线，每组线圈数相等，每相由两把线圈正向串接而成，用于小功率单相异步电动机，常用实例有 DO-5012 单相电容运转电动机等。

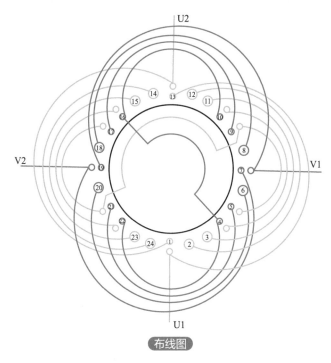

U2

V2

V1

U1

布线图

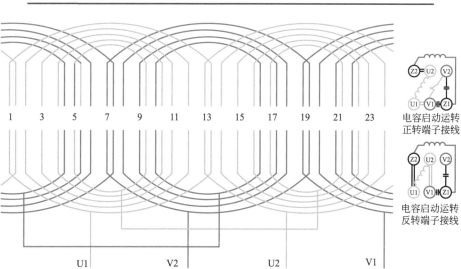

1　　3　　5　　7　　9　　11　　13　　15　　17　　19　　21　　23

U1　　　　V2　　　　U2　　　　V1

展开图

电容启动运转
正转端子接线

电容启动运转
反转端子接线

419

4.5.16 4极12槽2/1-3正弦绕组

（1）绕组数据

定子槽数　$Z_1=12$

每组圈数　$S_U=2$、$S_V=1$

并联路数　$a=1$

电机极数　$2p=4$

极相槽数　$q=1\dfrac{1}{2}$

线圈节距　主 $Y=2$、副 $Y=1—3$

总线圈数　$Q=12$

绕组极距　$\tau=3$

线圈组数　$u=8$

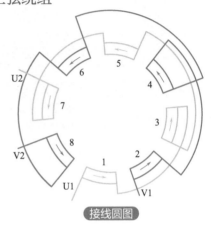

接线圆图

（2）嵌线顺序

采用整嵌法嵌线时顺序表

嵌线顺序	1	2	3	4	5	6	7	8	9	10	11	12
槽　　号	2	3	1	4	11	12	10	1	8	9	7	10
嵌线顺序	13	14	15	16	17	18	19	20	21	22	23	24
槽　　号	5	6	4	7	12	2	9	11	6	8	3	5

（3）特点与应用

绕组采用显极接线，每组线圈数相等，每相由四把线圈反向串接而成，用于小功率单相异步电动机，常用实例有 DO2-5014 型仪用风扇电动机等。

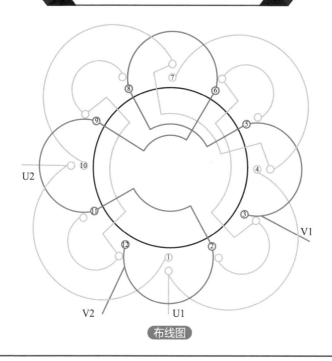

布线图

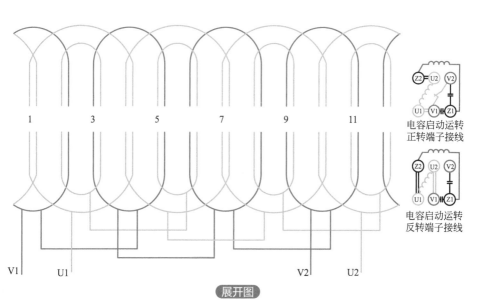

电容启动运转
正转端子接线

电容启动运转
反转端子接线

展开图

421

4.5.17 4极16槽2/2正弦绕组

（1）绕组数据

定子槽数 $Z_1=16$

每组圈数 $S_U=2$、$S_V=2$

并联路数 $a=1$

电机极数 $2p=4$

极相槽数 $q=2$

线圈节距 主、副 $Y=2$

总线圈数 $Q=16$

绕组极距 $\tau=4$

线圈组数 $u=8$

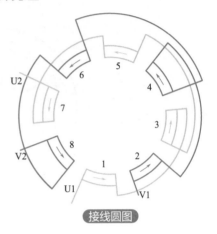

接线圆图

（2）嵌线顺序

采用整嵌法嵌线时顺序表

嵌线顺序	1	2	3	4	5	6	7	8	9	10	11	12
槽 号	2	4	1	5	14	16	13	1	10	12	9	13
嵌线顺序	13	14	15	16	17	17	19	20	21	22	23	24
槽 号	6	8	5	9	16	2	15	3	12	14	13	15
嵌线顺序	25	26	27	28	29	30	31	32				
槽 号	8	10	7	15	4	6	3	7				

（3）特点与应用

绕组采用显极接线，每组三把线圈，每相由两把线圈反向串接而成，用于小功率单相异步电动机，常用实例有 JX06B-4 单相电容运行电动机等。

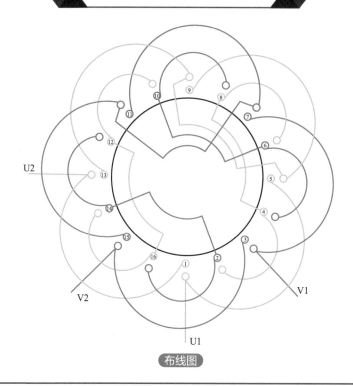

布线图

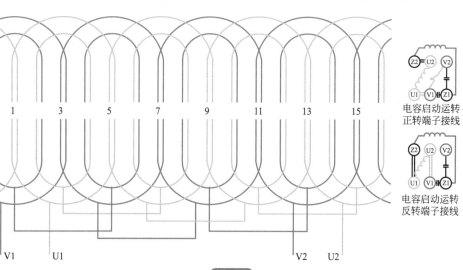

电容启动运转
正转端子接线

电容启动运转
反转端子接线

展开图

423

4.5.18 4极24槽5/5正弦绕组

（1）绕组数据

定子槽数　$Z_1=24$

每组圈数　$S_U=2$、$S_V=2$

并联路数　$a=1$

电机极数　$2p=4$

极相槽数　$q=3$

线圈节距　主、副 $Y=5$

总线圈数　$Q=16$

绕组极距　$\tau=6$

线圈组数　$u=8$

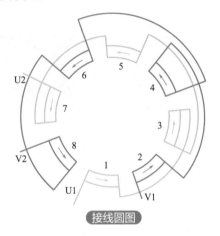

接线圆图

（2）嵌线顺序

采用整嵌法嵌线时顺序表

嵌线顺序	1	2	3	4	5	6	7	8	9	10	11
槽　号	2	6	1	7	20	24	19	1	14	18	13
嵌线顺序	12	13	14	15	16	17	18	19	20	21	22
槽　号	19	8	12	7	13	23	3	22	4	17	21
嵌线顺序	23	24	25	26	27	28	29	30	31	32	
槽　号	16	22	11	15	10	16	5	9	4	10	

（3）特点与应用

绕组采用显极接线，每组线圈数相等，每相由四把线圈正向串接而成，用于小功率单相异步电动机，常用实例有 XDS-90 单相电容启动电动机等。

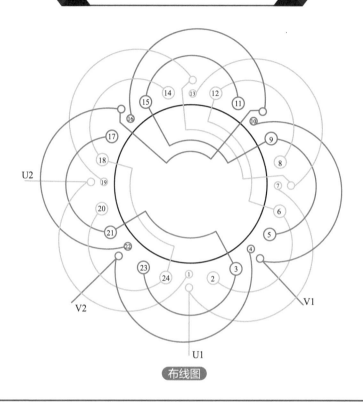

布线图

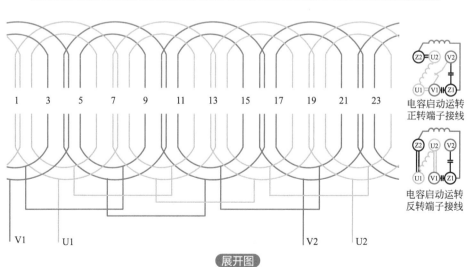

电容启动运转
正转端子接线

电容启动运转
反转端子接线

展开图

425

4.5.19 4极24槽6/5正弦绕组

（1）绕组数据

定子槽数 $Z_1=24$

每组圈数 $S_U=3$、$S_V=2$

并联路数 $a=1$

电机极数 $2p=4$

极相槽数 $q=3$

线圈节距 主 $Y=6$、副 $Y=5$

总线圈数 $Q=20$

绕组极距 $\tau=6$

线圈组数 $u=8$

（2）嵌线顺序

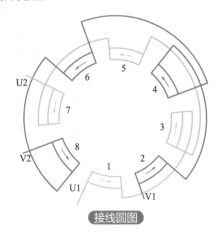

接线圆图

采用整嵌法嵌线时顺序表

嵌线顺序	1	2	3	4	5	6	7	8	9	10
槽 号	3	5	2	6	1	7	21	23	20	24
嵌线顺序	11	12	13	14	15	16	17	18	19	20
槽 号	19	1	15	17	14	18	13	19	9	11
嵌线顺序	21	22	23	24	25	26	27	28	29	30
槽 号	8	12	7	13	23	3	22	4	17	21
嵌线顺序	31	32	33	34	35	36	37	38	39	40
槽 号	16	22	11	15	10	16	5	9	4	10

（3）特点与应用

绕组采用显极接线，每组线圈数相等，每相由四把线圈正向串接而成，用于小功率单相异步电动机，常用实例有 XDS-90 单相电容启动电动机等。

426

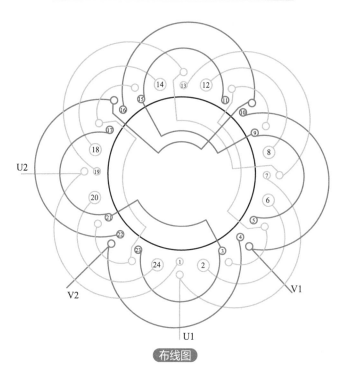

布线图

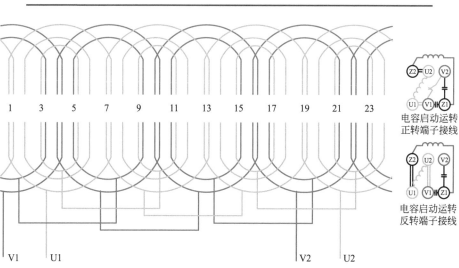

电容启动运转
正转端子接线

电容启动运转
反转端子接线

V1　　U1　　　　　　　　　　　　　V2　　U2

展开图

4.5.20　4极24槽6/6正弦绕组

（1）绕组数据

定子槽数　$Z_1=24$

每组圈数　$S_U=3$、$S_V=3$

并联路数　$a=1$

电机极数　$2p=4$

极相槽数　$q=3$

线圈节距　主、副 $Y=6$

总线圈数　$Q=24$

绕组极距　$\tau=6$

线圈组数　$u=8$

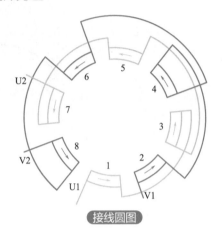

接线圆图

（2）嵌线顺序

采用整嵌法嵌线时顺序表

嵌线顺序	1	2	3	4	5	6	7	8	9	10	11	12
槽　号	3	5	2	6	1	7	21	23	20	24	19	1
嵌线顺序	13	14	15	16	17	18	19	20	21	22	23	24
槽　号	15	17	14	18	13	19	9	11	8	12	7	13
嵌线顺序	25	26	27	28	29	30	31	32	33	34	35	36
槽　号	24	2	23	3	22	4	18	20	17	21	16	22
嵌线顺序	37	38	39	40	41	42	43	44	45	46	47	48
槽　号	12	14	11	15	10	16	6	8	5	9	4	10

（3）特点与应用

绕组采用显极接线，每组线圈数相等，每相由四把线圈正向串接而成，用于小功率单相异步电动机，常用实例有 DO2-7124 单相电容运转电动机等。

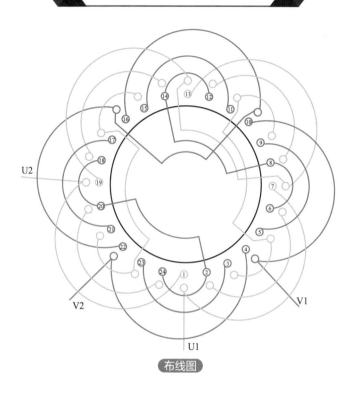

布线图

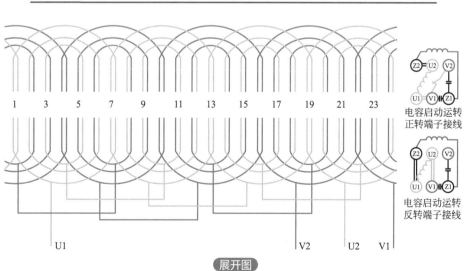

电容启动运转
正转端子接线

电容启动运转
反转端子接线

展开图

429

4.5.21 4极32槽8/7正弦绕组

（1）绕组数据

定子槽数　$Z_1=32$

每组圈数　$S_U=3$、$S_V=2$

并联路数　$a=1$

电机极数　$2p=4$

极相槽数　$q=4$

线圈节距　主 $Y=8$、副 $Y=7$

总线圈数　$Q=20$

绕组极距　$\tau=8$

线圈组数　$u=8$

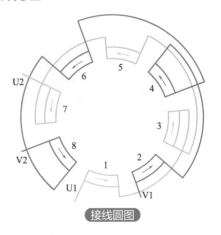

接线圆图

（2）嵌线顺序

采用整嵌法嵌线时顺序表

嵌线顺序	1	2	3	4	5	6	7	8	9	10
槽　　号	3	6	2	7	1	8	27	30	26	31
嵌线顺序	11	12	13	14	15	16	17	18	19	20
槽　　号	25	32	19	22	18	23	17	24	11	14
嵌线顺序	21	22	23	24	25	26	27	28	29	30
槽　　号	10	15	9	16	30	3	29	2	22	27
嵌线顺序	31	32	33	34	35	36	37	38	39	40
槽　　号	21	28	14	19	13	20	6	11	5	12

（3）特点与应用

绕组采用显极接线，每组线圈数相等，每相由四把线圈正向串接而成，用于小功率单相异步电动机，常用实例有 FB-515 单相电阻分相启动电动机等。

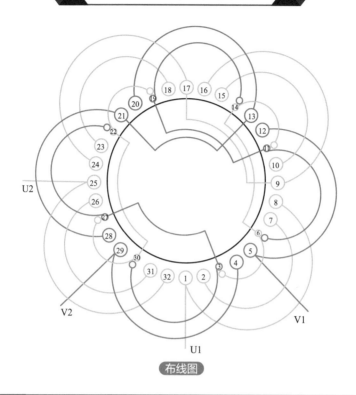

布线图

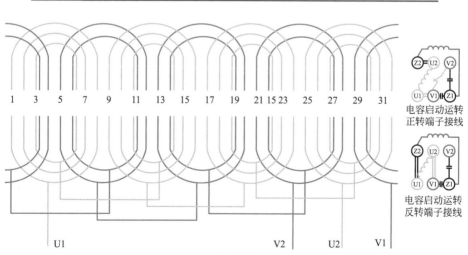

电容启动运转
正转端子接线

电容启动运转
反转端子接线

展开图

431

4.5.22 4极32槽8/8正弦绕组

（1）绕组数据

定子槽数　Z_1=32

每组圈数　S_U=3、S_V=3

并联路数　a=1

电机极数　$2p$=4

极相槽数　q=4

线圈节距　主、副 Y=8

总线圈数　Q=24

绕组极距　τ=8

线圈组数　u=8

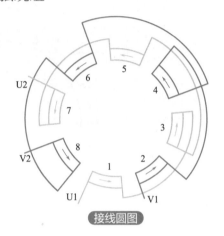

接线圆图

（2）嵌线顺序

采用整嵌法嵌线时顺序表

嵌线顺序	1	2	3	4	5	6	7	8	9	10	11	12
槽　号	3	6	2	7	1	8	27	30	26	31	25	32
嵌线顺序	13	14	15	16	17	18	19	20	21	22	23	24
槽　号	19	22	18	23	17	24	11	14	10	15	9	16
嵌线顺序	25	26	27	28	29	30	31	32	33	34	35	36
槽　号	31	2	30	3	29	2	23	26	22	27	21	28
嵌线顺序	37	38	39	40	41	42	43	44	45	46	47	48
槽　号	15	18	14	19	13	20	7	10	6	11	5	12

（3）特点与应用

　　绕组采用显极接线，每组线圈数相等，每相由四把线圈正向串接而成，用于小功率单相异步电动机，常用实例有 FB-536 单相电阻分相启动电动机等。

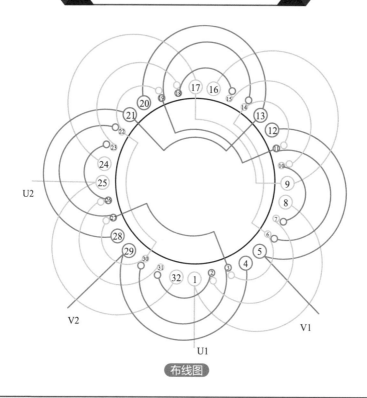

布线图

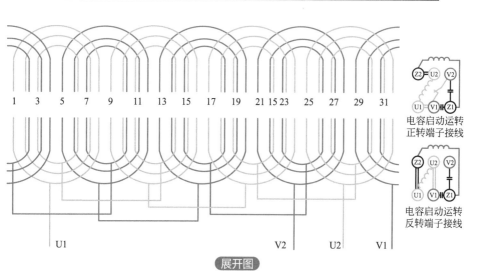

电容启动运转
正转端子接线

电容启动运转
反转端子接线

展开图

433

4.5.23 4极32槽11/10正弦绕组

（1）绕组数据

定子槽数　$Z_1=32$

每组圈数　$S_U=4$、$S_V=3$

并联路数　$a=1$

电机极数　$2p=4$

极相槽数　$q=4$

线圈节距　主 $Y=11$、副 $Y=10$

总线圈数　$Q=21$

绕组极距　$\tau=8$

线圈组数　$u=8$

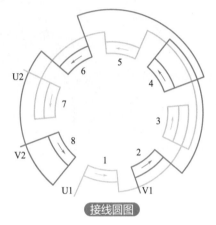

接线圆图

（2）嵌线顺序

采用整嵌法嵌线时顺序表

嵌线顺序	1	2	3	4	5	6	7	8	9	10	11	12	13	14
槽　号	4	6	3	7	2	8	1	9	28	30	27	31	26	32
嵌线顺序	15	16	17	18	19	20	21	22	23	24	25	26	27	28
槽　号	25	1	20	22	19	23	18	24	17	25	12	14	11	15
嵌线顺序	29	30	31	32	33	34	35	36	37	38	39	40	41	42
槽　号	10	16	9	17	31	3	30	4	29	5	23	27	22	28
嵌线顺序	43	44	45	46	47	48	49	50	51	52	53	54	55	56
槽　号	21	29	15	19	14	20	13	21	7	11	6	12	5	13

（3）特点与应用

绕组采用显极接线，每组线圈数相等，每相由四把线圈正向串接而成，用于小功率单相异步电动机，常用实例有 LD-5801 单相电阻分相启动电动机等。

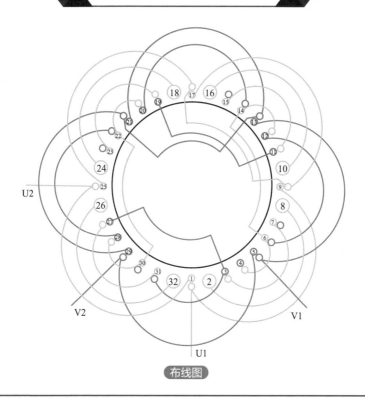

布线图

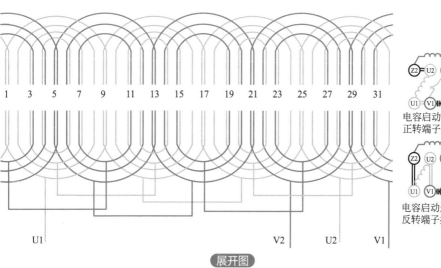

电容启动运转
正转端子接线

电容启动运转
反转端子接线

展开图

435

4.5.24　4极36槽14/12正弦绕组

（1）绕组数据

定子槽数　$Z_1=36$

每组圈数　$S_U=4$、$S_V=2$

并联路数　$a=1$

电机极数　$2p=4$

极相槽数　$q=4\dfrac{1}{2}$

线圈节距　主 $Y=14$、副 $Y=12$

总线圈数　$Q=24$

绕组极距　$\tau=9$

线圈组数　$u=8$

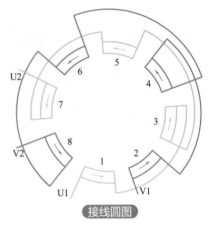

接线圆图

（2）嵌线顺序

采用整嵌法嵌线时顺序表

嵌线顺序	1	2	3	4	5	6	7	8	9	10	11	12
槽　号	4	7	3	8	2	9	1	10	31	34	30	35
嵌线顺序	13	14	15	16	17	18	19	20	21	22	23	24
槽　号	29	36	28	1	22	25	21	26	20	27	19	28
嵌线顺序	25	26	27	28	29	30	31	32	33	34	35	36
槽　号	13	16	12	17	11	18	10	19	34	4	33	5
嵌线顺序	37	38	39	40	41	42	43	44	45	46	47	48
槽　号	25	31	24	32	16	22	15	23	7	13	6	14

（3）特点与应用

　　绕组采用显极接线，每组线圈数相等，每相由四把线圈正向串接而成，用于小功率单相异步电动机，常用实例有 CO-0814 单相电容启动电动机等。

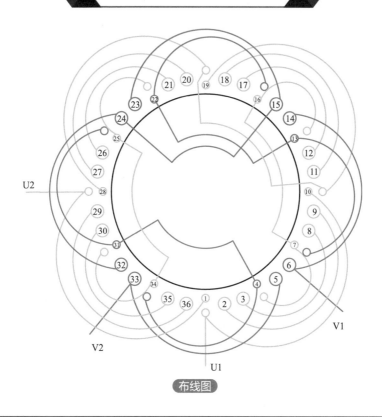

布线图

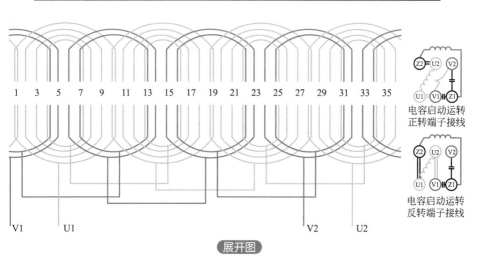

电容启动运转
正转端子接线

电容启动运转
反转端子接线

展开图

437

4.5.25　4极36槽14/13正弦绕组

（1）绕组数据

定子槽数　$Z_1=36$

每组圈数　$S_U=4$、$S_V=3$

并联路数　$a=1$

电机极数　$2p=4$

极相槽数　$q=4\dfrac{1}{2}$

线圈节距　主 $Y=14$、副 $Y=13$

总线圈数　$Q=28$

绕组极距　$\tau=9$

线圈组数　$u=8$

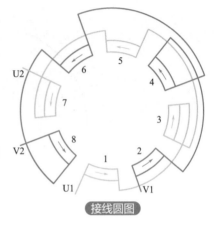

接线圆图

（2）嵌线顺序

采用整嵌法嵌线时顺序表

嵌线顺序	1	2	3	4	5	6	7	8	9	10	11	12	13	14
槽　　号	4	7	3	8	2	9	1	10	31	34	30	35	29	36
嵌线顺序	15	16	17	18	19	20	21	22	23	24	25	26	27	28
槽　　号	28	1	22	25	21	26	20	27	19	28	13	16	12	17
嵌线顺序	29	30	31	32	33	34	35	36	37	38	39	40	41	42
槽　　号	11	18	10	19	35	34	3	34	4	33	5	26	30	25	31
嵌线顺序	43	44	45	46	47	48	49	50	51	52	53	54	55	56
槽　　号	24	32	17	21	16	22	15	23	8	12	7	13	6	14

（3）特点与应用

绕组采用显极接线，每组线圈数相等，每相由四把线圈正向串接而成，用于小功率单相异步电动机，常用实例有 CO-8024 单相电容启动电动机等。

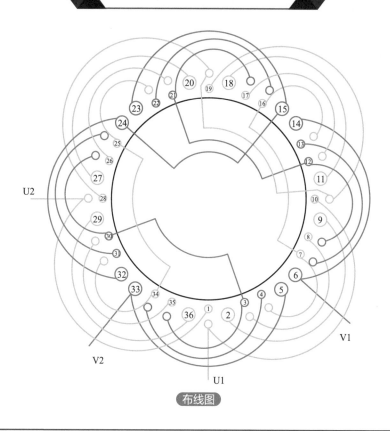

布线图

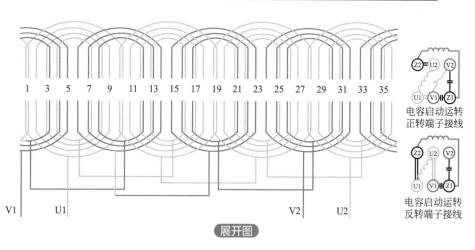

展开图

电容启动运转
正转端子接线

电容启动运转
反转端子接线

4.5.26 4极36槽17/13正弦绕组

（1）绕组数据

定子槽数　$Z_1=36$

每组圈数　$S_U=4$、$S_V=3$

并联路数　$a=1$

电机极数　$2p=4$

极相槽数　$q=4\dfrac{1}{2}$

线圈节距　主 $Y=17$、副 $Y=13$

总线圈数　$Q=28$

绕组极距　$\tau=9$

线圈组数　$u=8$

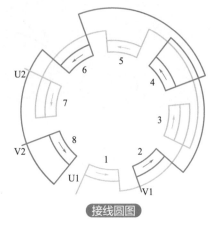

接线圆图

（2）嵌线顺序

采用整嵌法嵌线时顺序表

嵌线顺序	1	2	3	4	5	6	7	8	9	10	11	12	13	14
槽　号	4	6	3	7	2	8	1	9	31	33	30	34	29	35
嵌线顺序	15	16	17	18	19	20	21	22	23	24	25	26	27	28
槽　号	28	36	22	24	21	25	20	26	19	27	13	15	12	16
嵌线顺序	29	30	31	32	33	34	35	36	37	38	39	40	41	42
槽　号	11	17	10	18	34	3	33	4	32	5	25	30	24	31
嵌线顺序	43	44	45	46	47	48	49	50	51	52	53	54	55	56
槽　号	23	32	16	21	15	22	14	23	7	12	6	13	5	14

（3）特点与应用

绕组采用显极接线，每组线圈数相等，每相由四把线圈正向串接而成，用于小功率单相异步电动机，常用实例有 CO2-90S4 单相电容启动电动机等。

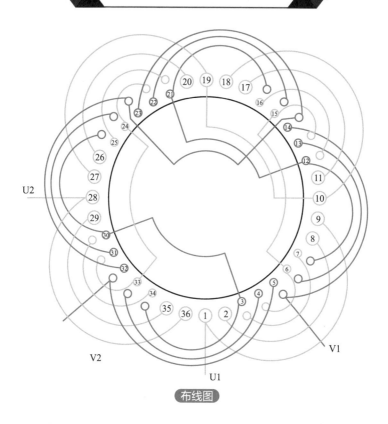

布线图

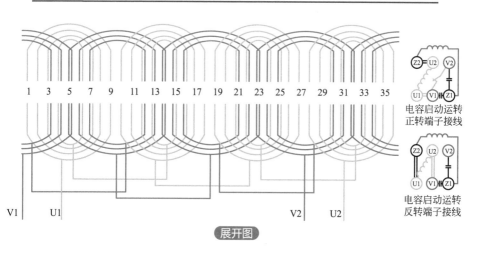

电容启动运转
正转端子接线

电容启动运转
反转端子接线

展开图

441

4.6 分布式罩极绕组

4.6.1 2极16槽分布式罩极绕组

（1）绕组数据

定子槽数 $Z_1=16$

每组圈数 $S_U=4$、$S_J=2$

并联路数 $a=1$

电机极数 $2p=2$

主极相槽数 $q=8$

线圈节距 $Y=1$—8，2—7，

3—6，4—5

主线圈数 $Q=8$

绕组极距 $\tau=8$

主线圈组数 $u=2$

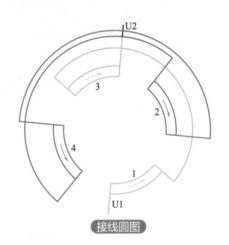

接线圆图

（2）嵌线顺序

采用整嵌法嵌线时顺序表

嵌线顺序	1	2	3	4	5	6	7	8	9	10
槽　号	4	5	3	6	2	7	1	8	12	13
嵌线顺序	11	12	13	14	15	16	17	18	19	20
槽　号	11	14	10	15	9	16	15	6	14	7

（3）特点与应用

绕组采用显极接线，每组两把线圈，每相由两把线圈反向串接而成，用于小功率单相异步电动机，用于仪用单相风扇电动机等。

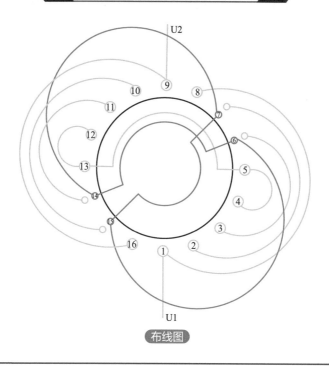

布线图

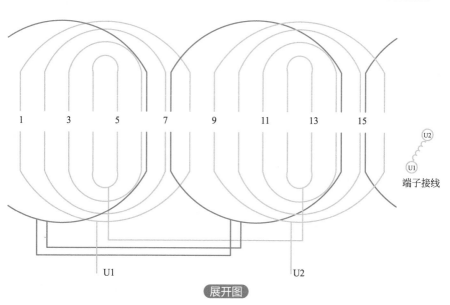

端子接线

展开图

4.6.2 2极24槽分布式罩极绕组

（1）绕组数据

定子槽数　Z_1=24

每组圈数　S_U=4、S_J=6

并联路数　a=1

电机极数　$2p$=2

主极相槽数　q=8

线圈节距　Y=1—12，2—11，

　　　　　　3—10，4—9

主线圈数　Q=8

绕组极距　τ=12

主线圈组数　u=2

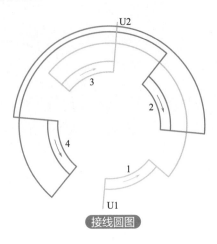

接线圆图

（2）嵌线顺序

采用整嵌法嵌线时顺序表

嵌线顺序	1	2	3	4	5	6	7	8	9	10	11	12
槽　　号	4	9	3	10	2	11	1	12	16	21	14	22
嵌线顺序	13	14	15	16	17	18	19	20	21	22	23	24
槽　　号	13	23	12	24	7	10	6	11	5	12	17	22
嵌线顺序	25	26	27	28								
槽　　号	16	23	15	24								

（3）特点与应用

绕组采用显极接线，每组两把线圈，每相由两把线圈反向串接而成，用于小功率单相异步电动机，用于煤炉单相鼓风电动机等。

444

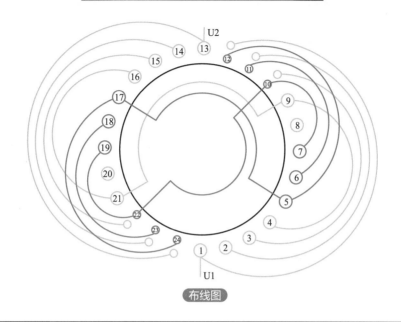

布线图

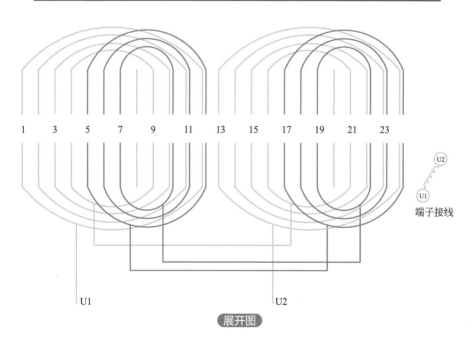

端子接线

展开图

4.6.3　4极12槽分布式罩极绕组

（1）绕组数据

定子槽数　　Z_1=12

每组圈数　　S_U=2、S_J=4

并联路数　　a=1

电机极数　　$2p$=4

主极相槽数　q=3

线圈节距　　Y=1—4，2—3

主线圈数　　Q=8

绕组极距　　τ=3

主线圈组数　u=4

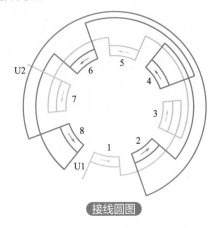

接线圆图

（2）嵌线顺序

采用整嵌法嵌线时顺序表

嵌线顺序	1	2	3	4	5	6	7	8	9	10	11	12
槽　　号	2	3	1	4	11	12	10	1	8	9	7	10
嵌线顺序	13	14	15	16	17	18	19	20	21	22		
槽　　号	5	6	12	1	9	10	6	7	3	4		

（3）特点与应用

绕组采用显极接线，每组两把线圈，每相由四把线圈反向串接而成，用于小功率单相异步电动机，用于仪用单相风扇电动机等。

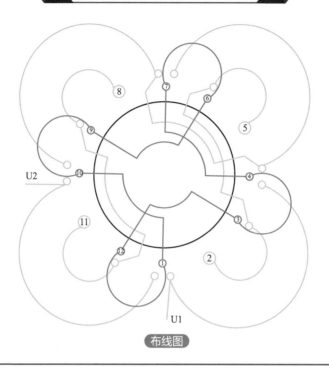

布线图

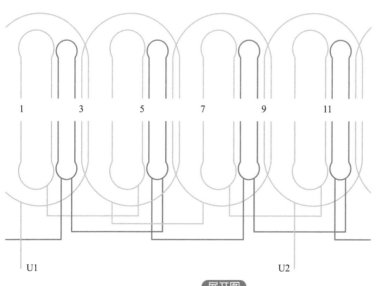

端子接线

展开图

447

4.6.4 4极24槽分布式罩极绕组之一

（1）绕组数据

定子槽数　$Z_1=24$

每组圈数　$S_U=3$、$S_J=4$

并联路数　$a=1$

电机极数　$2p=4$

主极相槽数　$q=6$

线圈节距　$Y=1—7$，$2—6$，

$3—5$

主线圈数　$Q=12$

绕组极距　$\tau=6$

主线圈组数　$u=4$

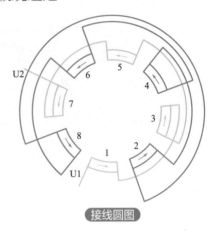

接线圆图

（2）嵌线顺序

采用整嵌法嵌线时顺序表

嵌线顺序	1	2	3	4	5	6	7	8	9	10	11	12
槽　　号	3	5	2	6	1	7	21	23	20	24	19	1
嵌线顺序	13	14	15	16	17	18	19	20	21	22	23	24
槽　　号	15	17	14	18	13	19	9	11	8	12	7	13
嵌线顺序	25	26	27	28	29	30	31	32				
槽　　号	23	1	17	19	11	13	5	7				

（3）特点与应用

绕组采用显极接线，每组两把线圈，每相由两把线圈反向串接而成，用于小功率单相异步电动机，常用于鼓风电动机等。

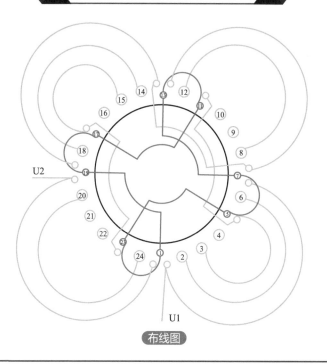

布线图

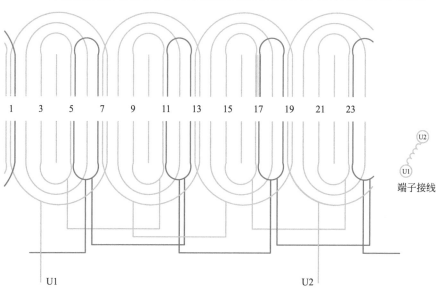

端子接线

展开图

449

4.6.5 4极24槽分布式罩极绕组之二

（1）绕组数据

定子槽数 Z_1=24

每组圈数 S_U=3、S_J=8

并联路数 a=1

电机极数 $2p$=4

主极相槽数 q=5

线圈节距 Y=1—7，2—6，

3—5

主线圈数 Q=12

绕组极距 τ=6

主线圈组数 u=4

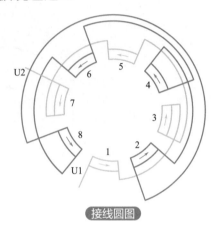

接线圆图

（2）嵌线顺序

采用整嵌法嵌线时顺序表

嵌线顺序	1	2	3	4	5	6	7	8	9	10	11	12
槽　　号	3	5	2	6	1	7	21	23	20	24	19	1
嵌线顺序	13	14	15	16	17	18	19	20	21	22	23	24
槽　　号	15	17	14	18	13	19	9	11	8	12	7	13
嵌线顺序	25	26	27	28	29	30	31	32	33	34	35	36
槽　　号	22	1	21	2	16	19	10	13	4	7	3	8

（3）特点与应用

绕组采用显极接线，每组两把线圈，每相由两把线圈反向串接而成，用于小功率单相异步电动机，常用于鼓风电动机等。

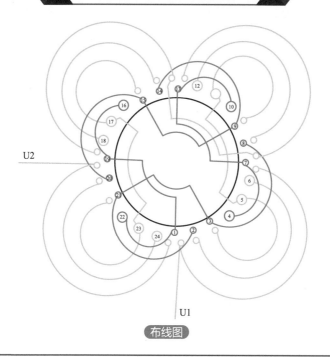

布线图

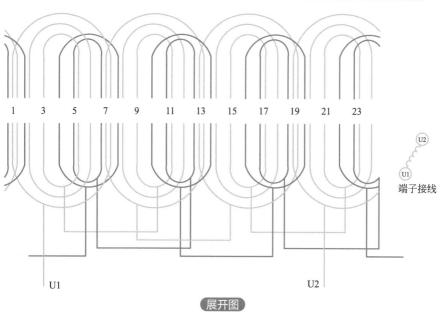

端子接线

展开图

451

● 4.7　双层叠式绕组

4.7.1　2极12槽双层叠式绕组

（1）绕组数据

定子槽数　Z_1=12

每组圈数　S_U=3、S_V=3

并联路数　a=1

电机极数　$2p$=2

极相槽数　q_U=3、q_V=2

线圈节距　Y=1—5

总线圈数　Q=12

绕组极距　τ=6

线圈组数　u=4

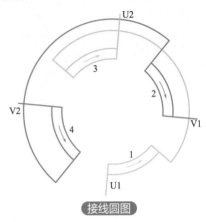

接线圆图

（2）嵌线顺序

采用整嵌法嵌线时顺序表

嵌线顺序	1	2	3	4	5	6	7	8	9	10	11	12
槽　号	<u>2</u>	<u>1</u>	<u>12</u>	<u>11</u>	<u>10</u>	2	<u>9</u>	1	<u>8</u>	12	<u>7</u>	11
嵌线顺序	13	14	15	16	17	18	19	20	21	22	23	24
槽　号	6	10	5	9	4	8	3	7	6	5	4	3

（3）特点与应用

绕组采用显极接线，每组两把线圈，每相由四把线圈反向串接而成，用于小功率单相异步电动机改绕。

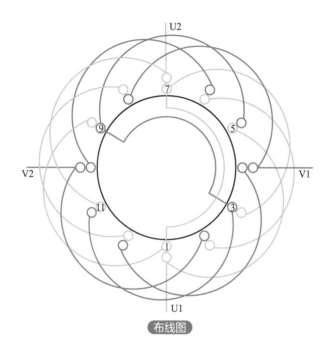

布线图

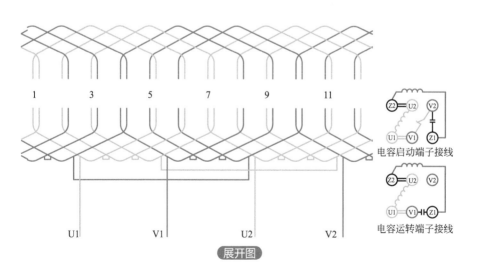

电容启动端子接线

电容运转端子接线

展开图

4.7.2 4极16槽双层叠式绕组

（1）绕组数据

定子槽数　$Z_1=16$

每组圈数　$S_U=2$、$S_V=2$

并联路数　$a=1$

电机极数　$2p=4$

极相槽数　$q_U=2$、$q_V=2$

线圈节距　$Y=1—5$

总线圈数　$Q=16$

绕组极距　$\tau=8$

线圈组数　$u=8$

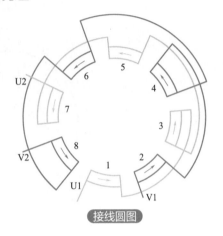

接线圆图

（2）嵌线顺序

采用整嵌法嵌线时顺序表

嵌线顺序	1	2	3	4	5	6	7	8	9	10	11	12
槽　号	2	1	16	15	14	2	13	1	12	16	11	15
嵌线顺序	13	14	15	16	17	18	19	20	21	22	23	24
槽　号	10	14	9	13	8	12	7	11	6	10	5	9
嵌线顺序	25	26	27	28	29	30	31	32	33	34	35	36
槽　号	4	8	3	7	6	5	4	3				

（3）特点与应用

绕组采用显极接线，每组两把线圈，每相由四把线圈反向串接而成，用于小功率单相异步电动机，常用于400型排风扇单相电动机等。

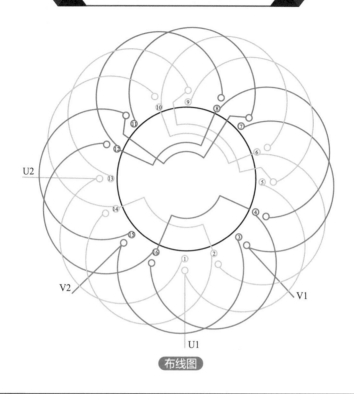

布线图

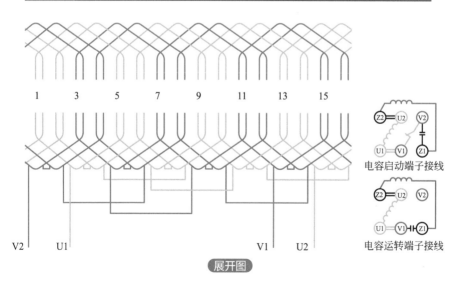

电容启动端子接线

电容运转端子接线

展开图

4.7.3 4极18槽双层叠式绕组

（1）绕组数据

定子槽数　$Z_1=18$

每组圈数　$S_U=3$、$S_V=1\frac{1}{2}$

并联路数　$a=1$

电机极数　$2p=4$

极相槽数　$q_U=3$、$q_V=1\frac{1}{2}$

线圈节距　$Y=1—5$

总线圈数　$Q=18$

绕组极距　$\tau=4\frac{1}{2}$

线圈组数　$u=8$

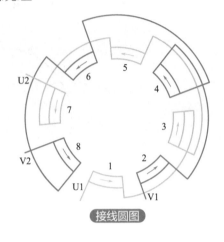

接线圆图

（2）嵌线顺序

采用整嵌法嵌线时顺序表

嵌线顺序	1	2	3	4	5	6	7	8	9	10	11	12
槽　号	2	1	18	17	16	2	15	1	14	18	13	17
嵌线顺序	13	14	15	16	17	18	19	20	21	22	23	24
槽　号	12	16	11	15	10	14	9	13	8	12	7	11
嵌线顺序	25	26	27	28	29	30	31	32	33	34	35	36
槽　号	6	10	5	9	4	8	3	7	6	5	4	3

（3）特点与应用

绕组采用显极接线，副绕组采用分数槽绕组，每相由四把线圈反向串接而成，用于小功率单相异步电动机，用于单相电动机改绕。

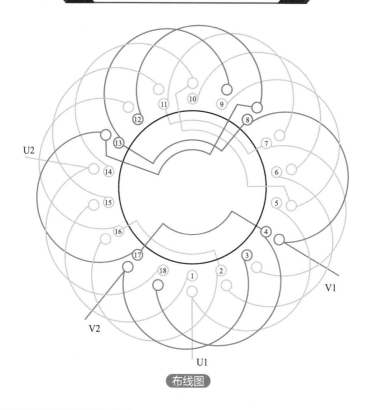

布线图

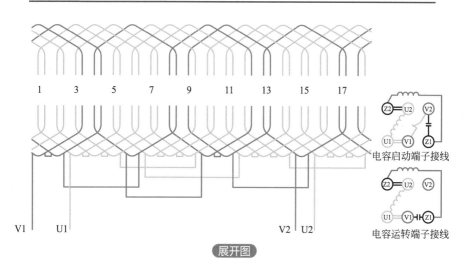

展开图

457

4.7.4　4极24槽双层叠式绕组

（1）绕组数据

定子槽数　$Z_1=24$

每组圈数　$S_U=3$、$S_V=3$

并联路数　$a=1$

电机极数　$2p=4$

极相槽数　$q_U=3$、$q_V=3$

线圈节距　$Y=1—5$

总线圈数　$Q=24$

绕组极距　$\tau=6$

线圈组数　$u=8$

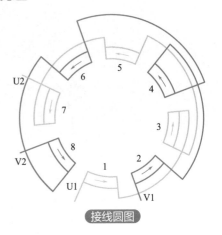

接线圆图

（2）嵌线顺序

采用整嵌法嵌线时顺序表

嵌线顺序	1	2	3	4	5	6	7	8	9	10	11	12
槽　号	3	2	1	24	23	3	22	2	21	1	20	24
嵌线顺序	13	14	15	16	17	18	19	20	21	22	23	24
槽　号	19	23	18	22	17	21	16	20	15	19	14	18
嵌线顺序	25	26	27	28	29	30	31	32	33	34	35	36
槽　号	13	17	12	16	11	15	10	14	9	13	8	12
嵌线顺序	37	38	39	40	41	42	43	44	45	46	47	48
槽　号	7	11	6	10	5	9	4	8	7	7	6	4

（3）特点与应用

绕组采用显极接线，每组三把线圈，每相由四把线圈反向串接而成，用于小功率单相异步电动机，用于单相电动机改绕。

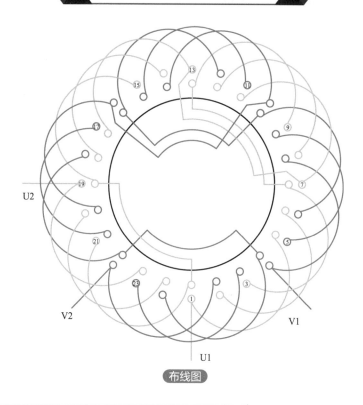

布线图

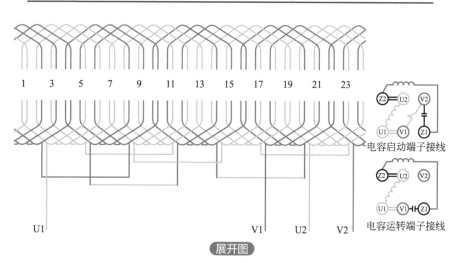

电容启动端子接线

电容运转端子接线

展开图

459

单相电容电动机
绕组修理

单相罩极电动机
绕组修理

附 录

附表 1　正弦绕组分布方案

方案序号	每极槽数	每极每槽导体数百分比/% 槽号																			平均节距 y_p	基波绕组系数 K_{dp1}
		1	2	3	4	5	6	7	8	9	10	11	12	13	14	15	16	17	18	19		
1	3	50	50	50	50																2	0.75
2	4	41.4	58.6		58.6	41.4															2.83	0.828
3	6	57.7	42.3			42.3	57.7														4.15	0.856
4		50	36.6	13.4	13.4	36.6	50														3.73	0.776
5		36.6	63.4				63.6	36.6													4.73	0.915
6		26.8	46.4	26.8		26.8	46.4	26.8													4	0.804
7	8	54.2	45.8					45.8	54.2												6.08	0.912
8		41.1	35.1	23.8			23.8	35.1	41.1												5.36	0.827
9		35.2	64.8						64.8	35.2											6.7	0.95
10		23.5	43.4	33.1				33.1	43.4	23.5											5.81	0.87
11		19.9	36.8	28	15.3		15.3	28	36.8	19.9											5.23	0.796
12	9	34.7	65.3							65.3	34.7										7.69	0.96
13		22.7	42.6	34.7					34.7	42.6	22.7										6.76	0.893
14		18.5	34.7	28.3	18.5			18.5	28.3	34.7	18.5										6.06	0.82
15		52.2	47.8						47.8	52.2											7.05	0.928
16		39.5	34.8	25.7				25.7	34.8	39.5											6.28	0.856
17		34.6	30.6	22.7	12.1		12.1	22.7	30.6	34.6											5.75	0.793

续表

每极每槽导体数百分比 /%

方案序号	每极槽数	1	2	3	4	5	6	7	8	9	10	11	12	13	14	15	16	17	18	19	平均节距 y_p	基波绕组系数 K_{dp1}
													槽号									
18	12	51.8	48.2									48.2	51.8								10.04	0.959
19		36.6	34.1	29.3							29.3	34.1	36.6								9.15	0.91
20		29.9	27.8	24	18.3					18.3	24	27.8	29.9								8.39	0.855
21		26.8	25	21.4	16.5	10.3			10.3	16.5	21.4	25	26.8								7.83	0.806
22		25.9	24.1	20.7	15.9	10	3.4	3.4	10	15.9	20.7	24.1	25.9								7.59	0.783
23	13	34.1	65.9										65.9	34.1							10.68	0.978
24		21.4	41.4	37.2								37.2	41.4	21.4							9.68	0.936
25		16.4	31.8	28.5	23.3						23.3	28.5	31.8	16.4							8.83	0.883
26		14.1	27.3	24.5	20	14.1				14.1	20	24.5	27.3	14.1							8.15	0.829
27		13.2	25.4	22.8	18.6	13.2	6.8		6.8	13.2	18.6	22.8	25.4	13.2							7.73	0.79
28	16	35.1	33.8	31.1											31.1	33.8	35.1				13.08	0.947
29		27.6	26.5	24.5	21.4									21.4	24.5	26.5	27.6				12.21	0.91
30		23.5	22.6	20.8	18.2	14.9							14.9	18.2	20.8	22.6	23.5				11.43	0.869
31		21.1	20.4	18.7	16.4	13.4	10					10	13.4	16.4	18.7	20.4	21.1				10.79	0.829
32		19.9	19.2	17.6	15.4	12.7	9.4	5.8			5.8	9.4	12.7	15.4	17.6	19.2	19.9				10.34	0.798

续表

方案序号	每极槽数	1	2	3	4	5	6	7	8	9	10	11	12	13	14	15	16	17	18	19	平均节距 y_p	基波绕组系数 K_{dp1}
33	16	20.8	40.8	38.4												38.4	40.8	20.8			13.65	0.963
34		15.5	30.3	28.5	25.7										25.7	28.5	30.3	15.5			12.71	0.929
35		12.7	24.9	23.4	21.1	17.9								17.9	21.1	23.4	24.9	12.7			11.87	0.889
36		11.1	21.8	20.5	18.5	15.7	12.4						12.4	15.7	18.5	20.5	21.8	11.1			11.14	0.848
37		10.3	20	18.9	17.2	14.4	11.3	7.9				7.9	11.3	14.4	17.2	18.9	20	10.3			10.58	0.812
38	18	27	26.2	24.6	22.2											22.2	24.6	26.2	27		14.16	0.927
39		22.7	22	20.6	18.6	16.1									16.1	18.6	20.6	22	22.7		13.36	0.892
40		20.1	19.5	18.2	16.5	14.2	11.5							11.5	14.2	16.5	18.2	19.5	20.1		12.61	0.855
41		18.5	17.9	16.8	15.2	13.2	10.6	7.8					7.8	10.6	13.2	15.2	16.8	17.9	18.5		12.01	0.821
42		17.6	17.1	16	14.5	12.5	10.2	7.5	4.6			4.6	7.5	10.2	12.5	14.5	16	17.1	17.6		11.58	0.795
43		15.2	29.8	28.6	26.3												26.3	28.6	29.9	15.2	14.68	0.943
44		12.3	24.3	23.2	21.3	18.9										18.9	21.3	23.2	24.3	12.3	13.8	0.91
45		10.6	20.9	20	18.4	16.4	13.7								13.7	16.4	18.4	20	20.9	10.6	13	0.873
46		9.6	18.9	18.1	16.7	14.7	12.4	9.6						9.6	12.4	14.7	16.7	18.1	18.9	9.6	12.33	0.837
47		9	17.8	17	15.7	13.8	11.6	9	6.1				6.1	9	11.6	13.8	15.7	17	17.8	9	11.83	0.806

附表 2　国产电风扇电动机的主要技术数据（220V）

类别	规格/mm	极数	输入功率/W	转速/(r/min)	铁芯长度/mm	气隙长度/mm	定子外径/mm	定子内径/mm	主绕组线规/mm	主绕组线圈匝数×个数	副绕组线规/mm	副绕组线圈匝数×个数	电容器容量/μF	电容器耐压/V	调速方法	线模尺寸	线圈跨距	槽数 Z₁/Z₂
台扇	200	2	28	2300	25	0.35	60	20	φ0.17	1270×2	1×5	1×2				40×30×5		4/13
台扇	200	2	28	2350	25	0.35	59	28	φ0.19	(800+500)×2	1×5	1×2			抽头	42×32×5		4/15
台扇	230	2	30	2400	32	0.35	70	32	φ0.21		1×5	1×2				42×32×6		4/13
台扇	300	2	55	1200	32	0.35	88	44.7	φ0.27	510×4	1.5×7	1×4			电抗器	40×27×6		8/17
台扇	400	2	75	1150	20	0.35	95.7	51	φ0.47	450×4	1.5×7	1×4				40×31×10		8/22
台扇	250	4	25	1300	22	0.35	88	44.7	φ0.17	935×4	φ0.16	1020×4		500	电抗器	34×35×4.5	1—3	8/17
台扇	250	4	21	1320	22	0.35	88	44.7	φ0.17	850×4	φ0.15	1020×2+(500+300)×2	1	500	抽头	36×35×4.5	1—3	8/17
台扇	300	4	40	1300	26	0.35	78	44.5	φ0.17	630×4	φ0.19	620×2	1.5		电抗器	34×41×4.5	1—4	16/22
台扇	300	4	44	1280	24	0.35	88	44.7	φ0.17	800×4	φ0.15	(500+500)×4	1		抽头	34×35×7	1—4	18/17
台扇	350	4	54	1285	26	0.35	88	44.7	φ0.17	566×4	φ0.17	663×4	1.5		电抗器	34×38×4.5	1—3	16/22
台扇	350	4	52	1280	20	0.35	88	48.3	φ0.21	720×4	φ0.17	(480+480)×4	1.2	400	抽头	34×32×7	1—4	16/22
台扇	400	4	60	1250	32	0.35	88	49	φ0.21	550×4	φ0.19	(350+350)×4	1.2	400	抽头	35×40×7	1—4	8/17
台扇	400	4	65	1230	32	0.35	88	44.7	φ0.21	570×4	φ0.17	890×4		400	电抗器	35×40×4.5	1—3	16/22
落地扇	350	4	52	1280	30	0.35	88.4	49	φ0.23	600×4	φ0.17	(400+420)×4	1	400	电抗器	40×35×7	1—4	8/17
落地扇	350	4	55	1300	28	0.35	88.5	49	φ0.21	700×4	φ0.17	(550+300)×4	1	400	抽头	34×40×8	1—3	16/22
落地扇	400	4	60	1250	35	0.35	88	44.7	φ0.23	570×4	φ0.19	720×4	1.2	400	电抗器	39×44×8	1—4	8/17
落地扇	400	4	62	1200	35	0.35	88	44.7	φ0.23	520×4	φ0.17	1000×2+560×2	1.5	400	抽头	34×35×4.5	1—3	8/17

续表

类别	规格/mm	极数	输入功率/W	转速/(r/min)	铁芯长度/mm	气隙长度/mm	定子外径/mm	定子内径/mm	主绕组 线规/mm	主绕组 线圈匝数×个数	副绕组 线规/mm	副绕组 线圈匝数×个数	电容器 容量/μF	电容器 耐压/V	调速方法	线模尺寸	线圈跨距	槽数 Z_1/Z_2
壁扇	300	4	44	1280	26.5	0.35	86	44.5	φ0.17	800×4	0.19	650×2(420+200)×2	1	400	抽头	34×36×7	1—4	16/22
	350		55	1300	28				φ0.19	760×4		(480+480)×4	1.2			39×37×8		
	400		60	1220			92	50	φ0.23	775×4		(320+480)×4	1.5			34×40×7	1—3	8/26
座扇或座地扇	300		48	1320	26		88	49	φ0.19	760×3+(750+110)	φ0.20	(480+480)×4	1.2		电抗器	35×40×7	1—4	16/22
	350		54	1300	25				φ0.21	720×4	φ0.19	930×4	1			36×44×8		
	400		60	1250	34				φ0.23	570×4	φ0.17	720×4				42×44×8		
			65	1290	32		88.5	46.7	φ0.21	600×4	φ0.19	850×2+(700+100)×2	1.2		抽头	41×42×8		
吊扇	900	14	45	380	33	0.25	118	20	φ0.23	382×14	φ0.17	430×14	1		电抗器 26	40×24×8	1—3	
		16	50	370	25		122.25	44	φ0.19	600×7	φ0.19	660×7	1.2			38×26×6		
		18	58	360	23		118	20	φ0.21	650×7	φ0.17	870×7				37×25.5×7		
	1050	16	56	370	24		132	22	φ0.25	620×8	φ0.19	715×8	1			42×26×8		
	1200	18	70	300	26		134.75	70.5	φ0.27	280×18	φ0.23	328×18				43×21.5×11		
			72	320	24		132	22	φ0.28	530×8	φ0.25	780×8	2			42×21×7		
	1400		80	280	25		134.75	70.5	φ0.27	253×18	φ0.23	335×18				40×21.5×11		
			85	290	28		137	63.5	φ0.29	236×18	φ0.25	323×18	2.4			26×21.5×9		

附表 3　洗衣机用电动机的主要技术数据

型号	额定功率/W	额定电流/A	转速/(r/min)	定子铁芯/mm 外径	定子铁芯/mm 内径	定子铁芯/mm 长度	槽数 Z_1/Z_2	气隙/mm	主绕组 线规/mm	主绕组 节距	主绕组 匝数	主绕组 阻值/Ω	副绕组 线规/mm	副绕组 节距	副绕组 匝数	副绕组 阻值/Ω	电容/μF
XDC-X-2	85	1.1	1350	101×101	68	39	24/34	0.35	φ0.38	1—6 / 2—5	170 / 80	33.7	φ0.35	4—9 / 5—8	170 / 80	38.8	8.5
XDC-T-2	20	0.6	1350	101×101	68	19	24/34	0.35	φ0.25	1—6 / 2—5	310 / 150	109.2	φ0.19	4—9 / 5—8	455 / 225	276	3
XD-90	90	0.9	1400	120×120	70	30	24/22	0.3	φ0.42	1—6 / 2—5	220 / 110	32	φ0.42	4—9 / 5—8	220 / 110	32	8
XD-120	120	1.0	1400	120×120	70	35	24/22	0.3	φ0.45	1—6 / 2—5	161 / 118	24.8	φ0.45	4—9 / 5—8	161 / 118	24.8	10
XD-180	180	1.5	1400	120×120	70	45	24/22	0.3	φ0.53	1—6 / 2—5	160 / 80	18.5	φ0.53	4—9 / 5—8	160 / 80	18.5	12
XD-250	250	1.8	1400	120×120	70	60	24/22	0.3	φ0.56	1—6 / 2—5	96 / 69	12.5	φ0.56	4—9 / 5—8	96 / 69	12.5	16
XDL(S)-90	90	0.88	1370	107	68	34	24/34	0.35	φ0.35	1—7	296		φ0.35	1—7	296		8
XDL(S)-120	120	1.1	1370	107	68	40	24/34	0.35	φ0.38	2—6	253		φ0.38	2—6	253		9
XDL(S)-180	180	1.54	1370	107	68	50	24/34	0.35	φ0.45		195		φ0.45		195		12
XDL(S)-250	250	2.0	1370	107	68	62	24/34	0.35	φ0.5		156		φ0.5		156		16

附表4　国产及部分进口冰箱压缩机电动机的主要技术数据

型号	额定功率 /W	额定电流 /A	转速 /(r/min)	线径 运行	线径 启动	最小圈匝数 运行	最小圈匝数 启动	小圈匝数 运行	小圈匝数 启动	中圈匝数 运行	中圈匝数 启动	大圈匝数 运行	大圈匝数 启动	最大圈匝数 运行	最大圈匝数 启动	槽数 $/Z_1$	最小圈节距
LD-5801	93	1.4	1450	φ0.64	φ0.35	71	53	93	30	125	40	65	50			32	3/5①
QF-21-75	75	0.9	2850	φ0.59	φ0.31	45		87	40	101	60	117	70	120	200^{+140}_{-60}	24	3/5
QF-21-93	93	1.2	2850	φ0.64	φ0.35	43		62	33	80	41	93	45	101	101^{+76}_{-25}	24	3/5
FB-515	93	1.2	1450	φ0.6	φ0.38			90		118	41	122	102			32	3/5
FB-516	93	1.3	1450	φ0.64	φ0.38			90	18	110	35	137	95			32	3/3
FB-505	65	0.7	2860	φ0.51	φ0.31	88		88	53	131	79	131	79	175	104	24	3/3
FB-517(Ⅱ)	93	1.1	2860	φ0.64	φ0.38	41		78	46	88	64	103	68	105	78	24	3/5
LD-1-6	93	1.1	2850	φ0.64	φ0.35		65	41	85	50	113	120^{+95}_{-25}	117^{-20}_{+97}			24	5/5
5608-Ⅰ	125	1.6	1450	φ0.7	φ0.37	62	91	54	110	65	113					32	3/3
5608-Ⅱ	125	1.6	1450	φ0.72	φ0.35	59	61	34	81	46						32	3/5
QF-21-65	65	0.7	2850	φ0.6	φ0.29	59		79	57	95	64	105	74	105	152^{+107}_{-54}	24	3/5
QF-21-100	100	0.8	2850	φ0.6	φ0.32	53		72	45	88	55	114	59	114	195^{+127}_{-68}	24	3/5
QZD-3.4	75	0.6	2850	φ0.45	φ0.31			88	36	112	48	137	188^{+124}_{-64}	137	168^{+100}_{-41}	24	5/5
HQ-651-BR	62	1.0	2850	φ0.62	φ0.31	71		58		76	64	102	72	108	82	24	5/7
V1001R	93	0.91	2850	φ0.62	φ0.38			81	43	99	52	116	60	104	66	24	3/5
KL-12M	80	0.95	2850	φ0.57	φ0.41			80		106		110	128	118	130		
ДХК-240	135		2850	φ0.61	φ0.33			64	34	92	43	108	139^{-98}_{+41}	120	140^{+98}_{-42}		

① 上为运行最小圈节距，下为启动最小圈节距。

附表5　BO2 系列单相电阻分相异步电动机技术数据

型号	额定功率/W	满载时				堵转电流/A	堵转转矩倍数	最大转矩倍数	铁芯长度/mm	气隙长度/mm	定子外径/mm	定子内径/mm	主绕组			副绕组			槽数 Z_1/Z_2
		定子电流/A	转速/(r/min)	效率/%	功率因数								线规/mm	每极匝数	平均半匝长	线规/mm	每极匝数	平均半匝长	
BO2-6312	90	1.09		56	0.67	12	1.5		45		95	50	1-ϕ0.45	436	132	1-ϕ0.33	192	132	
BO2-6322	120	1.36		58	0.69	14	1.4		54				1-ϕ0.50	357	141	1-ϕ0.35	182	140	
BO2-7112	180	1.89	2800	60	0.72	17	1.3		50		110	58	1-ϕ0.56	297	148.2	1-ϕ0.38	167	148.5	24/18
BO2-7122	250	2.40		64	0.74	22	1.1		62				1-ϕ0.63	235	160.2	1-ϕ0.40	156	160.6	
BO2-8012	370	3.36		65	0.77	30			58		128	67	1-ϕ0.71	206	170.4	1-ϕ0.45	136	171.3	
BO2-6314	60	1.23		39	0.57	9	1.7	1.8	45	0.25	96	58	1-ϕ0.42	315	97.3	1-ϕ0.31	127	93.5	
BO2-6324	90	1.64		43	0.58	12	1.5		54				1-ϕ0.45	270	166.3	1-ϕ0.35	117	103	
BO2-7114	120	1.88	1400	50	0.58	14			50		110	67	1-ϕ0.53	224	109.4	1-ϕ0.33	124	109.4	24/30
BO2-7124	180	2.49		53	0.62	17	1.4		62				1-ϕ0.60	183	121.4	1-ϕ0.35	102	121.4	
BO2-8014	250	3.11		58	0.63	22	1.2		58		128	77	1-ϕ0.71	158	126.4	1-ϕ0.40	104	126.4	
BO2-8024	370	4.24		62	0.64	30			75				1-ϕ0.85	124	143.9	1-ϕ0.47	89	143.4	

附表6 CO2系列单相电容启动异步电动机技术数据

型号	额定功率/W	满载时 定子电流/A	满载时 转速/(r/min)	满载时 效率/%	满载时 功率因数	堵转电流/A	堵转转矩倍数	最大转矩倍数	铁芯长度/mm	气隙长度/mm	定子外径/mm	定子内径/mm	主绕组 线规/mm	主绕组 每极匝数	主绕组 平均半匝长	副绕组 线规/mm	副绕组 每极匝数	副绕组 平均半匝长	槽数 Z_1/Z_2
CO2-7112	180	1.89	2800	60	0.72	12	3.0	1.8	50	0.25	110	58	$1-\phi0.56$	297	148.2	$1-\phi0.38$	247	158.3	24/18
CO2-7122	250	2.40	2800	64	0.74	15	3.0	1.8	62	0.25	110	58	$1-\phi0.63$	235	160.2	$1-\phi0.47$	204	170.3	24/18
CO2-8012	370	3.36	2800	65	0.77	21	2.8	1.8	58	0.25	128	67	$1-\phi0.71$	206	170.4	$1-\phi0.53$	206	182	24/18
CO2-8022	550	4.65	2800	68	0.79	29	2.8	1.8	75	0.25	128	67	$1-\phi0.85$	159	187.6	$1-\phi0.56$	154	192	24/18
CO2-90S2	750	5.94	2800	70	0.82	37	2.5	1.8	70	0.3	145	77	$1-\phi1.0$	147	198.2	$1-\phi0.63$	133	211.2	24/18
CO2-7114	120	1.88	1400	50	0.58	9	3.0	1.8	50	0.25	110	67	$1-\phi0.53$	224	109.4	$1-\phi0.35$	145	120.2	24/30
CO2-7124	180	2.49	1400	53	0.62	12	3.0	1.8	62	0.25	110	67	$1-\phi0.60$	183	121.4	$1-\phi0.38$	124	132.2	24/30
CO2-8014	250	3.11	1400	58	0.63	15	2.8	1.8	58	0.25	128	77	$1-\phi0.71$	158	126.4	$1-\phi0.47$	133	139	24/30
CO2-8024	370	4.24	1400	62	0.64	21	2.8	1.8	75	0.25	128	77	$1-\phi0.85$	124	143.4	$1-\phi0.50$	134	155.8	24/30
CO2-90S4	550	5.57	1400	65	0.69	29	2.5	1.8	70	0.25	145	87	$1-\phi0.95$	127	144.6	$1-\phi0.60$	108	157.2	36/42

附表 7　DO2 系列单相电容运转异步电动机技术数据

型号	额定功率 /W	满载时							铁芯长度 /mm	气隙长度 /mm	定子外径 /mm	定子内径 /mm	主绕组			副绕组			槽数 Z_1/Z_2
		定子电流 /A	转速 /(r/min)	效率 /%	功率因数	堵转电流	堵转转矩倍数	最大转矩倍数					线规 /mm	每极匝数	平均半匝长	线规 /mm	每极匝数	平均半匝长	
DO2-4512	10	0.2	2800	28	0.8	0.8	0.6	1.8	45	0.2	71	38	1-φ0.18	868	106	1-φ0.16	971	106	12/18
DO2-4022	16	0.26	2800	35	0.8	1.0	0.6	1.8	45	0.2	71	38	1-φ0.20	750	106	1-φ0.19	796	106	12/18
DO2-5012	25	0.33	2800	40	0.85	1.5	0.5	1.8	45	0.2	80	44	1-φ0.25	519	125.7	1-φ0.23	819	125.7	12/18
DO2-5022	40	0.42	2800	42	0.85	2.0	0.5	1.8	45	0.2	80	44	1-φ0.25	489	125.7	1-φ0.25	698	125.7	12/18
DO2-5612	60	0.57	2800	53	0.9	2.5	0.35	1.8	50	0.2	90	48	1-φ0.28	454	131.6	1-φ0.31	527	131.6	24/18
DO2-5622	90	0.81	2800	56	0.9	3.2	0.35	1.8	50	0.2	90	48	1-φ0.33	363	131.6	1-φ0.31	467	131.6	24/18
DO2-6312	120	0.91	2800	63	0.95	5.0	0.35	1.8	45	0.25	96	50	1-φ0.40	415	132	1-φ0.31	593	132	24/18
DO2-6322	180	1.29	2800	67	0.95	7.0	0.35	1.8	54	0.25	96	50	1-φ0.45	320	140.7	1-φ0.33	427	140.7	24/18
DO2-7112	250	1.73	2800	69	0.95	10	0.35	1.8	50	0.25	110	58	1-φ0.50	271	148.1	1-φ0.45	382	148.1	24/18
DO2-4514	6	0.2	1400	17	0.8	0.5	1.0	1.8	45	0.2	71	38	1-φ0.18	700	83.3	1-φ0.16	675	83.3	12/18
DO2-4524	10	0.26	1400	24	0.8	0.8	0.6	1.8	45	0.2	71	38	1-φ0.20	600	83.3	1-φ0.16	620	83.3	12/18
DO2-5014	16	0.28	1400	33	0.8	1.0	0.6	1.8	45	0.2	80	44	1-φ0.21	560	85.4	1-φ0.21	455	85.4	12/18
DO2-5024	25	0.36	1400	38	0.82	1.5	0.5	1.8	45	0.2	80	44	1-φ0.25	436	85.4	1-φ0.21	435	85.4	12/18
DO2-5614	40	0.49	1400	45	0.85	2.0	0.5	1.8	50	0.25	90	54	1-φ0.28	356	98.7	1-φ0.23	508	98.7	24/18
DO2-5624	60	0.64	1400	50	0.85	2.5	0.5	1.8	50	0.25	90	54	1-φ0.31	348	98.7	1-φ0.28	339	98.7	24/18
DO2-6314	90	0.94	1400	51	0.85	3.2	0.35	1.8	45	0.25	96	58	1-φ0.35	302	93.7	1-φ0.31	374	93.7	24/18
DO2-6324	120	1.17	1400	55	0.88	5.0	0.35	1.8	54	0.25	96	58	1-φ0.40	259	106.3	1-φ0.31	365	106.3	24/18
DO2-7114	180	1.58	1400	59	0.88	7.0	0.35	1.8	50	0.25	110	67	1-φ0.42	206	109.4	1-φ0.38	330	109.4	24/30
DO2-7124	250	2.04	1400	62	0.9	10	0.35	1.8	62	0.25	110	67	1-φ0.47	165	121.4	1-φ0.42	268	121.4	24/30

附表 8 Y 列（IP44）三相异步电动机的主要技术数据

型号	额定功率/kW	满载时				堵转电流倍数	堵转转矩倍数	最大转矩倍数	铁芯长度/mm	气隙长度/mm	定子外径/mm	定子内径/mm	定子线规/根-mm	每槽线数	并联支路数	绕组型式	节距	槽数 Z_1/Z_2
		定子电流/A	转速/(r/min)	效率/%	功率因数													
Y801-2	0.75	1.8	2830	75	0.84	7	2.2	2.2	65	0.3	120	67	1-φ0.63	111	1	单层交叉	1—9 2—10 18—11	18/16
Y802-2	1.1	2.5	2830	77	0.86	7	2.2	2.2	80	0.3	120	67	1-φ0.71	90	1	单层交叉	1—9 2—10 18—11	18/16
Y801-4	0.55	1.5	1390	73	0.76	6.5	2.2	2.2	65	0.25	120	75	1-φ0.56	128	1	单层链式	1—6	24/22
Y802-4	0.75	2.0	1390	74.5	0.76	6.5	2.2	2.2	80	0.25	120	75	1-φ0.63	103	1	单层链式	1—6	24/22
Y90S-2	1.5	3.4	2840	78	0.85	7	2.2	2.2	85	0.35	130	72	1-φ0.8	74	1	单层交叉	1—9 2—10 18—11	18/16
Y90L-2	2.2	4.7	2840	82	0.86	7	2.2	2.2	110	0.35	130	72	1-φ0.95	58	1	单层交叉	1—9 2—10 18—11	18/16
Y90S-4	1.1	2.8	1400	78	0.78	6.5	2.2	2.2	90	0.25	130	80	1-φ0.71	81	1	单层链式	1—6	24/22
Y90L-4	1.5	3.7	1400	79	0.79	6.5	2.2	2.2	120	0.25	130	80	1-φ0.8	63	1	单层链式	1—6	24/22
Y90S-6	0.75	2.3	910	72.5	0.70	6.0	2.0	2.0	100	0.25	130	86	1-φ0.67	77	1	单层链式	1—6	36/33
Y90L-6	1.1	3.2	910	73.5	0.72	6.0	2.0	2.0	125	0.25	130	86	1-φ0.75	60	1	单层链式	1—6	36/33
Y100L-2	3.0	6.4	2870	82	0.87	7.0	2.2	2.2	100	0.4	155	94	1-φ1.18	40	1	单层同心	1—12, 2—11	24/20
Y100L1-4	2.2	5.0	1430	81	0.82	7.0	2.2	2.2	105	0.3	155	98	2-φ0.71	41	1	单层交叉	1—9 2—10 18—11	36/32
Y100L2-4	3.0	6.8	1430	82.5	0.81	7.0	2.2	2.2	135	0.25	155	98	1-φ1.18	31	1	单层链式	1—6	36/32
Y100L-6	1.5	4.0	940	77.5	0.74	6.0	2.0	2.0	100	0.25	155	106	1-φ0.85	53	1	单层链式	1—6	36/33

续表

型号	额定功率/kW	满载时				堵转电流倍数	堵转转矩倍数	最大转矩倍数	铁芯长度/mm	气隙长度/mm	定子外径/mm	定子内径/mm	定子线规/根-mm	每槽线数	并联支路数	绕组型式	节距	槽数 Z_1/Z_2
		定子电流/A	转速/(r/min)	效率/%	功率因数													
Y112M-2	4.0	8.2	2890	85.5	0.87	7.0	2.2	2.2	105	0.45	175	98	1-φ1.06	48	1	单层同心	1—16,2—15,3—14 1—14,2—13	30/26
Y112M-4	4.0	8.8	1440	84.5	0.82				135	0.3		110		46		单层交叉	1—9,2—10,18—11	36/32
Y112M-6	2.2	5.6	940	80.5	0.74	6.0	2.0		110			120		44		单层链式	1—6	36/33
Y132S1-2	5.5	11	2900	85.5	0.88	7.0	2.0	2.2	105	0.55	210	116	1-φ0.9,1-φ0.95	44		单层同心	1—16,2—15,3—14 1—14,2—13	30/26
Y132S2-2	7.5	15		86.2	0.88				125				1-φ1.0,1-φ1.06	37				
Y132S-4	5.5	12	1440	85.5	0.84	6.5	2.2		115	0.4		136	1-φ0.9,1-φ0.95	47		单层交叉	1—9 2—10 18—11	36/32
Y132M-4	7.5	15		87	0.85				160				2-φ1.06	35				
Y132S-6	3.0	7.2	960	83	0.76		2.0	2.0	110	0.35		148	1-φ0.85,1-φ0.9	38		单层链式	1—6	36/33
Y132M1-6	4.0	9.4		84	0.77				140				1-φ1.06	52				
Y132M2-6	5.5	13		85.3	0.78				180				1-φ1.25	42				
Y132S-8	2.2	5.8	710	81	0.71	5.5			110				1-φ1.12	38				48/44
Y132M-8	3.0	7.7		82	0.72				140				1-φ1.30	30				

续表

型号	额定功率/kW	定子电流/A	满载时转速/(r/min)	满载时效率/%	满载时功率因数	堵转电流倍数	堵转转矩倍数	最大转矩倍数	铁芯长度/mm	气隙长度/mm	定子外径/mm	定子内径/mm	定子线规/根-mm	每槽线数	并联支路数	绕组型式	节距	槽数 Z_1/Z_2
Y160M1-2	11	22	2930	87.2	0.88	7.0	2.0	2.2	125	0.65	260	150	2-φ1.18 / 1-φ1.25	28	1	单层同心	1—16, 2—15, 3—14 / 1—14, 2—13	30/26
Y160M2-2	15	29	2930	88.2	0.88	7.0	2.0	2.2	155	0.65	260	150	2-φ1.12 / 2-φ1.18	23	1	单层同心	1—16, 2—15, 3—14 / 1—14, 2—13	30/26
Y160L-2	18.5	36	2930	89	0.89	7.0	2.0	2.2	195	0.65	260	150	3-φ1.12 / 2-φ1.18	19	1	单层同心	1—16, 2—15, 3—14 / 1—14, 2—13	30/26
Y160M-4	11	23	1460	88	0.84	7.0	2.2	2.2	155	0.5	260	170	1-φ1.30	56	2	单层交叉	1—9 / 2—10, 18—11	36/26
Y160L-4	15	30	1460	88.5	0.85	7.0	2.2	2.2	195	0.5	260	170	2-φ1.25 / 1-φ1.18	22	2	单层交叉	1—9 / 2—10, 18—11	36/26
Y160M-6	7.5	17	970	86	0.78	6.5	2.0	2.0	145	0.4	260	180	2-φ1.12	38	1	单层链式	1—6	36/33
Y160L-6	11	25	970	87	0.78	6.5	2.0	2.0	195	0.4	260	180	4-φ0.95	28	1	单层链式	1—6	36/33
Y160M1-8	4.0	9.9	720	84	0.73	6.0	2.0	2.0	110	0.4	260	180	1-φ1.25	49	1	单层链式	1—6	48/44
Y160M2-8	5.5	13	720	85	0.74	6.0	2.0	2.0	145	0.4	260	180	2-φ1.0	39	1	单层链式	1—6	48/44
Y160L-8	7.5	18	720	86	0.75	5.5	2.0	2.0	195	0.4	260	180	1-φ1.12 / 1-φ1.18	30	1	单层链式	1—6	48/44
Y180M-2	22	42	2940	89	0.89	7.0	2.0	2.2	175	0.8	290	160	2-φ1.3 / 2-φ1.4	16	2	双层叠式	1—14	36/28
Y180M-4	18.5	36	1470	91	0.86	7.0	2.0	2.2	190	0.55	290	187	2-φ1.18	32	2	双层叠式	1—11	48/44
Y180L-4	22	43	1470	91.5	0.86	7.0	2.0	2.2	220	0.55	290	187	2-φ1.3	28	2	双层叠式	1—11	48/44

续表

型号	额定功率/kW	满载时 定子电流/A	转速/(r/min)	效率/%	功率因数	堵转电流倍数	堵转转矩倍数	最大转矩倍数	铁芯长度/mm	气隙长度/mm	定子外径/mm	定子内径/mm	定子线规/根-mm	每槽线数	并联支路数	绕组型式	节距	槽数 Z_1/Z_2
Y180L-6	15	31	970	89.5	0.81	6.5	1.8	2.0	200	0.45	290	205	1-ϕ1.5	34	2	双层叠式	1—9	54/44
Y180L-8	11	25	730	86.5	0.77	6.0	1.7		200	0.45	290	205	2-ϕ0.9	46	2		1—7	54/58
Y200L1-2	30	57	2950	90	0.89	7.0	2.0	2.2	180	1.0	327	182	2-ϕ1.12 2-ϕ1.18	28	2		1—14	36/28
Y200L2-2	37	70	2950	90.5	0.89	7.0	2.0	2.2	210	1.0	327	182	1-ϕ1.4	24	2		1—14	36/28
Y200L-4	30	57	1470	92.2	0.87	7.0	2.0	2.2	230	0.65	327	210	1-ϕ1.06 1-ϕ1.12	48	4		1—11	48/44
Y200L1-6	18.5	38	970	89.8	0.83	6.5	1.8	2.0	195	0.5	327	230	1-ϕ1.12 1-ϕ1.18	32	2		1—9	54/44
Y200L2-6	22	45	970	90.2	0.83	6.5	1.8	2.0	220	0.5	327	230	2-ϕ1.25	28	2		1—9	54/44
Y200L-8	15	34	730	88	0.76	6.0	1.8	2.0	195	0.5	327	230	1-ϕ1.06 1-ϕ1.12	38	2		1—7	54/58
Y225M-2	45	84	2970	91.5	0.89	7.0	2.0	2.2	210	1.1	368	210	3-ϕ1.4 1-ϕ1.5	22	2		1—14	36/28
Y225S-4	37	70	1480	91.8	0.87	7.0	1.9	2.2	200	0.7	368	245	2-ϕ1.25	46	4		1—12	48/44
Y225M-4	45	84	1480	92.3	0.88	7.0	1.9	2.2	235	0.7	368	245	1-ϕ1.30 1-ϕ1.40	40	4		1—12	48/44

续表

型号	额定功率/kW	满载时				堵转电流倍数	堵转转矩倍数	最大转矩倍数	铁芯长度/mm	气隙长度/mm	定子外径/mm	定子内径/mm	定子线规/根-mm	每槽线数	并联支路数	绕组型式	节距	槽数 Z_1/Z_2
		定子电流/A	转速/(r/min)	效率/%	功率因数													
Y225M-6	30	60	980	90.2	0.85	6.5	1.7	2.0	210	0.5	368	260	2-φ1.4 1-φ1.3	26	2	双层叠式	1—9	54/44
Y225S-8	18.5	41	730	89.5	0.76	6.0	1.8	2.0	170	0.5	368	260	2-φ1.4	38	2	双层叠式	1—7	54/58
Y225M-8	22	48	740	90	0.78	6.0	1.8	2.0	210	0.5	368	260	2-φ1.5	32	2	双层叠式	1—14	36/28
Y250M-2	55	103	2970	91.5	0.89	7.0	2.0	2.2	195	1.2	400	225	6-φ1.4	20	2	双层叠式	1—12	48/44
Y250M-4	55	103	1480	92.6	0.88	7.0	2.0	2.2	240	0.8	400	260	3-φ1.3	36	4	双层叠式	1—9	72/58
Y250M-6	37	72	980	90.8	0.86	6.5	1.8	2.0	225	0.55	400	285	1-φ1.12 2-φ1.18	28	3	双层叠式	1—9	72/58
Y250M-8	30	63	740	90.5	0.80	6.0	2.0	2.0	225	0.55	400	285	3-φ1.3	22	3	双层叠式	1—9	72/58
Y280S-2	75	140	2980	91.5	0.89	7.0	1.9	2.2	225	1.5	445	255	7-φ1.5	14	2	双层叠式	1—16	42/54
Y280M-2	90	167	2980	92	0.89	7.0	1.9	2.2	260	1.5	445	255	8-φ1.5	12	2	双层叠式	1—16	42/54
Y280S-4	75	140	1480	92.7	0.88	7.0	1.9	2.2	240	0.9	445	300	2-φ1.25 2-φ1.3	26	4	双层叠式	1—14	60/50
Y280M-4	90	164	1480	93.6	0.89	7.0	1.9	2.2	325	0.9	445	300	5-φ1.3	20	4	双层叠式	1—14	60/50

续表

型号	额定功率 /kW	满载时 定子电流 /A	满载时 转速 /(r/min)	满载时 效率 /%	满载时 功率因数	堵转电流倍数	堵转转矩倍数	最大转矩倍数	铁芯长度 /mm	气隙长度 /mm	定子外径 /mm	定子内径 /mm	定子线规 /根·mm	每槽线数	并联支路数	绕组型式	节距	槽数 Z_1/Z_2
Y280S-6	45	85	980	92	0.87	6.5	1.8	2.0	215	0.65	445	325	2-φ1.3 1-φ1.4	26	3	双层叠式	1—12	72/58
Y280M-6	55	104	980	92	0.87	6.5			260				1-φ1.4 2-φ1.5	22	3			
Y280S-8	37	78	740	91	0.79	6.0			215				2-φ1.3	40	4			
Y280M-8	45	93	740	91.7	0.80	6.0			260				1-φ1.5 1-φ1.4	34	4			
Y315S-2	110	200	2980	93	0.90	7.0	1.8	2.2	290	1.8	520	300	6-φ1.5 4-φ1.6	9	2		1—18	48/40
Y315M1-2	132	237	2980	94	0.90	7.0			340				5-φ1.4 2-φ1.5	8	2			
Y315M2-2	160	286	2980	94.5	0.90	7.0		2.2	380	1.1			7-φ1.6	7	2			
Y315S-4	110	201	1480	93.5	0.89	7.0	1.8	2.2	300	1.1	520	350	3-φ1.3 4-φ1.4	16	4		1—17	72/64
Y315M1-4	132	241	1490	93.5	0.89	7.0			350				3-φ1.3 4-φ1.5	14	4			
Y315M2-4	160	291	1490	94	0.89	7.0			400				2-φ1.4 6-φ1.5	12	4			

续表

型号	额定功率/kW	定子电流/A	满载时			堵转电流倍数	堵转转矩倍数	最大转矩倍数	铁芯长度/mm	气隙长度/mm	定子外径/mm	定子内径/mm	定子线规/根-mm	每槽线数	并联支路数	绕组型式	节距	槽数 Z_1/Z_2
			转速/(r/min)	效率/%	功率因数													
Y315S-6	75	141	990	93	0.87	6.5	1.6	2.0	300	0.8	520	375	1-φ1.4 2-φ1.5	34	6	双层叠式	1—11	72/58
Y315M1-6	90	168		93.5	0.87				350				1-φ1.5 2-φ1.6	30				
Y315M2-6	110	204		94	0.87				400				1-φ1.4 3-φ1.5	25				
Y315M3-6	132	245		94	0.87				455				1-φ1.5 3-φ1.6	22				
Y315S-8	55	111	740	92	0.82				300				7-φ1.5	14	2			72/58
Y315M1-8	75	150		92.5	0.82				350			390	1-φ1.5 1-φ1.6	46	8			
Y315M2-8	90	179		93	0.82				400				4-φ1.3 2-φ1.4	20	4			
Y315M3-8	110	219		93	0.82				455				1-φ1.4 2-φ1.5	34	8			
Y315S-10	45	99	590	91	0.76		1.4		300				1-φ1.12 1-φ1.18	66	10		1—9	90/72
Y315M1-10	55	120		91.5	0.76				400				2-φ1.3	52				
Y315M2-10	75	161		92	0.77				455				2-φ1.4 2-φ1.5	22	5			

附表 9　Y 系列（IP23）三相异步电动机的主要技术

型号	额定功率/kW	满载时				堵转电流倍数	堵转转矩倍数	最大转矩倍数	铁芯长度/mm	气隙长度/mm	定子外径/mm	定子内径/mm	定子线规/根-mm	每槽线数	并联支路数	绕组型式	节距	槽数 Z_1/Z_2
		定子电流/A	转速/(r/min)	效率/%	功率因数													
Y160M-2	15	29		88	0.88		1.7		100				2-φ1.06 1-φ1.12	24				
Y160L1-2	18.5	36	2910	89	0.89		1.8		125	0.8		160	1-φ1.4 1-φ1.5	20	1		1—14	36/28
Y160L2-2	22	42		89.5	0.89		2.0	2.2	135				1-φ1.5 1-φ1.6	18				
Y160M-4	11	23		87.5	0.85	7.0	1.9		100				1-φ1.18	54				
Y160L1-4	15	30	1460	88	0.86				130	0.55	290	187	1-φ1.3	42	2	双层叠式	1—11	48/44
Y160L2-4	18.5	37		89	0.86		2.0		150				1-φ1.4 1-φ1.5	18				
Y160M-6	7.5	17		85	0.79	5.5		2.0	95				1-φ1.4	32	1		1—9	54/44
Y160L-6	11	25	960	86.5	0.78				125	0.45		205	2-φ1.18	24				
Y160M-8	5.5	14		83.5	0.73	6.0		2.0	95				1-φ1.3	42	2		1—7	54/50
Y180L-8	7.5	18	720	85	0.73				125				1-φ1.0 1-φ1.06	32				

续表

型号	额定功率/kW	满载时				堵转电流倍数	堵转转矩倍数	最大转矩倍数	铁芯长度/mm	气隙长度/mm	定子外径/mm	定子内径/mm	定子线规/根·mm	每槽线数	并联支路数	绕组型式	节距	槽数 Z_1/Z_2
		定子电流/A	转速/(r/min)	效率/%	功率因数													
Y180M-2	30	57	2940	89.5	0.89	7.0	1.7	2.2	135	1.0	327	182	2-φ1.3	32	2	双层叠式	1—14	36/28
Y180L-2	75	70		90.5	0.89				160				2-φ1.4	27				
Y180M-4	22	43	1460	89.5	0.86		1.9		135	0.65		210	2-φ1.12	36			1—11	48/44
Y180L-4	30	58		90.5	0.87				175				2-φ1.3	32				
Y180M-6	15	32	970	88	0.81	6.5	1.8	2.0	125	0.50		230	1-φ1.4	44			1—9	54/44
Y180L-6	18.5	38		88.5	0.83				155				2-φ1.06	36				
Y180M-8	11	26	720	86.5	0.74	6.0			125				2-φ0.9	56			1—7	54/50
Y180L-8	15	24		87.5	0.76				155				2-φ1.0	44				
Y200M-2	45	84	2940	91	0.89	7.0	1.9	2.2	155	1.1	368	210	2-φ1.25	24			1—11	36/28
Y200L-2	55	103	2950	91.5	0.89				185				2-φ1.3	21				
Y200M-4	37	71	1470	90.5	0.87		2.0		155	0.7		245	1-φ1.12 2-φ1.18	26			1—14	48/44
Y200L-4	45	86		91.5	0.87				185				3-φ1.3	22			1—11	

附 录

续表

型号	额定功率/kW	定子电流/A	满载时 转速/(r/min)	效率/%	功率因数	堵转电流倍数	堵转转矩倍数	最大转矩倍数	铁芯长度/mm	气隙长度/mm	定子外径/mm	定子内径/mm	定子线规/根-mm	每槽线数	并联支路数	绕组型式	节距	槽数 Z_1/Z_2
Y200M-6	22	44	970	89	0.85	6.5	1.7	2.0	135	0.5	368	260	2-φ1.18	36	2	双层叠式	1—9	54/44
Y200L-6	30	59	980	89.5	0.87	6.5	1.7	2.0	165	0.5	368	260	1-φ1.3 1-φ1.4	30	2	双层叠式	1—9	54/44
Y200M-8	18.5	41	730	88.5	0.78	6.0	1.7	2.0	135	0.5	368	260	1-φ1.6	44	2	双层叠式	1—7	54/50
Y200L-8	22	48	740	89	0.78	6.0	1.7	2.0	165	0.5	368	260	2-φ1.25	36	2	双层叠式	1—7	54/50
Y225M-2	75	140	2960	91.5	0.89	7.0	1.8	2.2	185	1.2	400	225	3-φ1.6	18	2	双层叠式	1—14	36/28
Y225M-4	55	104	1470	91.5	0.88	7.0	1.8	2.2	185	0.8	400	260	1-φ1.25 1-φ1.3	40	4	双层叠式	1—12	48/44
Y225M-6	37	71	980	90.5	0.87	6.5	1.7	2.0	175	0.55	400	285	1-φ1.18 1-φ1.25	30	3	双层叠式	1—12	48/44
Y225M-8	30	63	740	89.5	0.81	6.0	1.7	2.0	175	0.55	400	285	1-φ1.4	50	4	双层叠式	1—9	72/58
Y250S-2	90	167	2960	92	0.89	7.0	1.7	2.2	170	1.5	445	225	2-φ1.3 3-φ1.4	16	2	双层叠式	1—16	42/34
Y250M-2	110	201	2960	92.5	0.90	7.0	1.7	2.2	195	1.5	445	225	4-φ1.5 1-φ1.6	14	2	双层叠式	1—16	42/34
Y250S-4	75	141	1470	92	0.88	7.0	2.0	2.2	185	0.9	445	300	2-φ1.25 3-φ1.3	14	2	双层叠式	1—14	60/50
Y250M-4	90	168	1470	92.5	0.88	7.0	2.2	2.2	215	0.9	445	300	4-φ1.25 2-φ1.3	12	2	双层叠式	1—14	60/50

481

续表

型号	额定功率 /kW	满载时 定子电流 /A	满载时 转速 /(r/min)	满载时 效率 /%	满载时 功率因数	堵转电流倍数	堵转转矩倍数	最大转矩倍数	铁芯长度 /mm	气隙长度 /mm	定子外径 /mm	定子内径 /mm	定子线规 /根-mm	每槽线数	并联支路数	绕组型式	节距	槽数 Z_1/Z_2
Y250S-6	45	87	980	91	0.86	6.5	1.8	2.0	165	0.65	445	325	2-φ1.4	28	3	双层叠式	1—12	72/58
Y250M-6	55	106	980	91	0.87	6.5	1.8	2.0	195	0.65	445	325	4-φ1.06	24	3	双层叠式	1—12	72/58
Y250S-8	37	78	740	90	0.8	6.0	1.6	2.0	165	0.65	445	325	1-φ1.06 1-φ1.12	46	4	双层叠式	1—9	72/58
Y250M-8	45	94	740	90.5	0.8	6.0	1.8	2.0	195	0.65	445	325	1-φ1.18 1-φ1.25	38	4	双层叠式	1—9	72/58
Y280M-2	132	241	2970	92.5	0.9	7.0	1.6	2.2	200	1.6	493	280	6-φ1.5	12	2	双层叠式	1—6	42/34
Y280S-4	110	205	1470	92.5	0.88	7.0	1.7	2.2	200	1.0	493	330	4-φ1.25	24	4	双层叠式	1—14	65/50
Y280M-4	132	245	1470	93	0.88	7.0	1.8	2.2	240	1.0	493	330	4-φ1.4	20	4	双层叠式	1—14	65/50
Y280S-6	75	143	980	91.5	0.87	6.5	1.8	2.0	185	0.7	493	360	3-φ1.4 3-φ1.5	22	3	双层叠式	1—12	72/58
Y280M-6	90	169	980	92	0.88	6.5	1.8	2.0	240	0.7	493	360	1-φ1.3	18	3	双层叠式	1—12	72/58
Y280S-8	55	115	740	91	0.8	6.0	1.8	2.0	185	0.7	493	360	1-φ1.4	36	4	双层叠式	1—9	72/58
Y280M-8	75	154	740	91.5	0.81	6.0	1.8	2.0	185	0.7	493	360	1-φ1.5 1-φ1.6	28	4	双层叠式	1—9	72/58

附表 10　Y2 系列（IP54）三相异步电动机的主要技术数据

型号	额定功率/kW	满载时			堵转电流倍数	堵转转矩倍数	最大转矩倍数	铁芯长度/mm	定子外径/mm	定子内径/mm	气隙长/mm	定子线规/根-mm	每槽线数	并联支路数	绕组型式	节距	槽数 Z_1/Z_2
		定子电流/A	效率/%	功率因数													
Y2-631-2	0.18	0.51	65	0.80	5.5	2.2	2.2	36	96	50	0.25	1-φ0.315	234	1Y	单层交叉	1—9 2—10 11—18	18/16
Y2-632-2	0.25	0.67	68	0.81	5.5	2.2	2.2	42	96	50	0.25	1-φ0.355	196	1Y	单层交叉	1—9 2—10 11—18	18/16
Y2-631-4	0.12	0.43	57	0.72	4.4	2.1	2.2	40	96	50	0.25	1-φ0.28	284	1Y	单层链式	1—6	24/22
Y2-632-4	0.18	0.61	60	0.73	4.4	2.1	2.2	52	96	50	0.25	1-φ0.315	220	1Y	单层链式	1—6	24/22
Y2-711-2	0.37	0.98	70	0.81	6.1	2.2	2.3	45	110	58	0.25	1-φ0.40	160	1Y	单层交叉	1—9 2—10 11—18	18/16
Y2-712-2	0.55	1.33	73	0.82	6.1	2.2	2.3	58	110	58	0.25	1-φ0.50	116	1Y	单层交叉	1—9 2—10 11—18	18/16
Y2-711-4	0.25	0.76	65	0.74	5.2	2.1	2.2	53	110	67	0.25	1-φ0.40	206	1Y	单层链式	1—6	24/22
Y2-712-4	0.37	1.07	67	0.75	5.2	2.1	2.2	60	110	67	0.3	1-φ0.45	166	1Y	单层链式	1—6	24/22
Y2711-6	0.18	0.71	56	0.66	4.0	1.9	2.0	70	110	71	0.3	1-φ0.355	214	1Y	双层叠式	1—5	27/30
Y2-712-6	0.25	0.92	59	0.68	4.0	1.9	2.0	70	110	71	0.3	1-φ0.40	178	1Y	双层叠式	1—5	27/30
Y2-801-2	0.75	1.83	75	0.83	6.1	2.2	2.3	60	120	67	0.3	1-φ0.60	109	1Y	单层交叉	1—9 2—10 11—18	18/16
Y2-802-2	1.1	2.55	77	0.84	7.0	2.2	2.3	75	120	67	0.3	1-φ0.67	87	1Y	单层交叉	1—9 2—10 11—18	18/16
Y2-801-4	0.55	1.57	71	0.75	5.2	2.4	2.3	60	120	75	0.25	1-φ0.53	129	1Y	单层链式	1—6	24/22
Y2-802-4	0.75	2.03	73	0.76	6.0	2.3	2.3	70	120	75	0.25	1-φ0.60	110	1Y	单层链式	1—6	24/22

续表

型号	额定功率/kW	满载时			堵转电流倍数	堵转转矩倍数	最大转矩倍数	铁芯长度/mm	定子外径/mm	定子内径/mm	气隙长/mm	定子线规/根-mm	每槽线数	并联支路数	绕组型式	节距	槽数 Z_1/Z_2
		定子电流/A	效率/%	功率因数													
Y2-801-6	0.37	1.30	62	0.70	4.7	1.9	2.0	65	120	78	0.25	1-φ0.45	127	1Y	单层链式	1—6	36/28
Y2-802-6	0.55	1.79	65	0.72			2.1	85				1-φ0.53	98				
Y2-801-8	0.18	0.88	51	0.61	3.3	1.8	1.9	75				1-φ0.40	172		双层叠式	1—5	
Y2-802-8	0.25	1.15	54					90				1-φ0.45	138				
Y2-90S-2	1.5	3.40	79	0.84	7.0	2.2	2.3	80	130	72	0.35	1-φ0.8	77		单层交叉	1—9 2—10 11—18	18/16
Y2-90L-2	2.2	4.80	81	0.85				105				1-φ0.95	59				
Y2-90S-4	1.1	2.82	75	0.77	6.0	2.3		75		80	0.25	1-φ0.67	90		单层链式	1—6	24/22
Y2-90L-4	1.5	3.70	78	0.79				105				1-φ0.80	67				
Y2-90S-6	0.75	2.26	69	0.72	5.5	2.0	2.1	85		86		1-φ0.63	84				36/28
Y2-90L-6	1.1	3.14	72	0.73				115				1-φ0.75	63				
Y2-90S-8	0.37	1.49	62	0.61	4.0	1.8	1.9	100				1-φ0.56	110		双层叠式	1—5	
Y2-90L-8	0.55	2.18	63	0.63			2.0	125				1-φ0.63	84				

续表

型号	额定功率/kW	定子电流/A	满载时		堵转电流倍数	堵转转矩倍数	最大转矩倍数	铁芯长度/mm	定子外径/mm	定子内径/mm	气隙长/mm	定子线规/根-mm	每槽线数	并联支路数	绕组型式	节距	槽数 Z_1/Z_2
			效率/%	功率因数													
Y2-100L-2	3.0	6.31	83	0.87	7.5	2.2	2.3	90	155	84	0.4	2-φ0.80	43	1Y	单层同心	1—12,2—11 13—24,14—23	24/20
Y2-100L1-4	2.2	5.16	80	0.81	7.0	2.3	2.3	90	155	98	0.3	1-φ0.67 1-φ0.71	44	1Y	单层交叉	1—9 2—10 11—18	36/28
Y2-100L2-4	3.0	6.78	82	0.82	7.0	2.3	2.3	120	155	98	0.3	1-φ1.12	34	1Y	单层交叉	1—9 2—10 11—18	36/28
Y2-100L-6	1.5	3.95	76	0.75	5.5	2.0	2.1	85	155	106	0.25	1-φ0.85	61	1△	单层链式	1—6	48/44
Y2-100L1-8	0.75	2.43	71	0.67	4.0	2.0	2.0	70	155	106	0.25	1-φ0.71	79	1△	单层链式	1—6	48/44
Y2-100L2-8	1.1	3.42	72	0.69	5.0	1.8	2.0	70	155	106	0.25	1-φ0.8	62	1△	单层链式	1—6	48/44
Y2-112M-2	4.0	8.23	85	0.88	7.5	2.2	2.3	90	175	98	0.45	1-φ0.95	54	1Y	单层同心	1—16,2—15 3—14,17—30 18—29	30/26
Y2-112M-4	4.0	8.83	84	0.82	7.0	2.3	2.3	120	175	110	0.35	1-φ1.0	52	1Y	单层交叉	1—9,2—10 11—18	36/28
Y2-112M-6	2.2	5.57	79	0.76	6.5	2.0	2.1	95	175	120	0.3	1-φ1.0	50	1Y	单层链式	1—6	48/44
Y2-112M-8	1.5	4.47	75	0.69	5.0	1.8	2.0	95	175	120	0.3	1-φ0.95	51	1Y	单层链式	1—6	48/44
Y2-132S1-2	5.5	11.18	86	0.88	7.5	2.2	2.3	90	210	116	0.55	2-φ0.9	44	1△	单层同心	1—16,2—15 3—14,17—30 18—29	30/26
Y2-132S2-2	7.5	15.06	87	0.88	7.5	2.2	2.3	105	210	116	0.55	1-φ0.95 1-φ1.0	38	1△	单层同心	1—16,2—15 3—14,17—30 18—29	30/26
Y2-132S-4	5.5	11.7	85	0.83	7.0	2.3	2.3	105	210	136	0.4	1-φ1.18	47	1△	单层交叉	1—9,2—10 11—18	36/28
Y2-132M-4	7.5	15.6	87	0.84	7.0	2.3	2.3	145	210	136	0.4	2-φ0.95	35	1△	单层交叉	1—9,2—10 11—18	36/28

续表

型号	额定功率/kW	满载时			堵转电流倍数	堵转转矩倍数	最大转矩倍数	铁芯长度/mm	定子外径/mm	定子内径/mm	气隙长/mm	定子线规/根-mm	每槽线数	并联支路数	绕组型式	节距	槽数 Z_1/Z_2
		定子电流/A	效率/%	功率因数													
Y2-132S-6	3.0	7.41	81	0.76	6.5	2.1	2.1	85	210	148	0.35	1-φ1.18	43	1Y	单层链式	1—6	36/42
Y2-132M1-6	4.0	9.64	82	0.77	6.5	2.1	2.1	115	210	148	0.35	2-φ0.71	56	1△	单层链式	1—6	36/42
Y2-132M2-6	5.5	12.93	84	0.77	6.5	2.1	2.1	155	210	148	0.35	1-φ1.18	43	1△	单层链式	1—6	36/42
Y2-132S-8	2.2	6.04	78	0.71	6.0	1.8	2.0	85	210	148	0.35	1-φ1.0	42	1Y	单层链式	1—6	48/44
Y2-132M-8	3.0	7.9	79	0.73	6.0	1.8	2.0	115	210	148	0.35	2-φ0.8	33	1Y	单层链式	1—6	48/44
Y2-160M1-2	11	21.35	88	0.89	7.5	2.2	2.3	140	260	150	0.65	3-φ1.06	28	1△	单层同心	1—16, 2—15; 3—14, 17—30; 18—29	30/26
Y2-160M2-2	15	28.78	89	0.89	7.5	2.2	2.3	140	260	150	0.65	3-φ1.18	23	1△	单层同心	1—16, 2—15; 3—14, 17—30; 18—29	30/26
Y2-160L-2	18.5	34.72	90	0.9	7.5	2.2	2.3	175	260	150	0.65	3-φ1.32	19	1△	单层同心	1—16, 2—15; 3—14, 17—30; 18—29	30/26
Y2-160M-4	11	22.35	88	0.84	7.0	2.0	2.3	135	260	170	0.5	1-φ1.18; 1-φ1.18	29	1△	单层交叉	1—9, 2—10; 11—18	36/28
Y2-160L-4	15	30.14	89	0.85	7.5	2.0	2.3	180	260	170	0.5	1-φ1.12; 1-φ1.18	22	1△	单层交叉	1—9, 2—10; 11—18	36/28
Y2-160M1-6	7.5	17	86	0.77	6.5	2.0	2.1	120	260	180	0.4	1-φ1.0; 1-φ1.06	40	1△	单层链式	1—6	36/42
Y2-160L-6	11	24.23	87.5	0.78	6.5	2.0	2.1	170	260	180	0.4	2-φ1.25	29	1△	单层链式	1—6	36/42

续表

型号	额定功率/kW	满载时 定子电流/A	满载时 效率/%	满载时 功率因数	堵转电流倍数	堵转转矩倍数	最大转矩倍数	铁芯长度/mm	定子外径/mm	定子内径/mm	气隙长/mm	定子线规/根-mm	每槽线数	并联支路数	绕组型式	节距	槽数 Z_1/Z_2
Y2-160M1-8	4	10.28	81	0.73	6.0	1.9	2.0	85	260	180	0.4	1-φ1.06	56	1△	单层链式	1—6	48/44
Y2-160M2-8	5.5	13.61	83	0.74	6.0	1.9	2.0	120	260	180	0.4	1-φ0.85, 1-φ0.9	41	1△	单层链式	1—6	48/44
Y2-160L-8	7.5	17.88	85.5	0.75	6.0	2.0	2.0	170	260	180	0.4	2-φ1.0	30	1△	单层链式	1—6	48/44
Y2-180M-2	22	41.8	90	0.9	7.5	2.0	2.0	165	290	165	0.8	2-φ1.25	34	2△	双层叠式	1—14	36/28
Y2-180M-4	18.5	36.47	90.5	0.86	7.5	2.2	2.3	170	290	187	0.6	2-φ1.06	34	2△	双层叠式	1—11	48/38
Y2-180L-4	22	43.14	91.0	0.86	7.5	2.2	2.3	190	290	187	0.45	2-φ1.18	30	2△	双层叠式	1—11	48/38
Y2-180L-6	15	31.63	89	0.81	7.0	2.0	2.1	170	290	205	0.45	1-φ0.95, 1-φ1.0	38	2△	双层叠式	1—9	54/44
Y2-180L-8	11	25.29	87.5	0.76	6.6	2.0	2.0	165	290	205	0.45	1-φ1.3	56	2△	双层叠式	1—6	48/44
Y2-200L1-2	30	55.37	91.2	0.9	7.5	2.0	2.3	160	327	187	1.0	1-φ1.18, 2-φ1.25	31	2△	双层叠式	1—14	36/28
Y2-200L2-2	37	67.92	92.0	0.9	7.5	2.0	2.3	160	327	187	1.0	2-φ1.12, 2-φ1.18	26	2△	双层叠式	1—14	36/28
Y2-200L-4	30	57.63	92	0.86	7.2	2.2	2.3	195	327	210	0.7	3-φ1.18	26	2△	双层叠式	1—11	48/38

续表

型号	额定功率/kW	满载时			堵转电流倍数	堵转转矩倍数	最大转矩倍数	铁芯长度/mm	定子外径/mm	定子内径/mm	气隙长/mm	定子线规/根-mm	每槽线数	并联支路数	绕组型式	节距	槽数 Z_1/Z_2
		定子电流/A	效率/%	功率因数													
Y2-200L1-6	18.5	38.10	90	0.81	7.0	2.1	2.1	160	327	230	0.5	2-φ1.06	34	2△	双层叠式	1—9	54/44
Y2-200L2-6	22	44.52	90	0.83	7.0	2.1	2.1	185	327	230	0.5	1-φ1.06 1-φ1.12	30	2△	双层叠式	1—9	54/44
Y2-200L-8	15	34.09	88	0.76	6.6	2.0	2.0	175	327	230	0.5	1-φ1.12 1-φ1.18	46	2△	双层叠式	1—6	48/44
Y2-225M-2	45	82.16	92.3	0.9	7.5	2.0	2.3	175	368	210	1.1	3-φ1.5	24	2△	双层叠式	1—14	36/28
Y2-225S-4	37	69.99	92.5	0.87	7.2	2.2	2.3	180	368	245	0.8	3-φ0.95	50	4△	双层叠式	1—12	48/38
Y2-225M-4	45	84.54	92.8	0.84	7.2	2.2	2.1	220	368	245	0.8	2-φ1.3	41	3△	双层叠式	1—9	54/44
Y2-225M-6	30	58.63	91.5	0.76	6.6	1.9	2.0	180	368	260	0.55	2-φ1.3	44	2△	双层叠式	1—6	48/44
Y2-225S-8	18.5	40.58	90.0	0.78	7.5	2.0	2.3	160	368	260	0.55	2-φ1.25	44	2△	双层叠式	1—6	48/44
Y2-225M-8	22	47.37	90.5	0.90	7.5	2.0	2.3	160	368	260	0.55	4-φ0.95	38	2△	双层叠式	1—6	48/44
Y2-250M-2	55	100.1	92.5	0.90	7.2	2.2	2.3	190	400	225	1.2	1-φ1.3 4-φ1.4	20	2△	双层叠式	1—14	36/28
Y2-250M-4	55	103.1	93.0	0.87	7.2	2.2	2.3	205	400	260	0.9	1-φ1.4 3-φ1.5	20	2△	双层叠式	1—11	48/38

续表

型号	额定功率/kW	满载时 定子电流/A	满载时 效率/%	满载时 功率因数	堵转电流倍数	堵转转矩倍数	最大转矩倍数	铁芯长度/mm	定子外径/mm	定子内径/mm	气隙长/mm	定子线规/根-mm	每槽线数	并联支路数	绕组型式	节距	槽数 Z_1/Z_2
Y2-250M-6	37	71.08	92.0	0.86	7.0	2.1	2.1	190	400	285	0.6	1-ϕ1.3 1-ϕ1.4	28	3△	双层叠式	1—12	72/58
Y2-250M-8	30	64.43	91.0	0.79	6.6	1.9	2.0	200	400	285	0.6	3-ϕ1.25	22	3△	双层叠式	1—9	72/58
Y2-280S-2	75	134.0	93.0	0.90	7.5	2.0	2.3	185	445	255	1.3	6-ϕ1.3 1-ϕ1.4	16	2△	双层叠式	1—6	42/34
Y2-280M-2	90	160.27	93.8	0.91	7.5	2.0	2.3	215	445	255	1.3	6-ϕ1.3 2-ϕ1.4	14	2△	双层叠式	1—6	42/34
Y2-280S-4	75	139.7	93.8	0.87	7.2	2.2	2.3	215	445	300	1.0	3-ϕ1.4	28	4△	双层叠式	1—14	60/50
Y2-280M-4	90	166.93	94.2	0.87	7.2	2.2	2.3	270	445	300	1.0	1-ϕ1.3 3-ϕ1.4	22	4△	双层叠式	1—14	60/50
Y2-280S-6	45	85.98	92.5	0.86	7.0	2.1	2.0	180	445	325	0.7	3-ϕ1.18	26	3△	双层叠式	1—12	72/58
Y2-280M-6	55	104.75	92.8	0.86	7.0	2.1	2.0	215	445	325	0.7	3-ϕ1.3	22	3△	双层叠式	1—12	72/58
Y2-280S-8	37	76.83	91.5	0.79	6.6	1.9	2.0	190	445	325	0.7	1-ϕ1.12 1-ϕ1.18	42	4△	双层叠式	1—9	72/58
Y2-280M-8	45	92.93	92.0	0.79	6.6	1.9	2.0	235	445	325	0.7	2-ϕ1.25	34	4△	双层叠式	1—9	72/58

续表

型号	额定功率/kW	满载时 定子电流/A	满载时 效率/%	满载时 功率因数	堵转电流倍数	堵转转矩倍数	最大转矩倍数	铁芯长度/mm	定子外径/mm	定子内径/mm	气隙长/mm	定子线规/根-mm	每槽线数	并联支路数	绕组型式	节距	槽数 Z_1/Z_2
Y2-315S-2	110	195.46	94.0	0.91	7.1	1.8	2.2	250	520	300	1.5	11-ϕ1.4 4-ϕ1.5	10	2△	双层叠式	1—18	48/44
Y2-315M-2	132	233.3	94.5					280				7-ϕ1.4 9-ϕ1.5	9				
Y2-315L1-2	160	279.44	94.6	0.92				315				7-ϕ1.4 11-ϕ1.5	8				
Y2-315L2-2	200	347.83	94.8					360				13-ϕ1.4 8-ϕ1.5	7				
Y2-315S-4	100	201.6	94.5	0.88	6.9	2.1		280		350	1.1	2-ϕ1.4 4-ϕ1.5	17	4△		1—16	72/64
Y2-315M-4	132	240.57	94.8					315				3-ϕ1.4 4-ϕ1.5	15				
Y2-315L1-4	160	287.95	94.9	0.89				370				3-ϕ1.4 5-ϕ1.5	13				
Y2-315L2-4	200	358.5	95.0					435				8-ϕ1.4 2-ϕ1.5	11				

续表

型号	额定功率 /kW	满载时 定子电流 /A	满载时 效率 /%	满载时 功率因数	堵转电流倍数	堵转转矩倍数	最大转矩倍数	铁芯长度 /mm	定子外径 /mm	定子内径 /mm	气隙长 /mm	定子线规 /根·mm	每槽线数	并联支路数	绕组型式	节距	槽数 Z_1/Z_2
Y2-315S-6	75	141.77	93.5	0.86	7.0	2.0	2.0	245	520	375	0.9	1-ϕ1.18 3-ϕ1.25	40	6△	双层叠式	1—11	72/58
Y2-315M-6	90	169.58	93.8					290				2-ϕ1.3 2-ϕ1.4	34				
Y2-315L16	110	206.83	94.0		6.7			360				4-ϕ1.5	28				
Y2-315L2-6	132	244.82	94.2	0.87				415				3-ϕ1.4 2-ϕ1.5	24				
Y2-315S-8	55	112.97	92.8	0.81	6.6	1.8		230		390	0.8	2-ϕ1.25	64	8△			
Y2-315M-8	75	151.33	93.0					315				1-ϕ1.4 1-ϕ1.5	48				
Y2-315L1-8	90	177.86	93.8	0.82	6.4			375				3-ϕ1.3	40				
Y2-315L2-8	110	216.92	94.0					440				2-ϕ1.18 2-ϕ1.25	34				
Y2-315S-10	45	99.67	91.5	0.75	6.2	1.5		230				3-ϕ1.25	42	5△		1—9	90/72
Y2-315M-10	55	121.16	92.0					280				5-ϕ1.06	34				
Y2-315L1-10	75	162.16	92.5	0.76				375				1-ϕ1.3 3-ϕ1.4	26				
Y2-315L2-10	90	191.03	93.0	0.77				440				4-ϕ1.5	22				

续表

型号	额定功率/kW	满载时 定子电流/A	满载时 效率/%	满载时 功率因数	堵转电流倍数	堵转转矩倍数	最大转矩倍数	铁芯长度/mm	定子外径/mm	定子内径/mm	气隙长/mm	定子线规/根-mm	每槽线数	并联支路数	绕组型式	节距	槽数 Z_1/Z_2
Y355M-2	250	432.5	95.3	0.92	7.1	1.6	2.2	410	520	327	1.6	14-φ1.4 19-φ1.5	6	2△	双层叠式	1—18	48/40
Y2-355L-2	315	543.25	95.6	0.92	7.1	1.6	2.2	495	520	327	1.6	20-φ1.4 20-φ1.5	5	2△	双层叠式	1—18	48/40
Y2-355M-4	250	442.12	95.3	0.9	6.9	2.1	2.2	420	520	400	1.2	7-φ1.4 8-φ1.5	11	4△	双层叠式	1—16	72/64
Y2-355L-4	315	555.32	95.6	0.9	6.9	2.1	2.2	520	520	400	1.2	6-φ1.4 12-φ1.5	9	4△	双层叠式	1—16	72/64
Y2-355M1-6	160	291.52	94.5	0.88	6.7	1.9	2.0	370	520	423	1.0	6-φ1.5	24	6△	双层叠式	1—11	72/84
Y2-355M2-6	200	263.64	94.7	0.88	6.7	1.9	2.0	440	520	423	1.0	6-φ1.4 2-φ1.5	20	6△	双层叠式	1—11	72/84
Y2-355L-6	250	453.6	94.9	0.88	6.7	1.9	2.0	560	520	423	1.0	9-φ1.5	16	6△	双层叠式	1—11	72/84
Y2-355M1-8	132	260.3	93.7	0.82	6.4	1.8	2.0	400	520	445	1.0	3-φ1.3 2-φ1.4	36	8△	双层叠式	1—9	72/86
Y2-355M2-8	160	310.07	94.2	0.82	6.4	1.8	2.0	455	520	445	1.0	3-φ1.4 2-φ1.5	32	8△	双层叠式	1—9	72/86
Y2-355L-8	200	386.36	94.5	0.83	6.4	1.8	2.0	560	520	445	1.0	2-φ1.4 4-φ1.5	26	8△	双层叠式	1—9	72/86
Y2-355M1-10	110	230	93.2	0.78	6.0	1.3	2.0	380	520	445	1.0	2-φ1.18 2-φ1.25	46	10△	双层叠式	1—9	90/72
Y2-355M2-10	132	275.11	93.5	0.78	6.0	1.3	2.0	455	520	445	1.0	2-φ1.3 2-φ1.4	38	10△	双层叠式	1—9	90/72
Y2-355L-10	160	333.47	93.5	0.78	6.0	1.3	2.0	560	520	445	1.0	1-φ1.4 3-φ1.5	32	10△	双层叠式	1—9	90/72

附表 11　Y2-E 系列（IP54）三相异步电动机的主要技术数据

型号	额定功率/kW	满载时 定子电流/A	满载时 效率/%	满载时 功率因数	堵转电流倍数	堵转转矩倍数	最大转矩倍数	铁芯长度/mm	定子外径/mm	定子内径/mm	气隙长/mm	定子线规/根-mm	每槽线数	并联支路数	绕组型式	节距	槽数 Z_1/Z_2
Y2-801-2E	0.75	1.76	77	0.83	7.0	2.2	2.3	65	120	67	0.3	1-φ0.6	104	1Y	单层交叉	1—9, 2—10, 11—18	18/16
Y2-802-2E	1.1	2.49	79	0.84				80				1-φ0.67	83				
Y2-801-4E	0.55	1.49	73.5	0.75	6.0	2.4		65		75	0.25	1-φ0.56	126		单层链式	1—6	24/22
Y2-802-4E	0.75	1.95	75.5	0.77				80				1-φ0.63	102				
Y2-90S-2E	1.5	3.32	80.5	0.85	7.0	2.2		85	130	72	0.35	1-φ0.85	73		单层交叉	1—9, 2—10, 11—18	18/16
Y2-90L-2E	2.2	4.7	82.5					115				1-φ0.67, 1-φ0.71	54				
Y2-90S-4E	1.1	2.76	76.5	0.78	6.5	2.3	2.1	80		80	0.25	1-φ0.71	86		单层链式	1—6	24/22
Y2-90L-4E	1.5	3.65	79.5					115				1-φ0.85	62				
Y2-90S-6E	0.75	2.19	72.5	0.71	5.6	2.1		95		86		1-φ0.67	79				36/28
Y2-90L-6E	1.1	3.13	74.5					130				1-φ0.8	57				
Y2-100L-2E	3.0	6.08	84	0.87	8.0	2.2	2.3	100	155	84	0.4	1-φ0.8, 1-φ0.85	40		单层同心	1—12, 2—11, 13—24, 14—23	24/20
Y2-100L1-4E	2.2	4.96	82	0.81	7.1	2.3		105		98	0.3	1-φ0.71, 1-φ0.75			单层交叉	1—9, 2—10, 11—18	36/28
Y2-100L2-4E	3.0	6.62	83	0.82				130				1-φ0.8, 1-φ0.85	32				

续表

型号	额定功率/kW	满载时 定子电流/A	满载时 效率/%	满载时 功率因数	堵转电流倍数	堵转转矩倍数	最大转矩倍数	铁芯长度/mm	定子外径/mm	定子内径/mm	气隙长/mm	定子线规/根-mm	每槽线数	并联支路数	绕组型式	节距	槽数 Z_1/Z_2
Y2-100L-6E	1.5	3.83	78	0.74	6.4	2.1	2.1	100	155	106	0.25	1-φ0.9	55	1Y	单层链式	1—6	36/28
Y2-112M-2E	4.0	7.76	86	0.9	8.0	2.2	2.3	100	175	98	0.45	1-φ0.67 1-φ0.71	50	1△	单层同心	1—16, 2—15 3—14, 17—30 18—29	30/26
Y2-112M-4E	4.0	8.59	86	0.82	7.1	2.3	2.3	130	175	110	0.35	2-φ0.75	49	1△	单层交叉	1—9, 2—10 11—18	36/28
Y2-112M-6E	2.2	5.45	81	0.75	6.4	2.2	2.1	110	175	120	0.3	1-φ1.06	45	1Y	单层链式	1—6	36/28
Y2-132S1-2E	5.5	10.4	88	0.9	8.0	2.2	2.3	105	210	116	0.55	1-φ0.9 1-φ0.95	42	1△	单层同心	1—16, 2—15 3—14, 17—30 18—29	30/26
Y2-132S2-2E	7.5	14.2	88.5	0.9	8.0	2.1	2.3	115	210	116	0.55	2-φ1.0	36	1△	单层同心	1—16, 2—15 3—14, 17—30 18—29	30/26
Y2-132S-4E	5.5	11.4	87	0.83	7.1	2.3	2.3	115	210	136	0.4	2-φ0.85	44	1△	单层交叉	1—9, 2—10 11—18	36/28
Y2-132M-4E	7.5	15.1	88	0.85	7.1	2.3	2.3	160	210	136	0.4	1-φ0.95 1-φ1.0	34	1△	单层交叉	1—9, 2—10 11—18	36/28
Y2-132S-6E	3.0	6.97	84	0.76	6.4	2.1	2.1	110	210	148	0.35	1-φ1.25	37	1Y	单层链式	1—6	36/42
Y2-132M1-6E	4.0	9.18	85.5	0.77	7.0	2.1	2.1	135	210	148	0.35	1-φ1.06	51	1△	单层链式	1—6	36/42
Y2-132M2-6E	5.5	12.5	86.5	0.77	7.0	2.1	2.1	165	210	148	0.35	2-φ0.85	40	1△	单层链式	1—6	36/42

续表

型号	额定功率/kW	满载时			堵转电流倍数	堵转转矩倍数	最大转矩倍数	铁芯长度/mm	定子外径/mm	定子内径/mm	气隙长/mm	定子线规/根-mm	每槽线数	并联支路数	绕组型式	节距	槽数 Z_1/Z_2
		定子电流/A	效率/%	功率因数													
Y2-160M1-2E	11	20.3	90.5	0.9	8.0	2.1	2.3	130	260	150	0.65	3-φ1.12	26	1△	单层同心	1-16,2-15 3-14,17-30 18-29	30/26
Y2-160M2-2E	15	27.2	91	0.9	8.0	2.1	2.3	160	260	150	0.65	3-φ1.25	21	1△	单层同心	1-16,2-15 3-14,17-30 18-29	30/26
Y2-160L-2E	18.5	33	92	0.9	8.2	2.1	2.3	195	260	150	0.65	1-φ1.3 2-φ1.4	18	1△	单层同心	1-16,2-15 3-14,17-30 18-29	30/26
Y2-160M-4E	11	21.6	90.5	0.85	7.7	1.9	2.1	145	260	170	0.5	1-φ1.25 1-φ1.3	28	1△	单层交叉	1-9,2-10 11-18	36/28
Y2-160L-4E	15	29.1	91	0.85	7.7	1.9	2.1	195	260	170	0.5	2-φ1.18 1-φ1.25	21	1△	单层交叉	1-9,2-10 11-18	36/28
Y2-160M1-6E	7.5	15.8	88.5	0.78	7.0	1.9	2.1	145	260	180	0.4	1-φ1.06 1-φ1.12	38	1△	单层链式	1-6	36/42
Y2-160L-6E	11	22.7	89	0.8	7.0	1.9	2.1	195	260	180	0.4	2-φ1.3	28	1△	单层链式	1-6	36/42
Y2-180M-2E	22	39.8	91.7	0.9	8.2	2.1	2.3	180	290	165	0.8	3-φ1.18 2-φ1.25	16	2△	双层叠式	1-14	36/28
Y2-180M-4E	18.5	34.9	92.5	0.86	7.7	1.9	2.1	195	290	187	0.6	1-φ1.3 1-φ1.4	34	2△	双层叠式	1-11	48/38
Y2-180L-4E	22	41.2	92.8	0.86	7.7	1.9	2.1	220	290	187	0.6	1-φ1.4 1-φ1.5	30	2△	双层叠式	1-11	48/38
Y2-180L-6E	15	30.5	90.5	0.81	7.0	1.9	2.1	200	290	205	0.45	1-φ1.06 1-φ1.12	34	2△	双层叠式	1-9	54/44

续表

型号	额定功率 /kW	满载时 定子电流 /A	满载时 效率 /%	满载时 功率因数	堵转电流倍数	堵转转矩倍数	最大转矩倍数	铁芯长度 /mm	定子外径 /mm	定子内径 /mm	气隙长 /mm	定子线规 /根-mm	每槽线数	并联支路数	绕组型式	节距	槽数 Z_1/Z_2
Y2-200L1-2E	30	53.1	92.7	0.9	7.6	1.9	2.3	180	327	187	1.0	1-φ1.12 3-φ1.18	30	2△	双层叠式	1—14	36/28
Y2-200L2-2E	37	65.1	93.2	0.9	7.6	1.9	2.3	205	327	187	1.0	3-φ1.25 1-φ1.3	26	2△	双层叠式	1—14	36/28
Y2-200L-4E	30	56	93.2	0.86	7.3	2.1	2.3	230	327	210	0.7	1-φ1.3 1-φ1.4	24	2△	双层叠式	1—11	48/38
Y2-200L1-6E	18.5	36.8	91.5	0.81	7.0	1.9	2.1	185	327	230	0.5	1-φ1.18 1-φ1.25	32	2△	双层叠式	1—9	54/44
Y2-200L2-6E	22	43.5	92	0.83	7.6	1.9	2.1	210	327	230	0.5	2-φ1.3	28	2△	双层叠式	1—9	54/44
Y2-225M-2E	45	78.3	94.2	0.9	7.3	1.7	2.1	200	368	210	1.1	10-φ1.3	12	1△	双层叠式	1—14	36/28
Y2-225S-4E	37	67.5	94	0.87	7.3	1.7	2.1	200	368	245	0.8	1-φ1.5 2-φ1.6	26	2△	双层叠式	1—12	48/38
Y2-225M-4E	45	81.7	94.2	0.87	7.3	1.8	2.1	235	368	245	0.8	1-φ14 3-φ1.5	22	2△	双层叠式	1—12	48/38
Y2-225M-6E	30	56.7	93.5	0.85	7.0	1.8	2.1	205	368	260	0.55	1-φ1.18 3-φ1.25	30	2△	双层叠式	1—9	54/44

续表

型号	额定功率/kW	满载时			堵转电流倍数	堵转转矩倍数	最大转矩倍数	铁芯长度/mm	定子外径/mm	定子内径/mm	气隙长/mm	定子线规/根-mm	每槽线数	并联支路数	绕组型式	节距	槽数 Z_1/Z_2
		定子电流/A	效率/%	功率因数													
Y2-250M-2E	55	96.8	94.5	0.9	7.6	1.5	2.3	200	400	225	1.2	9-φ1.5	10	1△	双层叠式	1—14	36/28
Y2-250M-4E	55	100.5	94.5	0.87	7.3	1.8	2.3	235	400	260	0.9	2-φ1.3 1-φ1.4	38	4△	双层叠式	1—11	48/38
Y2-250M-6E	37	68.5	93.5	0.86	7.0	1.8	2.1	210	400	285	0.6	2-φ1.18 1-φ1.25	28	3△	双层叠式	1—12	72/58
Y2-280S-2E	75	130.1	94.8	0.91	7.6	1.5	2.3	215	445	255	85	3-φ1.4 6-φ1.5	16	2△	双层叠式	1—16	42/34
Y2-280M-2E	90	155.1	95.2	0.91	7.6	2.0	2.3	245	445	255	85	3-φ1.5 6-φ1.6	14	2△	双层叠式	1—16	42/34
Y2-280S-4E	75	137.1	94.7	0.87	7.3	2.0	2.3	255	445	300	100	1-φ1.3 3-φ1.4	24	4△	双层叠式	1—15	60/50
Y2-280M-4E	90	163.2	95	0.87	7.3	2.0	2.0	310	445	300	100	4-φ1.5	20	4△	双层叠式	1—15	60/50
Y2-280S-6E	45	83.5	93.5	0.86	7.0	1.8	2.0	215	445	325	100	1-φ1.18 1-φ1.25	50	6△	双层叠式	1—12	72/58
Y2-280M-6E	55	101.1	93.8	0.86	7.0	1.8	2.0	260	445	325	100	2-φ1.3	42	6△	双层叠式	1—12	72/58

附表 12 YX 系列高效率三相异步电动机的主要技术

型号	额定功率 /kW	满载时				堵转电流倍数	堵转转矩倍数	最大转矩倍数	铁芯长度 /mm	气隙长度 /mm	定子外径 /mm	定子内径 /mm	定子线规 /根-mm	每槽线数	并联支路数	节距	绕组型式	槽数 Z_1/Z_2
		定子电流 /A	转速 /(r/min)	效率 /%	功率因数													
YX100L-2	3.0	5.9	2880	86.5	0.89	8.0	2.0	2.2	115	0.4	155	84	2-φ0.85	38	1	1—12 2—11	单层同心式	24/20
YX112M-2	4	7.7	2910	88.3	0.89	8.0	2.0	2.2	130	0.45	175	98	1-φ1.18	37	1	1—12 2—11	单层同心式	24/20
YX132S1-2	5.5	10.6	2920	88.6	0.89	8.0	2.0	2.2	110	0.55	210	116	1-φ1.0 1-φ1.06	34	1	1—18 2—17 3—16	单层同心式	36/28
YX132S2-2	7.5	14.3	2920	89.7	0.88	8.0	2.0	2.2	145	0.55	210	116	2-φ1.18	26	1	1—18 2—17 3—16	单层同心式	36/28
YX160M1-12	11	20.9	2950	90.8	0.89	8.0	1.8	2.2	150	0.65	260	150	3-φ1.25	20	1	1—18 2—17 3—16	单层同心式	36/28
YX160M2-2	15	27.8	2950	92.0	0.89	8.0	1.8	2.2	190	0.65	260	150	2-φ1.18 2-φ1.25	16	1	1—18 2—17 3—16	单层同心式	36/28
YX160L-2	18.5	34.3	2950	92.5	0.89	8.0	1.8	2.2	215	0.65	260	150	4-φ1.3	14	1	1—18 2—17 3—16	单层同心式	36/28
YX180M-2	22	40.1	2960	92.5	0.90	7.5	1.8	2.2	205	0.8	290	160	2-φ1.25 1-φ1.18	28	2	1—14	双层叠式	36/28
YX200L1-2	30	54.5	2960	93.0	0.90	7.5	1.8	2.2	200	1.0	327	182	3-φ1.4	24	2	1—14	双层叠式	36/28
YX200L2-2	37	67.0	2950	93.2	0.90	7.5	1.8	2.2	235	1.0	327	182	4-φ1.3	24	2	1—14	双层叠式	36/28
YX225M-2	45	80.8	2970	94.0	0.90	7.5	1.8	2.2	220	1.1	368	210	5-φ1.4	20	2	1—14	双层叠式	36/28

续表

型号	额定功率/kW	满载时				堵转电流倍数	堵转转矩倍数	最大转矩倍数	铁芯长度/mm	气隙长度/mm	定子外径/mm	定子内径/mm	定子线规/根·mm	每槽线数	并联支路数	节距	绕组型式	槽数 Z_1/Z_2
		定子电流/A	转速/(r/min)	效率/%	功率因数													
YX250M-2	55	99.7	2980	94.2	0.89	1.8	7.5	2.2	240	1.2	400	225	1-φ1.6 5-φ1.5	16	2	1—17	双层叠式	42/34
YX280S-2	75	135.8	2970	94.2	0.89	1.8	7.5	2.2	245	1.5	445	255	9-φ1.5	16	2	1—16	双层叠式	42/34
YX280M-2	90	162.6	2980	94.5	0.89	1.8	7.5	2.2	275	1.5	445	255	4-φ1.6 6-φ1.5	12	2	1—16	双层叠式	42/34
YX100L1-4	2.2	4.7	1440	86.3	0.82	2.0	8.0	2.2	135	0.3	155	98	1-φ1.18	35	1	2(1—9) 1—8	单层交叉式	36/32
YX100L2-4	3.0	6.4	1440	96.5	0.82	2.0	8.0	2.2	160	0.3	155	98	1-φ1.3	29	1	2(1—9) 1—8	单层交叉式	36/32
YX112M-4	4.0	8.3	1460	88.3	0.83	2.0	8.0	2.2	160	0.4	175	110	1-φ1.25	46	1	2(1—9) 1—8	单层交叉式	36/32
YX132S-4	5.5	11.2	1460	89.5	0.83	2.0	8.0	2.2	145	0.4	210	136	1-φ1.0 2-φ0.86	40	1	2(1—9) 1—8	单层交叉式	36/32
YX132M-4	7.5	14.8	1470	90.3	0.85	2.0	8.0	2.2	180	0.5	210	136	2-φ1.18	32	1	2(1—9) 1—8	单层交叉式	36/32
YX160M-4	11	20.9	1470	91.8	0.87	2.0	8.0	2.2	175	0.5	260	170	2-φ1.18 1-φ1.25	20	1	1—11	单层链式	48/44
YX160L-4	15	28.5	1470	91.8	0.87	2.0	8.0	2.2	215	0.5	260	170	1-φ1.12 3-φ1.18	16	1	1—11	单层链式	48/44

续表

型号	额定功率/kW	定子电流/A	满载时			堵转电流倍数	堵转转矩倍数	最大转矩倍数	铁芯长度/mm	气隙长度/mm	定子外径/mm	定子内径/mm	定子线规/根-mm	每槽线数	并联支路数	节距	绕组型式	槽数 Z_1/Z_2
			转速/(r/min)	效率/%	功率因数													
YX180M-4	18.5	35.2	1480	93.0	0.86				220	0.55	290	187	2-φ0.95	60	4	1—11	双层叠式	48/44
YX180L-4	22	41.7		93.2					250				1-φ0.95, 1-φ1.06	52				
YX200J-4	30	56	1490	93.5	0.87					0.65	327	210	3-φ1.4	26	2			
YX225S-4	37	68.9		93.8				2.2	235	0.7	368	245	1-φ1.3, 1-φ1.5	42	4	1—12		
YX225M-4	45	83.5	1480	94.1	0.88	1.8	7.5						2-φ1.5	38				
YX250M-4	55	100.2		94.5					260	0.8	400	260	1-φ1.3, 2-φ1.4	34				
YX280S-4	75	136.7	1490	94.7					290	0.9	445	300	4-φ1.3, 1-φ1.4	24		1—14		60/50
YX280L-4	90	161.7		95	0.89				345				2-φ1.4, 3-φ1.5	20				
YX100L-6	1.5	3.8	960	82.4	0.72				115	0.25	155	105	1-φ0.95	50	1	1—6	单层链式	36/33
YX112M-6	2.2	5.3	970	85.3	0.74				130	0.3	175	120	1-φ1.18	41				
YX132S-6	3	6.9	980	87.2	0.76	2.0	7.0	2.0	125	0.35	210	148	1-φ1.0, 1-φ0.95	35				
YX132M1-6	4	9.0	980	88.0	0.77				150				2-φ0.85	49				
YX132M2-6	5.5	12.1		88.5	0.78				195				2-φ0.95	38				

续表

型号	额定功率/kW	满载时				堵转电流倍数	堵转转矩倍数	最大转矩倍数	铁芯长度/mm	气隙长度/mm	定子外径/mm	定子内径/mm	定子线规/根·mm	每槽线数	并联支路数	节距	绕组型式	槽数 Z_1/Z_2
		定子电流/A	转速/(r/min)	效率/%	功率因数													
YX160M-6	7.5	16	980	90.0	0.79	2.0	7.0	2.0	165	0.4	260	180	1-φ1.25 1-φ1.3	24	1	1—9 2—10 11—18	单层交叉	54/44
YX160L-6	11	23.4		90.4					220				2-φ1.18 1-φ1.25	18				
YX180L-6	15	30.7		91.7	0.81				235	0.45	290	205	2-φ0.95	48	3			
YX200L1-6	18.5	36.9			0.83				215		327	230	2-φ1.0 1-φ1.06	24	2			
YX200L2-6	22	43.2		92.1	0.84	1.8			225	0.5			2-φ1.0 1-φ1.18	22		1—12	双层叠式	72/58
YX225M-6	30	57.7	990	93.0	0.85				240		368	260	2-φ1.18 1-φ1.06	28	3			
YX250M-6	37	70.0		93.4					235	0.55	400	285	3-φ1.25	30				
YX280S-6	45	84.0		93.6							445	325	3-φ1.18 1-φ1.25	24				
YX280M-6	55	102.4		93.8	0.87				280	0.65			2-φ1.25 1-φ1.6	20				

附表 13　YR 系列（IP44）绕线式三相异步电动机的主要技术

型号	满载时					定子绕组					转子绕组							槽数 Z_1/Z_2	最大转矩倍数
	额定功率/kW	电流/A	转速/(r/min)	效率/%	功率因数	每槽线数	线规/根-mm	节距	接法	绕组型式	电压/V	电流/A	每槽线数	线规/根-mm	节距	接法	绕组型式		
YR132M1-4	4	9.3	1440	84.5	0.77	102	1-φ0.8	1—9	2△	双层叠式	230	11.5	28	3-φ1.06	1—6	1Y	双层叠式	36/24	3.0
YR132M2-4	5.5	12.6	1440	86		74	1-φ0.95				272	13	24	2-φ1.12 / 1-φ1.18					
YR160M-4	7.5	15.7	1460	87.5	0.83		1-φ1.12				250	19.5	44	2-φ1.0 / 1-φ1.06	1—9	2Y			
YR160L-4	11	22.5	1460	89.5	0.85	52	2-φ0.95		4△		276	25	34	3-φ1.18					
YR180L-4	15	30	1465	89.5	0.86	32	2-φ1.06				278	34	18	3-φ1.3					
YR200L1-4	18.5	36.7	1465	89	0.86	64	1-φ1.18	1—11			247	47.5	16 / 8	4-φ1.4 / 1-2×5.6		2Y / 1Y		48/36	
YR200L2-4	22	43.2	1475	90	0.87	54	1-φ1.3		2△		293	47	16 / 8	4-φ1.4 / 1-2.24×5.6		2Y / 1Y			
YR225M2-4	30	57.6	1480	91	0.86	22	3-φ1.25	1—12			360	51.5	16 / 8	6-φ1.25 / 2-2×5.6	1—12	2Y / 1Y			
YR250M1-4	37	71.4	1480	91.5	0.86	40	-2φ1.25		4△		289	79	12 / 6	6-φ1.8 / 1-25×5.6		2Y / 1Y			
YR250M2-4	45	85.9	1480	91.5	0.87	34	3-φ1.12				340	81	12 / 6	8-φ1.4 / 2-2×5.6		2Y / 1Y			

续表

型号	额定功率 /kW	满载时 电流 /A	满载时 转速 /(r/min)	满载时 效率 /%	满载时 功率因数	定子绕组 每槽线数	定子绕组 线规 /根-mm	定子绕组 节距	定子绕组 接法	定子绕组 型式	转子绕组 电压 /V	转子绕组 电流 /A	转子绕组 每槽线数	转子绕组 线规 /根-mm	转子绕组 节距	转子绕组 接法	转子绕组 型式	槽数 Z_1/Z_2	最大转矩倍数
YR280S-4	55	93.8	1480	91.5	0.88	26	2-φ1.5	1—14	4△	双层叠式	485	70	12 / 6	7-φ1.4 / 2-2×5	1—12	2Y / 1Y	双层叠式	60/48	3.0
YR280M-4	75	140	1480	92.5	0.88	18	1-φ1.4 / 2-φ1.5	1—14	4△	双层叠式	354	128	12 / 6	7-φ1.4 / 2-2×5	1—12	4Y / 2Y	双层叠式	60/48	3.0
YR132M1-6	3	8.2	955	80.5	0.69	46	1-φ1.0	1—8	1△	双层叠式	206	9.5	20	3-φ1.0	1—6	1Y	双层叠式	48/36	2.8
YR132M2-6	4	10.7	955	82	0.69	70	1-φ0.8	1—8	2△	双层叠式	230	11	34	2-φ0.95	1—6	2Y	双层叠式	48/36	2.8
YR160M-6	5.5	13.4	970	84.5	0.74	66	1-φ1.0	1—8	2△	双层叠式	244	14.5	34	2-φ1.06	1—6	2Y	双层叠式	48/36	2.8
YR160L-6	7.5	17.9	970	86	0.74	50	1-φ1.18	1—8	2△	双层叠式	266	18	28	2-φ1.18	1—6	2Y	双层叠式	48/36	2.8
YR180L-6	11	23.6	975	87.5	0.81	38	1-φ1.25	1—9	2△	双层叠式	310	22.5	28	4-φ1.0	1—6	2Y	双层叠式	54/36	2.8
YR200L-6	15	31.8	975	85.5	0.81	34	1-φ1.06 / 1-φ1.12	1—9	2△	双层叠式	198	48	16 / 8	2-φ1.18 / 4-φ1.25	1—6	2Y / 1Y	双层叠式	54/36	2.8
YR225M1-6	18.5	38.3	980	88.5	0.83	36	1-φ1.18 / 1-φ1.25	1—9	2△	双层叠式	187	62.5	16 / 8	1-2.24×5.6 / 8-φ1.25	1—6	2Y / 1Y	双层叠式	54/36	2.8
YR225M2-6	22	45	980	89.5	0.83	30	1-φ1.3 / 1-φ1.4	1—9	2△	双层叠式	224	61	16 / 8	1-2.8×6.3 / 8-φ1.25	1—6	2Y / 1Y	双层叠式	54/36	2.8

续表

型号	额定功率/kW	满载时 电流/A	转速/(r/min)	效率/%	功率因数	定子绕组 每槽线数	线规/根·mm	节距	接法	绕组型式	转子绕组 电压/V	电流/A	每槽线数	线规/根·mm	节距	接法	绕组型式	槽数 Z_1/Z_2	最大转矩倍数
YR250M1-6	30	60.3	980	90	0.84	18	3-φ1.12 1-φ1.18	1—12	2△	双层叠式	282	66	12 / 6	7-φ1.4 / 2-2.24×5	1—8	2Y / 1Y	双层叠式	72/48	2.8
YR250M2-6	37	73.9	980	90.5	0.84	16	3-φ1.4	1—12	2△	双层叠式	331	69	12 / 6	3-φ1.4 / 5-φ1.3	1—8	2Y / 1Y	双层叠式	72/48	2.8
YR280S-6	45	87.9	985	91.5	0.85	14	3-φ1.4 1-φ1.5	1—12	2△	双层叠式	362	76	12 / 6	3-φ1.3 / 6-φ1.4	1—8	2Y / 1Y	双层叠式	72/48	2.8
YR280M-6	55	106.9	985	92	0.85	12	3-φ1.5 1-φ1.6	1—12	2△	双层叠式	423	80	12 / 6	9-φ1.4 / 2-2.5×5.6	1—8	2Y / 1Y	双层叠式	72/48	2.8
YR160M-8	4	10.7	715	82.5	0.69	92	1-φ0.9	1—6		双层叠式	216	12	42	2-φ0.95	1—5	2Y	双层叠式	48/36	2.4
YR160L-8	5.5	14.2	715	83	0.71	70	1-φ1.0	1—6	1△	双层叠式	230	15.5	34	2-φ1.06	1—5	2Y	双层叠式	48/36	2.4
YR180L-8	7.5	18.4	725	85	0.73	28	1-φ1.06 1-φ1.12	1—7	1△	双层叠式	255	19	34	1-φ1.25 1-φ1.3	1—5	2Y	双层叠式	54/36	2.4
YR200L1-8	11	26.6	735	86	0.73	44	2-φ0.95	1—7	2△	双层叠式	152	46	16 / 8	2-φ1.18 4-φ1.25 / 1-2.2×5.6	1—5	2Y / 1Y	双层叠式	54/36	2.4

续表

型号	额定功率/kW	满载时电流/A	转速/(r/min)	效率/%	功率因数	定子绕组每槽线数	定子线规/根-mm	定子节距	定子接法	定子绕组型式	转子电压/V	转子电流/A	转子每槽线数	转子线规/根-mm	转子节距	转子接法	转子绕组型式	槽数 Z_1/Z_2	最大转矩倍数
YR225M1-8	15	34.5	735	88	0.75	40	2-φ1.12	1—7	2△	双层叠式	169	56	16	8-φ1.25	1—5	2Y	双层叠式	54/36	2.4
													8	1-2.8×6.3		1Y			
YR225M2-8	18.5	42.1		89		32	2-φ1.3				211	54	16	8-φ1.25		2Y			
													8	1-2.8×6.3		1Y			
YR250M1-8	22	48.7		88	0.78	48	1-φ1.4		4△		210	65.5	12	7-φ1.4		2Y			
													6	2-2.24×5		1Y			
YR250M2-8	30	66.1		89.5	0.77	74	1-φ1.12	1—9	8△		270	69	12	7-φ1.4	1—6	2Y			
													6	2-2.24×5		1Y			
YR280S-8	37	78.2		91	0.79	36	3-φ1.0		4△		281	81.5	12	9-φ1.4		2Y		72/48	
													6	2-2.5×5.6		1Y			
YR280M-8	45	92.9		92	0.8	28	2-φ1.4				359	76	12	3-φ1.3		2Y			
													6	6-φ1.4		1Y			
														2Y					

附表 14　YR 系列（IP23）三相异步电动机的主要技术

型号	额定功率/kW	满载时 电流/A	转速/(r/min)	效率/%	功率因数	定子绕组 每槽线数	线规/根-mm	节距	接法	绕组型式	电压/V	电流/A	转子绕组 每槽线数	线规/根-mm	节距	接法	绕组型式	槽数 Z_1/Z_2	最大转矩倍数
YR160M-4	7.5	16	1420	84	0.84	34	1-ϕ1.5		1△		260	19	18	3-ϕ1.12		1Y		48/36	2.8
YR160L1-4	11	22.7	1435	86.5		50	2-ϕ0.85		2△		275	26	14	4-ϕ1.12					
YR160L2-4	15	30.8	1445	87	0.85	38	2-ϕ1.0	1—11			260	37	10	3-ϕ1.3 1-ϕ1.4	1—9				
YR180M-4	18.5	36.7	1425			40	2-ϕ1.12			双层叠式	197	61	8	1-1.8×5			双层叠式		3.0
YR180L-4	22	43.2	1435	88		34	1-ϕ1.18 1-ϕ1.25				232	61	8	1-1.8×5					
YR200M-4	30	58.2	1440	89	0.88	62	2-ϕ0.95		4△		255	76	8	1-2×5.6					
YR200L-4	37	71.8	1450			50	2-ϕ1.0	1—12			316	74	8	1-2×5.6					
YR225M1-4	45	87.3	1440	90		24	1-ϕ1.12 3-ϕ1.18		2△		240	120	6	2-1.8×4.5					2.5
YR225M2-4	55	105.5	1450		0.89	40	1-ϕ1.25 1-ϕ1.3		4△		288	121	6	2-1.8×4.5					
YR250S-4	75	141.5		90.5		14	2-ϕ1.25 3-ϕ1.3	1—14			449	105	6	2-1.6×4.5	1—12			60/48	2.6
YR250M-4	90	168.8	1460	91		12	4-ϕ1.25 2-ϕ1.3		2△		524	107	6	2-1.6×4.5					

续表

型号	额定功率 /kW	满载时 电流 /A	满载时 转速 /(r/min)	满载时 效率 /%	满载时 功率因数	定子绕组 每槽线数	定子绕组 线规 /根-mm	定子绕组 节距	定子绕组 接法	定子绕组 绕组型式	转子绕组 电压 /V	转子绕组 电流 /A	转子绕组 每槽线数	转子绕组 线规 /根-mm	转子绕组 节距	转子绕组 接法	转子绕组 绕组型式	槽数 Z_1/Z_2	最大转矩倍数
YR280S-4	110	205.2	1460	91.5	0.89	24	4-ϕ1.25	1—14	4△	双层叠式	349	196	4	2-2.24×6.3	1—12	1Y	双层叠式	60/48	3.0
YR280M-4	132	243.6	1460	92.5	0.89	20	4-ϕ1.4	1—14	4△		419	194	4	2-2.24×6.3	1—12			60/48	
YR160M-6	5.5	13.2	950	82.5	0.77	36	2-ϕ0.95	1—9	1△		279	13	24	1-ϕ1.18					2.5
YR160L-6	7.5	17.5	950	83.5	0.78	58	1-ϕ1.06	1—9	1△		260	19	18	1-ϕ1.25				54/36	
YR180M-6	11	25.4	940	84.5	0.78	46	1-ϕ1.4	1—9	2△		146	50	8	3-ϕ1.12	1—6			54/36	2.8
YR180L-6	15	33.7	950	85.5	0.79	36	2-ϕ1.06	1—9	2△		187	53	8	1-1.8×4	1—6			54/36	
YR200M-6	18.5	40.1	950	86.5	0.81	36	2-ϕ1.18	1—9	2△		187	65	8	1-1.8×4	1—6				
YR200L-6	22	46.6	955	87.5	0.82	30	1-ϕ1.3 / 1-ϕ1.4	1—9	2△		224	63	8	1-1.85×5	1—6				
YR225M1-6	30	61.3	955	87.5	0.85	38	2-ϕ1.12	1—12	3△		227	86	6	2-1.6×4.5	1—9			72/54	2.2
YR225M2-6	37	74.3	965	89	0.85	30	1-ϕ1.18 / 1-ϕ1.25	1—12	3△		287	82	6	2-1.6×4.5	1—9				
YR250S-6	45	90.4	965	89	0.85	28	2-ϕ1.4	1—12	3△		307	93	6	2-1.8×4.5	1—9				
YR250M-6	55	108.6	965	89.5	0.8	24	4-ϕ1.06	1—12	3△		359	97	6	2-1.8×4.5	1—9				
YR280S-6	75	143.1	970	90.5	0.88	22	3-ϕ1.4	1—12	3△		392	121	6	2-2×5	1—9			72/54	2.5
YR280M-6	90	168.7	970	91	0.89	18	3-ϕ1.5	1—12	3△		481	118	6	2-2×5	1—9			72/54	

续表

型号	额定功率/kW	满载时 电流/A	满载时 转速/(r/min)	满载时 效率/%	满载时 功率因数	定子绕组 每槽线数	定子绕组 线规/根-mm	定子绕组 节距	定子绕组 接法	定子绕组 绕组型式	转子绕组 电压/V	转子绕组 电流/A	转子绕组 每槽线数	转子绕组 线规/根-mm	转子绕组 节距	转子绕组 接法	转子绕组 绕组型式	槽数 Z_1/Z_2	最大转矩倍数
YR160M-8	4	10.6	705	81	0.71	54	1-φ1.25	1—6	1△	双层叠式	262	11	30	1-φ1.06	1—5	1Y	双层叠式	48/36	2.2
YR160L-8	5.5	14.4		81.5		43	1-φ1.4				243	15	22	1-φ1.12					
YR180M-8	7.5	19	690	82	0.73	70	2-φ0.9				105	49	8	2-φ1.25					
YR180L-8	11	27.6	710	83		54	2-φ1.0		2△		140	53	8	1-1.8×4					
YR200M-8	15	36.7		85		50	2-φ0.95				153	64	8	1-1.8×4					
YR200L1-8	18.5	41.9		86		43	2-φ1.3				187	64	8	1-1.8×5					
YR225M1-8	22	49.2	715	86	0.78	62	1-φ1.25	1—9	4△		161	90	6	2-1.6×4.5	1—6			72/48	2.0
YR225M2-8	30	66.3		87		50	1-φ1.4				200	97	6	2-1.6×4.5					
YR250S-8	37	81.3	720	87.5	0.79	46	2-φ1.06				218	110	6	2-1.8×4.5					
YR250M-8	45	97.8		88.5		38	1-φ1.19 / 1-φ1.25				264	109	6	2-1.8×4.5					
YR280S-8	55	114.5	725	89	0.82	36	1-φ1.3 / 1-φ1.4				279	125	6	2-2×5					2.2
YR280M-8	75	154.4		90		28	1-φ1.5 / 1-φ1.6				359	131	6	2-2×5					

附表 15　YZR 系列（IP44）绕线式三相异步电动机的主要技术

型号	额定功率/kW	定子铁芯/mm 外径	内径	长度	槽数	定子绕组 每槽线数	线规/根-mm	节距	接法	绕组型式	转子绕组 每槽线数	线规/根-mm	绕组型式	节距	接法	槽数
YZR112M-6	1.5	182	127	95	45	42	1-φ0.75	1—8	Y	双层叠式	14	1-φ0.9 / 1-φ1.0			Y	36
YZR132M1-6	2.2	210	148	100	45	34	1-φ0.95				15	2-φ1.12				
YZR132M2-6	3.7	210	148	150	45	24	2-φ0.85									
YZR160M1-6	5.5	245	182	115	54	40	1-φ1.0					3-φ1.0	单层链式	1—6		
YZR160M2-6	7.5	245	182	150	54	30	1-φ1.18	1—9	2Y		22	3-φ1.0			2Y	
YZR160L-6	11	245	182	210	54	22	2-φ0.95									
YZR180L-6	15	280	210	200	54	28	2-φ0.9				16	3-φ1.3				
YZR200L-6	22	327	245	255	54	24	2-φ1.25	1—8	3Y		19	4-φ1.25				
YZR225M-6	30	368	280	280	72	20	2-φ1.4	1—11			12	1-φ1.3 / 3-φ1.4	单层交叉	2/1—9 / 1/1—8	3Y	54
YZR250M1-6	37	368	280	330	72	14	3-φ1.3	1—12								
YZR250M2-6	45	368	280	330	72	12	3-φ1.4									
YZR280S-6	55	423	310	285	72	24	1-φ1.12 / 2-φ1.18		6Y			6-φ1.3	双层叠式	1—9		48
YZR280M-6	75	423	310	360	72	18	1-φ1.12 / 3-φ1.18									
YZR160L-8	7.5	245	182	210	54	14	2-φ1.18	1—7	Y		24	2-φ1.18		1—5	2Y	36

续表

型号	额定功率/kW	定子铁芯/mm 外径	内径	长度	槽数	定子绕组 每槽线数	线规/根-mm	节距	接法	绕组型式	转子绕组 每槽线数	线规/根-mm	绕组型式	节距	接法	槽数
YZR180L-8	11	280	210	200	60	24	2-φ1.06	1—8	2Y	双层叠式	14	3-φ1.25	单层链式	1—6	2Y	48
YZR200L-8	15	327	245	200	60	20	3-φ1.12	1—8	2Y	双层叠式	12	4-φ1.3	单层链式	1—6	2Y	48
YZR225M-8	22	327	245	255	60	16	3-φ1.3	1—7	2Y	双层叠式	12	4-φ1.3	单层链式	1—6	2Y	48
YZR250M1-8	30	368	280	280	60	12	1-φ1.3 2-φ1.4	1—8	2Y	双层叠式	11	1-φ1.3 3-φ1.4	单层链式	1—6	2Y	48
YZR250M2-8	37	368	280	350	60	10	4-φ1.3	1—8	2Y	双层叠式	11	1-φ1.3 3-φ1.4	单层链式	1—6	2Y	48
YZR280S-8	45	423	310	285	72	18	1-φ1.3 1-φ1.4	1—9	4Y	双层叠式	10	6-φ1.4	双层叠式	1—7	2Y	54
YZR280M-8	55	423	310	360	72	16	4-φ1.25	1—8	4Y	双层叠式	10	6-φ1.4	双层叠式	1—7	2Y	54
YZR315S-8	75	493	400	340	72	14	1-φ1.3 3-φ1.4	1—8	4Y	双层叠式	2	2.24×16	双层波式	1—13 1—12	Y	96
YZR315M-8	90	493	400	430	72	12	4-φ1.3 1-φ1.4	1—8	4Y	双层叠式	2	2.24×16	双层波式	1—13 1—12	Y	96

续表

型号	额定功率/kW	定子铁芯/mm				定子绕组					转子绕组					
		外径	内径	长度	槽数	每槽线数	线规/根-mm	节距	接法	绕组型式	每槽线数	线规/根-mm	绕组型式	节距	接法	槽数
YZR280S-10	37	423	310	325	60	30	2-ϕ1.3	1—6	5Y	双层叠式	2	2.8×12.5	双层叠式	1—8	Y	75
YZR280M-10	45			370		26	3-ϕ1.18										
YZR315S-10	55	493	400	340	75	18	2-ϕ1.18 1-ϕ1.25	1—8				2.24×16	双层波式	1—9 1—10		90
YZR315M-10	75			430		14	3-ϕ1.4										
YZR355M-10	90	560	460	280	90	26	1-ϕ1.12 2-ϕ1.18	1—9	10Y			3.15×16		1—11 1—12		105
YZR355L1-10	110			470		22	2-ϕ1.25 1-ϕ1.3										
YZR355L2-10	132			540		18	3-ϕ1.4										

附表 16　YZR2 系列绕线式三相异步电动机的主要技术数据

型号	额定功率/kW	定子铁芯/mm 外径	内径	长度	槽数	定子绕组 每槽线数	线规/根-mm	节距	支路数	绕组型式	转子绕组 每槽线数	线规/根-mm	绕组型式	节距	支路数	槽数
YZR2-100L-4	2.2	155	102	100	36	40	1-φ0.75 1-φ0.71	1—9	1	双层叠式	14	3-φ1.0	双层叠式	1—6	1	24
YZR2-112M-4	3.0	182	124	85		34	2-φ0.75				15	4-φ0.9				
YZR2-112M2-4	4.0	182	124	105		28	1-φ0.85 1-φ0.80				17	2-φ0.85 2-φ0.80				
YZR2-132M1-4	5.5	210	138	110		52	1-φ0.85 1-φ0.75				15	5-φ0.95				
YZR2-132M2-4	6.3			120		48	1-φ0.85 1-φ0.80				16	3-φ0.95 2-φ0.90				
YZR2-160M1-4	7.5	245	165	110		34	2-φ0.85	1—12	2		22	4-φ0.85		1—9	2	36
YZR2-160M2-4	11			145		26	1-φ1.0 1-φ0.95				17	3-φ1.12				
YZR2-180L-4	15	280	195	180	48	20	2-φ1.12	1—11			18	3-φ1.12				
YZR2-160L-4	22					18	2-φ1.06 1-φ1.18				17	3-φ1.12				
YZR2-200L-4	30	327	220	175		16	2-φ1.32 1-φ1.4	1—12			15	4-φ1.4				
YZR2-225M-4	37			230		12	3-φ1.32 1-φ1.4				13	3-φ1.18 3-φ1.25				

续表

型号	额定功率/kW	定子铁芯/mm 外径	内径	长度	槽数	定子绕组 每槽线数	线规/根-mm	节距	支路数	绕组型式	转子绕组 每槽线数	线规/根-mm	绕组型式	节距	支路数	槽数
YZR2-250M4-4	45	368	250	220	60	20	3-φ1.18	1—15	4	双层叠式	12	3-φ1.4 2-φ1.32	双层叠式	1—12	4	48
YZR2-250M2-4	55	368	250	270	60	18	3-φ1.25	1—15	4	双层叠式	13	4-φ1.5	双层叠式	1—12	4	48
YZR2-280S1-4	63	423	290	280	60	18	5-φ1.32	1—14	4	双层叠式	7		双层叠式	1—13	2	48
YZR2-280S2-4	75	423	290	260	60	16	5-φ1.4	1—14	4	双层叠式	6	6-φ1.5	双层叠式	1—13	2	48
YZR2-280M-4	90	423	290	300	60	14	4-φ1.4 2-φ1.32	1—14	4	双层叠式	7	6-φ1.4	双层叠式	1—13	2	48
YZR2-315S-4	110	439	340	290	96	8	6-φ1.32	1—23	4	双层叠式	2	3.15×16	双层叠式	1—19	1	72
YZR2-315M-4	132	439	340	370	96	6	7-φ1.4	1—24	4	双层叠式	2	3.15×16	双层叠式	1—19	1	72
YZR2-112M1-6	1.5	182	124	85	45	46	1-φ0.90	1—8	1	双层叠式	16	2-φ1.0	双层叠式	1—6	1	36
YZR2-112M2-6	2.2	182	124	105	45	36	1-φ0.75 1-φ0.71	1—8	1	双层叠式	16	2-φ1.0	双层叠式	1—6	1	36
YZR2-132M1-6	3.0	210	148	85	45	34	2-φ0.85	1—8	1	双层叠式	13	2-φ0.95 2-φ1.0	双层叠式	1—6	1	36
YZR2-132M2-6	4.0	210	148	105	45	28	2-φ0.95	1—8	1	双层叠式	18	3-φ0.95	双层叠式	1—6	1	36

续表

型号	额定功率/kW	定子铁芯/mm			槽数	定子绕组					转子绕组					
		外径	内径	长度		每槽线数	线规/根-mm	节距	支路数	绕组型式	每槽线数	线规/根-mm	绕组型式	节距	支路数	槽数
YZR2-160M1-6	5.5	245	182	110	54	56	1-φ0.85	1—9	3	双层叠式	21	4-φ0.90	双层叠式	1—6	2	36
YZR2-160M2-6	7.5			145		28	2-φ0.85		2							
YZR2-160L-6	11			190		22	2-φ0.95		3		22	3-φ1.0				
YZR2-180L-6	15	280	210	200		28					16	3-φ1.06 2-φ1.0				
YZR2-200L-6	22	327	245	185		22	1-φ1.25 1-φ1.18				15	4-φ1.25				
YZR2-225M-6	30			240		16	1-φ1.5 1-φ1.4				14	4-φ1.32				
YZR2-250M1-6	37	368	280	250	72	14	3-φ1.32	1—12	6		12	4-φ1.5		1—9	3	54
YZR2-250M2-6	45			300		12	2-φ1.4 1-φ1.5				12					
YZR2-280S1-6	55	423	310	230		26	1-φ1.12 2-φ1.18				13	6-φ1.32				
YZR2-280S2-6	63			260		22	2-φ1.25 1-φ1.32				12	1-φ1.4 4-φ1.5		1—10		
YZR2-280M-6	75			320		20	2-φ1.32 1-φ1.4				11	4-φ1.4 2-φ1.5				

续表

型号	额定功率/kW	定子铁芯/mm				定子绕组					转子绕组					
		外径	内径	长度	槽数	每槽线数	线规/根-mm	节距	支路数	绕组型式	每槽线数	线规/根-mm	绕组型式	节距	支路数	槽数
YZR2-315S-6	90	493	370	300	90	14	2-φ1.32 / 2-φ1.25	1—14	6	双层叠式	2	3.15×16	双层叠式	1—13	1	72
YZR2-315M-6	110	493	370	380	90	12	3-φ1.4 / 1-φ1.32	1—14	6	双层叠式	2	3.15×16	双层叠式	1—13	1	72
YZR2-160L-8	7.5	245	182	190	54	28	2-φ0.85	1—7	2	双层叠式	24	2-φ0.95 / 1-φ1.0	双层叠式	1—5	2	36
YZR2-180L-8	11	280	210	200	60	24	1-φ1.12 / 1-φ1.06	1—7	2	双层叠式	13	2-φ1.18 / 2-φ1.12	双层叠式	1—6	2	48
YZR2-200L-8	15	327	245	185	72	38	1-φ0.95 / 1-φ0.90	1—9	4	双层叠式	12	4-φ1.4	双层叠式	1—7	2	54
YZR2-225M-8	22	327	245	240	72	28	2-φ1.06	1—9	4	双层叠式	12	4-φ1.4	双层叠式	1—7	2	54
YZR2-250M1-8	30	368	280	250	72	12	4-φ1.25	1—9	2	双层叠式	12	2-φ1.4 / 3-φ1.32	双层叠式	1—7	2	54
YZR2250M2-8	37	368	280	300	72	10	3-φ1.4 / 1-φ1.32	1—8	2	双层叠式	10	4-φ1.32 / 2-φ1.4	双层叠式	1—7	2	54
YZR2-280S-8	45	423	310	260	72	20	2-φ1.32 / 1-φ1.4	1—9	2	双层叠式	20	3-φ1.4 / 3-φ1.32	双层叠式	1—6	2	54
YZR2-280M-8	55	423	310	320	72	16	3-φ1.5	1—9	2	双层叠式	2	3-φ1.32 / 4-φ1.4	双层叠式	1—6	2	54

续表

型号	额定功率 /kW	定子铁芯 /mm			定子绕组							转子绕组					
		外径	内径	长度	槽数	每槽线数	线规 /根-mm	节距	支路数	绕组型式	每槽线数	线规 /根-mm	绕组型式	节距	支路数	槽数
YZR2-315S1-8	63	493	370	300	72	16	3-φ1.4 1-φ1.5	1—9	2	双层叠式	2	2.5×16	双层叠式	1—13	1	96
YZR231S2-8	75			330		14	3-φ1.32 2-φ1.4									
YZR2-315M-8	90			380		12	4-φ1.32 2-φ1.4									
YZR2-355M-8	110	560	450	350	96	16	2-φ1.18 2-φ1.25	1—12	8			3.55×16		1—10		72
YZR2-355L1-8	132			410		14	3-φ1.32 1-φ1.25									
YZR2-355L2-8	160			470		12	2-φ1.4 2-φ1.5									

续表

型号	额定功率/kW	定子铁芯/mm 外径	内径	长度	槽数	定子绕组 每槽线数	线规/根·mm	节距	支路数	绕组型式	转子绕组 每槽线数	线规/根·mm	绕组型式	节距	支路数	槽数
YZR2-280S-10	37	423	340	260	60	34	2-φ1.32	1—6	5	双层叠式	12	2-φ1.4 2-φ1.32	双层叠式	1—7	5	75
YZR2-280M-10	45	423	340	320	60	28	3-φ1.18	1—6	5	双层叠式	12	2-φ1.4 2-φ1.32	双层叠式	1—8	5	75
YZR2-315S1-10	55	495	400	300	75	20	3-φ1.25	1—8	5	双层叠式	10	3-φ1.5 1-φ1.6	双层叠式	1—8	5	75
YZR2-315S2-10	63	495	400	330	75	18	2-φ1.32	1—8	5	双层叠式	2	2.24×16	双层叠式	1—10	1	90
YZR2-315M-10	75	495	400	380	75	16	3-φ1.4	1—8	5	双层叠式	2	2.24×16	双层叠式	1—10	1	90
YZR2-355M-10	90	560	450	350	90	28	2-φ1.18 1-φ1.25	1—9	5	双层叠式	2	2.24×16	双层叠式	1—10	1	90
YZR2-355L1-10	110	560	450	430	90	24	3-φ1.32	1—9	5	双层叠式	2	3.15×16	双层叠式	1—11	1	105
YZR2-355L2-10	132	560	450	490	90	30	2-φ1.4 1-φ1.5	1—9	5	双层叠式	2	3.15×16	双层叠式	1—11	1	105

附表 17 YD 系列变极多速异步电动机技术数据

型号	额定功率 /kW	满载时				堵转电流倍数	堵转转矩倍数	最大转矩倍数	铁芯长度 /mm	定子外径 /mm	定子内径 /mm	定子线规 /根·mm	每槽线数	接法	绕组型式	节距	槽数 Z_1/Z_2
		电流 /A	转速 /(r/min)	效率 /%	功率因数												
YD801-4/2	0.45	1.4	1420	66	0.74	6.5	1.5	1.8	65	120	75	1-ϕ0.38	260	△	双层叠式	1—8 或 1—7	24/22
	0.55	1.5	2860	65	0.85	7.0	1.7							2Y			
YD802-4/2	0.55	1.7	1420	68	0.74	6.5	1.6	1.8	80	120	75	1-ϕ0.42	210	△			
	0.75	2.0	2860	66	0.85	7.0	1.8							2Y			
YD90S-4/2	0.85	2.3	1430	74	0.77	6.5	1.8	1.8	90	130	80	1-ϕ0.47	166	△		1—7	
	1.1	2.8	2850	72	0.85	7.0	1.9							2Y			
YD90L-4/2	1.3	3.3	1430	76	0.78	6.5	1.8	1.8	120	130	80	1-ϕ0.56	128	△			
	1.8	4.3	2850	74	0.85	7.0	2.0							2Y			
YD100L1-4/2	2.0	4.8	1430	78	0.81	6.5	1.7	1.8	105	155	98	1-ϕ0.71	80	△			
	2.4	5.6	2850	76	0.86	7.0	1.9							2Y			
YD100L2-4/2	2.4	5.6	1430	79	0.83	6.5	1.6	1.8	135	155	98	1-ϕ0.77	68	△			
	3.0	6.7	2850	77	0.89	7.0	1.7							2Y			
YD112M-4/2	3.3	7.4	1450	82	0.83	6.5	1.9	1.8	135	175	110	1-ϕ0.95	56	△		1—11	36/32
	4.0	8.6	2890	79	0.89	7.0	2.0							2Y			
YD-132S4/2	4.5	9.8	1450	83	0.84	6.5	1.7	1.8	115	210	136	1-ϕ1.18	58	△			
	5.5	11.9	2860	79	0.89	7.0	1.8							2Y			
YD132M-4/2	6.5	13.8	1450	84	085	6.5	1.7	1.8	160	210	136	2-ϕ0.95	44	△			
	8	17.1	2880	80	0.89	7.0	1.8							2Y			

续表

型号	额定功率/kW	满载时 电流/A	满载时 转速/(r/min)	满载时 效率/%	满载时 功率因数	堵转电流倍数	堵转转矩倍数	最大转矩倍数	铁芯长度/mm	定子外径/mm	定子内径/mm	定子线规/根-mm	每槽线数	接法	绕组型式	节距	槽数 Z_1/Z_2
YD160M-4/2	9 / 11	18.2 / 22.9	1460 / 2920	87 / 82	0.85 / 0.89	6.5 / 7.0	1.6 / 1.8	1.8	155	260	170	1-ϕ1.18 / 1-ϕ1.12	36	△ / 2Y	双层叠式	1—10	36/26
YD160L-4/2	11 / 14	22.3 / 28.8	1460 / 2920	87 / 82	0.86 / 0.9	6.5 / 7.0	1.7 / 1.9	1.8	195	260	170	1-ϕ1.3 / 1-ϕ1.25	30	△ / 2Y			
YD180M-4/2	15 / 18.5	29.4 / 36.7	1470 / 2940	89 / 85	0.87 / 0.9	6.5 / 7.0	1.8 / 1.9	1.8	190	290	187	3-ϕ1.25	20	△ / 2Y		1—13	48/44
YD180L-4/2	18.5 / 22	35.9 / 42.7	1470 / 2940	89 / 86	0.88 / 0.91	6.5 / 7.0	1.6 / 1.8	1.8	220	290	187	4-ϕ1.12	18	△ / 2Y			
YD90S-6/4	0.65 / 0.85	2.2 / 2.3	920 / 1420	64 / 70	0.68 / 0.79	6.5 / 6.0	1.6 / 1.4	1.8	100	130	86	1-ϕ0.45 或 1-ϕ0.55	152 或 146	△ / 2Y		1—7 或 1—8	36/33
YD90L-6/4	0.85 / 1.1	2.8 / 3.0	930 / 1400	66 / 71	0.7 / 0.79	6.5 / 6.0	1.6 / 1.5	1.8	120	130	86	1-ϕ0.5 或 1-ϕ0.53	126 或 116	△ / 2Y			
YD100L1-6/4	1.3 / 1.8	3.8 / 4.4	940 / 1440	74 / 77	0.7 / 0.8	6.5 / 6.0	1.7 / 1.4	1.8	115	155	98	1-ϕ0.63	100	△ / 2Y		1—7	36/32
YD100L2-6/4	1.5 / 2.2	4.3 / 5.4	940 / 1440	75 / 77	0.7 / 0.8	6.5 / 6.0	1.6 / 1.4	1.8	135	155	98	1-ϕ0.69	86	△ / 2Y			

续表

型号	额定功率/kW	满载时 电流/A	满载时 转速/(r/min)	满载时 效率/%	满载时 功率因数	堵转电流倍数	堵转转矩倍数	最大转矩倍数	铁芯长度/mm	定子外径/mm	定子内径/mm	定子线规/根-mm	每槽线数	接法	绕组型式	节距	槽数 Z_1/Z_2
YD112M-6/4	2.2	5.7	960	78	0.75	6.5	1.8	1.8	135	175	120	1-ϕ0.8 或	76	△			36/33
	2.8	6.7	1440	77	0.82	6.0	1.5					1-ϕ0.85		2Y			
YD132S-6/4	3.0	7.7	970	79	0.76	6.5	1.8	1.8	125	210	148	1-ϕ1.0 或	68 或	△			
	4.0	9.5	1440	78	0.82	6.0	1.5					1-ϕ0.95	66	2Y			
YD132M-6/4	4.0	9.8	970	82	0.76	6.5	1.6	1.8	180	210	148	2-ϕ0.75 或	52 或	△	双层叠式	1—7 或 1—8	
	5.5	12.3	1440	80	0.85	6.0	1.4					2-ϕ0.8	48	2Y			
YD160M-6/4	6.5	15.1	970	84	0.78	6.0	1.5	1.8	145	260	180	1-ϕ1.06 或	48 或	△			
	8	17.4	1460	83	0.84	6.5	1.5					1-ϕ1.0	46	2Y			
YD160L-6/4	9	20.6	970	85	0.78	6.0	1.6	1.8	195	260	180	2-ϕ1.18 或	36 或	△			
	11	23.4	1460	84	0.85	6.5	1.7					2-ϕ1.18	34	2Y			
YD180M-6/4	11	25.9	980	85	0.76	6.0	1.6	1.8	200	290	205	1-ϕ1.25 1-ϕ1.3 3-ϕ0.95 1-ϕ0.9	32 或	△			36/62
	14	29.8	1470	84	0.85	6.5	1.7						30	2Y			
YD180L-6/4	13	29.4	980	86	0.78	6.0	1.7	1.8	230	290	205	3-ϕ095 1-ϕ1.0 或 2-ϕ1.18 1-ϕ1.12	28 或	△			
	16	33.6	1470	85	0.85	6.5	1.7						26	2Y			

续表

型号	额定功率/kW	电流/A	转速/(r/min)	效率/%	功率因数	堵转电流倍数	堵转转矩倍数	最大转矩倍数	铁芯长度/mm	定子外径/mm	定子内径/mm	定子线规/根-mm	每槽线数	接法	绕组型式	节距	槽数 Z₁/Z₂
YD90L-8/4	0.45 / 0.75	1.9 / 1.8	700 / 1420	58 / 72	0.63 / 0.87	5.5 / 6.5	1.6 / 1.4	1.8	120	130	86	1-φ0.42	172	△ / 2Y			
YD100L-8/4	0.85 / 1.5	3.1 / 3.5	700 / 1410	67 / 74	0.63 / 0.88	5.5 / 6.5	1.6 / 1.4	1.8	135	155	106	1-φ0.56	114	△ / 2Y			
YD112M-8/4	1.5 / 2.4	5.0 / 5.3	700 / 1410	72 / 78	0.63 / 0.88	5.5 / 6.5	1.7 / 1.7	1.8	135	175	120	1-φ0.71	94	△ / 2Y	双层叠式	1—6	36/33
YD132S-8/4	2.2 / 3.3	7.0 / 7.1	720 / 1440	75 / 80	0.64 / 0.88	5.5 / 6.5	1.5 / 1.7	1.8	125	210	148	1-φ0.85	84	△ / 2Y			
YD132M-8/4	3.0 / 4.5	9.0 / 9.4	720 / 1440	78 / 82	0.65 / 0.89	5.5 / 6.5	1.5 / 1.6	1.8	180	210	148	1-φ0.67 / 1-φ0.71	60	△ / 2Y			
YD160M-8/4	5.0 / 7.5	13.9 / 15.2	730 / 1450	83 / 84	0.66 / 0.89	5.5 / 6.5	1.5 / 1.6	1.8	145	260	180	1-φ1.4	54	△ / 2Y			
YD160L-8/4	7 / 11	19.0 / 21.8	730 / 1450	85 / 86	0.66 / 0.89	5.5 / 6.5	1.5 / 1.6	1.8	195	260	180	2-φ1.12	40	△ / 2Y			
YD180L-8/4	11 / 17	26.7 / 32.6	730 / 1470	87 / 88	0.72 / 0.91	6.0 / 7.0	1.5 / 1.5	1.8	260	200	205	2-φ1.3	22	△ / 2Y	双层叠式	1—8	54/58

续表

型号	额定功率/kW	电流/A	满载时转速/(r/min)	效率/%	功率因数	堵转电流倍数	堵转转矩倍数	最大转矩倍数	铁芯长度/mm	定子外径/mm	定子内径/mm	定子线规/根-mm	每槽线数	接法	绕组型式	节距	槽数 Z₁/Z₂
YD90S-8/6	0.35 / 0.45	1.6 / 1.4	700 / 930	56 / 70	0.6 / 0.72	5.0 / 6.0	1.8 / 2.0	1.8	100	130	86	1-φ0.4	208	△ / 2Y	双层叠式	1—6	36/33
YD90L-8/6	0.45 / 0.65	1.9 / 1.9	700 / 920	59 / 71	0.6 / 0.73	5.0 / 6.0	1.7 / 1.8	1.8	120	130	86	1-φ0.45	170	△ / 2Y		1—6	
YD100L-8/6	0.75 / 1.1	2.9 / 3.1	710 / 950	65 / 75	0.6 / 0.73	5.0 / 6.0	1.8 / 1.9	1.8	135	155	106	1-φ0.63	116	△ / 2Y		1—6	
YD112M-8/6	1.3 / 1.8	4.5 / 4.8	710 / 950	72 / 78	0.61 / 0.73	5.0 / 6.0	1.7 / 1.9	1.8	135	175	120	1-φ0.67	98	△ / 2Y		1—6	
YD132S-8/6	1.8 / 2.4	5.8 / 6.2	730 / 970	76 / 80	0.62 / 0.73	5.0 / 6.0	1.6 / 1.9	1.8	110	210	148	1-φ0.53 / 1-φ0.56	94	△ / 2Y		1—6	
YD132M-8/6	2.6 / 3.7	8.2 / 9.4	730 / 970	78 / 82	0.62 / 0.73	5.0 / 6.0	1.9 / 1.9	1.8	180	210	148	1-φ0.67 / 1-φ0.71	62	△ / 2Y		1—6	36/33
YD160M-8/6	4.5 / 6	13.3 / 14.7	730 / 980	83 / 85	0.62 / 0.73	5.0 / 6.0	1.6 / 1.9	1.8	145	260	180	2-φ0.95	56	△ / 2Y		1—5	36/32
YD160L-8/6	6 / 8	17.5 / 19.4	730 / 980	84 / 86	0.62 / 0.73	5.0 / 6.0	1.6 / 1.9	1.8	195	260	180	3-φ0.9	42	△ / 2Y		1—5	
YD180M-8/6	7.5 / 10	21.9 / 24.2	730 / 980	84 / 86	0.62 / 0.73	5.0 / 6.0	1.9 / 1.9	1.8	200	290	205	2-φ1.0 / 1-φ0.95	36	△ / 2Y		1—5	
YD180L-8/6	9 / 12	24.7 / 28.3	730 / 980	85 / 86	0.65 / 0.75	5.0 / 6.0	1.8 / 1.8	1.8	230	290	205	1-φ1.3 / 1-φ1.25	32	△ / 2Y		1—5	

续表

型号	额定功率/kW	满载时 电流/A	满载时 转速/(r/min)	满载时 效率/%	满载时 功率因数	堵转电流倍数	堵转转矩倍数	最大转矩倍数	铁芯长度/mm	定子外径/mm	定子内径/mm	定子线规/根-mm	每槽线数	接法	绕组型式	节距	槽数 Z_1/Z_2
YD160M-12/6	2.6	11.6	480	74	0.46	4.0	1.2	1.8	145	260	180	1-φ0.8	74	△	双层叠式	1—4	36/33
	5	11.9	970	84	0.76	6.0	1.4					1-φ0.85		2Y			
YD160L-12/6	3.7	16.1	480	76	0.46	4.0	1.2	1.8	205	260	180	1-φ1.4	52	△		1—4	
	7	15.8	970	85	0.79	6.0	1.4							2Y			
YD180L-12/6	5.5	19.6	490	79	0.54	4.0	1.3	1.8	230	290	205	1-φ1.06	32	△		1—6	54/58
	10	20.5	980	86	0.86	6.0	1.3					1-φ1.12		2Y			
YD100L-6/4/2	0.75	2.6	950	67	0.65	5.5	1.8	1.8	135	155	98	1-φ0.53	54	Y	单链	1—6	36/32
	1.3	3.7	1450	72	0.75	6.0	1.6						68	△	双叠	1—10	
	1.8	4.5	2900	71	0.85	7.0	1.6							2Y			
YD112M-6/4/2	1.1	3.5	960	73	0.65	5.5	1.7	1.8	135	175	110	1-φ0.67	45	Y	单链	1—6	
	2.0	5.1	1450	73	0.81	6.0	1.4					1-φ0.6	62	△	双叠	1—10	
	2.4	5.8	2920	74	0.85	7.0	1.6							2Y			
YD132S-6/4/2	1.8	5.1	970	75	0.71	5.5	1.4	1.8	115	210	136	1-φ0.83	45	Y	单链	1—6	
	2.6	6.1	1460	78	0.83	6.0	1.3					1-φ0.8	64	△	双叠	1—10	
	3.0	7.4	2910	71	0.87	7.0	1.7							2Y			
YD132M1-6/4/2	2.2	6.0	970	77	0.72	5.5	1.3	1.8	140	210	136	1-φ0.9	37	Y	单链	1—6	
	3.3	7.5	1460	80	0.84	6.0	1.3					1-φ0.85	56	△	双叠	1—10	
	4.0	8.8	2910	76	0.91	7.0	1.7							2Y			

续表

型号	额定功率/kW	满载时 电流/A	满载时 转速/(r/min)	满载时 效率/%	满载时 功率因数	堵转电流倍数	堵转转矩倍数	最大转矩倍数	铁芯长度/mm	定子外径/mm	定子内径/mm	定子线规/根·mm	每槽线数	接法	绕组型式	节距	槽数 Z_1/Z_2
YD132M2-6/4/2	2.6	6.9	970	80	0.72	5.5	1.5	1.8	180	210	136	2-φ0.75	30	Y	单链	1—6	36/32
	4.0	9.0	1460	80	0.84	6.0	1.4					1-φ0.9	44	△	双叠	1—10	
	5.0	10.8	2910	77	0.91	7.0	1.7							2Y			
YD160M-6/4/2	3.7	9.5	980	82	0.72	5.5	1.5	1.8	155	260	170	2-φ0.9	27	Y	单链	1—6	
	5.0	11.2	1470	81	0.84	6.0	1.3					2-φ0.75	40	△	双叠	1—10	
	6.0	13.2	2930	76	0.91	7.0	1.4							2Y			
YD160L-6/4/2	4.5	11.4	980	83	0.72	5.5	1.5	1.8	195	260	170	3-φ0.8	22	Y	单链	1—6	36/26
	7	15.1	1470	83	0.85	6.0	1.2					1-φ1.18	32	△	双叠	1—10	
	9	18.8	2930	79	0.92	7.0	1.3							2Y			
YD112M-8/4/2	0.65	2.7	700	59	0.63	4.5	1.4	1.8	135	175	110	1-φ0.53	68	Y	双层叠式	1—5	
	2.0	5.1	1450	73	0.81	6.0	1.3					1-φ0.6	62	△		1—10	
	2.4	5.8	2920	74	0.85	7.0	1.2							2Y			
YD132S-8/4/2	1.0	3.6	720	69	0.61	4.5	1.4	1.8	115	210	136	1-φ0.75	62	Y	双层叠式	1—5	36/32
	2.0	6.1	1460	78	0.83	6.0	1.2					1-φ0.75	64	△		1—10	
	3.0	7.1	2910	74	0.87	7.0	1.4							2Y			
YD132M-8/4/2	1.3	4.6	720	71	0.61	4.5	1.5	1.8	160	210	136	1-φ0.85	48	Y	双层叠式	1—5	36/32
	3.7	8.4	1460	80	0.84	6.0	1.3						48	△		1—10	
	4.5	10.0	2910	75	0.91	7.0	1.4							2Y			

续表

型号	额定功率/kW	满载时 电流/A	满载时 转速/(r/min)	满载时 效率/%	满载时 功率因数	堵转电流倍数	堵转转矩倍数	最大转矩倍数	铁芯长度/mm	定子外径/mm	定子内径/mm	定子线规/根-mm	每槽线数	接法	绕组型式	节距	槽数 Z_1/Z_2
YD160M-8/4/2	2.2	7.6	720	75	0.59	4.5	1.4	1.8	155	260	170	2-φ0.71	36	Y	双层叠式	1—5	36/26
	5.0	11.2	1440	81	0.84	6.0	1.3					2-φ0.75	40	△		1—10	
	6.0	13.2	2910	76	0.91	7.0	1.4							2Y			
YD160L-8/4/2	2.8	9.2	720	77	0.6	4.5	1.3	1.8	195	260	170	1-φ1.18	30	Y	双层叠式	1—5	
	7.0	15.1	1440	83	0.85	6.0	1.2						32	△		1—10	
	9.0	18.8	2910	79	0.92	7.0	1.3							2Y			
YD112M-6/8/4	1.0	3.1	950	68	0.73	6.5	1.3	1.8	135	175	120	1-φ0.56	46	Y	单链	1—6	36/33
	0.85	3.7	710	62	0.56	5.5	1.7					1-φ0.53	100	△	双叠		
	1.5	3.5	1440	75	0.86	7.0	1.5							2Y	双叠		
YD132S-6/8/4	1.5	4.2	970	74	0.73	6.5	1.3	1.8	120	210	148	1-φ0.71	41	Y	单链		
	1.1	4.1	730	68	0.6	65	1.4					1-φ0.6	98	△	双叠		
	1.8	4.0	1460	78	0.87	7.0	1.3							2Y	双叠		
YD132M1-6/8/4	2.0	5.4	970	77	0.73	65	1.5	1.8	1601	210	148	1-φ0.85	32	Y	单链		
	1.5	5.2	730	71	0.64	55	1.3					1-φ0.67	78	△	双叠		
	2.2	4.9	1460	79	0.87	7.0	1.4							2Y	双叠		
YD132M2-6/8/4	2.6	6.8	970	78	0.74	6.5	1.7	1.8	180	210	148	1-φ0.9	27	Y	单链	1—6	36/33
	1.8	6.1	730	72	0.62	5.5	1.5					1-φ0.71	66	△	双叠		
	3.0	6.5	1460	80	0.87	7.0	1.5							2Y	双叠		

续表

型号	额定功率/kW	满载时 电流/A	满载时 转速/(r/min)	满载时 效率/%	满载时 功率因数	堵转电流倍数	堵转转矩倍数	最大转矩倍数	铁芯长度/mm	定子外径/mm	定子内径/mm	定子线规/根-mm	每槽线数	接法	绕组型式	节距	槽数 Z_1/Z_2
YD160M-6/8/4	4.0	9.9	960	81	0.76	6.5	1.4	1.8	145	260	180	2-ϕ0.75	25	Y	单链	1—6	36/33
	3.3	10.2	720	79	0.62	5.5	1.7					2-ϕ0.75	58	△2Y	双叠		
	5.5	11.6	1460	83	0.87	7.0	1.5										
YD160L-6/8/4	6.0	14.5	960	83	0.76	6.5	1.6	1.8	195	260	180	3-ϕ0.8	18	Y	单链		
	4.5	13.8	720	80	0.62	5.5	1.6					2-ϕ0.85	44	△2Y	双叠		
	7.5	15.6	1460	84	0.87	7.0	1.5										
YD180L-6/8/4	9	20.6	980	83	0.8	7.0	1.7	1.8	260	290	205	2-ϕ1.12	10	Y	双层叠式	1—9	54/50
	7	20.2	740	81	0.65	6.5	1.7					2-ϕ1.0	22	△2Y		1—8	
	12	24.1	1470	84	0.9	7.0	1.5										
YD-12/6/8/4	3.3	13	480	72	0.55	5.0	1.6	1.8	260	290	205	2-ϕ0.75	36	△2Y	双层叠式	1—6	
	6.5	14	970	82	0.88	6.0	1.3					1-ϕ0.8 1-ϕ0.75	24	△2Y		1—8	
	5.0	16	740	79	0.62	6.0	1.5										
	9.0	19	1470	83	0.89	7.0	1.3										

附表18　YLJ系列（IP21）三相实心钢转子电动机主要技术数据

型号	极数	堵转转矩 T_{st}/(N·m)	堵转电压 U/V	堵转电流 I_{st}/A	铁芯长度/mm	定子外径/mm	定子内径/mm	气隙长/mm	定子线规/根·mm	每槽线数	接法	绕组型式	节距	槽数 Z_1
YLJ63-0.5-4	4	0.5	380	0.27	8.0	9.6	5.8	0.2	1-ϕ0.31	250	1Y	单链	1-6	24
YLJ63-0.5-8	8			0.35					1-ϕ0.28	317			1-4	
YLJ71-1-4	4	1		0.46		11	6.7		1-ϕ0.38	197			1-6	
YLJ80-2-4	4	2		0.85	12.0	12	7.5		1-ϕ0.47	154				
YLJ80-3-4	4	3		1.1	9.0	13	8.0	0.25	1-ϕ0.50	142			1-4	
YLJ90S-3-4	4			1.28	12.0			0.2	1-ϕ0.53	128			1-6	
YLJ90L-4-4	4	4		1.61	10.0		8.6	0.25	1-ϕ0.60	100				
YLJ90S-4-6	6			1.35	12.5	15.5	9.8	0.2	1-ϕ0.56	95			1-5	36
YLJ90L-5-6	6	5		1.55	10.5			0.3	1-ϕ0.63	82			1-6	
YLJ100L-5-4	4			1.96	13.5				1-ϕ0.75	70		单层交叉	1-9 / 2-10 / 11-18	
YLJ100L-6-6	6	6		1.80	12.0	17.5	10.6		1-ϕ0.67	72		单链	1-6	
YLJ112M-6-4	4			2.26	13.5		11.0		1-ϕ0.90	61			1-9	
YLJ112M-10-4	4	10		3.83					1-ϕ1.0	49				
YLJ112M10-6	6			2.92	11.0		12.0		1-ϕ0.85	66			1-6	

续表

型号	极数	堵转转矩 T_{st}/(N·m)	堵转电压 U/V	堵转电流 I_{st}/A	铁芯长度 /mm	定子外径 /mm	定子内径 /mm	气隙长 /mm	定子线规 /根-mm	每槽线数	接法	绕组型式	节距	槽数 Z_1
YLJI132M-6-4	4	16	380	6.1	11.5	21	13.6	0.4	1-ϕ0.90	45	1Y	单链	1—9	36
YLJI132M-25-4		25		9.33					2-ϕ1.0	38				
YLJI132M-40-4		40		14.4	16.0				2-ϕ1.12	28				
YLJI132M16-6	6	16		4.4	14.0		14.8	0.35	1-ϕ1.06	52			1—6	
YLJI132M25-6		25		6.88	15.0			0.4	1-ϕ1.18	42				
YLJI132M-40-6		40		6.62	14.0				2-ϕ0.8	44				
YLJI160L-60-4	4	60		21.6	19.5	26	17.0		2-ϕ1.0	45	2Y		1—9	
YLJI160-80-4		80		30					2-ϕ1.06	39				
YLJI160L-100-4		100		38.3					2-ϕ1.12	35				
Y160L-60-6LJ	6	60		15.6			18.0		2-ϕ0.95	55			1—6	
YLJI160-80-6		80		21.0					2-ϕ1.0	48				

附表 19 YEP 系列（IP44）旁磁制动电动机的主要技术数据

| 型号 | 额定功率/kW | 满载时 | | | | 定子线规/根-mm | 每槽线数 | 并联支路数 | 绕组型式 | 节距 | 槽数 Z_1/Z_2 |
		定子电流/A	转速/(r/min)	效率/%	功率因数						
YEP801-4	0.55	2.2		68	0.56	1-ϕ0.56	128				
YEP802-4	0.75	2.7		70	0.60	1-ϕ0.63	103		单层链式	1—6	24/22
YEP90S-4	1.1	3.5	1420	75	0.64	1-ϕ0.71	81				
YEP90L-4	1.5	4.6		76	0.65	1-ϕ0.80	63				
YEP100L1-4	2.2	6.2		79	0.68	2-ϕ0.71	41	1	单层交叉	1—9 2—10 11—18	
YEP100L2-4	3	8.3	1430	86	0.69	1-ϕ1.18	31				
YEP112M-4	4	10.7	1440	81	0.70	1-ϕ1.16	44				
YEP132M-4	5.5	14.4	1460	86		2-ϕ1.06	35		单层同心	1—10 2—9 11—18	36/32
YEP132S-4	7.5	18.9		85	0.71	1-ϕ0.90 1-ϕ0.95	47				
YEP160M-4	11	26.7	1470	87	0.72	1-ϕ1.3	56	2	单层交叉	1—9 2—10 11—18	
YEP90S-6	0.75	3.9		68	0.58	1-ϕ0.67	77				
YEP90L-6	1.1		940	70	0.61	1-ϕ0.75	60				
YEP100L-6	1.5	4.8		73	0.65	1-ϕ0.85	53				
YEP112M-6	2.2	6.8		75	0.66	1-ϕ1.06	44	1	单层链式	1—6	36/33
YEP132S-6	3	8.8	960	77	0.67	1-ϕ0.85 1-ϕ0.9	38				
YEP132M1-6	4	11.3		79	0.68	1-ϕ1.06	52				
YEP132M2-6	5.5	15	970	81	0.69	1-ϕ1.25	42				
YEP160M-6	7.5	19.6	960	83	0.70	2-ϕ1.12	38				36/26

附表20　YQS系列井用潜水电机的主要技术数据

型号	额定功率/kW	满载时 定子电流/A	满载时 效率/%	满载时 功率因数	堵转电流倍数	堵转转矩倍数	最大转矩倍数	铁芯长度/mm	气隙长度/mm	定子外径/mm	定子内径/mm	定子线规/根-mm	每槽线数	接法	绕组型式	节距	槽数 Z_1/Z_2
YQS-150-3	3	7.9	74	0.78	7	1.2	2	225	0.5	134	63	1-φ1.0	36	1Y	单层同心	1—10 2—9 11—18	18/16
YQS-150-4	4	10.3	75	0.79				258				1-φ1.12	31				
YQS-150-5.5	5.5	13.7	76	0.80				280				1-φ1.25	28				
YQS-150-7.5	7.5	18.5	77					310				1-φ1.40	25				
YQS-150-9.2	9.2	22.1	78	0.81				352			65	1-φ1.50	20				
YQS-150-11	11	26.3	78.5					415	0.6			1-φ1.65	17				
YQS-150-13	13	30.9	79			1.1		505				1-φ1.80	14				
YQS-150-15	15	35.6						540				1-φ1.90	13				
YQS-200-4	4	10.1	76	0.79		1.2		133	0.7	173	78	1-φ1.20	42				18/22
YQS-200-5.5	5.5	13.6	77	0.80				138				1-φ1.32	39				
YQS-200-7.5	7.5	18.0	78	0.81				150				1-φ1.45	35				
YQS-200-9.2	9.2	21.7	78.5	0.82				175				1-φ1.56	30				
YQS-200-11	11	25.8	79					203				1-φ1.68	26				
YQS-200-13	13	29.8	80	0.83				242				1-φ1.35	38	1△			
YQS-200-15	15	33.9	81					263				1-φ1.45	35				

续表

型号	额定功率 /kW	满载时 定子电流 /A	满载时 效率 /%	满载时 功率因数	堵转电流倍数	堵转转矩倍数	最大转矩倍数	铁芯长度 /mm	气隙长度 /mm	定子外径 /mm	定子内径 /mm	定子线规 /根-mm	每槽线数	接法	绕组型式	节距	槽数 Z_1/Z_2
YQS-200-18.5	18.5	41.6	81.5	0.83	7	1.1	2	355	0.9	172	82	2-φ1.56	12	1Y	单层同心	1—12 2—11	24/22
YQS-200-22	22	48.2	82.5	0.84	7	1.1	2	425	0.9	172	82	7-φ0.9	10	1Y			
YQS-200-25	25	54.5	83	0.84	7	1.1	2	472	0.9	172	82	7-φ0.96	9	1Y			
YQS-200-30	30	65.4	83	0.84	7	1.1	2	530	0.9	172	82	7-φ1.04	8	1Y			
YQS-200-37	37	79.7	84	0.84	7	1.1	2	601	0.9	172	82	7-φ1.12	7	1Y			
YQS-200-45	45	96.9	84	0.84	6.5	1.0	2	703	0.9	172	82	19-φ0.75	6	1Y			
YQS-250-11	11	25.8	79	0.82	7	1.2	2	118	0.7	220	100	1-φ1.74	25	1△			
YQS-250-13	13	30.1	80	0.83	7	1.2	2	140	0.7	220	100	1-φ1.45	37	1△			
YQS-250-15	15	33.9	81	0.84	7	1.1	2	154	0.7	220	100	1-φ1.40	39	2Y			
YQS-250-18.5	18.5	40.8	82	0.84	7	1.1	2	190	0.7	220	100	1-φ1.56	32	2Y			
YQS-250-22	22	47.9	83	0.84	7	1.1	2	236	0.7	220	100	1-φ1.70	26	2Y			
YQS-250-25	25	53.8	84	0.84	7	1.1	2	275	0.7	220	100	1-φ1.40	39	2△			
YQS-250-30	30	64.2	84.5	0.84	7	1.1	2	287	0.7	220	100	1-φ1.45	37	2△			
YQS-250-37	37	77.8	85	0.85	7	1.0	2	357	0.7	220	100	1-φ1.62	30	2△			

续表

型号	额定功率/kW	满载时定子电流/A	满载时效率/%	满载时功率因数	堵转电流倍数	堵转转矩倍数	最大转矩倍数	铁芯长度/mm	气隙长度/mm	定子外径/mm	定子内径/mm	定子线规/根-mm	每槽线数	接法	绕组型式	节距	槽数 Z_1/Z_2
YQS-250-45	45	94.1	85.5	0.85	6.5	1.0	2	417	1.0	220	104	19-φ0.85	8	1Y	单层同心	1—12 2—11	24/22
YQS-250-55	55	114.5	86					477				19-φ0.95	7				
YQS-250-63	63	130.9						558				19-φ1.0	6				
YQS-250-75	75	152.3	87	0.86				735				19-φ0.85	8	1△			
YQS-250-90	90	182.8						840				19-φ0.95	7				
YQS-250-100	100	203.1			7			985				19-φ1.0	6				
YQS-300-37	37	77.8	85	0.85	6.5			290	1.2	262	122	19-φ0.85	9	1Y			
YQS-300-45	45	94.6	85.5					325				19-φ0.95	8				
YQS-300-55	55	115.0						370				19-φ1.0	7				
YQS-300-63	63	131.7	86	0.86				440				19-φ1.12	6				
YQS-300-75	75	154.1	86.5					525				19-φ1.25	5				
YQS-300-90	90	183.8	87					655				19-φ1.0	7	1△			
YQS-300-110	110	220.8						760				19-φ1.12	6				
YQS-300-125	125	249.5	87.5	0.87				890				19-φ1.0		2Y			
YQS-300-140	140	277.8	88					915				19-φ1.25	5	1△			
YQS-300-160	160	317.5						1070						2Y			
YQS-300-185	185	367.1															

附表 21　YQS2 系列井用潜水电机的主要技术数据

型号	额定功率/kW	满载时 定子电流/A	满载时 效率/%	满载时 功率因数	堵转电流倍数	堵转转矩倍数	最大转矩倍数	铁芯长度/mm	气隙长度/mm	定子外径/mm	定子内径/mm	定子线规/根-mm	每槽线数	接法	绕组型式	节距	槽数 Z_1/Z_2
YQS2-150-3	3	7.8	74	0.79	7	1.2	2.0	250	0.6	134	65	1-φ1.06	36	Y	单层同心式	1—10 2—9 11—18	18/16
YQS2-150-4	4	10.0	76	0.80				300				1-φ1.25	30				
YQS2-150-5.5	5.5	13.3	77.5	0.81				340				1-φ1.40	26				
YQS2-150-7.5	7.5	17.8	78	0.82				375				1-φ1.50	23				
YQS2-150-9.2	9.2	21.2	80.5					395				1-φ1.60	19				
YQS2-150-11	11	25.2	81					470				1-φ1.70	16				
YQS2-150-13	13	29.7	81					580				1-φ1.90	13				
YQS2-150-15	15	34.1	81.5					625				1-φ2.0	12				
YQS2-200-4	4	10.0	76	0.80				135	0.8	172	78	1-φ1.25	44				
YQS2-200-5.5	5.5	13.4	77	0.81				152				1-φ1.40	39				
YQS2-200-7.5	7.5	17.8	78	0.82				185				1-φ1.50	32				
YQS2-200-9.2	9.2	21.3	79	0.83				210				1-φ1.60	28				
YQS2-200-11	11	25.2	80					260				1-φ1.80	23				
YQS2-200-13	13	29.4	81			11		270				1-φ1.90	22				
YQS2-200-15	15	33.3	81.5	0.84				300				1-φ2.0	20				

续表

型号	额定功率/kW	满载时			堵转电流倍数	堵转转矩倍数	最大转矩倍数	铁芯长度/mm	气隙长度/mm	定子外径/mm	定子内径/mm	定子线规/根-mm	每槽线数	接法	绕组型式	节距	槽数 Z_1/Z_2
		定子电流/A	效率/%	功率因数													
YQS2-200-18.5	18.5	40.3	83	0.84	7	1.1	2.0	360	0.9	172	82	1-φ2.24	12	Y	单层同心式	1—12 2—11	24/22
YQS2-200-22	22	47.7	83.5					435				1-φ2.5	10				
YQS2-200-25	25	53.8	84					500				1-φ2.0	15	△			
YQS2-200-30	30	64.6						580				1-φ2.12	13				
YQS2-200-37	37	79.2	84.5					685				1-φ2.36	11				
YQS2-200-45	45	94.6	85	0.85	6.5	1.0		725				1-φ2.24	12	2Y			
YQS2-250-11	11	25.5	78	0.83	7	1.2		140	1.0	220	98	1-φ1.4	38	△			
YQS2-250-13	13	29.7	80	0.84		1.1		162				1-φ1.5	33				
YQS2-250-15	15	33.5	81					180				1-φ1.6	30				
YQS2-250-18.5	18.5	39.8	83	0.85				255			104	1-φ2.5	13	Y			
YQS2-250-22	22	46.8	84					275				7-φ1.0	12				
YQS2-250-25	25	52.6	85					300				7-φ1.12	11				
YQS2-250-30	30	63.1		0.86		1.0		370				19-φ0.75	9				
YQS2-250-37	37	76.0	86					420				19-φ0.8	8				
YQS2-250-45	45	92.4			6.5			475				19-φ0.9	7				
YQS2-250-55	55	111.7	87					555				19-φ0.95	6				

续表

型号	额定功率/kW	满载时 定子电流/A	满载时 效率/%	满载时 功率因数	堵转电流倍数	堵转转矩倍数	最大转矩倍数	铁芯长度/mm	气隙长度/mm	定子外径/mm	定子内径/mm	定子线规/根·mm	每槽线数	接法	绕组型式	节距	槽数 Z_1/Z_2
YQS2-250-63	63	127.9	87	0.86	6.5	1.0	2.0	645	1.0	220	104	19-φ0.75	9	△	单层同心式	1—12 2—11	24/22
YQS2-250-75	75	149.7	87.5	0.87				755				19-φ0.75		2Y			
YQS2-250-90	90	179.6	87.5	0.87				895				7-φ1.0	13	△			
YQS2-250-100	100	199.6	86.5	0.855				970				19-φ0.9	7	2Y			
YQS2-300-55	55	113.0	86.5	0.855				450	1.2	262	122	19-φ1.12	6	Y			
YQS2-300-63	63	129.4	87	0.86				520				19-φ0.9	9	△			
YQS2-300-75	75	152.3	87	0.86				585				19-φ0.95	8	△			
YQS2-300-90	90	181.7	87.5	0.86				680				19-φ1.4	4	Y			
YQS2-300-110	110	219.6	88	0.87				780				19-φ1.12	6	△			
YQS2-300-125	125	248.1	88	0.87				910						2Y			
YQS2-300-140	140	276.3	88.5	0.87				935				19-φ1.25	5	△			
YQS2-300-160	160	315.7	88.5	0.87										△			
YQS2-300-185	185	36.0	89	0.87				1095						2Y			

附表 22　YQSY 系列充油式井用潜水电机的主要技术数据

型号	额定功率/kW	满载时 定子电流/A	满载时 效率/%	满载时 功率因数	堵转电流倍数	堵转转矩倍数	最大转矩倍数	铁芯长度/mm	气隙长度/mm	定子外径/mm	定子内径/mm	定子线规/根-mm	每槽线数	接法	绕组型式	节距	槽数 Z_1/Z_2
YQSY100-1.1	1.1	3.4	66	0.74	7	1.2	2.0	145	0.3	89	50	1-φ0.69	52	Y	单层同心	1—12 2—11	24/18
YQSY100-1.5	1.5	4.4	68	0.76				180				1-φ0.75	43				
YQSY100-1.5	1.5							185	0.25	92		1-φ0.80	46		单层交叉	1—9 2—10 11—18	18/16
YQSY100-2.2	2.2	6.2	70	0.77				250				1-φ0.93	34				
YQSY100-3	3	8.3	71					295				1-φ1.0	29				
YQSY250-17	17	39.8	79	0.82				140	0.8	205	112	3-φ1.25	19		单层同心式	1—12 2—11	24/20
YQSY250-22	22	50.4	80	0.83				170				3-φ1.40	15				
YQSY250-28	28	63.4	81	0.84				220				4-φ1.35	12				
YQSY250-34	34	75.0	82					250				2-φ1.45	21				
YQSY250-40	40	87.6	82.5					310				3-φ1.3	17	2Y			
YQSY-200-4	4	10.0	76	0.8				100	0.75	167	87	1-φ1.0	66	△			
YQSY-200-5.5	5.5	13.6	77					135				1-φ1.18	50				
YQSY-200-7.5	7.5	18.2	77.5					160				1-φ1.30	42				
YQSY-200-9.2	9.2	22.1	78	0.81				185				1-φ1.40	36	Y			
YQSY-200-11	11	26.3	78.5					215				2-φ1.4	18				
YQSY-200-13	13	30.5	79	0.82				240				2-φ1.12	28				
YQSY-200-15	15	34.7	80					290				2-φ1.25	23	△			
YQSY-200-18.5	18.5	42.6	80.5		1.1			345	0.8			2-φ1.35	21				

续表

型号	额定功率/kW	满载时			堵转电流倍数	堵转转矩倍数	最大转矩倍数	铁芯长度/mm	气隙长度/mm	定子外径/mm	定子内径/mm	定子线规/根·mm	每槽线数	接法	绕组型式	节距	槽数 Z₁/Z₂
		定子电流/A	效率/%	功率因数													
YQSY-200-22	22	49.7	81	0.83	7	1.1		400				3-φ1.18	18				24/20
YQSY-200-25	25	56.2	81.5	0.83	7	1.1		450		167	87	3-φ1.3	16	△			
YQSY-200-30	30	66.6	82.5	0.83	7	1.1		520		167	87	3-φ1.4	14				
YQSY-200-37	37	80.6	83	0.84	6.5	1.0		605				4-φ1.3	12				
YQSY-200-45	45	97.5	83.5	0.84	6.5	1.0	2.0	725	0.8			5-φ1.3	10		单层同心式	1—12 2—11	
YQSY-250-15	15	35.2	80	0.81	7	1.1		160				2-φ1.4	33				
YQSY-250-18.5	18.5	43.1	80.5	0.81	7	1.1		185				3-φ1.25	29				24/22
YQSY-250-22	22	50.3	81	0.82	7	1.1		215				3-φ1.3	25				
YQSY-250-25	25	56.5	82	0.82				245		210	102	3-φ1.4	22				
YQSY-250-30	30	66.2	83	0.83	6.5	1.0		285				4-φ1.3	19				
YQSY-250-37	37	81.1	83.5	0.83	6.5	1.0		335				5-φ1.25	16				
YQSY-250-45	45	98.1	84	0.84				420				6-φ1.3	13				
YQSY-250-55	55	118.4	84	0.84				480				4-φ1.2	23				
YQSY-250-64	64	137.0	84.5	0.84				550				4-φ1.3	20	2△			
YQSY-250-75	75	158.7	84.5	0.85				645				4-φ1.4	17				
YQSY-250-90	90	189.3	85	0.85				740				5-φ1.35	15				
YQSY-250-110	110	231.3	85	0.85				850				6-φ1.3	13				
YQSY-250-132	132	271.2	85	0.86				1000				6-φ1.45	11				

附表23　三相潜水电泵电动机的主要技术数据

型号	额定功率/kW	极数	铁芯长度/mm	定子外径/mm	定子内径/mm	定子线规/根-mm	每槽线数	并联支路数	绕组型式	节距	定子槽数 Z_1
QY-3.5 QY-7 QY-15 QY-25 QY-40A	2.2		100			1-ϕ0.75	94	2Y			
QY10-32-2.2 QY15-26-2.2 QY25-17-2.2 QY40-12-2.2 QY65-7-2.2 QY100-4.5-2.2	2.2		95	145	82	2-ϕ0.71	47	Y			
QY15-34-3 QY25-24-3 QY40-16-3 QY65-10-3 QY100-6-3	3	2	120			2-ϕ0.80	38		单层同心	1—12 2—11	24
QY-3.5 QY-7 QY-25 QY-40A	2.2		95	143	78	1-ϕ0.71	96	2Y			
QY15-36-3 QY25-26-3 QY40-16-3	3		120			1-ϕ0.80	76				
QX-15J QX10-10J	0.75		60	125	65		86				
QX6-25-1.1 QX10-18-1.1 QX15-14-1.1 QX25-9-1.1 QX40-6-1.1	1.1		72	128	70	1-ϕ0.75	68	Y			
QX-10-24-1.5 QX-15-18-1.5 QX25-12-1.5 QX40-8-1.5	1.5		92			1-ϕ0.85	53				

型号	额定功率/kW	极数	铁芯长度/mm	定子外径/mm	定子内径/mm	定子线规/根-mm	每槽线数	并联支路数	绕组型式	节距	定子槽数 Z_1
QX-10-34-2.2 QX15-26-2.2 QX25-18-2.2 QX40-12-2.2	2.2	2	90	145	82	1-ϕ1.0	49	Y	单层同心	1—12 2—11	24
QX22-15J	2.2		100			1-ϕ0.75	94	2Y			
QX15-34-3 QX25-24-3 QX40-16-3	3		115			1-ϕ1.12	40				
QX120-10J	5.5	4	170	175	110	1-ϕ0.85 2-ϕ0.9	23		单层交叉	1—9 2—10 11—18	36
WQ10-15-1.5 WQ25-7-1.5	1.5		85	130	72	1-ϕ0.85	74				18
WQ15-15-2.2 WQ25-10-2.2	2.2		110			1-ϕ0.95	58				
WQ12-25-3 WQ25-15-3	3		100	155	84	1-ϕ1.18	40				
QS25×25-3 QS10×60-3 QS15×50-3	3	2	105			1-ϕ1.06	37	Y	单层同心	1—12 2—11	24
QS20×40-4 QS30×30-4 QS32×25-4 QS50×15-4	4		124		88	1-ϕ1.20	32				
QS18×65-5.5 QS32×40-5.5 QS65×18-5.5 QS40×28-5.5	5.5		142			1-ϕ0.35	28				
QS30×50-7.5 QS40×30-7.5 QS50×25-7.5 QS100×15-7.5	7.5		172			1-ϕ1.50	23				

附表24　YLB系列立式深井泵用三相异步电动机的主要技术数据

型号	额定功率/kW	满载时			堵转电流倍数	堵转转矩倍数	最大转矩倍数	铁芯长度/mm	定子外径/mm	定子内径/mm	定子线规/根-mm	每槽线数	接法	绕组型式	节距	槽数 Z_1
		定子电流/A	效率/%	功率因数												
YLB132-1-2	5.5	11.3	83.8	0.88	7	1.9	2.3	105	210	116	1-φ0.95 1-φ1.0	44	1△	单层同心	1—16 2—15 3—14 1—14 2—13	30
YLB132-2-2	7.5	15.3	84.8					125			2-φ1.06	37				
YLB160-1-2	11	22.5	84.5			1.8		85	290	160	2-φ1.0 1-φ0.95	29		双层叠式	1—14	36
YLB160-2-2	15	30.3	85.5					100			2-φ1.60 1-φ1.12	24				
YLB160-1-4	11	22.7	86.5	0.85			2.2	130		187	1-φ1.18	54	2△		1—11	48
YLB160-2-4	15	30.3	87.5	0.86				105			1-φ1.3	42				
YLB180-1-2	18.5	36.7	87	0.88		1.7		115	327	182	1-φ1.16 1-φ1.12	38			1—14	36
YLB180-2-2	22	43.4	87.5					120			2-φ0.95 1-φ1.0	40				
YLB180-1-4	18.5	37.1	88	0.86						210	1-φ1.06 1-φ1.12				1—11	48
YLB180-2-4	22	43.9	88.5					135			2-φ1.12	36				

续表

型号	额定功率 /kW	满载时 定子电流 /A	满载时 效率 /%	满载时 功率因数	堵转电流倍数	堵转转矩倍数	最大转矩倍数	铁芯长度 /mm	定子外径 /mm	定子内径 /mm	定子线规 /根·mm	每槽线数	接法	绕组型式	节距	槽数 Z_1
YLB200-1-2	30	58.9	88	0.88	7	1.7	2.2	115	368	210	1-ϕ1.30 / 1-ϕ1.40	32	2△	双层叠式	1—14	36
YLB200-2-4	37	72.2	88.5	0.88			2.2	135	368	210	1-ϕ1.40 / 1-ϕ1.50	28	2△	双层叠式	1—14	36
YLB200-1-4	30	58.5	89.5	0.87			2.2	125	368	210	2-ϕ1.3	32	2△	双层叠式	1—14	48
YLB200-2-4	37	71.8	90	0.87			2.2	155	368	245	1-ϕ1.12 / 2-1.18	26	2△	双层叠式	1—14	48
YLB200-3-4	45	86.8	90.5	0.88			2.0	185	368	245	3-ϕ1.30	22	2△	双层叠式	1—14	60
YLB250-1-4	55	104	91	0.88			2.0	145	445	300	1-ϕ1.40 / 2-ϕ1.50	18	2△	双层叠式	1—14	60
YLB250-2-4	75	141	91.5	0.88			2.0	185	445	300	2-ϕ1.25 / 3-ϕ1.30	14	2△	双层叠式	1—14	60
YLB250-3-4	90	170	91.5	0.88			2.0	215	445	300	4-ϕ1.25 / 2-ϕ1.30	12	2△	双层叠式	1—14	60
YLB280-1-4	110	206	92	0.88			1.9	200	493	330	4-ϕ1.25	24	4△	双层叠式	1—14	60
YLB280-2-4	132	248	92.5	0.88			1.9	240	493	330	4-ϕ1.40	20	4△	双层叠式	1—14	60

541

附表 25　YB 系列三相异步电动机的主要技术数据

型号	额定功率/kW	满载时				堵转电流倍数	堵转转矩倍数	最大转矩倍数	铁芯长度/mm	定子外径/mm	定子内径/mm	定子线规/根-mm	每槽线数	接法	绕组型式	节距	槽数 Z_1/Z_2
		定子电流/A	转速/(r/min)	效率/%	功率因数												
YB801-2	0.75	1.8	2825	75	0.84	6.5	2.2		65	120	67	1-φ0.63	111	1Y	单层交叉	1—9, 2—10, 18—11	18/16
YB802-2	1.1	2.5	2825	77	0.86	7.0	2.2		80	120	67	1-φ0.71	90	1Y	单层交叉	1—9, 2—10, 18—11	18/16
YB801-4	0.55	1.5	1390	73	0.76	6.0	2.4		65	120	75	1-φ0.56	128	1Y	单层链式	1—6	24/22
YB802-4	0.75	2.0	1390	74.5	0.76	6.0	2.3	2.3	80	120	75	1-φ0.63	103	1Y	单层链式	1—6	24/22
YB90S-2	1.5	3.4	2840	78	0.85	7	2.2	2.3	85	130	72	1-φ0.8	74	1Y	单层交叉	1—9, 2—10, 18—11	18/16
YB90L-2	2.2	4.7	2840	80.5	0.86	7	2.2	2.3	110	130	72	1-φ0.95	58	1Y	单层交叉	1—9, 2—10, 18—11	18/16
YB90S-4	1.1	2.8	1400	78	0.78	6.5	2.3	2.2	90	130	80	1-φ0.71	81	1Y	单层链式	1—6	24/22
YB90L-4	1.5	3.7	1400	79	0.79	6.5	2.3	2.2	120	130	80	1-φ0.8	63	1Y	单层链式	1—6	24/22
YB90S-6	0.75	2.3	910	72.5	0.70	6.0	2.0	2.2	100	130	86	1-φ0.67	77	1Y	单层链式	1—6	36/33
YB90L-6	1.1	3.2	910	73.5	0.72	6.0	2.0	2.2	125	130	86	1-φ0.75	60	1Y	单层链式	1—6	36/33
YB100L1-2	3.0	6.4	2880	82	0.87	7.0	2.2	2.3	100	155	94	1-φ1.18	40	1Y	单层同心	1—12, 2, 2—11	24/20
YB100L1-4	2.2	5.0	1420	81	0.82	6.0	2.3	2.3	105	155	98	2-φ0.71	41	1Y	单层交叉	1—9, 2—10, 18—11	38/32
YB100L2-4	3.0	6.8	1420	82.5	0.81	6.0	2.3	2.3	135	155	98	1-φ1.18	31	1Y	单层交叉	1—9, 2—10, 18—11	38/32
YB100L-6	1.5	4.0	940	77.5	0.74	6.0	2.0	2.2	100	155	106	1-φ0.85	53	1Y	单层链式	1—6	36/33

续表

型号	额定功率 /kW	定子电流 /A	转速 /(r/min)	效率 /%	功率因数	堵转电流倍数	堵转转矩倍数	最大转矩倍数	铁芯长度 /mm	定子外径 /mm	定子内径 /mm	定子线规 /根-mm	每槽线数	接法	绕组型式	节距	槽数 Z_1/Z_2
YB112M-2	4.0	8.2	2890	80.5	0.87	7.0	2.2	2.3	105	175	98	1-ϕ1.06	48	1△	单层同心	1—16,2—15,3—14 / 1—14,2—13	30/26
YB112M-4	4.0	8.8	1440	84.5	0.82				135		110		46		单层交叉	1—9,2—10 / 18—11	36/32
YB112M-6	2.2	5.6	940	80.5	0.74	6.0	2.0	2.2	110		120		44	1Y	单层链式	1—6	36/33
YB132S1-2	5.5	11	2900	85.5	0.88	7.0	2.0	2.3	105	210	116	1-ϕ0.9 / 1-ϕ0.95	44	1△	单层同心	1—16,2—15,3—14 / 1—14,2—13	30/26
YB132S2-2	7.5	15	2900	86.2	0.88				125		116	1-ϕ1.0 / 1-ϕ1.06	37				
YB132S-4	5.5	12	1440	87.5	0.84	6.5	2.2	2.2	115	210	136	1-ϕ0.9 / 1-ϕ0.95	47	1△	单层交叉	1—9 / 2—10 / 18—11	36/32
YB132M-4	7.5	15	1440	88	0.85				160		136	2-ϕ1.06	35				
YB132S-6	3.0	7.2	960	83	0.76	5.5	2.0	2.0	110	210	148	1-ϕ0.85 / 1-ϕ0.9	38	1Y	单层链式	1—6	36/33
YB132M1-6	4.0	9.4	960	84	0.77				140		148	1-ϕ1.06	52	1△			
YB132M2-6	5.5	12.6	960	85.3	0.78				180		148	1-ϕ1.25	42				48/44
YB132S-8	2.2	5.8	710	80.5	0.71				110		148	1-ϕ1.12	38	1Y			
YB132M-8	3.0	7.7	710	82.5	0.72				140		148	1-ϕ1.30	30				

续表

型号	额定功率/kW	满载时				堵转电流倍数	堵转转矩倍数	最大转矩倍数	铁芯长度/mm	定子外径/mm	定子内径/mm	定子线规/根-mm	每槽线数	接法	绕组型式	节距	槽数 Z_1/Z_2
		定子电流/A	转速/(r/min)	效率/%	功率因数												
YB160M1-2	11	21.8	2930	87.2	0.88	7.0	2.0	2.3	125	260	150	2-φ1.18 1-φ1.25	28	1△	单层同心	1—16,2—15,3—14	30/26
YB160M2-2	15	29.4	2930	88.2	0.88	7.0	2.0	2.3	155	260	150	2-φ1.12 2-φ1.18	23	1△	单层同心	1—16,2—15,3—14	30/26
YB160L-2	18.5	35.5	2930	89	0.89	7.0	2.0	2.2	195	260	150	3-φ1.12 2-φ1.18	19	1△	单层同心	1—14,2—13	30/26
YB160M-4	11	22.6	1460	88	0.84	6.5	2.2	2.2	155	260	170	1-φ1.30	56	1△	单层交叉	1—9 2—10 18—11	36/26
YB160L-4	15	30.3	1460	88.5	0.85	6.5	2.2	2.3	195	260	170	2-φ1.25 1-φ1.18	22	1△	单层交叉	1—9 2—10 18—11	36/26
YB160M-6	7.5	17	970	86	0.78	6.0	2.0	2.0	145	260	180	2-φ1.12	38	1△	单层链式	1—6	36/33
YB160L-6	11	24.6	970	87	0.78	6.0	2.0	2.0	195	260	180	4-φ0.95	28	1△	单层链式	1—6	36/33
YB160M1-8	4.0	9.9	720	84	0.73	5.5	2.0	2.0	110	260	180	1-φ1.25	49	1△	单层链式	1—6	48/44
YB160M2-8	5.5	13.3	720	85	0.74	5.5	2.0	2.0	145	260	180	2-φ1.0	39	1△	单层链式	1—6	48/44
YB160L-8	7.5	17.7	720	86	0.75	5.5	2.0	2.0	195	260	180	1-φ1.12 1-φ1.18	30	1△	单层链式	1—6	48/44

续表

型号	额定功率/kW	满载时 定子电流/A	转速/(r/min)	效率/%	功率因数	堵转电流倍数	堵转转矩倍数	最大转矩倍数	铁芯长度/mm	定子外径/mm	定子内径/mm	定子线规/根-mm	每槽线数	接法	绕组型式	节距	槽数 Z_1/Z_2
YB180M-2	22	42.2	2940	89	0.89	7.0	2.0	2.2	175	290	160	2-φ1.3 2-φ1.4	16	1△	双层叠式	1—14	36/28
YB180M-4	18.5	35.9	1470	91	0.86				190			2-φ1.18	32			1—11	48/44
YB180L-4	22	42.5	1470	91.5	0.86				220		187	2-φ1.3	28	2△		1—11	48/44
YB180L-6	15	31.6	970	89.5	0.81	6.5	2.0	2.0	200		205	1-φ1.5	34			1—9	54/44
YB180L-8	11	25.1	730	87.5	0.77	6.0	1.7		200			2-φ0.9	46			1—7	54/58
YB200L1-2	30	56.9	2950	90	0.89	7.0	2.0	2.2	180	327	182	2-φ1.12 2-φ1.18	28	4△		1—14	36/28
YB200L2-2	37	69.8	2950	90.5	0.89				210			1-φ1.4	24			1—14	36/28
YB200L-4	30	56.8	1470	92.2	0.87	6.5			230		210	1-φ1.06 1-φ1.12	48	2△		1—11	48/44
YB200L1-6	18.5	37.7	970	89.8	0.83		1.8	2.0	195			1-φ1.12 1-φ1.18	32			1—9	54/44
YB200L2-6	22	44.6	970	90.2	0.83				220		230	2-φ1.25	28			1—9	54/44
YB200L-8	15	34.1	730	88	0.76	6.0			195			1-φ1.06 1-φ1.12	38			1—7	54/58

续表

型号	额定功率/kW	满载时				堵转电流倍数	堵转转矩倍数	最大转矩倍数	铁芯长度/mm	定子外径/mm	定子内径/mm	定子线规/根·mm	每槽线数	接法	绕组型式	节距	槽数 Z_1/Z_2
		定子电流/A	转速/(r/min)	效率/%	功率因数												
YB225M-2	45	83.9	2970	91.5	0.89	7.0	2.0	2.2	210	368	210	3-φ1.4 1-φ1.5	22	2△	双层叠式	1-14	36/28
YB225S-4	37	69.8	1480	91.8	0.87				200		245	2-φ1.25	46	4△		1-12	48/44
YB225M-4	45	84.2	1480	92.3	0.88	6.5	1.9		235			1-φ1.30 1-φ1.40	40				
YB225M-6	30	59.5	980	90.2	0.85				210		260	2-φ1.4 1-φ1.3	26	2△		1-9	54/44
YB225S-8	18.5	41.3	740	89.5	0.76	6.0	1.7	2.0	170			2-φ1.4	38			1-7	54/58
YB225M-8	22	47.6	740	90	0.78		1.8		210			2-φ1.5	32				
YB250M-2	55	102.7	2970	91.5	0.89	7	2.0	2.2	195	400	225	6-φ1.4	20	2△		1-14	36/28
YB250M-4	55	102.5	1480	92.6	0.88				240		260	3-φ1.3	36	4△		1-12	48/44
YB250M-6	37	72	980	90.8	0.86	6.5	1.8	2.0	225		285	1-φ1.12 2-φ1.18	28	3△		1-9	72/58
YB250M-8	30	63	740	90.5	0.80				225			3-φ1.3	22				
YB280S-2	75	140.1	2970	91.5	0.89	6	2.0	2.2	225	445	255	7-φ1.5	14	2△		1-16	42/54
YB280M-2	90	167	2970	91.5	0.89				260			8-φ1.5	12				
YB280S-4	75	139.5	1480	92.7	0.88	7	1.9		240		300	2-φ1.25 2-φ1.3	26	4△		1-14	60/50
YB280M-4	90	164.3	1480	93.5	0.89				325			5-φ1.3	20				

续表

| 型号 | 额定功率/kW | 满载时 | | | | 堵转电流倍数 | 堵转转矩倍数 | 最大转矩倍数 | 铁芯长度/mm | 定子外径/mm | 定子内径/mm | 定子线规/根·mm | 每槽线数 | 接法 | 绕组型式 | 节距 | 槽数 Z_1/Z_2 |
		定子电流/A	转速/(r/min)	效率/%	功率因数												
YB280S-6	45	85.4	980	92	0.87	6.5	1.8	2.0	215	445	325	2-φ1.3 1-φ1.4	26	3△	双层叠式	1—12	72/58
YB280M-6	55	104.9	980	92	0.87	6.5	1.8	2.0	260	445	325	1-φ1.4 2-φ1.5	22	3△			
YB280S-8	37	78.7	740	91	0.79	6	1.8	2.0	215	445	325	2-φ1.3	40	4△			
YB280M-8	45	93.2	740	91.7	0.80	6	1.8	2.0	260	445	325	1-φ1.5 1-φ1.4	34	4△			
YB315S-2	110	203	2980	93	0.90	6.8	1.8	2.2	290	520	300	13-φ1.5	9	2△		1—18	48/40
YB315M-2	132	242.3	2980	94	0.90	6.8	1.8	2.2	340	520	300	16-φ1.5	8	2△			
YB315L-2	160	292.1	2980	94.5	0.90	6.8	1.8	2.2	380	520	300	21-φ1.5	14	2△			
YB315S-4	110	200.8	1480	93.5	0.89	6.8	1.8	2.2	290	520	350	2-φ1.5 4-φ1.4	17	4△		1-16	72/64
YB315M-4	132	239.7	1480	94	0.89	6.8	1.8	2.2	380	520	350	2-φ1.5 5-φ1.4	14	4△			
YB315L1-4	160	289.1	1480	94.5	0.89	6.8	1.8	2.2	420	520	350	8-φ1.5	12	4△			

续表

型号	额定功率 /kW	定子电流 /A	满载时 转速 /(r/min)	满载时 效率 /%	满载时 功率因数	堵转电流倍数	堵转转矩倍数	最大转矩倍数	铁芯长度 /mm	定子外径 /mm	定子内径 /mm	定子线规 /根-mm	每槽线数	接法	绕组型式	节距	槽数 Z_1/Z_2
YB315S-6	75	141.8	985	92.8	0.87	6.5	1.6	2.0	290	520	375	1-ϕ1.3 2-ϕ1.4	38	6△	双层叠式	1—11	72/58
YB315M-6	90	168.1	985	93.2	0.87	6.5	1.6	2.0	340	520	375	1-ϕ1.4 2-ϕ1.5	32	6△	双层叠式	1—11	72/58
YB315L1-6	110	204.4	985	93.5	0.87	6.5	1.6	2.0	380	520	375	2-ϕ1.4 2-ϕ1.5	28	6△	双层叠式	1—11	72/58
YB315L2-6	132	245.2	985	93.8	0.87	6.5	1.6	2.0	450	520	375	5-ϕ1.5	24	6△	双层叠式	1—11	72/58
YB315S-8	55	111	740	92	0.82	6.3	1.6	2.0	290	520	390	3-ϕ1.0	58	8△	双层叠式	1—11	72/58
YB315M-8	75	152.1	740	92.5	0.82	6.3	1.6	2.0	380	520	390	4-ϕ1.4	22	4△	双层叠式	1—11	72/58
YB315L1-8	90	179.3	740	93	0.82	6.3	1.6	2.0	420	520	390	5-ϕ1.4	20		双层叠式	1—11	72/58
YB315L2-8	110	218.5	740	93.3	0.82	6.3	1.6	2.0	480	520	390	3-ϕ1.5	34	8△	双层叠式	1—11	72/58
YB315S-10	45	101	590	91.5	0.74	6.0	1.4	2.0	290	520	390	3-ϕ1.3	38		双层叠式	1—9	90/72
YB315M-10	55	123	590	92	0.74	6.0	1.4	2.0	360	520	390	3-ϕ1.5	30	5△	双层叠式	1—9	90/72
YB315L-10	75	164.3	590	92.5	0.75	6.0	1.4	2.0	440	520	390	4-ϕ1.5	22		双层叠式	1—9	90/72

附表 26 YB2 系列低压隔爆型电动机的主要技术数据

型号	额定功率/kW	效率/%	功率因数	堵转转矩倍数	堵转电流倍数	最大转矩倍数	定子外径/mm	定子内径/mm	铁芯长度/mm	气隙长度/mm	定子线规/根-mm	每槽线数	接法	绕组型式	节距	槽数 Z_1/Z_2
YB2-801-2	0.75	75	0.83	2.6	6	2.3	120	67	60	0.3	1-φ0.6	109	1Y	单层交叉	1—9 2—10 11—18	18/16
YB2-802-2	1.1	78	0.84						75		1-φ0.67	87				
YB2-801-4	0.55	71	0.75	2.4	5	2.1		75	60	0.25	1-φ0.53	129		单层链式	1—6	24/22
YB2-802-4	0.75	73	0.77						70		1-φ0.6	110				
YB2-801-6	0.37	63	0.70	1.9	4	1.9		78	65		1-φ0.45	127				
YB2-802-6	0.55	63	0.72						85		1-φ0.53	98				
YB2-801-8	0.18	52	0.61	1.8	3.3				75		1-φ0.40	174		双层叠式	1—5	36/28
YB2-802-8	0.25	55							90		1-φ0.45	140				
YB2-90S-2	1.5	79	0.84	2.2	7	2.3	130	72	80	0.3	1-φ0.80	76	1Y	单层交叉	1—9 2—10 11—18	18/16
YB2-90L-2	2.2	81	0.85	2.3					105		1-φ0.90	58				
YB2-90S-4	1.1	75	0.77	2.1	6	2.1		80	80	0.25	-φ0.67	85		单层链式	1—6	24/22
YB2-90L-4	1.5	78	0.79						110		1-φ0.8	63				
YB2-90S-6	0.75	69	0.72		4			86	85		1-φ0.67	85				
YB2-90L-6	1.1	73	0.73						115		1-φ0.80	63				
YB2-90S-8	0.37	63	0.62	1.8		2.0			90		1-φ0.56	120		双层叠式	1—5	36/28
YB2-90L-8	0.55	64	0.63						115		1-φ0.63	90				

续表

型号	额定功率/kW	效率/%	功率因数	堵转转矩倍数	堵转电流倍数	最大转矩倍数	定子外径/mm	定子内径/mm	铁芯长度/mm	气隙长度/mm	定子线规/根-mm	每槽线数	接法	绕组型式	节距	槽数 Z_1/Z_2
YB2-100L-2	3	83	0.88	2.2	7	2.3	155	84	90	0.4	1-φ1.06	44	1Y	单层同心	1—12 2—11	24/20
YB2-100L1-4	2.2	80	0.81	2.3	6	2.4	155	98	95	0.3	2-φ0.67	42	1Y	单层交叉	1—9 2—10 11—18	36/28
YB2-100L2-4	3	82	0.82	2.3	6	2.4	155	98	125	0.3	1-φ1.12	33	1Y	单层交叉	1—9 2—10 11—18	36/28
YB2-100L-6	1.5	76	0.76	2.1	5	2.1	155	106	90	0.25	1-φ0.85	58	1Y	单层链式	1—6	48/44
YB2-100L1-8	0.75	71	0.68	1.8	4	2.0	155	106	70	0.25	1-φ0.71	89	1Y	单层链式	1—6	48/44
YB2-100L2-8	1.1	73	0.69	1.8	4	2.0	155	106	90	0.25	1-φ0.85	67	1Y	单层链式	1—6	48/44
YB2-112M-2	4	85	0.88	2.2	7	2.3	175	98	90	0.45	2-φ0.67	53	1△	单层同心	1—16 2—15 3—14 1—14 2—13	30/26
YB2-112M-4	4	84	0.82	2.3	6	2.4	175	110	120	0.35	1-φ0.67 1-φ0.71	51	1Y	单层交叉	1—9 2—10 11—18	36/28
YB2-112M-6	2.2	79	0.76	2.1	5	2.1	175	120	95	0.3	1-φ1.0	50	1Y	单层链式	1—6	48/44
YB2-112M-8	1.5	75	0.69	1.8	4	2.0	175	120	95	0.3	1-φ0.9	53	1Y	单层链式	1—6	48/44
YB2-132S1-2	5.5	86	0.88	2.2	7.5	2.3	210	116	110	0.55	1-φ0.9 1-φ0.95	43	1△	单层同心	1—16 2—15 3—14 1—14 2—13	30/26
YB2-132S2-2	7.5	87	0.88	2.2	7.5	2.3	210	116	110	0.55	2-φ1.0	36	1△	单层同心	1—16 2—15 3—14 1—14 2—13	30/26

续表

型号	额定功率/kW	效率/%	功率因数	堵转转矩倍数	堵转电流倍数	最大转矩倍数	定子外径/mm	定子内径/mm	铁芯长度/mm	气隙长度/mm	定子线规/根-mm	每槽线数	接法	绕组型式	节距	槽数 Z_1/Z_2
YB2-132S1-4	5.5	86	0.84	2.3	7	2.4	210	136	110	0.4	1-φ0.85, 1-φ0.9	46	1△	单层交叉	1—9 2—10 11—18	36/28
YB2-132S2-4	7.5	87	0.85						145		2-φ1.0	36	1Y			
YB2-132S-6	3	81	0.77	2.1	6			148	90	0.35	1-φ0.8, 1-φ0.85	44	1△	单层链式	1—6	36/42
YB2-132M1-6	4	83	0.78								1-φ1.0	60				
YB2-132M2-6	5.5	85							115		1-φ0.8, 1-φ0.85	45				
YB2-132S-8	2.2	79	0.73	1.8	5.5	2.2			155	0.65	1-φ1.06	44	1Y			48/44
YB2-132M-8	3	81	0.88	2.2	7.5						1-φ1.25	33				
YB2-160M1-2	11	88	0.89			2.4	260	150	90		2-φ1.25	27	1△	单层同心	1—16 2—15 3—14 1—14 2—13	30/26
YB2-160M2-2	15	89							120		3-φ1.12	22				
YB2-160L-2	18.5								110		2-φ1.18, 1-φ1.25	19				
YB2-160M-4	11	88	0.85		7			170	140	0.5	1-φ1.0, 2-φ1.06	29		单层交叉	1—9 2—10 11—18	36/28
YB2-160L-4	15	89							165		3-φ1.18	22				

续表

型号	额定功率 /kW	效率 /%	功率因数	堵转转矩倍数	堵转电流倍数	最大转矩倍数	定子外径 /mm	定子内径 /mm	铁芯长度 /mm	气隙长度 /mm	定子线规 /根-mm	每槽线数	接法	绕组型式	节距	槽数 Z_1/Z_2
YB2-160M-6	7.5	86	0.79	2.1	6.5	2.4	260	180	135	0.4	1-ϕ1.06 1-ϕ1.12	42	1△	单层链式	1—6	36/42
YB2-160L-6	11	87	0.73						180		1-ϕ1.25 1-ϕ1.3	31				
YB2-160M1-8	4	81	0.75	1.9	6.0	2.2			120		2-ϕ0.8	58				48/44
YB2-160M2-8	5.5	83	0.76						170		1-ϕ0.9 1-ϕ0.95	43				
YB2-160L-8	7.5	85							85		2-ϕ1.06	32				
YB2-180M-2	22	90.5	0.9	2.0	7.5	2.3	290	165	120	0.8	2-ϕ1.25	34	2△	双层叠式	1—14	36/28
YB2-180M-4	18.5		0.85	2.2	7.0			187	170	0.6	1-ϕ1.06 1-ϕ1.12				1—11	48/38
YB2-180L-4	22	91.2		2.1		2.1		205	165	0.45	2-ϕ1.18	30			1—9	48/44
YB2-180L-6	15	89	0.81						170		1-ϕ0.95 1-ϕ1.0	38				54/44
YB2-180L-8	11	87	0.76	1.9	6	2.2			165		1-ϕ1.3	28			1—6	48/44

续表

型号	额定功率/kW	效率/%	功率因数	堵转转矩倍数	堵转电流倍数	最大转矩倍数	定子外径/mm	定子内径/mm	铁芯长度/mm	气隙长度/mm	定子线规/根-mm	每槽线数	接法	绕组型式	节距	槽数 Z_1/Z_2
YB2-200L1-2	30	91	0.90	2.0	7.5	2.4	327	187	165	1.0	1-φ1.18 2-φ1.25	30	2△	双层叠式	1—14	36/28
YB2-200L2-2	37	92	0.86	2.0	7.5	2.4	327	187	195	1.0	2-φ1.3 1-φ1.4	26	2△		1—14	36/28
YB2-200L-4	30	92	0.86	2.2	7.2	2.4	327	210	160	0.7	1-φ1.12 2-φ1.18	26	2△		1—11	48/38
YB2-200L1-6	18.5	90	0.83	2.2	7	2.4	327	230	175	0.5	2-φ1.12	36	2△		1—9	54/44
YB2-200L2-6	22	90	0.83	2.2	7	2.2	327	230	175	0.5	2-φ1.18	32	2△		1—9	54/44
YB2-200L-8	15	89	0.76	2.0	6.5	2.2	327	230	180	1.1	2-φ0.95	23	2△		1—6	48/44
YB2-225M-2	45	92.5	0.9	2.2	7.5	2.3	368	210	180	1.1	1-φ1.3 3-φ1.4	22	2△		1—15	36/28
YB2-225S-4	37	92.8	0.87	2.2	7.2	2.4	368	245	205	0.8	1-φ1.12 1-φ1.18	48	4△		1—12	48/38
YB2-225M-4	45	92	0.86	2.1	7.2	2.4	368	245	205	0.8	2-φ1.25	42	4△		1—12	48/38
YB2-225M-6	30	92	0.86	2.1	7	2.4	368	260	180	0.55	2-φ1.18 1-φ1.25	22	2△		1—9	72/58
YB2-225M1-8	18.5	90	0.78	2.0	6.5	2.2	368	260	160	0.55	1-φ1.12 1-φ1.18	32	2△		1—9	72/58
YB2-225M2-8	22	90.5	0.78	2.0	6.5	2.2	368	260	180	0.55	1-φ1.18 1-φ1.25	28	2△		1—9	72/58

553

续表

型号	额定功率 /kW	效率 /%	功率因数	堵转转矩倍数	堵转电流倍数	最大转矩倍数	定子外径 /mm	定子内径 /mm	铁芯长度 /mm	气隙长度 /mm	定子线规 /根-mm	每槽线数	接法	绕组型式	节距	槽数 Z_1/Z_2
YB2-250M-2	55	92.5	0.9	2.1	7.5	2.3	400	225	185	1.2	1-ϕ1.4 3-ϕ1.5	20	2△	双层叠式	1—14	36/28
YB2-250M-4	55	93	0.87	2.2	7.2	2.4		260	205	0.9	2-ϕ1.12 1-ϕ1.18	38	4△		1—12	48/38
YB2-250M-6	37	92	0.86	2.1					190		1-ϕ1.0 2-ϕ1.12	30	3△			
YB2-250M-8	30	91	0.79	1.9	6.5	2.0		285	200	0.6	2-ϕ1.18 1-ϕ1.25	24	2△		1—9	72/58
YB2-280S-2	75	93	0.91	2.0	7.5	2.3	445	225	185	1.3	6-ϕ1.3 1-ϕ1.4	16			1—16	42/34
YB2-280L-2	90	93.8							215		6-ϕ1.3 2-ϕ1.4	14	4△			
YB2-280S-4	75		0.87	2.2	7.2	2.4		300		1.0	2-ϕ1.3 1-ϕ1.4	26			1—15	60/50
YB2-280L-4	90	94.2							270		2-ϕ1.4 1-ϕ1.5	22				
YB2-280S-6	45	92.5	0.86	2.1	7			325	180	0.7	3-ϕ1.25 1-ϕ1.3	28	3△		1—12	72/58
YB2-280L-6	55	92.8							215		2-ϕ1.3 1-ϕ1.4	24				
YB2-280S-8	37	91.5	0.79	1.8	6	2.0			190		2-ϕ1.18 1-ϕ1.3	46	4△		1—9	
YB2-280L-8	45	92							235		2-ϕ1.3	38				

附表27 YA系列低压增安型电动机的主要技术数据

型号	额定功率/kW	效率/%	功率因数	堵转转矩倍数	堵转电流倍数	最大转矩倍数	定子外径/mm	定子内径/mm	铁芯长度/mm	气隙长度/mm	定子线规/根·mm	每槽线数	接法	绕组型式	节距	槽数 Z_1/Z_2
YA-160M-2	11	87.5	0.9	1.8	7	2.2	260	150	155	0.65	3-ϕ1.25	26	1△	单层同心	1—16, 2—15, 3—14	30/26
YA-160L-2	15	88.5							195		2-ϕ1.18, 2-ϕ1.25	21			1—14, 2—13	
YA-160M-4	11	88	0.84	1.9				170	155	0.5	2-ϕ1.3	29		单层交叉	1—9, 2—10, 11—18	36/26
YA-160L-4	15	88.5	0.85						195		3-ϕ1.18	23				
YA-160M-6	7.5	87	0.77	2.0	6.5	2.0		180	145	0.45	2-ϕ1.12	38		双层叠式	1—6	36/33
YA-160L-6	11	89.5	0.81		6				195		4-ϕ0.95	28				
YA-160M1-8	4	84	0.72		5.5				110		1-ϕ1.25	49				48/44
YA-160M2-8	5.5	85	0.74						145		2-ϕ1.0	39				
YA-160L-8	7.5	86	0.75						195		1-ϕ1.12, 1-ϕ1.18	29				
YA-180M-2	18.5	88.5	0.91	1.5	7	2.2	290	160	185	0.8	1-ϕ1.33, 1-ϕ1.38	36	2△		1—14	36/28
YA-180L-4	18.5	90.5	0.87	1.9				180	220	0.55	1-ϕ1.33, 1-ϕ1.26	32			1—11	48/44
YA-180L-6	15	89.5	0.81	1.8	6.5	2.0		205	200	0.5	1-ϕ1.58	34			1—9	54/44
YA-180L-8	11	86.5	0.76	1.7	6						2-ϕ0.9	23			1—7	54/58

续表

型号	额定功率/kW	效率/%	功率因数	堵转转矩倍数	堵转电流倍数	最大转矩倍数	定子外径/mm	定子内径/mm	铁芯长度/mm	气隙长度/mm	定子线规/根-mm	每槽线数	接法	绕组型式	节距	槽数 Z_1/Z_2
YA-200L1-2	22	88.5	0.91	1.5	7	2.2	327	182	180	1.0	1-φ1.33 1-φ1.26	34	2△	双层叠式	1—14	36/28
YA-200L2-2	30	89.5	0.91	1.5	7	2.2	327	182	210	1.0	2-φ1.2 2-φ1.26	28	2△	双层叠式	1—14	36/28
YA-200L-4	22	92	0.86	1.9	7	2.2	327	210	230	0.65	1-φ1.58 1-φ1.48	28	2△	双层叠式	1—11	48/44
YA-200L1-6	18.5	89.8	0.83	1.8	6.5	2.0	327	230	195	0.5	1-φ1.26 1-φ1.2	32	2△	双层叠式	1—9	54/44
YA-200L2-6	22	90.2	0.83	1.8	6.5	2.0	327	230	230	0.5	2-φ1.33	28	2△	双层叠式	1—9	54/44
YA-200L-8	15	88	0.76	1.5	6	2.0	327	230	190	0.5	1-φ1.58	40	2△	双层叠式	1—7	54/50
YA-225M-2	37	90.5	0.91	1.9	7	2.2	368	210	210	1.1	4-φ1.3	13	4△	双层叠式	1—14	36/28
YA-225S-4	30	91.2	0.87	1.8	7	2.2	368	245	200	0.7	2-φ1.18	25	2△	双层叠式	1—12	48/44
YA-225M-4	37	91.5	0.88	1.8	7	2.2	368	245	235	0.7	2-φ1.3 2-φ1.25	11	2△	双层叠式	1—12	48/44
YA-225M-6	30	90.2	0.84	1.7	6.5	2.0	368	260	200	0.55	2-φ1.3 1-φ1.4	14	2△	双层叠式	1—9	54/44
YA-225S-8	18.5	89.5	0.76	1.8	6	2.0	368	260	165	0.55	2-φ1.4	20	2△	双层叠式	1—7	54/50
YA-225M-8	22	90	0.78	1.8	6	2.0	368	260	200	0.55	2-φ1.5	17	2△	双层叠式	1—7	54/50

续表

型号	额定功率/kW	效率/%	功率因数	堵转转矩倍数	堵转电流倍数	最大转矩倍数	定子外径/mm	定子内径/mm	铁芯长度/mm	气隙长度/mm	定子线规/根·mm	每槽线数	接法	绕组型式	节距	槽数 Z_1/Z_2
YA-250M-2	45	90.5	0.91	1.5	7	2.2	400	225	195	1.2	5-φ1.4	12	2△	双层叠式	1—14	36/28
YA-250M-4	45	92	0.88	1.7	7	2.2	400	260	240	0.8	2-φ1.4	21	4△		1—12	48/44
YA-250M-6	37	90.8	0.86	1.8	6.5	2.0	400	285	225	0.6	1-φ1.12 2-φ1.18	14	3△		1—12	72/58
YA-250M-8	30	90.5	0.8	1.8	6	2.0	400	285	240	0.6	1-φ1.12 1-φ1.18	21	4△		1—9	72/58
YA-315S-2	90	93.5		1.6	7	2.2	520	300	290	1.8	12-φ1.5	6	2△		1—18	48/40
YA-315M-2	110	94		1.6	7	2.2	520	300	340	1.8	14-φ1.5	5	2△		1—18	48/40
YA-315L-2	132	94.5	0.89	1.6	7	2.2	520	300	380	1.8	16-φ1.5	4.5	2△		1—18	48/40
YA-315S-4	90	93	0.89	1.6	6.8	2.2	520	350	290	1.2	2-φ1.5 3-φ1.4	10	4△		1—16	72/64
YA-315M-4	110	93.5	0.89	1.6	6.8	2.2	520	350	380	1.2	4-φ1.4 2-φ1.5	8.5	4△		1—16	72/64
YA-315L-4	132	94.5	0.89	1.6	6.8	2.2	520	350	420	1.2	2-φ1.5 5-φ1.4	7.5	4△		1—16	72/64

续表

型号	额定功率/kW	效率/%	功率因数	堵转转矩倍数	堵转电流倍数	最大转矩倍数	定子外径/mm	定子内径/mm	铁芯长度/mm	气隙长度/mm	定子线规/根-mm	每槽线数	接法	绕组型式	节距	槽数 Z_1/Z_2
YA-255S1-2	160	95	0.9	1.4	7	2.4	590	327	300	2.2	23-φ1.5	4.5	2△	双层叠式	1—18	48/40
YA-315S2-2	185	95							340		26-φ1.5	4				
YA-355M1-2	200	95.5							400		29-φ1.5	3.5				
YA-355M2-2	220	95.5							440							
YA-355L-2	250	94.5							500		35-φ1.5	3				
YA-355S1-4	160	95	0.89			2.2		380	340	1.5	10-φ1.5	7.5	4△		1—16	72/64
YA-355S2-4	185	95							420		12-φ1.5	6.5				
YA-355M1-4	200	95							450		13-φ1.5	6				
YA-355M2-4	220	95.5							520		14-φ1.5	5.5				
YA-355L-4	250	95.5							590		15-φ1.5	5				

附表 28　Y 系列中型高压三相异步电动机技术数据（6kV　大直径）

型号	额定功率/kW	定子电流/A	满载时 转速/(r/min)	效率/%	功率因数	铁芯 直径 $D_f/D_{i1}/D_{i2}$	铁芯 长度 $L_{fe}+n_k b_k$	定子/mm 线规	每槽线数	节距	半匝长	端部长	气隙长度/mm	转子 线规 $a\times b$	端环尺寸 $E_b\times E_b$	槽数 Z_1/Z_2
Y355-4	220	27	1480	93.3	0.85	590/345/167	380+6×10	1-1.25×4.5	31	1—13	1069	267	1.4	4×40	20×45	60/50
	250	30		93.4			400+7×10	1-1.32×4.5	29		1091					
	280	34		93.5	0.86		430+7×10	1-1.5×4.5	27		1123					
	315	38		93.6			450+8×10	1-1.6×4.5	26		1154					
Y400-4	355	42	1480	93.8	0.86	670/420/210	380+6×10	1-1.18×5.6	24	1—14	1097	261	1.6	5×35.5	20×45	60/50
	400	48		94.0			400+7×10	1-1.32×5.6	22		1127					
	450	53		94.2	0.87		450+8×10	1-1.5×5.6	20		1187					
	500	59		94.3			480+8×10	1-1.7×5.6	19		1220					
	560	66		94.5			530+9×10	1-1.9×5.6	17		1297					
Y400-6	280	35	990	93.5	0.83	670/450/280	430+7×10	2 串 -2×3.15	28	1—11	1057	242	1.2	5.6×40	20×45	72/58
	315	39		93.7			450+8×10	2-1.18×3.15	26		1096					
	355	44		93.9	0.85		480+8×10	2-1.32×3.15	24		1126					
	400	49		94.0	0.83		530+9×10	2-1.4×3.15	22		1185					

续表

型号	额定功率/kW	满载时				铁芯		定子/mm					气隙长度/mm	转子		
		定子电流/A	转速/(r/min)	效率/%	功率因数	直径 $D_t/D_{t1}/D_{t2}$	长度 $L_{te}+n_k b_k$	线规	每槽线数	节距	半匝长	端部长		线规 $a×b$	端环尺寸 $E_b×E_b$	槽数 Z_1/Z_2
Y400-8	220	29	740	92.0	0.78	670/480/280	400+7×10	2串-1.8×3.15	32	1—9	981	206	1.2	6.3×40	25×50	72/58
	250	33	740	93.0	0.79		450+8×10	2串-2.0×3.15	32	1—8	978					
	280	37		93.2			530+9×10	2串-2.24×3.15	28		1066					
Y450-4	630	74	1483	94.7	0.87	740/470/240	480+8×10	1-1.9×7.1	18	1—13	1225	262	1.9	5.6×40	20×45	60/50
	710	83		94.9			500+9×10	1-2.24×7.1	16	1—14	1295	275				
	800	93		95.1			550+10×10	1-2.36×7.1	15		1353					
	900	105		95.2			600+11×10	1-2.65×7.1	14		1415					
Y450-6	450	55	988	94.3	0.84	740/510/300	450+8×10	1-1.6×6.3	22	1—11	1081	224	1.4	4×45	25×50	72/86
	500	60		94.5	0.85		480+8×10	1-1.8×6.3	20		1111					
	560	67		94.6			530+9×10	1-2.0×6.3	18		1170					
	600	72		94.7			580+10×10	1-2.36×6.3	16		1231					
Y450-8	315	41	740	93.4	0.80	740/530/310	450+7×10	2-1.25×3.15	26	1—9	1019	200	1.4	4.5×50	20×45	72/86
	355	46		93.5			480+8×10	2-1.4×3.15	24		1050					
	400	51		93.7			530+9×10	2-1.6×3.15	22		1110					
	450	57		93.8	0.81		580+10×10	2-1.8×3.15	20		1170					

续表

型号	额定功率/kW	定子电流/A	转速/(r/min)	效率/%	功率因数	直径 $D_i/D_{i1}/D_{i2}$	长度 $L_{fe}+n_k b_k$	线规	每槽线数	节距	半匝长	端部长	气隙长度/mm	转子线规 $a×b$	端环尺寸 $E_a×E_b$	槽数 Z_1/Z_2
Y450-10	220	30		92.1	0.77		400+7×10	1-1.5×4	26		910					
	250	33		92.3			450+8×10	1-1.7×4	24		970					
	280	37	592	92.5	0.78	740/530/310	480+8×10	1-1.9×4	22	1—9	1001	187	1.2	3.55×50	20×35	90/106
	315	41		92.6	0.79		530+9×10	1-2.12×4	20		1061					
	350	47		92.8			580+10×10	1-2.36×4	18		1120					
Y450-12	220	32	495	91.4	0.73		500+9×10	1-1.6×4	26	1—7	972	166	1.1			
	250	36		91.7			550+10×10	1-1.8×4	24		1023					
Y500-4	1000	116		95.3	0.87		480+8×10	1-2.65×8	14	1—13	1261	258				
	1120	128	1487	95.4	0.88	850/545/260	530+9×10	1-3.0×8	13	1—14	1364	270	2.2	5.6×50	25×60	60/50
	1250	143		95.5			580+10×10	1-3.35×8	12	1—13	1385	258				
	1400	160		95.6			600+11×10	1-3.55×8	11	1—14	1453	270				
Y500-6	710	85		95.0	0.85		480+8×10	1-2.5×7.1	16	1—11	1143	227				
	800	95	990	95.1		850/590/350	530+9×10	1-2.8×7.1	15		1205		1.6	4×50	20×60	72/86
	900	107		95.2			550+10×10	1-3.0×7.1	14		1235					
	1000	119		95.3			600+11×10	1-3.35×7.1	13		1296					

续表

型号	额定功率 /kW	满载时 定子电流 /A	转速 /(r/min)	效率 /%	功率因数	铁芯 直径 $D_\mathrm{t}/D_\mathrm{t1}/D_\mathrm{t2}$	铁芯 长度 $L_\mathrm{te}+n_\mathrm{k}b_\mathrm{k}$	线规	定子/mm 每槽线数	节距	半匝长	端部长	气隙长度 /mm	转子 线规 $a\times b$	转子 端环尺寸 $E_\mathrm{b}\times E_\mathrm{b}$	槽数 Z_1/Z_2
Y500-8	500	63	741	94.2	0.81	850/620/368	480+8×10	1-1.8×7.5	20	1-9	1072	200	1.6	4.5×50	20×70	72/86
	560	70		94.4	0.82		530+9×10	1-2.0×7.8	18		1131					
	630	78		94.5			550+10×10	1-2.24×7.5	18	1-8	1130					
	710	88		94.6			630+11×10	1-2.5×7.5	16		1219					
Y500-10	400	52	593	93.3	0.80	850/620/423	480+8×10	1-2.24×5	20		992	180		3.55×35.5		
	450	58		93.4			530+9×10	1-2.5×5	18	1-8	1052					
	500	64		93.6			580+10×10	1-2.8×5	16	1-9	1143	190	1.4			
	560	72		93.7			630+11×10	1-3.15×5	14		1202					
	630	81		93.8			680+12×10	1-3.55×5	14	1-8	1237				20×35	90/114
Y500-12	280	39	494	92.7	0.74		450+8×10	1-1.5×5.6	26		931					
	315	44		92.8			500+9×10	1-1.7×5.6	24		992			3.55×40		
	355	49		93.0	0.75		530+9×10	1-1.9×5.6	22	1-7	1022	172				
	400	55		93.3			580+10×10	1-2.12×5.6	20		1083					
	450	62		93.4			650+12×10	1-2.5×5.6	18		1174					

注：1. 电动机接线法 Y 接。

2. n_k、b_k — 通风沟个数和宽度

附表29　Y系列中型高压三相异步电动机技术数据（6kV　小直径）

| 型号 | 额定功率/kW | 满载时 | | | | 铁芯 | | 定子/mm | | | | | 气隙长度/mm | 转子 | | 槽数 Z_1/Z_2 |
		定子电流/A	转速/(r/min)	效率/%	功率因数	直径 $D_1/D_{i1}/D_{i2}$	长度 $L_{fe}+n_kb_k$	线规	每槽线数	节距	半匝长	端部长		线规 $a\times b$	端环尺寸 $E_b\times E_h$	
Y355-4	220	27	1480	93.3	0.85	560/330/167	430+7×10	1-1.18×4.5	30	1-13	1127	275	1.4	4.3×35	20×45	60/50
	250	30		93.4			450+8×10	1-1.25×4.5	28		1191					
	280	34		93.5	0.86		480+8×10	1-1.4×4.5	26		1222	295				
	315	38		93.6			530+9×10	1-1.6×4.5	24		1282					
Y400-4	355	42	1480	93.8	0.86	630/390/210	400+7×10	1-1.25×5.6	24	1-14	1132	273	1.5	5×31.5	25×40	60/50
	400	48		94.0			450+8×10	1-1.4×5.6	22		1192					
	450	53		94.2	0.87		480+8×10	1-1.6×5.6	20		1223					
	500	59		94.3			530+9×10	1-1.8×5.6	18		1282					
	560	66		94.5			580+10×10	1-2.0×5.6	17		1344					
Y400-6	280	35	990	93.5	0.83	630/410/240	480+8×10	1-1.4×5	24	1-12	1127	219	1.2	6.3×40	20×40	72/58
	315	39		93.7			530+9×10	1-1.6×5	22		1187					
	355	44		93.9			580+10×10	1-1.8×5	20		1247					
	400	49		94.0			630+11×10	1-2.12×5	18		1309					
Y400-8	220	29	740	92.0	0.78	630/450/280	500+9×10	2串-1.8×3.15	32	1-9	1083	217	1.2	7.1×31.5	25×50	72/58
	250	33		93.0	0.79	630/450/240	580+10×10	2串-2.0×3.15	28	1-8	1172					
	280	37		93.2			630+11×10	2串-2.24×3.15	28		1196					

| 型号 | 额定功率/kW | 满载时 | | | | 铁芯 | | 定子/mm | | | | | 气隙长度/mm | 转子 | | 槽数 Z_1/Z_2 |
		定子电流/A	转速/(r/min)	效率/%	功率因数	直径 $D_t/D_{t1}/D_{t2}$	长度 $L_{fe}+n_k b_k$	线规	每槽线数	节距	半匝长	端部长		线规 $a×b$	端环尺寸 $E_b×E_b$	
Y450-4	630	74	1483	94.7	0.87	710/450/240	480+8×10	1-1.9×7.1	18	1—14	1261	282	1.8	5.6×35.5	25×40	60/50
	710	83		94.9			530+9×10	1-2.24×7.1	16		1323					
	800	93		95.1			580+10×10	1-2.5×7.1	15		1384					
	900	105		95.2			630+12×10	1-2.8×7.1	13		1472					
Y450-6	450	55	988	94.3	0.84	710/480/290	480+8×10	1-1.6×6.3	22	1—11	1111	231	1.3	4×40	25×50	72/86
	500	60		94.5			530+9×10	1-1.8×6.3	20		1172					
	560	67		94.6	0.85		580+10×10	1-2.0×6.3	18		1230					
	600	72		94.7			630+11×10	1-2.36×6.3	16		1292					
Y450-8	315	41	740	93.4	0.80	710/510/310	480+8×10	2-1.18×3.15	26	1—9	1046	202	1.3	4.5×45	20×50	72/86
	355	46		93.5			530+9×10	2-1.32×3.15	24		1106					
	400	51		93.7			580+10×10	2-1.5×3.15	22		1167					
	450	57		93.8	0.81		630+11×10	2-1.7×3.15	20		1227					

续表

型号	额定功率/kW	满载时 定子电流/A	满载时 转速/(r/min)	满载时 效率/%	满载时 功率因数	铁芯 直径 $D_t/D_{i1}/D_{i2}$	铁芯 长度 $L_{fe}+n_k b_k$	定子/mm 线规	定子/mm 每槽线数	定子/mm 节距	定子/mm 半匝长	定子/mm 端部长	气隙长度/mm	转子 线规 $a\times b$	转子 端环尺寸 $E_b\times E_b$	槽数 Z_1/Z_2
Y450-10	220	30	592	92.1	0.77	710/510/310	450+8×10	1-1.4×4	26	1—9	968	187	1.1	3.55×31.5	20×35	90/106
	250	33		92.3	0.78		480+8×10	1-1.6×4	24		999					
	280	37		92.5			530+9×10	1-1.8×4	22		1059					
	315	41		92.6	0.79		580+10×10	1-2.0×4	20		1119					
	350	47		92.8			630+11×10	1-2.24×4	18		1178					
Y450-12	220	32	495	91.4	0.73		530+9×10	1-1.6×4	26	1—7	1002	168				
	250	36		91.7			580+10×10	1-1.8×4	24		1062					
Y500-4	1000	116	1487	95.3	0.87	800/515/260	550+10×10	2-1.25×4	26	1—14	1392	288	2.1	6.3×45	25×60	60/50
	1120	128		95.4	0.88		600+11×10	2-1.4×4	24		1453					
	1250	143		95.5			650+12×10	2-1.6×4	22		1513					
	1400	160		95.6			730+13×10	2-1.8×4	20		1593					
Y500-6	710	85	990	95.0	0.85	800/550/340	530+9×10	1-2.5×6.7	16	1—11	1190	226	1.6	4.5×40	20×60	72/86
	800	95		95.1			580+10×10	1-2.8×6.7	15		1252					
	900	107		95.2			650+12×10	1-3.15×6.7	13		1340					
	1000	119		95.3			730+13×10	1-3.55×6.7	12		1432					

续表

型号	额定功率 /kW	满载时				铁芯		定子 /mm					气隙长度 /mm	转子		槽数 Z_1/Z_2
		定子电流 /A	转速 /(r/min)	效率 /%	功率因数	直径 $D_t/D_{t1}/D_{t2}$	长度 $L_{fe}+n_k b_k$	线规	每槽线数	节距	半匝长	端部长		线规 $a \times b$	端环尺寸 $E_h \times E_b$	
Y500-8	500	63	741	94.2	0.81	800/580/350	530+9×10	1-1.8×7.1	20	1—8	1085	198	1.6	4.5×50	20×70	72/86
	560	70		94.4	0.82		600+11×10	1-2.0×7.1	18		1175					
	630	78		94.5			650+12×10	1-2.36×7.1	16	1—9	1273					
	710	88		94.6			730+13×10	1-2.65×7.1	14		1362					
Y500-10	400	52	593	93.3	0.80	800/580/400	530+9×10	1-2.24×5	20	1—8	1048	182	1.3	3.15×40	20×35	90/114
	450	58		93.4			580+10×10	1-2.5×5	18		1108					
	500	64		93.6			630+11×10	1-2.8×5	16	1—9	1199	193				
	560	72		93.7			730+13×10	1-3.15×5	14		1318					
	630	81		93.8			830+15×10	1-3.55×5	12		1436					
Y500-12	280	39	494	92.7	0.74		500+9×10	1-1.8×5.6	24	1—7	986	180			3.55×45	
	315	44		92.8	0.75		530+9×10	1-2.0×5.6	22		1048					
	355	49		93.0			580+10×10	1-2.24×5.6	20	1—8	1108					
	400	55		93.3			630+12×10	1-2.5×5.6	18		1198					
	450	62		93.4			730+13×10	1-2.8×5.6	16		1287					

注：电动机接线法：除 Y500-4 为 2Y 接外，其余都是 Y 接。

附表 30　YR 系列中型高压绕线转子三相异步电动机技术数据表（6kV　大直径）

型号	额定功率/kW	满载时				转子/mm				
		定子电流/A	转速/(r/min)	效率	功率因数	槽数	线规 $a \times b$	半匝长	电压/V	电流/A
YR355-4	220	28	1470	92.7	0.83	48	5×16	865	326	424
	250	31		93.0	0.84			895	350	447
	280	34		93.1	0.84			925	364	484
YR400-4	315	38	1474	93.1	0.85	48	6.3×15	898	385	508
	355	43		93.3	0.85			928	420	524
	400	48		93.5	0.85			988	463	534
	450	54		93.7	0.85			1018	488	571
	550	60		93.9	0.85			1078	546	585
YR400-6	220	28	984	92.5	0.81	54	6.3×18	761	269	514
	250	31		93.7	0.82			821	295	532
	280	35		92.8	0.82			851	317	556
	315	40		93.0	0.82			881	343	575
	355	45		93.2	0.82			941	374	594
YR400-8	220	29	735	92.2	0.78	84	3.55×22.4	820	412	337
	250	33		92.3	0.78			850	433	367
	280	37		92.4	0.79			940	496	357
YR450-4	560	67	1480	94.2	0.85	48	6.3×18	1049	546	652
	630	75		94.5	0.86			1079	580	670
	710	84		94.6	0.86			1140	618	708
	800	94		94.6	0.82			1199	664	745
YR450-6	400	50	985	93.5	0.83	54	6.3×18	924	400	629
	450	55		93.6	0.84			954	439	640
	500	61		93.8	0.84			1014	488	638
	560	68		94.0	0.84			1074	548	632
YR450-8	315	41	736	92.6	0.80	84	3.55×25	865	506	391
	355	46		92.7	0.80			895	548	406
	400	52		93.0	0.80			955	599	419
	450	57		93.1	0.81			1015	659	428

型号	额定功率/kW	满载时				转子 /mm				
		定子电流/A	转速/(r/min)	效率	功率因数	槽数	线规 $a \times b$	半匝长	电压/V	电流/A
YR450-10	220	30		91.3	0.77	60	5×18	826	312	448
	250	34		91.5	0.77			856	341	465
	280	38	587	91.8	0.78			916	375	473
	315	42		91.9	0.78			976	417	477
	355	48		92.1	0.78			1066	469	477
YR450-4	220	33	485	90.4	0.72	72	4.5×15	910	383	367
	250	37		90.5	0.72			950	418	382
YR500-4	900	105		94.6	0.87	48	6.3×23.6	1105	682	809
	1000	117	1483	94.9	0.87			1165	715	860
	1120	130		95.0	0.87			1225	798	861
	1250	145		95.1	0.87			1255	845	907
YR500-6	630	76		94.3	0.85	54	7.0×20	1007	551	707
	710	85	986	94.5	0.85			1067	587	748
	800	96		94.7	0.85			1097	630	787
	900	107		94.8	0.85			1157	679	823
YR500-8	500	64		93.5	0.81	96	3.55×22.4	942	763	408
	560	71	737	93.7	0.81			1002	848	410
	630	80		93.9	0.81			1032	888	442
	710	90		94.0	0.81			1122	1001	441
YR500-10	400	53		92.8	0.78	60	6×18	956	439	573
	450	60	589	93.1	0.78			1016	473	600
	500	65		93.3	0.79			1076	540	579
	560	73		93.5	0.79			1136	565	624
YR500-12	280	40		91.7	0.73	108	3.15×20	895	578	306
	315	45		92.0	0.74			925	630	315
	355	50	490	92.0	0.75			985	693	322
	400	56		92.3	0.75			1075	770	326
	450	62		92.5	0.75			1105	828	341

注：1. 本系列电动机的最大转矩与额定转矩之比为1.8。

2. 电动机均为 Y 接。

附表 31　YB 系列高压隔爆型电动机的主要技术数据

型号	额定功率/kW	效率/%	功率因数	堵转转矩倍数	堵转电流倍数	最大转矩倍数	定子外径/mm	定子内径/mm	铁芯长度/mm	气隙长度/mm	定子线规/mm	每槽线数	接法	绕组型式	节距	槽数 Z_1/Z_2
400S1-2	200	93	0.86	1.0	7	2.0	650	350	400	2.3	1.12×7.1	17	1Y	双层叠式	1—14	48/40
400S2-2	220										1.12×7.1	17				
400M1-2	250								460		1.32×7.1	15				
400M2-2	280								500		1.5×7.1	14				
400S1-4	200			1.2	6.5	2.1		400	420	1.2	1.25×5.6	15				60/50
400S2-4	220										1.25×5.6	15				
400M1-4	250								460		1.4×5.6	14				
400M2-4	280								500		1.6×5.6	13				
400S-6	185	92.5	0.84	1.1	6.0	2.0		480	600	1.0	1.0×5.6	14			1—11	72/58
400M1-6	200								640		1.06×5.6	13				
400M2-6	220								680		1.18×5.6	12				
400M1-8	160		0.83			1.8			640		1.0×5.0	15			1—9	
400M2-8	185								680		1.12×5.0	14				

续表

型号	额定功率 /kW	效率 /%	功率因数	堵转转矩倍数	堵转转电流倍数	最大转矩倍数	定子外径 /mm	定子内径 /mm	铁芯长度 /mm	气隙长度 /mm	定子线规 /mm	每槽线数	接法	绕组型式	节距	槽数 Z_1/Z_2
450S1-2	315	94	0.87	1.0	7	2.0	740	380	420	2.7	1.8×7.1	13	1Y	双层叠式	1—14	48/40
450S2-2	355								450		2.0×7.1	12				
450S3-2	400								500		2.24×7.1	11				
450M1-2	450								560		2.5×7.1	10				
450M2-2	500								640		2.8×7.1	9				
450S1-4	315			1.2	6.5	1.8		475	450	1.4	2.0×7.1	12				60/50
450S2-4	355								500		2.24×7.1	11				
450S3-4	400								560		2.5×7.1	10				
450M1-4	450								620		2.8×7.1	9				
450M2-4	500								680		3.15×7.1	8				
450S2-6	280								580	1.2	1.5×5.6	12				
450S3-6	315								620		1.7×6.3	11				
450S2-8	220	92.5	0.92	1.1	6				580	1.1	1.32×6.3	13			1—11	72/86
450S2-8	250								620		1.5×6.3	12			1—9	

附表 32　TSWN、TSN 系列小容量水轮发电机技术数据

型号 TSWN 或 TSN	额定功率 /kW	满载时				定子铁芯			定子					气隙	励磁绕组		磁极	
		额定电压 /V	额定电流 /A	额定转速 /(r/min)	功率因数	外径 /mm	内径 /mm	长度 /mm	线规	每槽线数	节距	并联路数	槽数	长度 /mm	线规 a×b	每极匝数	极距 /mm	铁芯长度 /mm
36.8/14-4	18	400	32.5	1500	0.8 滞后	368	265	140	1-φ	20	1—11		48	1.1	1.56×3.28	111	208	140
36.8/20-4	26		46.9	1500			265	200	2-φ	14	1—9	2	48	1.1	1.56×3.28	121	208	200
36.8/12.5-6	12		21.7	1000		368	285	125	1-φ	28	1—8		54	0.7	1.45×3.05	77	149	125
36.8/18-6	18		32.5	1000			285	180	1-φ	20			54	0.7		78	149	180
42.3/20.5-4	40		72.2	1500		423	305	205	3-φ	12	1—11	2	48	1.45	2.83×4.1	69	240	210
42.3/27-4	55		99.1	1500			305	270	2-φ	18		4	48	1.45		69	240	280
42.3/19-6	26		46.9	1000		423	327	190	2-φ	16	1—9	2	54	0.8		90	171	190
42.3/25-6	40		72.2	1000			327	250	3-φ	12			54	0.8		47	171	260
49.3/25-6	55		99.1	1000		493	384	250	3-φ	10	1—11	3	72	1.0	2.44×4.1	61	201	250
49.3/30-6	75		135.5	1000			384	300	4-φ	10			72	1.0		72	201	300
49.3/25-8	40		72.2	750			384	250	3-φ	8	1—9	2	72	1.0		46	151	250
49.3/30-8	55		99.1	750			384	300	4-φ	8			72	1.0		52	151	310

续表

型号 TSWN 或 TSN	额定功率/kW	额定电压/V	额定电流/A	额定转速/(r/min)	功率因数	定子铁芯外径/mm	定子铁芯内径/mm	定子铁芯长度/mm	定子线规	定子每槽线数	定子节距	定子并联路数	定子槽数	气隙长度/mm	励磁绕组线规 a×b	励磁绕组每极匝数	磁极极距/mm	磁极铁芯长度/mm
74/29-6	200	400	361	1000	0.8 滞后	740	360	290	2-1.35×4.4	14	1-12	6	72	3.5	1.56×22	47.5	393.2	290
74/36-6	250	400	451	1000	0.8 滞后	740	360	360	2-1.68×4.4	12	1-10	6	72	3.5	1.56×22	47.5	393.2	360
74/29-8	160	400	288	750	0.8 滞后	740	360	290	2-1.81×3.8	10	1-11	4	84	2.6	1.95×15.6	39.5	231.5	290
74/36-8	200	400	361	750	0.8 滞后	740	360	360	2-2.26×3.8	8	1-9	4	84	2.6	1.95×15.6	39.5	231.5	360
74/29-10	125	400	225	600	0.8 滞后	740	590	290	2-2.83×3.8	6	1-8	2	84	2	2.26×15.6	31.5	185	290
74/36-10	160	400	288	600	0.8 滞后	740	590	360	4-1.81×3.8	5	1-8	2	84	2	2.26×15.6	32.5	185	360
85/31-6	320	400	577	1000	0.8 滞后	850	620	310	2-2.26×4.1	10	1-12	6	72	3.5	14.5×32	48.5	324.5	330
85/39-6	400	400	722	1000	0.8 滞后	850	620	390	2-2.38×4.1	8	1-10	6	72	3.5	14.5×32	49.5	324.5	420
85/31-8	250	400	451	750	0.8 滞后	850	660	310	4-1.35×5.8	6	1-11	4	84	2.6	1.95×22	37.5	259	310
85/39-8	320	400	577	750	0.8 滞后	850	660	390	4-1.81×5.8	5	1-8	4	84	2.6	1.95×22	39.5	259	410
85/31-10	200	400	361	600	0.8 滞后	850	660	310	4-2.26×3.8	4	1-9	2	84	2.2	2.63×15.6	30.5	207	310
85/39-10	250	400	451	600	0.8 滞后	850	660	390	4-3.05×3.8	4	1-8	2	84	2.2	2.63×15.6	30.5	207	390
85/31-12	160	400	288	500	0.8 滞后	850	700	310	1-1.35×6.4	14	1-8	6	108	2	2.63×15.6	27.5	183.1	310
85/39-12	200	400	361	500	0.8 滞后	850	700	390	1-1.81×6.4	12	1-7	6	108	2	2.63×15.6	27.5	183.1	390
85/31-14	125	400	225	428	0.8 滞后	850	700	310	2-1.68×6.4	6	1-7	2	108	1.8	3.05×15.6	22.5	157	310
85/39-14	160	400	288	428	0.8 滞后	850	700	390	4-1.08×6.4	4	1-7	2	108	1.8	3.05×15.6	24.5	157	410

续表

型号 TSWN 或 TSN	额定功率 /kW	满载时 额定电压 /V	额定电流 /A	额定转速 /(r/min)	功率因数	定子铁芯 外径 /mm	内径 /mm	长度 /mm	定子 线规	每槽线数	节距	并联路数	槽数	气隙长度 /mm	励磁绕组 线规 a×b	每极匝数	磁极 极距 /mm	铁芯长度 /mm
99/37-6	500	6300	57.2	1000	0.8 滞后	990	705	370	1-1.68×6.9	22	1—11	1	72	4.5	1.45×22	61	369	370
99/46-6	530	6300	72.2	1000			705	460	1-2.1×6.9	18			72	4.5	1.95×22	62	369	460
99/37-8	400	6300	45.9	750			740	370	1-1.35×6.4	22	1—9		84	3	2.26×22	44	291	370
99/46-8	500	6300	57.2	750			740	460	1-1.81×6.4	18			84	3	1.95×22	44	291	460
99/37-10	320	6300	36.8	600			825	370	1-1.08×6.4	26	1—11	6	126	2.5	1.95×22	67	233	390
99/46-10	400	6300	45.9	600			825	460	1-1.35×6.4	22			126	2.5	1.95×22	40	233	460
99/29-12	250	400	451	500			825	290	1-2.1×6.9	10	1—9	7	126	2.3	1.95×22	39	216	290
99/37-12	320	400	577	500			825	370	1-2.63×6.9	3			126	2.3	1.95×22	33	216	370
99/29-14	200	400	360	428			850	290	1-1.45×6.9	14	1—8	4	132	2.1	1.95×22	34	185	310
99/37-14	250	400	451	428			850	370	1-1.81×6.9	12			132	2.1	1.95×22	34	185	370
99/29-16	160	400	288	375			850	290	1-1.95×6.9	10			132	2	2.26×15.6	32	167	290
99/37-16	200	400	361	375			850	370	1-2.63×6.9	8			132	2	2.26×15.6	32	167	370
99/29-20	125	400	225	300			850	290	1-1.56×6.9	12	1—7		132	2	3.05×15.6	24	134	310
99/37-20	160	400	288	300			850	370	1-2.1×6.9	10			132	2	3.05×15.6	24	134	390

参考文献

[1] 金续曾. 电动机绕组接线图册. 北京：中国电力出版社，2004.

[2] 潘品英. 新编电动机绕组布线接线彩色图集. 北京：机械工业出版社，2000.

[3] 赵家礼. 电机修理手册（单行本）. 北京：机械工业出版社，2008.

[4] 黄国治. Y2 系列三相异步电动机技术手册. 北京：机械工业出版社，2005.